全国高职高专院校示范专业规划教材·一体化教学系列

实用电路分析与实践

王　勤　戴丽华　主　编

汤小兰　杭海梅　胡泓波　副主编

朱祥贤　主　审

電子工業出版社

Publishing House of Electronics Industry

北京·BEIJING

内 容 简 介

本书根据教育部最新的高等职业教育教学改革精神，以构建校企共育人才培养模式为目标，结合作者多年的课程改革经验进行编写。本书共分为 8 个项目，内容分别涵盖电路及基本元件测试、电路的等效变换与分析测试、正弦稳态电路分析及实践、串/并联谐振电路分析及实践、三相电路分析及实践、动态电路的分析及实践、非正弦周期电流电路的分析与测试、变压器的认知与使用，共 22 个任务。本书所设计的项目具有实操性，为了方便学习，还配有操作视频，可扫描二维码观看。此外，在本书中还针对部分知识点设计了【拓展知识】模块。同时，教材中编入相关电路的 Multisim 仿真环节，真实实验与仿真实验结合，提高实验效率，增强学习者实验的自主性和主观能动性。

本书配有免费的电子教学课件，也可以单独下载二维码中的实验视频资源，请登录华信教育资源网：www.hxedu.com.cn 注册下载。

图书在版编目 (CIP) 数据

实用电路分析与实践/王勤，戴丽华主编. —北京：电子工业出版社，2017.8
全国高职高专院校示范专业规划教材·一体化教学系列
ISBN 978-7-121-31641-8

Ⅰ. ①实… Ⅱ. ①王… ②戴… Ⅲ. ①电路分析－高等职业教育－教材 Ⅳ. ①TM133

中国版本图书馆 CIP 数据核字（2017）第 118920 号

策划编辑：刘少轩（liusx@phei.com.cn）
责任编辑：底 波
印 刷：三河市鑫金马印装有限公司
装 订：三河市鑫金马印装有限公司
出版发行：电子工业出版社
北京市海淀区万寿路 173 信箱 邮编：100036
开 本：787×1 092 1/16 印张：18 字数：460 千字
版 次：2017 年 8 月第 1 版
印 次：2017 年 8 月第 1 次印刷
定 价：39.00 元

凡所购买电子工业出版社图书有缺损问题，请向购买书店调换。若书店售缺，请与本社发行部联系，联系及邮购电话：（010）88254888，88258888。

质量投诉请发邮件至 zlts@phei.com.cn，盗版侵权举报请发邮件至 dbqq@phei.com.cn。

本书咨询联系方式：liusx@phei.com.cn。

前 言

随着我国高等职业教育持续改革创新，许多高职院校在教学改革方面取得丰硕成果。高职教育不仅要注重于培养高端技能型人才的专业能力，还要培养学生的社会能力、方法能力和职业综合能力。根据教育部最新的高等职业教育教学改革精神，以构建校企共育人才培养模式为目标，结合作者多年的校企合作经验，对“电路分析与实践”课程进行了重大改革，与合作企业共同开发了该课程，在此基础上完成本书的编写。

本书共分为 8 个项目，内容分别涵盖电路及基本元件测试、电路的等效变换与分析测试、正弦稳态电路分析及实践、串/并联谐振电路分析及实践、三相电路分析及实践、动态电路的分析及实践、非正弦周期电流电路的分析与测试、变压器的认知与使用，共 22 个任务。

本书的特点有：

（1）所设计的项目内容具有实操性，为了方便学习，还配有操作视频，可扫描二维码观看。

（2）书中针对部分知识点设计了【拓展知识】模块，方便教师与学生拓展学习。

（3）教材中编入相关电路的 Multisim 仿真环节，真实实验与仿真实验相结合，提高实验效率，增强学习者实验的自主性和主观能动性。

（4）本书配有免费的电子教学课件，所有实验视频也可以单独下载，请登录华信教育资源网：www.hxedu.com.cn 注册下载。

本书由王勤、戴丽华主编，汤小兰、杭海梅、胡泓波（高创（苏州）电子有限公司）副主编，朱祥贤主审，在此特别感谢合作企业高创（苏州）电子有限公司为课程开发提供的支持，以及学院领导的支持。限于编者水平有限，书中的缺点和错误在所难免，恳请广大读者批评指正。

编　者

目　录

项目 1 电路及基本元件测试

项目导入

学习电路分析基础课程主要是掌握电路的基本规律和基本分析方法。本章从建立电路模型、认识电路变量等最基本的问题出发，重点讨论理想电源、欧姆定律、基尔霍夫定律、电路等效等重要概念。

表征器件的基本理想元件有电阻元件、电容元件、电感元件；表征激励的有理想电压源和理想电流源。在集中参数电路假设下：理想元件都是抽象的模型，它们没有体积，其特性集中在空间一点上，称为集总参数元件。

由电阻、电容、电感等集总参数元件组成的电路称为集总电路。本书讨论集总电路的分析。在本项目中，我们将阐明集总电路中各电压、电流应服从的基本规律，即它们之间的约束关系，这是分析两大类型集总电路的基本依据。

任务 1—1 仪器仪表的认知与使用

学习导航

学习目标	1．知道电路模型的含义及组成
	2．掌握电压、电流的参考方向
	3．了解稳压电源、电流表、电压表等仪器仪表使用知识
	4．能正确使用仪器仪表测量电路元件的电压、电流及功率
	5．培养安全正确操作仪器的习惯、严谨的做事风格和协作意识
重点知识要求	1．电路组成及电路模型的含义
	2．电压、电流的参考方向
关键能力要求	仪器仪表的规范使用

任务要求

任务要求	1．识别电工实验台上的仪表的表盘标记、型号和分挡
	2．了解仪表误差和仪器的准确度等级
	3．熟悉电工台供电系统和直流稳压电源的使用方法
任务环境	实验台电源箱、交（直）流电压/电流表、直流稳压电源、万用表
任务分解	1．认识电工实验台
	2．交流电源和交流电压/电流表的使用
	3．直流电源与直流电压/电流表的使用
	4．万用表的使用

实施步骤

电工实验台的介绍

1．认识电工实验台

（1）电源部分：电源部分提供 0～250V 连续可调交流电、220V 交流电固定输出和三相交流电源。

仪表部分：实验台上有交（直）流电压表、交（直）流电流表、功率表、功率因数表，实验台设计是框架式的，仪表的配置可以根据需求布置，不用的仪表可以拿下来，另行放置。学生可以利用桌面上的模块和导线连接所需电路原理图，利用对应仪表测量。

图 1-1-1 所示是电工实验台面板布置图，在实验台上已安装的器件有：电源部分、常用仪表、电路连接模型和一些特定功能的电路板（如日光灯板）等。

图 1-1-1　电工实验台面板布置图

① 十组单相插座（位于实验台背面）

② 三相电（三相五线制）输入（位于实验台下面）

③ 0～250V 单相调压器输出指示（交流电压表） ④ 单相调压器输出插座
⑤ 三相电源开关也是实验台总开关（断路器） ⑥ 漏电保护器
⑦ 三相五线制输出插座（*U*、*V*、*W* 三相线电压输出，N–中性线，PE–接地线）
⑧ 三相电源指示灯 ⑨ 三相四孔插座
⑩ 急停按钮开关（制造人为漏电） ⑪ 单相电（220V）输出插座
⑫ 单相电（220V）输出开关

（2）观察交流、直流电压表的表盘标记与型号记入表 1-1-1。

直流电压表和直流电流表的介绍

表 1-1-1 交、直流电压表的表盘标记与型号

电 压 表	电压表量限	电压表准确度等级
交流电压表		
直流电压表		

【小贴士】介绍实验室电源系统及电源箱。介绍电源箱的功能；上电合闸的方法，急停按钮的使用方法。

2. 测量数据的处理

测量结果包括数值大小（以及符合）和测量单位。它通常用数字和图形两种方式表示。对用数字表示的测量结果，数据处理是必不可少的工作，测量时如何从标度尺上正确读取数据、整理数据，进行近似计算，按照技术标准做出正确判断。对于以图形表示的测量结果，坐标的选择和正确的画图方法，以及对所画图形的评定或经验公式的确定等，是测量人员必须掌握的。

【小贴士】初学者会认为，测量读取数据时，数据位数取得越多，测量越准确；近似计算时，位数取得越多，计算结果越准确。其实不然，有时读取数据的位数过多，大大增加了计算的工作量，也未能提高测量结果的准确度。因此，需要具体情况具体分析，区别对待。

图 1-1-2 是一块电压表的标度尺。如果是选用量程为 10V 的电压表进行电压测量，当指针指在如图 1-1-2 所示的位置时，可以看出，指针处于 7.2V 和 7.4V 之间，因此所测量的数据可以记为 7.3V，小数点后第一位上的 3 就是估计数字，称为欠准数字。读取数据时，只能读取一位欠准数字，而且必须读取一位欠准数字。

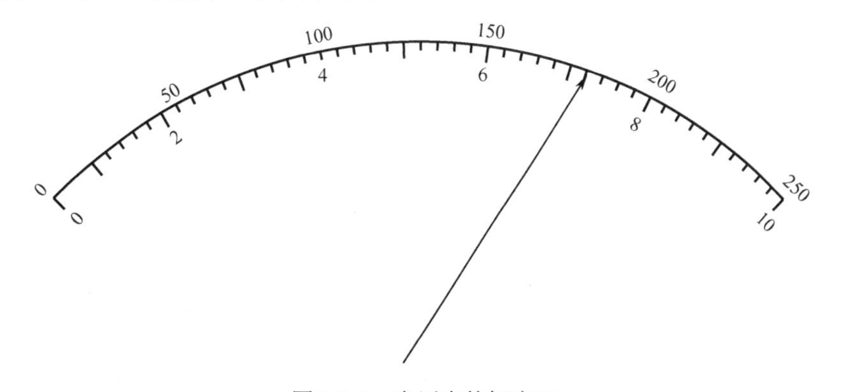

图 1-1-2 电压表的标度尺

一般来说，测量数据的数位要根据仪表精度而定，即测量数据应读取到仪表标度尺最小分度值的后一位。显然小数点右边的 0 不能随意删去，它具有定位和表示仪表精度的作用。为了

表示测量结果的精度，引入了有效数字的概念。

所谓有效数字是指从左边第一个非零的数字开始，直到右边最后一个数字为止的所有数字。例如，42.43、0.3506、8.050 均是 4 位有效数字。“0”在一个数中，可能是有效数字，也可能不是有效数字。例如，0.420kV 中的前一个“0”不是有效数字，末尾的“0”是有效数字。因为前面的“0”与测量准确度无关，当转换成另一个单位时，它可能就不存在了，将上例变成 420V 后，前面“0”就没有了。数字末尾的“0”很重要，它表征了测量的精确度。如 0.420V 表示测量精确到千分位、0.4200V 精确到了万分位。在测量数据处理时应有严格的规定。例如，0.2、0.02、0.002 均有一位有效数字，而小数 0.420、0.4200 则分别有 3 位、4 位有效数字。

由以上分析可知，测量数据最后一位数字必须是欠准数字；欠准数字为 0 时，也必须写出来。从测量数据的第一个非 0 数字到欠准数字的所有数字都是有效数字。

所谓科学计数法，就是把数写成含一位整数的非纯小数乘以 10 的倍率形式。此非纯小数的各个数字均为有效数字。例如，42.43 写成 4.243×10；0.3506 写成 3.506×10^{-1}；0.4200 写成 0.4200×10^{0}。

3．交流电源和交流电压/电流表的使用

实验过程中要合理选用仪表的量程，量程选大了会增大误差，量程选小了可能会损坏仪表。如果实验前无法估计被测试值的大小，应先用仪表的最高量程试测，然后根据测试结果，再选用适当的量程进行测量。估算被测值的大小，选择适当的电表量程，测试中尽量使指针偏转在 1/3 和 2/3 量限之间。

1）交流电源和交流电压表的使用

利用交流电压表测试电源箱上的电源电压。合上电源箱断路器的电源开关，选定合适的量程，测试 3 个交流输出电压单元电压，记录在表 1-1-2 中。

表 1-1-2　交流电压表测交流电源电压记录表

内容 / 次数	*U*　*V*	*V*　*W*	*U*　*W*	*U*　*N*	*V*　*N*	*W*　*N*
1						
2						

利用交流电压表测试交流调压器输出的电压。合上电源箱断路器的电源开关，选定合适的量程，调节交流调压器，交流电压表测试其输出电压，记录在表 1-1-3 中。

表 1-1-3　交流电压表测调压器输出交流电压记录表

内容 / 次数	220V	110V	36V	12V
1				
2				

2）交流电源与交流电流表的使用

利用交流电流表测试电源箱上的电源电压接上负载后的回路电流。合上电源箱断路器的电源开关，将固定负载电阻分别接在 3 个交流输出端及中性线端之间，选定合适的量程，测试各个回路中的电流，记录在表 1-1-4 中。

表 1-1-4　交流电流表测交流电源电流记录表

内容 次数	U　V	V　W	U　W	U　N	V　N	W　N
1						
2						

利用交流电流表测试交流调压器接固定负载的回路电流。合上电源箱断路器的电源开关，选定合适的量程，调节交流调压器，接上固定负载，交流电流表测试其回路电流，记录在表 1-1-5 中。

表 1-1-5　交流电流表测调压器输出交流电流记录表

内容 次数	220V	110V	36V	12V
1				
2				

【小贴士】 实验电路中定值电阻的选择，一是要满足实验对电阻值大小的要求，另外要防止电阻因过载而烧毁。使用时应根据 $P=U^2/R=I^2R$ 对电阻器的功率进行验算，若所选电阻器功率过小，应换同等阻值较大功率的电阻器进行实验。

4．直流电源与直流电压/电流表的使用

1）直流电源与直流电压表的使用

如图 1-1-3 所示进行接线，调节直流稳压电源调节旋钮，分别输出 30V、18V、4V 和 2.5V 的电压，利用直流电压表测量实际输出端电压，将数据记录在表 1-1-6 中。

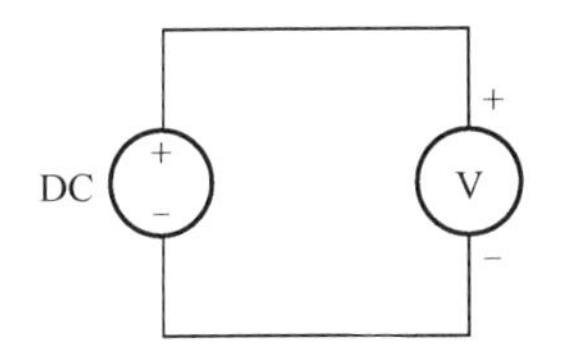

直流电压表和直流电流表的测量使用

图 1-1-3　直流电压表接入图

表 1-1-6　直流电压表测稳压电源输出电压记录表

直流电源电压	30V	18V	4V	2.5V
测量值				
所选量程				

2）直流电路与直流电流表的使用

如图 1-1-4 所示进行接线，调节稳压电源分别输出 2.5V、5V、7.5V、10V、12.5V、15V 电压，选择固定阻值的负载（100Ω），接在稳压电源两端，串联直流电流表测量回路电流，并记录在表 1-1-7 中。

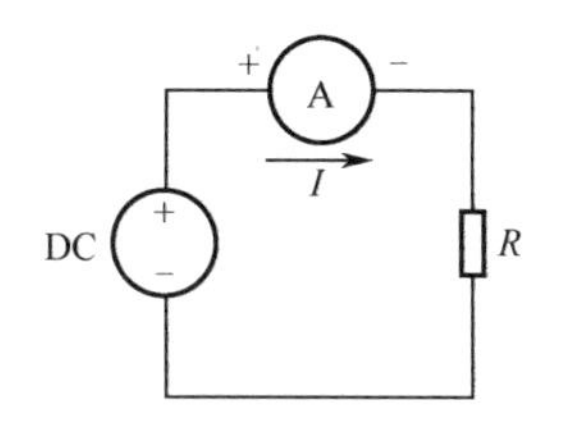

图 1-1-4 直流电流表接入图

表 1-1-7 直流电流表测直流电路回路电流记录表

R（Ω）	100	100	100	100	100	100
U_s（V）	2.5	5	7.5	10	12.5	15
I（mA）						
P（W）						

【小贴士】 强调电压表并联在待测对象两端测量，电压表的正极应接在待测对象的高电位端，电压表的负极接在待测对象的低电位端；电流表串联在待测对象支路中测量的连接方式如图 1-1-4 所示。稳压电源的内阻很小，在使用时严禁输出端短路，不能将电源接反。

5. 万用表的使用

万用表测量交直流电压的使用

1）用万用表测量交流/直流电压的使用

（1）测量前，应先检查表针是否停在左端的“0”位置，如果没有，要用小螺丝刀轻轻地转动表盘下边中间的调整定位螺丝，使指针指零。然后将红表笔和黑表笔分别插入正（+）、负（−）测试笔插孔。

（2）开始测量时，应把选择开关旋到相应的测量项目和量程。注意电流和电压有直流（用符号“—”表示）和交流（用符号“～”表示）。

（3）测量电压时，同电压表的使用方法一样，应把万用表并联在被测电路中，对于直流电压，必须使红表笔接在电势高的点（正极），黑表笔接在电势低的点（负极）。对于交流电压，则红、黑表笔接入时不分正、负极。

（4）测量电流时，同电流表的使用方法一样，应把万用表串联在被测电路中，对于直流电流，必须使电流从红表笔流入万用表，从黑表笔流出万用表。对于交流电流，则红、黑表笔接入时随意。

（5）读数时要注意读取与选择开关的挡位相应的刻度。

（6）测量后，要把表笔从测试笔插孔拔出，并把选择开关置于“OFF”挡或交流电压最高挡，以防电池漏电。在长期不使用时，应把电池取出。

（7）调节直流稳压电源调节旋钮，使输出端分别为表 1-1-8 中的直流电源电压，并用万用表直流电压挡测量，记下测量数值及所选量程，记录在表 1-1-8 中。

表 1-1-8 万用表测量直流电压记录表

直流电源电压	25V	18V	5V	3V
测量值				
所选量程				

（8）调节交流电源调节旋钮，使输出端分别为表 1-1-9 中的交流电源电压，并用万用表交流电压挡测量，记下测量数值及所选量程，记录在表 1-1-9 中。

表 1-1-9　万用表测量交流电压记录表

交流电源电压	210V	130V	12V	5V
测量值				
所选量程				

2）用万用表测量电阻值的使用

万用表测量电阻值

（1）测量前，应先检查表针是否停在左端的“0”位置，如果没有，要用小螺丝刀轻轻地转动表盘下边中间的调整定位螺丝，使指针指零。然后将红表笔和黑表笔分别插入正（+）、负（-）测试笔插孔。

（2）开始测量时，应把选择开关旋到某一量程的欧姆挡上（根据待测电阻的阻值选择量程），然后进行欧姆调零。（将两表笔短接，调节欧姆挡的调零旋钮，使指针指在电阻刻度的零位上。）

（3）测量时，将两表笔分别与待测电阻的两端相接。在表盘上读出示数，待测电阻的阻值 R=示数×欧姆挡倍率。

（4）注意每次换量程都必须重新进行欧姆调零。

（5）测量后，要把表笔从测试笔插孔拔出，并把选择开关置于“OFF”挡或交流电压最高挡，以防电池漏电。在长期不使用时，应把电池取出。

（6）用万用表欧姆挡测量实验室所有的固定电阻，并将测量结果和所选量程记录在表 1-1-10 中。

表 1-1-10　万用表测量交流电压记录表

电阻标称值	测　量　值	万用表所选量程
10Ω		
51Ω		
100Ω		
250Ω		
620Ω		
1kΩ		
100kΩ		
430kΩ		

相关知识

1.1 认识电路

1.1.1 电路的基本概念

1．什么是电路

电路是由各种电器器件（如电阻器、电容器、线圈、开关、晶体管、电池、发电机等）按一定方式相互连接组成的，为电流的流通提供了路径。为了实现电能或电信号的生产、传输及利用，而将所需的电气元件或设备按一定方式连接起来所构成的集合统称为实际电路。如图 1-1-5（a）所示。

2．电路的基本组成

电路的基本组成包括以下 4 部分。

（1）电源（供能元件）：为电路提供电能的设备和器件（如电池、发电机等）。

（2）负载（耗能元件）：使用（消耗）电能的设备和器件（如灯泡等用电器）。

（3）控制器件：控制电路工作状态的器件或设备（如开关等）。

（4）连接导线：将电器设备和元器件按一定方式连接起来（如各种铜、铝电缆线等）。

3．电路模型

在一定条件下将实际元件理想化，利用电气符号表征其主要性能的电路称为电路模型。例如，图 1-1-5（b）所示的手电筒电路，其中电源、负载和导线是任何实际电路不可缺少的 3 部分。

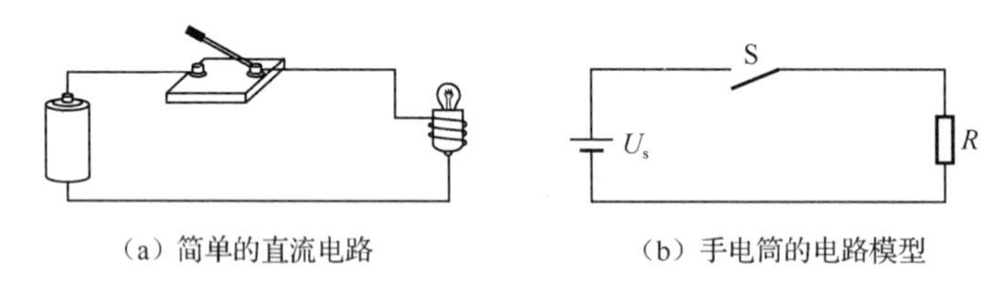

（a）简单的直流电路　（b）手电筒的电路模型

图 1-1-5　电路示意图和电路模型

同一个实际电路元件在不同的应用条件下，它的模型可以有不同的形式。例如，实际电容器在各种应用条件下的不同模型如图 1-1-6 所示，其中图 1-1-6（a）主要物理性能是储存磁场能力；图 1-1-6（b）为考虑线圈间的损耗；图 1-1-6（c）为高频时考虑线圈间的损耗和匝间电容的模型。

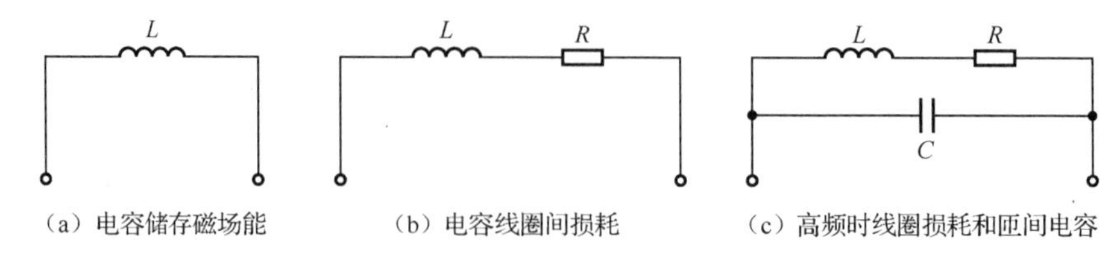

（a）电容储存磁场能　（b）电容线圈间损耗　（c）高频时线圈损耗和匝间电容

图 1-1-6　电容器件的不同模型

电路是由电特性相当复杂的元器件组成的，为了便于使用数学方法对电路进行分析，可将电路实体中的各种电气设备和元器件用一些能够表征它们主要电磁特性的理想元件（模型）来代替，而对它的实际上的结构、材料、形状等非电磁特性不予考虑。我们称这种做法为集总假设。

1.1.2 描述电路的常见物理量

1．电流

（1）电流的定义：单位时间内通过导体横截面的电荷量，称为电流强度 $i(t)$，简称为电流。用符号 I 或 $i(t)$ 表示，讨论一般电流时可用符号 i。

$$i(t)=\frac{\mathrm{d}Q}{\mathrm{d}t} \tag{1-1-1}$$

式（1-1-1）中，dt 为很小的时间间隔，时间的国际单位制为秒（s），单位电量 dQ 的国际单位制为库仑（C）。

（2）电流单位：安培（A）。常用的电流单位还有毫安（mA）、微安（μA）、千安（kA）等，它们与安培的换算关系如式（1-1-2）所示。

$$\begin{aligned}1\text{mA}&=10^{-3}\text{A}\\1\mu\text{A}&=10^{-6}\text{A}\\1\text{kA}&=10^{3}\text{A}\end{aligned} \tag{1-1-2}$$

（3）实际方向：电流实际方向规定为正电荷流动的方向。

（4）参考方向。

当解析电路问题时，通常并不知道电路中电流的真实方向。为了方便对电路进行解析，可以任意地设定一个参考方向。参考方向的两种表示方法如图 1-1-7 所示，其中图 1-1-7（a）用箭头表示，箭头的指向为电流的参考方向；图 1-1-7（b）用双下标 i_{ab} 表示电流的参考方向由 a 指向 b。

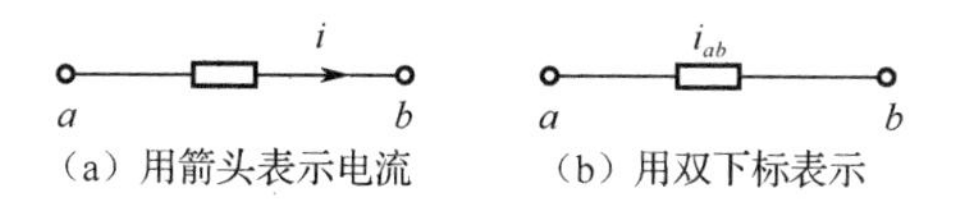

（a）用箭头表示电流　（b）用双下标表示

图 1-1-7　电流的参考方向的表示

若计算得电流为正值，则说明所设参考方向与实际方向一致；若计算得电流为负值，则说明所设参考方向与实际方向相反。

【例 1-1-1】 请回答图 1-1-8 中经过电阻上的电流的实际方向。

i=−2A　　i=2A

（a）情况一　（b）情况二

图 1-1-8　判断电流的实际方向

【解】 图 1-1-8（a）中电流的参考方向依据箭头指示是由 a 流向 b，而根据参考方向得出的电流值为−2A，则说明实际方向与参考方向相反，因此，图 1-1-8（a）中流过电阻的电流实际方向为由 b 流向 a；图 1-1-8（b）中电流的参考方向依据箭头指示是由 b 流向 a，得到电流值为 2A，说明电流的实际方向与参考方向一致，因此图 1-1-8（b）中电流的实际方向为由 b 流向 a。

(5) 电流的分类：分为直流电流和交流电流两大类。

直流电流：电流的大小及方向都不随时间变化。记为 DC 或 dc，用大写字母 I 表示。

交流电流：电流的大小及方向均随时间变化。记为 AC 或 ac，用小写字母 $i(t)$ 或 $i(t)$ 表示。

2. 电压

(1) 电压的定义：电压是指电路中两点 A、B 之间的电位差（简称为电压）。如正电荷 dq 因受电场力作用从 A 点移动到 B 点所做的功为 dW，A、B 两点间的电压由式（1-1-3）表示。

$$u_{AB}=\frac{\mathrm{d}W}{\mathrm{d}q} \tag{1-1-3}$$

(2) 电压的国际单位制为伏特（V），常用的单位还有毫伏（mV）、微伏（μV）、千伏（kV）等，它们与伏特的换算由式（1-1-4）表示。

$$\begin{aligned}1\text{mV}&=10^{-3}\text{V}\\1\mu\text{V}&=10^{-6}\text{V}\\1\text{kV}&=10^{3}\text{V}\end{aligned} \tag{1-1-4}$$

(3) 电压的方向：规定为从高电位指向低电位的方向。

由于难以确定电路中的实际方向，故实际分析中可任意假定一个方向为参考方向，在此设定方向下计算出电压值，从而确定实际方向。参考方向的 3 种表示方法如图 1-1-9 所示。

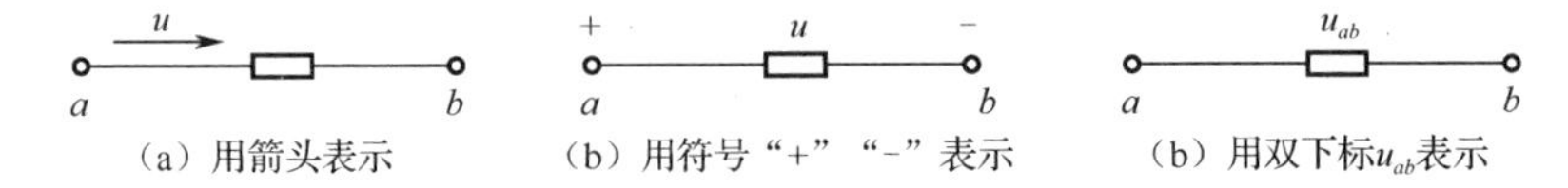

图 1-1-9 参考电压方向的表示

(4) 电压的分类：分为直流电压和交流电压两大类，分别用 U 和 $u(t)$ 表示。

3. 电流与电压的关联参考方向

定义：对一个确定的电路元件或支路而言，若电流的参考方向是从电压参考极性的“+”流向“−”的，则称电流与电压为关联参考方向，简称关联方向，否则为非关联方向，如图 1-1-10 所示。

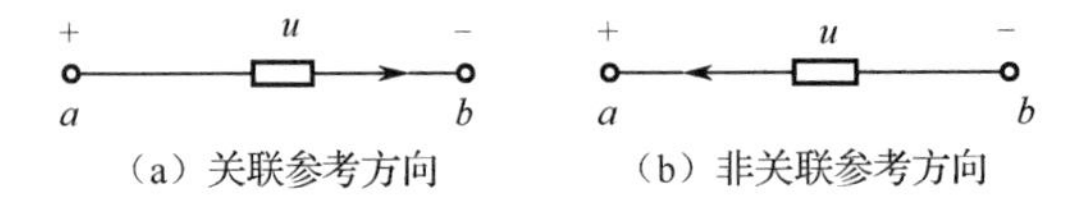

图 1-1-10 参考方向的关联性

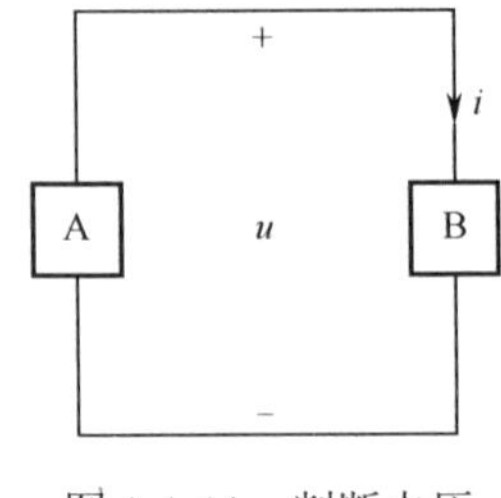

图 1-1-11 判断电压电流是否为关联

【例 1-1-2】 图 1-1-11 所示电路中，电压 u 和电流 i 的参考方向是否为关联？

【解】 在图 1-1-11 中，电流的参考方向呈顺时针方向。对元件 A 而言，参考电流是由参考电压的“−”极流向参考电压的“+”极，电压 u 与电流 i 为非关联方向；对元件 B 而言，参考电流是由参考电压的“+”极流向参考电压的“−”极，则 u 与 i 为关联方向。

4. 电功率

(1) 定义：单位时间电场力所做的功，称为电功率，简称功率，用符号 $p(t)$ 表示。

（2）式（1-1-5）推导过程如下。

$$\because p=\frac{\mathrm{d}W}{\mathrm{d}t},\quad u=\frac{\mathrm{d}W}{\mathrm{d}q},\quad i=\frac{\mathrm{d}q}{\mathrm{d}t},$$
$$\therefore p=\frac{\mathrm{d}W}{\mathrm{d}t}=\frac{\mathrm{d}W}{\mathrm{d}q}\cdot\frac{\mathrm{d}q}{\mathrm{d}t}=ui \qquad (1\text{-}1\text{-}5)$$

式中：u、i 为关联参考方向；若 u、i 为非关联参考方向，则 $p=-ui$ 。

（3）单位：瓦特（W）。

（4）电路吸收或发出功率的判断。

在具体的电路中，有些元件吸收功率，另一些元件则发出功率，这时可根据计算结果的正负来判断元件实际上是吸收功率还是发出功率。

式（1-1-5）中 $p>0$ 时元件吸收功率，如电阻元件；$p<0$ 时元件发出功率，如电源元件。

【例 1-1-3】 在图 1-1-12 中，各电流大小均为 2A，各电压大小均为 5V，其参考方向如图中所示，求图中各元件吸收或发出的功率。

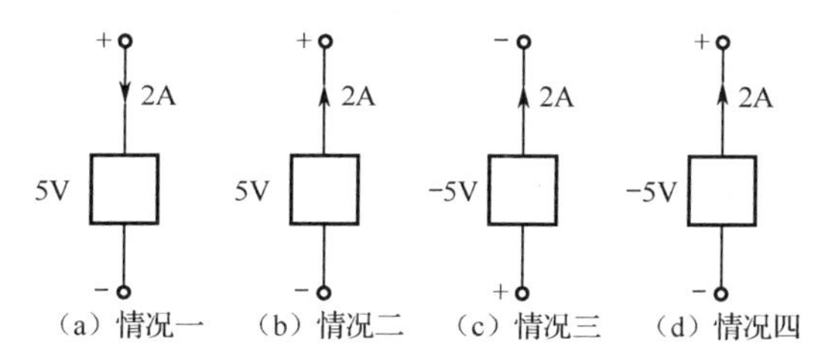

+
2A
5V
−
（a）情况一
+
2A
5V
−
（b）情况二
−
2A
−5V
+
（c）情况三
+
2A
−5V
−
（d）情况四

图 1-1-12 求各元件吸收或发出的功率

【解】 （a）$p=ui=5\times2=10\text{W}>0$，元件吸收 10W 的功率。

（b）$p=-ui=-5\times2=-10\text{W}<0$，元件发出 10W 的功率。

（c）$p=ui=-5\times2=-10\text{W}<0$，元件发出 10W 的功率。

（d）$p=-ui=-(-5\times2)=10\text{W}>0$，元件吸收 10W 功率。

【例 1-1-4】 在图 1-1-13（a）中，已知元件 1 的功率为−20W，$I_1=5\text{A}$，求电压 U_1；在图 1-1-13（b）中，已知元件 2 的功率为−12W，$U_2=-4\text{V}$，求电流 I_2。

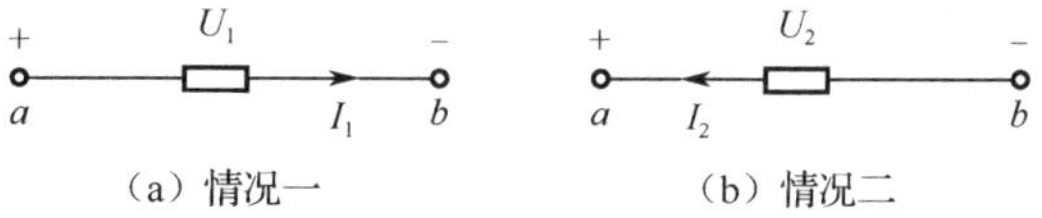

+
U_1
−
a
I_1
b
（a）情况一
+
U_2
−
a
I_2
b
（b）情况二

图 1-1-13 求图中未知参数

【解】 （1）因为图 1-1-13（a）中 U_1、I_1 为关联参考方向，所以依据 $P_1=U_1I_1$ 推导可得：

$$U_1=\frac{P_1}{I_1}=\frac{-20}{5}=-4\ (\text{V})$$

（2）因为图 1-1-13（b）中 U_2、I_2 为非关联参考方向，所以依据 $P_2=-U_2I_2$ 推导可得：

$$I_2=-\frac{P_2}{U_2}=-\frac{-12}{-4}=-3\ (\text{A})$$

【小贴士】 对于完整的电路而言，发出的功率=消耗的功率，满足能量守恒定律。

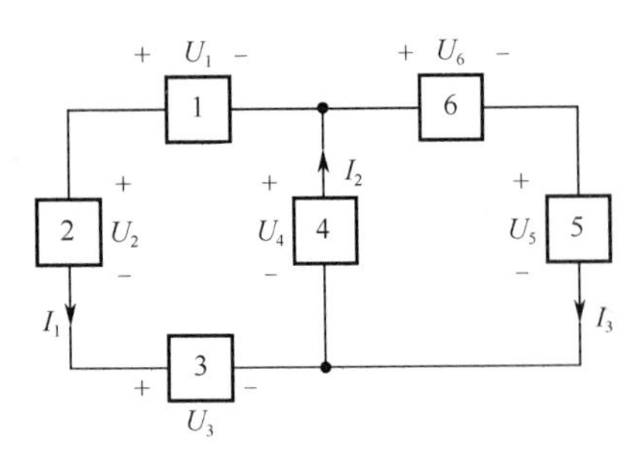

图 1-1-14　求元件消耗或产生的功率

【例 1-1-5】 已知：$U_1=1\text{V}$，$U_2=-3\text{V}$，$U_3=8\text{V}$，$U_4=-4\text{V}$，$U_5=7\text{V}$，$U_6=-3\text{V}$，$I_1=2\text{A}$，$I_2=1\text{A}$，$I_3=-1\text{A}$，求图 1-1-4 所示电路中各方框所代表的元件消耗或产生的功率，证明能量守恒。

【解】 元件 1：非关联参考方向连接，$P_1=-U_1I_1=-(1\times2)=-2\text{W}$。

元件 2：关联参考方向连接，$P_2=U_2I_1=-3\times2=-6\text{W}$。

元件 3：关联参考方向连接，$P_3=U_3I_1=8\times2=16\text{W}$。

元件 4：关联参考方向连接，$P_4=U_4I_2=-4\times1=-4\text{W}$。

元件 5：关联参考方向连接，$P_5=U_5I_3=7\times(-1)=-7\text{W}$。

元件 6：关联参考方向连接，$P_6=U_6I_3=(-3)\times(-1)=3\text{W}$。

$\because P_{发出}=P_1+P_2+P_4+P_5=(-2)+(-6)+(-4)+(-7)=-19\text{W}$

$P_{吸收}=P_3+P_6=16+3=19\text{W}$

$\therefore P_{发出}+P_{吸收}=0$，满足能量守恒。

【拓展知识 1】 测量的知识

1. 测量方法的分类

测量的方法根据获得结果的方法可以分为直接测量、间接测量、组合测量和比较测量。

1）直接测量

直接测量是指被测量与度量器直接进行比较，或者采用事先刻好刻度数的仪器进行测量，从而在测量过程中直接求出被测量的数值的测量方式。这种方式的特点是测出的数值就是被测量本身的值。例如，用电流表测量电流，用电桥测量电阻等。这种方法简便、迅速，但它的准确程度受所用仪表误差的限制。

2）间接测量

如果被测量不便于直接测定，或者直接测量该被测量的仪器不够准确，那么就可以利用被测量与某种中间量之间的函数关系，先测出中间量，然后通过计算公式，算出被测量的值，这种方式称为间接测量。例如，用伏安法测电阻，就是利用测出的电压与电流的值，用欧姆定律间接算出电阻的值。

3）组合测量

如果被测量有很多个，虽然被测量（未知量）与某种中间量存在一定的函数关系，但由于函数式中有多个未知量，对中间量的一次测量是不可能求得被测量的值的。这时可以通过改变测量条件来获得某些可测量的不同组合，然后测出这些组合的数值，解联立方程求出未知的被测量。

4）比较测量

比较测量是指被测量与已知的同类度量器在比较仪器上进行比较，从而求得被测量的一种方法。这种方法用于高准确度的测量，当然，为了保证测量的准确度，要用较准确的比较仪器，要求保持较严格的实验条件，如温度、湿度、振动、防电磁干扰等，这种测量方法的特点是已知的同类度量器量限必须大于未知的被测量。根据比较时的具体特点，比较测量又分为以下 3 种。

（1）零值法。将被测量与已知量进行比较，使两者之间的差值为零，这种方法称为零值法。由于电测量指示仪表只用于指零，所以仪表误差不会影响测量准确度。使用电桥测电阻、电位差计测电势都是零值法的例子。

（2）差值法。差值法是通过测量已知量与被测量的差值，从而求得被测量的一种方法。

（3）替代法。替代法是将被测量与已知量先后接入同一测量仪器，如果仪器的工作状态没有改变，则可认为被测量等于已知量。这种方法由于测量仪器的状态不改变，所以内部特性和外部条件对前后两次测量的影响是相同的，测量结果与仪器本身的准确度无关，只取决于替代的已知量。曹冲称象就是替代法的一个例子。

2．测量误差

1）测量误差的基本概念

测量是人类对自然界的客观事物取得数量观念的一种认识过程。我们将被测量本身所具有的真正值称为真值，如三角形内角之和等于 180° 。在一定的时空条件下，被测量的真值是一个客观存在的确定值。但人们通过实验的方法来求得被测量的真值时，由于测量工具不准确，被测手段不完善及测量工作中的疏忽或错误等原因，都会使测量结果与真值不同而造成偏差，这种偏差就叫测量误差。一切测量都具有误差，误差自始至终存在于所有科学实验之中。对不同的测量，对其误差大小要求往往是不同的。随着科学技术的发展，在很多测量中对被减小误差提出了越来越高的要求。对很多测量来说，测量工作的价值完全取决于测量的准确度。

2）测量误差的表达方式

（1）绝对误差

绝对误差是被测量的测量结果与被测量的真值之间的差值。它可以表示为：

$$\Delta A = A_x - A_0 \tag{1-1-6}$$

式中：ΔA 为绝对误差；A_x 为被测量的测得值；A_0 为被测量的真值。

真值虽然在某一时空条件下是客观存在的，但要确切地知道它的大小是很困难的。因此，在一般测量工作中，通常用高一级或高一级以上的仪表测量的值或与计量基准对比所得到的值代替真值。这种用更高标准或与基准对比所测得的值称为实际值 A 。此时，绝对误差表示为：

$$\Delta A = A_x - A \tag{1-1-7}$$

式（1-1-7）以代数差的形式给出了误差绝对值的大小及符号，故通常称为绝对误差。绝对误差越小，说明指示值越接近真值，测量越准确。

在较准确的仪器中，常常以表格、曲线或公式的形式给出修正值 C ：

$$C = -\Delta A = A - A_x \tag{1-1-8}$$

修正值与绝对误差大小相等、符号相反。当得到被测量的测得值，由式（1-1-8），就可得到实际值。例如，用电流表测电流，电流表的示值为 40mA ，该表在检定时 40mA 刻度处的修正值为 +0.4mA ，则被测电流的实际值为：

$$A = 40 + 0.4 = 40.4 \text{（mA）}$$

绝对误差及修正值是与被测量具有相同量纲的量，其大小和符号分别表示测量值偏离真值的大小和方向。

（2）相对误差

绝对误差的不足之处在于它不能确切地反映测量的精确程度。例如，对两个电压进行测量，其中一个电压为$U_1 = 100\text{V}$，其绝对误差$\Delta_1 = 1\text{V}$；另一个电压$U_2 = 200\text{V}$，$\Delta_2 = 1.5\text{V}$。虽然$\Delta_2 > \Delta_1$，但我们不能说U_1比U_2测量得更精确。为了弥补绝对误差的不足，较好地反映测量结果的准确度，提出了相对误差的概念。

相对误差是绝对误差与真值的比值，通常用百分数表示，即

$$\gamma = \frac{\Delta A}{A} \times 100\% \tag{1-1-9}$$

式中：γ为相对误差；ΔA为绝对误差；A为被测量的真值（或实际值）。

相对误差只有大小和符号，没有量纲的量。

例如，上述U_1测量的相对误差$\gamma_1 = 1\%$，U_2测量的相对误差$\gamma_2 = 0.75\%$，可见U_2的测量准确度高于U_1的测量准确度。

在电子学和声学中，常用分贝来表示相对误差，称分贝误差。它实质上是相对误差的另一种表示形式。

（3）引用误差

相对误差可以较好地反映某次测量的准确度。对于连续刻度的仪表，用相对误差来表示在整个量程内仪表的准确度就不方便了。因为在仪表的量程内，被测量有不同值，若用式（1-1-9）来表示仪表的相对误差，随着被测量的不同，式中的分母也在变化；而在一个表的量程内绝对误差变化较小，则求得的相对误差将改变。因此，为计算和划分仪表准确度的方便，提出了引用误差的概念，定义为：

$$\gamma_n = \frac{\Delta A}{A_m} \times 100\% \tag{1-1-10}$$

式中：γ_n为引用误差；ΔA为绝对误差；A_m为仪表的上限值。

（4）仪表的准确度（最大引用误差）

仪表的误差分为基本误差和附加误差两部分。仪表的基本误差是由于仪表本身特性及制造装配缺陷引起的，基本误差的大小是用仪表的引用误差表示的。附加误差是由仪表使用时的外界因素影响所引起的，如外界温度、外来电磁场、仪表工作位置等。

仪表在全量程范围内可能产生的最大绝对误差ΔA_m与仪表的上限值A_m的比值，即仪表的最大引用误差，就是仪表的准确度。

$$s\% = \frac{\Delta A_m}{A_m} \times 100\% \tag{1-1-11}$$

式中：s为引用误差；ΔA_m为仪表量程内最大绝对误差；A_m为仪表的上限值。

常用的电工指示仪表的准确度可分为7级，如表1-1-11所示。

表 1-1-11　常用电工指示仪表的准确度等级分类表

准确度等级	0.1	0.2	0.5	1.0	1.5	2.5	5.0
最大引用误差%	±0.1	±0.2	±0.5	±1.0	±1.5	±2.5	±5.0

其中，0.1、0.2和0.5级的较高准确度仪表常用来进行精密测量或作为校正表，1.5级的仪

表一般用于实验室，2.5 和 5.0 级的仪表一般用于工程测量。

3）测量误差的分类

根据误差的性质和特点，测量误差分为系统误差、随机误差和疏失误差 3 类。

（1）系统误差

在相同条件下，多次测量同一量时，误差的绝对值和符号保持不变，或者在条件改变时，按一定规律变化的误差称为系统误差。例如，仪表刻度的偏差，使用时的零点不准，温度、湿度、电源电压等变化造成的误差便属于系统误差。

系统误差的特点是，测量条件一经确定，误差即为一个确切数值。用多次测量取平均值的方法，并不能改变误差的大小。造成系统误差的原因很多，但总是有规律的。针对其产生的根源采取一定的技术措施，可设法减小它的影响。首先，检查测量仪表本身的性能是否符合要求；其次检查仪表是否处于正常的工作条件下，是否经过正确地调零，检查测量系统合测量方法本身是否正确。此外，为了减小系统误差，经过采用一些测量方法，如校准法、零值法、微差法、对称观测法。

（2）随机误差

随机误差又称偶然误差，它是指在相同条件下，多次测量同一量值时，绝对值和符号均以不可预知方式变化的误差。例如，温度及电源电压频繁波动，电磁场干扰和测量者感觉器官无规律的微小变化等引起的误差便属于随机误差。

随机误差在足够多次测量时，其总体服从统计规律，可以通过对多次测量值取算术平均值的方法来减弱随机误差对测量结果的影响。

（3）疏失误差

疏失误差又称粗大误差，它是指在一定的测量条件下，测量值明显地偏离实际值所形成的误差。

产生疏失误差的主观原因有：测量者过于疲劳、缺乏经验、操作不当或责任心不强而造成读错刻度、记错数字或计算错误等；客观原因有：测量条件的突然变化，如电源电压波动、机械冲击等引起仪器示值的改变。确认是疏失误差的测量数据应该剔除不用。

4）有效数字的运算

利用精度不同的仪表测量得到的数据有效位数会出现不同，由于测量得到的数据是近似值，在进行混合运算之前，通常需要对数据进行初处理。针对不同的运算，处理的方式也各不相同。

（1）加法运算

若干个小数位数不同的有效位数相加时，以小数位数最少的数为标准数，其余各加数的小数位数应修约成比标准的小数位数多一位，然后相加，其和的小数位数与标准的小数位数相同。

【例 1-1-6】 计算：3.513+4.5314+0.04。

【解】 在各加数中，0.04 的小数位数最少，为 2 位小数；所以其余各加数取 3 位小数，然后相加；其和取 2 位小数。其运算过程为：

$$原式=3.513+4.531+0.04=8.084\approx 8.08$$

（2）减法运算

减法运算应分下述两种情况进行。

① 当两个数值相差较大的有效数相减时，运算法则与加法相同。

② 当两个数值相差较小的有效数相减时，运算法则与加法略有不同。先确定小数位数少

的为标准数，另一数的小数位数应尽可能比标准数的小数位数多取几位，以免舍去过多小数后相减而失去意义（即差值为0）。差值也应多取几位小数。

【例1-1-7】 计算：7.86−7.8598。

【解】 如按情况①进行修约，则变为7.86−7.860=0，

应采取情况②，以保障实际差值不被消去。因此，应为7.86−7.8598=0.0002。

（3）乘除运算

有效数相乘（或相除）时，以有效位数最少的数为标准数，其余各数修约成比标准数多一位有效数字的数，然后进行计算。其结果的有效位数与标准数的有效位数相同。

【例1-1-8】 计算：5.876×4.2347×0.023

【解】 式中0.023的有效位数为2，所以其余两数应修约成有效位数为3的数，然后进行计算，其积取两位有效数字。其计算过程为

$$原式\approx 5.88\times 4.23\times 0.023=0.5720652\approx 0.57$$

（4）平方、开平方

有效数的平方值，其有效位数应比底数的有效位数多取一位。有效数的平方根，其有效位数应也比被开平方数的有效位数多取一位。

【例1-1-9】 计算4.25^2、$\sqrt{2.67}$，并确定有效位数。

【解】 根据计算法则，所得结果均为有效位数为4。即

$$4.25^2=18.0625\approx 18.06$$

$$\sqrt{2.67}\approx 1.634013464\approx 1.634$$

任务1—2 电阻元件特性测试

学习导航

学习目标	1．掌握线性电阻元件欧姆定理，能应用欧姆定理分析、计算电阻上的电压、电流
	2．了解万用表的使用知识，会正确测量元件电压电流
	3．培养安全正确操作仪器的习惯、养成行为规范
重点知识要求	1．线性电阻元件欧姆定理
	2．万用表的使用知识
关键能力要求	万用表的规范使用

任务要求

任务要求	1．测定线性电阻元件、非线性电阻元件的伏安特性，并绘制其特性曲线
	2．掌握直流电压表和直流电流表的使用方法
任务环境	直流稳压源，直流电压表，直流电流表，开关板，电阻模块
任务分解	1．测量线性电阻性元件的伏安特性
	2．测量非线性电阻的伏安特性（将白炽灯作为非线性电阻）

1．电阻元件的伏安特性曲线的测定

1）测量线性电阻元件的伏安特性

（1）按图 1-2-1 所示电路连接，R_L=100Ω，U_s 为直流稳压电源的输出电压，先将稳压电源输出电压旋钮置于最小位置。

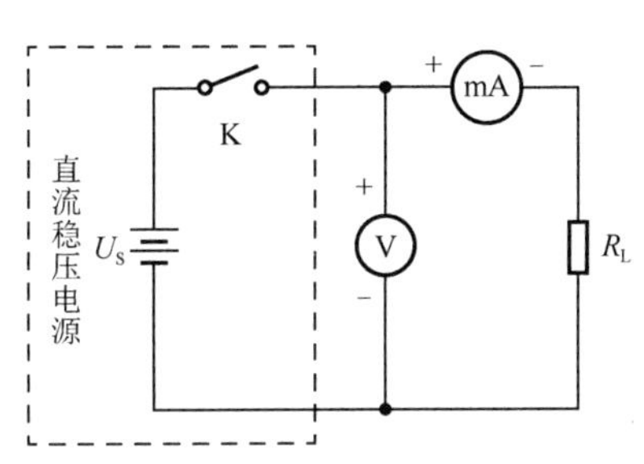

图 1-2-1 测量电阻元件的伏安特性

（2）打开直流稳压电源开关，调节稳压电源的输出电压，使其输出电压为表 1-2-1 中所列数值，并将所测电阻的电压和电流值记录在表 1-2-1 中。

表 1-2-1 测量线性电阻元件的伏安特性

电源电压	0V	2V	4V	6V	8V	10V
U（V）						
I（mA）						
$R=U/I$						

（3）根据测量的数据画出电阻的伏安曲线图。

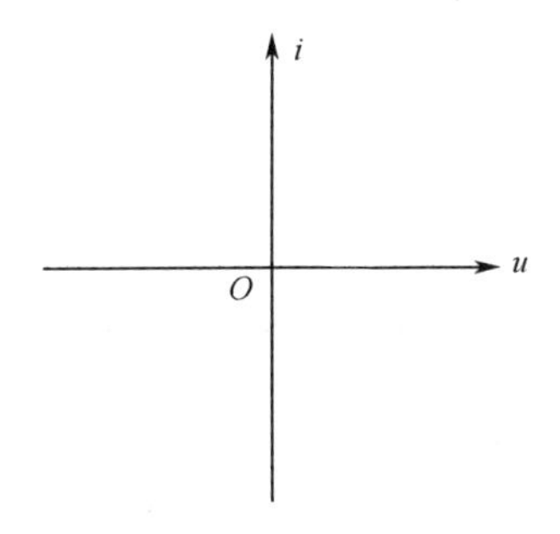

（4）分析实验结果。

2）测量非线性电阻的伏安特性（将白炽灯作为非线性电阻）

（1）按图 1-2-2 所示电路连接，U_s 为单相交流可调电源的输出电压，先将电源输出电压旋钮置于最小位置。

（2）打开交流可调电源开关，调节电源的输出电压，使其输出电压为表 1-2-2 中所列数值，并将所测电阻的电压和电流值记录在表 1-2-2 中。

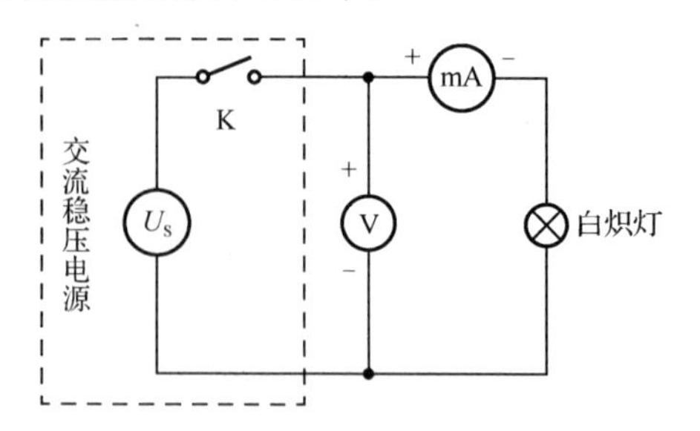

图 1-2-2　测量非线性电阻元件的伏安特性

表 1-2-2　测量非线性电阻元件的伏安特性

电源电压（V）	0	20	40	60	80	100	130	160	190	220
U（V）										
I（mA）										
$R=U/I$										

（3）根据测量的数据画出电阻的伏安曲线图。

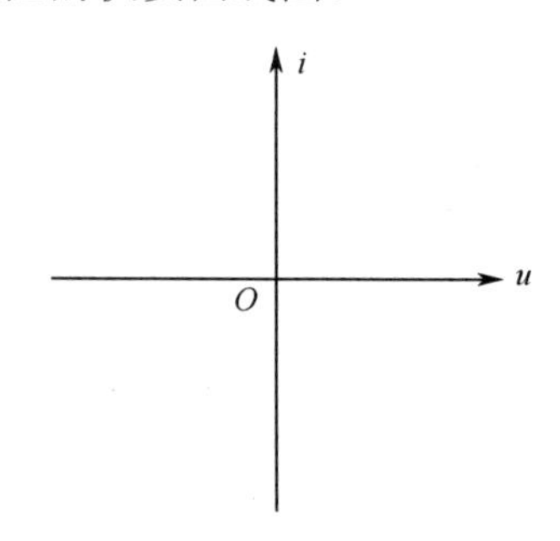

（4）分析实验结果。

2．未知电阻阻值的测定

（1）按图 1-2-3 所示电路连接，R_L=100Ω，U_s 为直流稳压电源的输出电压，R_X 保持不变，先将稳压电源输出电压旋钮置于最小位置，电流表和电压表选取最大量程进行接线。

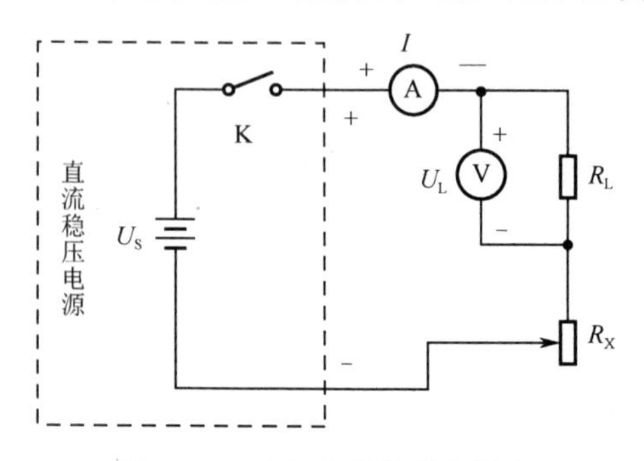

图 1-2-3　未知电阻的阻值测定

（2）打开直流稳压电源开关，调节稳压电源的输出电压，观察电流表和电压表的示数，调节电流表和电压表的量程，一般使指针偏转在满刻度的 2/3 左右为合适的量程大小，读取当时稳压电源输出的电压值 U_S，并分别将电流表和电压表的取值记录在表 1-2-3 中。多次测量后计算未知电阻阻值。

表 1-2-3　测量未知电阻元件的阻值

序号	稳压源输出 U_S	电压表读数 U_L	电流表读数 I	计算未知电阻阻值 R_X
1				
2				
3				
4				
5				

未知电阻阻值的计算公式为：$R_X = \frac{U_S - U_L}{I}$

（3）验证以下等式是否成立，如不成立，请分析原因。

- $R_L = \frac{U_L}{I}$
- $\frac{U_S}{I} = R_L + R_X$

分析原因：

相关知识

导体是允许电荷流动的材料。各种材料形成的导体对电荷的载流和传导能力并不相同。在物理学中，常用电阻（Resistance）来表示导体对电流阻碍作用的大小。用电导（Conductance）来衡量其导电能力的大小，电导是电阻的倒数。导体的电阻越大，表示导体对电流的阻碍作用越大，即电导越小。不同的导体，电阻/电导一般不同，电阻/电导是导体本身的一种性质。

1.2　电阻元件

1.2.1　电阻的基本概念

1．电阻的大小

电阻是导体材料的固有属性，取决于材料的种类。导体电阻的大小与导体长度 L 成正比，与导体导通电荷的横截面积 S 成反比。在固定温度下，电阻的大小可以由式（1-2-1）表示。

$$R = \rho \frac{L}{S} \tag{1-2-1}$$

其中 ρ 为导体的电阻系数，称为电阻率，它与导体的材料质地有关。不同材料的电阻率也不同。

2. 电阻的单位

电阻的国际单位为欧姆（Ω），常用的单位还有毫欧（mΩ）、千欧（kΩ）、兆欧（MΩ）等，它们与欧姆的换算由式（1-2-2）表示。

$$1\text{m}\Omega=10^{-3}\Omega$$
$$1\text{k}\Omega=10^{3}\Omega \qquad (1\text{-}2\text{-}2)$$
$$1\text{M}\Omega=10^{6}\Omega$$

3. 电阻的热效应

前面所讲的电阻的大小是在固定温度的前提条件下讨论的，那么温度的变化会对电阻值有怎样的影响呢？衡量电阻受温度影响大小的物理量是温度系数，其定义为温度每升高1℃时电阻值发生变化的百分数。

- 对于金属材料的导体而言，电阻率随温度的升高而增大，随温度的降低而减少。
- 对于半导体和绝缘体而言，电阻率随温度的升高而减小，随温度的降低而增大。

常见的金属导体具有较好的导电性能，电阻率随温度变化呈现正相关性。绝缘体为不容易导电的物体，半导体的导电性能介于导体和绝缘体之间，导电性能受温度、光照或掺入微量杂质等影响。半导体和绝缘体都呈现了随温度的负相关性。有些物质当温度降低到绝对零度（$T=-273.15$℃）时，它的电阻率会突变为零，我们称这一类导体为超导体。

我们日常接触使用的电阻通常是由锰铜合金和镍铜合金制成的，其电阻率随温度变化极小，利用它们这种性质来制作成为标准电阻。

4. 电阻的即时性

电阻元件的另一个重要特性：在任一时刻，电阻两端的电压是由此时电阻中的电流所决定的，而与过去的电流值无关；反之，电阻中的电流是由此时电阻两端电压所决定的，而与过去的电压值无关。从这个意义上讲，电阻是一种无记忆元件，就是说电阻不能记忆过去的电流（或电压）在历史上所起的作用。

1.2.2 线性电阻与非线性电阻

1. 线性电阻

电阻中有电流流过，必然会产生电压降。所谓线性电阻元件是一种理想元件，在任何时刻，它两端电压 U 与通过它的电流 I 的比值为常量，其伏安特性曲线在 $I-U$ 平面坐标系中为一条通过原点的直线。

通常所说的“电阻”，如不特殊说明，均指线性电阻。线性电阻的符号如图 1-2-4 所示，线性电阻的伏安特性曲线如图 1-2-5 所示。电阻值可以由直线的斜率来确定，是一个常数。

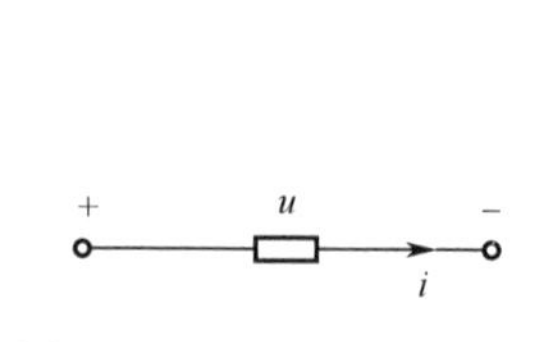

图 1-2-4　线性电阻的符号

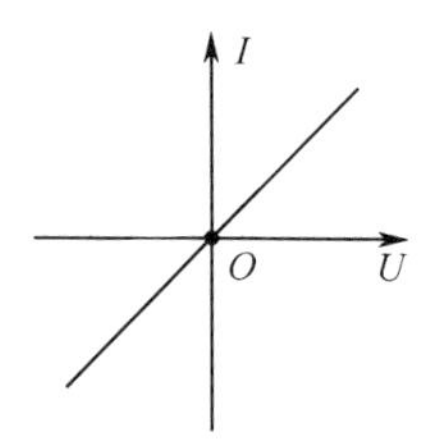

图 1-2-5　线性电阻的伏安特性曲线

2. 非线性电阻

实际上，所有电阻元件的伏安特性曲线或多或少都是非线性的。不过，在一定条件下，许多元件（特别像金属膜电阻元、统线电阻元等）的伏安特性近似为一直线，理想化地用线性电阻元件作为它们的电路模型，可以很好地满足工程精度的要求。

另一类元件，其伏安特性曲线不是一条直线，如晶体二极管，其电压-电流关系呈明显的非线性，如图 1-2-6 所示，属于非线性电阻元件，要用非线性电阻元件作为它们的模型。非线性电阻的阻值不是常量，而是随着电压或电流的大小、方向而改变的，它的伏安特性曲线上每一点的斜率是不同的，所以不能再用一个常数来表示。值得提出的是，有些非线性电阻元件的伏安特性还与电压或电流的方向有关。也就是说，当元件两端施加的电压方向不同时，流过它的电流完全不同。观察图 1-2-6 可以看出，非线性电阻的伏安特性曲线，对坐标原点来说是不对称的。我们知道，所有线性电阻的伏安特性都是直线，对坐标原点都是对称的，说明它们都具有双向件，与电流的方向和电压的极性无关。而大部分非线性电阻的伏安特性曲线对坐标原点不对称，说明二极管的正向连接和反向连接，其伏安关系不同。

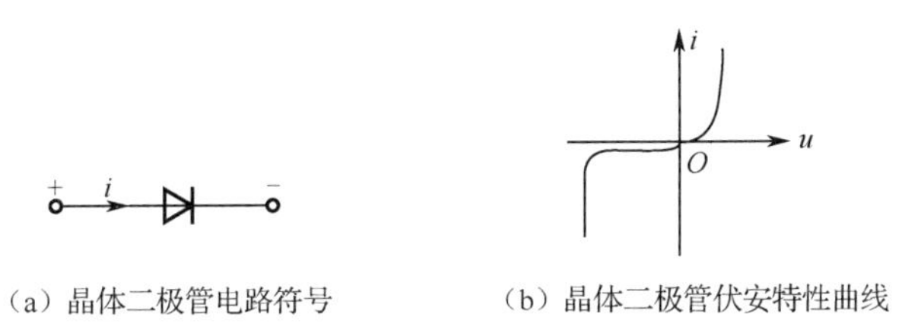

（a）晶体二极管电路符号　（b）晶体二极管伏安特性曲线

图 1-2-6　线性电阻的伏安特性曲线

还有一类电阻元件，它的电阻值随时间而变化，称为时变电阻，其模型为时变电阻元件。甚至会出现在同一个电流值下，有多个电压与之对应，或者在同一个电压值下，有多个电流与之对应的存在多值状态的非线性电阻。因为非线性电阻种类繁多，分析较为复杂，通常本书主要针对线性电阻进行讨论。

1.2.3　电导

电阻元件的特性还可以用另一参数——电导来表示。电导是电阻的倒数，用符号 G 表示，即

$$G = \frac{1}{R} \tag{1-2-3}$$

在国际单位制中，电导的单位是西门子，简称西（S）。常采用毫西门子、微西门子表示。

在液体中常以电阻的倒数——电导来衡量其导电能力的大小。电导率（κ）也是电阻率的倒数，表示为式（1-2-4）。因此电导还可以表示为式（1-2-5）。

$$\kappa = \frac{1}{\rho} \tag{1-2-4}$$

$$G = \kappa \frac{S}{L} \tag{1-2-5}$$

电阻越大，电导越小，该电阻的导电能力弱；电阻越小，电导越大，该电阻的导电能力强。电阻、电导是从相反的两个方面来表征同一材料特性的两个电路参数。

1.3　欧姆定律

欧姆定律（Ohm's Law，OL）是电路分析中重要的基本定律之一，它说明流过线性电阻的电流与该电阻两端电压之间的关系，反映了电阻元件的特性。电阻作为消耗电能的元件，总是电场力做功，故实际的电流总是从高电位端流向低电位端，即电流的方向与电压的方向一致。故在电流电压都为实际方向时，伏安关系曲线总是在$u-i$平面的第一、三象限。欧姆定律反映了电阻元件的伏安关系。

1．欧姆定律的内容

若线性电阻上的电压、电流取关联参考方向时，u、i之间的关系可以由式（1-2-6）和式（1-2-7）表示。

$$u = Ri \tag{1-2-6}$$

$$i = \frac{u}{R} = Gu \tag{1-2-7}$$

式中：R为电阻，单位为欧姆，符号用Ω表示；G为电导，单位为西门子（Siemens），符号用S表示。

当电压、电流取非关联参考方向时，u、i之间的关系由式（1-2-8）表示。

$$u = -R \cdot i \quad 或 \quad i = -\frac{u}{R} \tag{1-2-8}$$

其中R为线性电阻元件的电阻值。要注意这里的正负号，它正确地表示了电流通过电阻元件时是电场力做功，在两个端钮之间产生电压降的特性。当电流的单位取安培，电压的单位取伏特时，电阻值的单位为欧姆，用符号Ω表示，电阻值是电阻元件的参数。

欧姆定律在使用时应注意以下几点。

（1）只适用于线性电阻（R为常数）。

非线性电阻元件的伏安特性不是一条通过原点的直线面是曲线，所以元件上电压和流过元件的电流之间不服从欧姆定律。

（2）如电阻上的电压与电流参考方向非关联，公式中应冠以负号，为$u = -Ri$。

（3）在参数值不等于零、不等于无限大的电阻、电导上，电流与电压是同时存在、同时消失的。

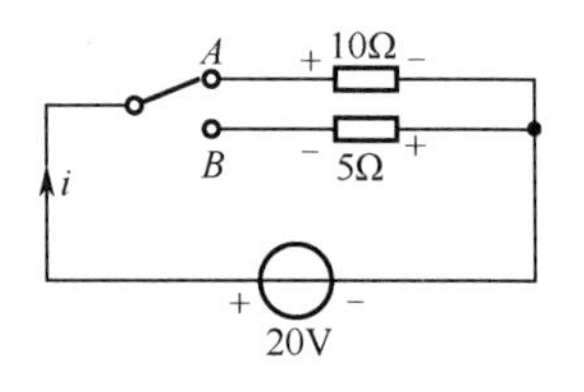

图 1-2-7　例 1-2-1 电路

【例 1-2-1】 电路如图 1-2-7 所示，图中标示的为各个物理量的参考方向，已知电源电压为 20V，求开关分别拨至A端和B端时，电路中的电流及电阻上的电压。

【解】 当开关拨至A端时，电阻两端电压为：

$$u_A = u_S = 20\text{（V）}$$

电阻两端电压和流过的电流呈关联参考方向，应运用式（1-2-7），可得：

$$i_A = \frac{u_A}{R_A} = \frac{20}{10} = 2\text{（A）}$$

当开关拨至B端时，电阻两端电压为：

$$u_B = -u_S = -20\text{（V）}$$

电阻两端电压和流过的电流呈非关联参考方向，应运用式（1-2-8），可得：

$$i_B = -\frac{u_B}{R_B} = -\frac{-20}{5} = 4\text{（A）}$$

2. 开路和短路

（1）开路：对应电阻为无穷大的情况，其伏安特性如图 1-2-8 所示。

（2）短路：对应电阻为零的情况，其伏安特性如图 1-2-9 所示。

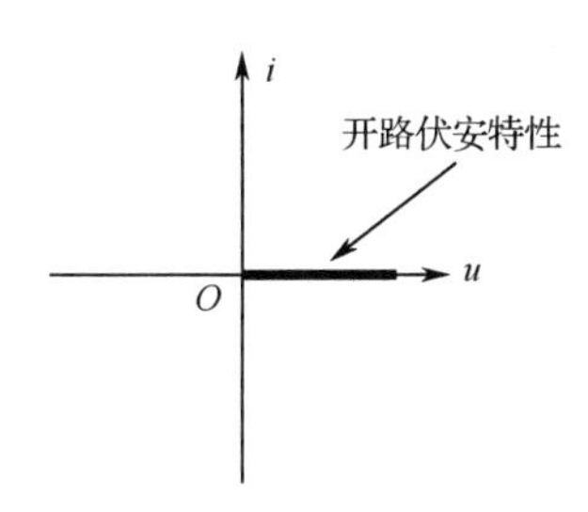

图 1-2-8 开路伏安特性曲线

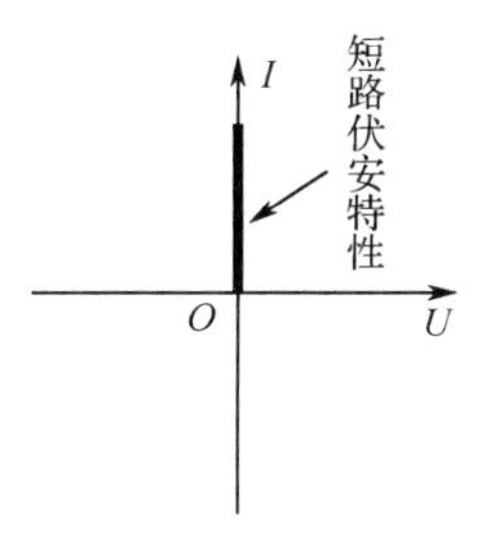

图 1-2-9 短路伏安特性曲线

【小贴士】 开路时电流为零，短路时电压为零。

【例 1-2-2】 电路如图 1-2-10 所示，$U_S = 12\text{V}$，$R_1 = 4\Omega$，$R_2 = 2\Omega$，求（1）只闭合开关 S_1，开关 S_2 打开时；（2）只闭合开关 S_2，开关 S_1 打开时；（3）S_1、S_2 都闭合时，R_2 上流过的电流。

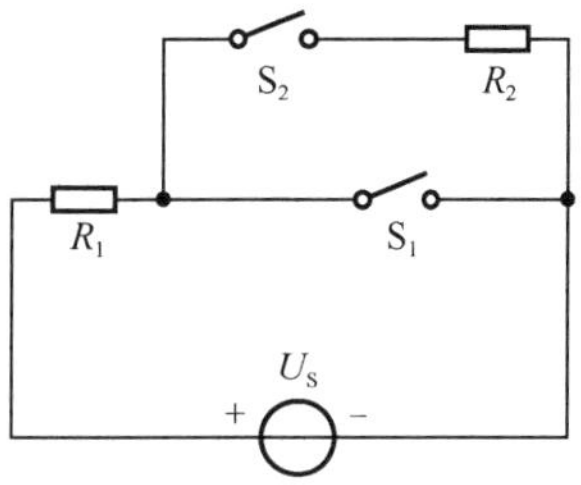

图 1-2-10 例 1-2-2 电路

【解】（1）只闭合开关 S_1，开关 S_2 打开时，R_2 支路为开路，无电流流过，则：

$$I_{R_2} = 0\text{（A）}$$

（2）只闭合开关 S_2，开关 S_1 打开时，R_1 和 R_2 串联，则流过 R_2 的电流为：

$$I_{R_2} = \frac{U_S}{R_1 + R_2} = \frac{12}{4+2} = 2\text{（A）}$$

（3）S_1、S_2 都闭合时，R_2 被短路，则：

$$I_{R_2} = 0\text{（A）}$$

3. 线性电阻元件的功率

电阻元件是一种对电流呈现阻力的元件，有阻碍电流流动的本性，电流要流过电阻就必然要消耗能量。因此电阻元件是消耗电能的元件，简称耗能元件。

在关联参考方向下，电阻上消耗的功率为：

$$p = ui = Ri^2 = \frac{u^2}{R} \text{ 或 } p = ui = Gu^2 = \frac{i^2}{G} \qquad (1\text{-}2\text{-}9)$$

应注意，公式和参考方向必须配套使用。由式（1-2-9）可见，p 恒为非负值，与电阻元件的电压电流是否为关联参考方向无关，故电阻元件在任何时刻总是消耗功率的，是耗能元件。

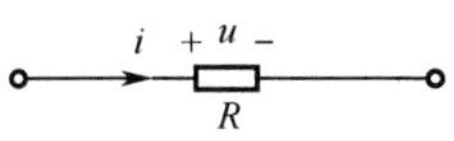

图 1-2-11 例 1-2-3 电路

【例 1-2-3】 电路如图 1-2-11 所示，若电流 $i<0$，电压 u 是否为正，为什么？

【解】 当 $i<0$ 时，$u<0$。

因为电阻是耗能元件，p 恒大于零，图 1-2-11 中标示的为关联参考方向，应采用公式$p=ui$计算功率，所以当电流为负时，电压u不可能为正。

由于电阻吸收的功率与电压或电流的平方成正比，功率恒大于零。这表明，在任何时刻，电阻总在吸收功率，而不会对外提供功率，理想电阻元件所消耗的功率是不受限制的，但对于实际电阻元件，其功率的消耗必须有一定的限制，即不能超过电阻的额定功率。所谓额定功率是指实际电阻元件工作时所允许消耗的最大功率，当元件的实际消耗功率超过额定值时，元件将因过热而有烧坏的危险。在实际使用中，可以根据元件的标称阻值和额定功率，应用公式计算出实际电阻元件的额定电流和额定电压，以保证元件的安全工作。

【例 1-2-4】 一个标有“220V，40W”的白炽灯泡，正常发光时通过灯丝的电流是多少？灯丝的电阻是多少？工作 10h 耗电多少？若接到 110V 的电源上，其实际功率是多少？

【解】 正常工作时的电流，由$P=U\cdot I$可得:

$$I=\frac{P}{U}=\frac{40}{220}=0.1818\ \text{（A）}$$

灯丝电阻R，由$P=\dfrac{U^2}{R}$可得:

$$R=\frac{U^2}{P}=\frac{220^2}{40}=1210\ \text{（}\Omega\text{）}$$

工作 10h 的耗电为:

$$W=Pt=40\times10^{-3}\times10=0.4\ \text{（kW·h）}$$

若接到 110V 的电源上，实际功率为:

$$P=\frac{U^2}{R}=\frac{110^2}{1210}=10\ \text{（W）}$$

额定功率为 40W 的负载，当工作电压为额定电压的一半时，实际功率只有 10W，即额定功率的 1/4。可见，负载只有在额定电压下工作，才能达到额定的功率。

【拓展知识 2】 电阻的标注知识

通常使用的电阻如图 1-2-12 所示，由于电阻体表面积较小，通常电阻的材料，参数等信息无法详尽标注。对于额定功率小于 0.5W 的电阻，一般只标注标称值和允许误差。

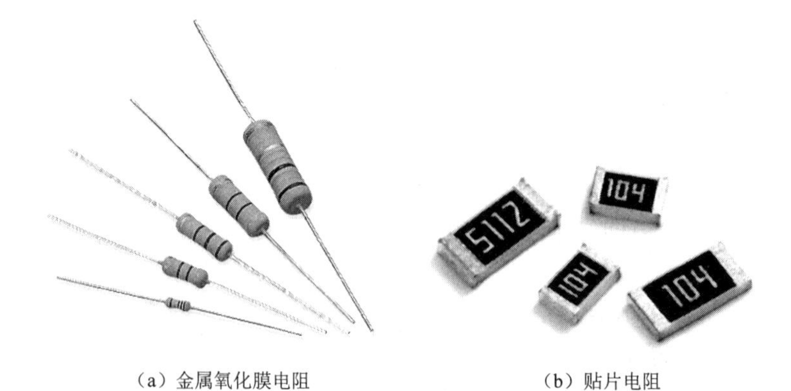

（a）金属氧化膜电阻　　（b）贴片电阻

图 1-2-12　电阻实物图

1．色环电阻的阻值读取

电阻器的标注使用较多的是色环标注的方法。色环标注利用电阻表面印上不同颜色的色环，每一种颜色的色环对应一个数字，来提供快速辨别电阻的有效数字、乘数以及允许误差，有时还有可靠度等信息。依据色环个数的不同可分为四色环电阻，五色环电阻和六色环电阻。不同色环所代表的含义如表 1-2-4 所示。

表 1-2-4 色环对应的数值

颜色	棕	红	橙	黄	绿	蓝	紫	灰	白	黑	金	银	本色
有效数字	1	2	3	4	5	6	7	8	9	0			
乘数	10^1	10^2	10^3	10^4	10^5	10^6	10^7	10^8	10^9	10^0	10^{-1}	10^{-2}	
允许误差（±%）	1	2			0.5	0.25	0.1				5	10	20

1）四色环电阻

四色环电阻是指用 4 条色环表示阻值的电阻，从左向右数，如图 1-2-13 所示。第 1 道色环和第 2 道色环表示两位有效数字，第 1 道色环为高位数字，第 2 道色环为低位数字；第 3 道色环表示阻值倍乘 10 的幂指数；第 4 道色环表示阻值允许的偏差（精度）。

2）五色环电阻

五色环电阻是指用 5 条色环表示阻值的电阻。从左向右数，如图 1-2-14 所示。第 1 道色环表示阻值的最大一位数字；第 2 道色环表示阻值的第 2 位数字；第 3 道色环表示阻值的第 3 位数字；第 4 道色环表示阻值的倍乘数；第 5 道色环表示误差范围。显然，色环越多，电阻器的精度就越高。五色环电阻为精密型电阻，其第 5 道精度环一般为棕色（1%）或红色（2%）。

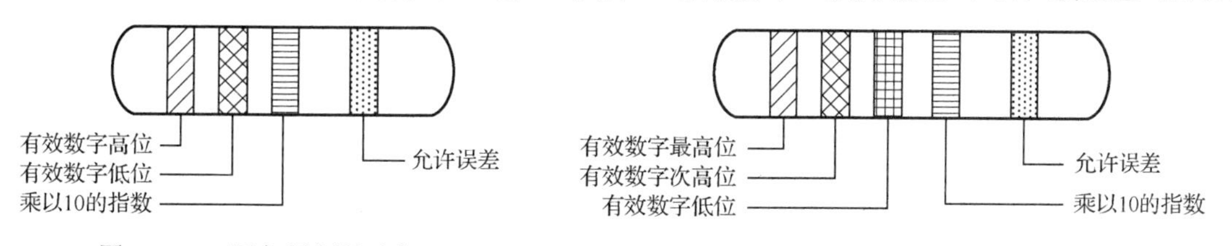

图 1-2-13 四色环电阻示意　　图 1-2-14 五色环电阻示意

2．贴片电阻的阻值识别主要介绍数字法标识

数字法标识阻值识别方式较为直观；通常采用的标识方式分为普通型和精密型两种，具体如下。

（1）采用 3 位数字表示：第 1 位和第 2 位为有效值，第 3 位为倍数，即 0 的个数；如 103 表示阻值为 10×10^3=10 000Ω=10kΩ。通常此种表达方式为普通型电阻，阻值误差常规为 10% 或 5%。

（2）采用 4 位数字表示：第 1 位、第 2 位及第 3 位为有效值，第 4 位为倍数，即 0 的个数；如 1003 表示阻值为 100×10^3=100 000Ω=100kΩ。通常此种表达方式为精密型电阻，阻值误差常规为 1%。

任务 1—3　电源元件特性测试

学习导航

学习目标	1．了解理想电压源和理想电流源的特性
	2．理解实际电源的种类及特点
	3．理解和区分理想电源、实际电源的作用与特点
	4．正确使用实际稳压电源
重点知识要求	1．理想电源特性
	2．实际电源特性及两种模型
关键能力要求	稳压电源的规范使用

任务要求

任务要求	1．测定电源的伏安特性，并绘制其特性曲线
	2．熟练掌握直流电压表和直流电流表的使用方法
任务环境	直流稳压源，直流电压表，直流电流表，开关板，电阻模块
任务分解	1．测量理想直流电压源的伏安特性
	2．测量实际直流电压源的伏安特性

实施步骤

1．测量理想直流电压源的伏安特性

（1）按图 1-3-1 所示接线，将直流稳压电源视为理想电压源，稳压电源输出电压调为 10V，固定不变。外接电路为在端口并联电压表，在回路中串联电流表及一个电阻值可变的滑动变阻器。滑动变阻器接入电路时，请将阻值调至最大。

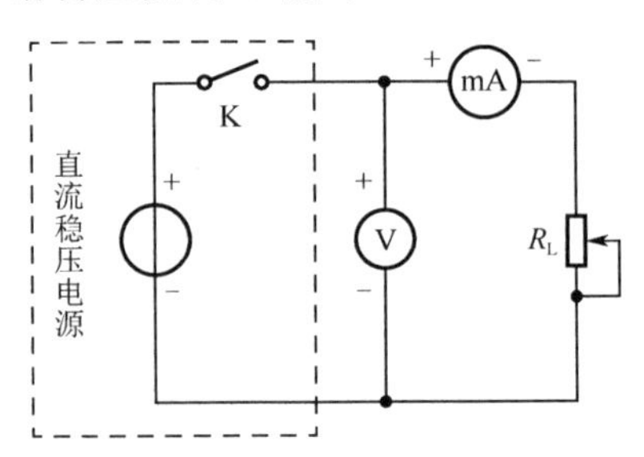

图 1-3-1　理想直流电压源的测试电路

（2）改变可变电阻器 R_L 的值，取 R_L 为 100Ω、200Ω、300Ω、400Ω、500Ω、600Ω。测量对应的理想电压源的端电压 U 和电路中的电流 I，将测量数据记录在表 1-3-1 中。

表 1-3-1 理想电压源的实验数据记录

	100Ω	200Ω	300Ω	400Ω	500Ω	600Ω
端电压 U						
电流 I						

（3）根据测量的数据画出电源的伏安曲线图。

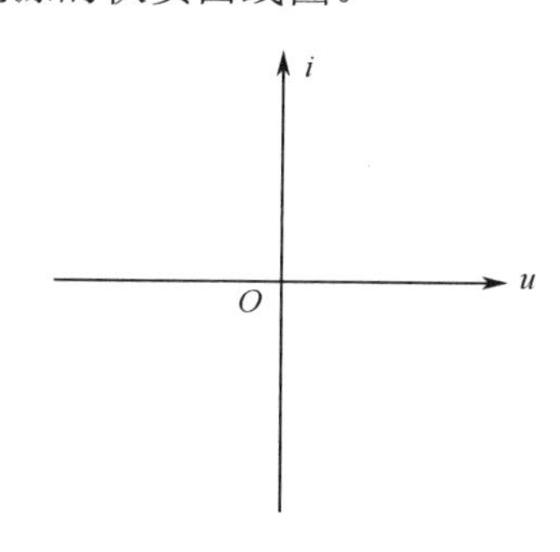

（4）分析实验结果。

2．测量实际直流电压源的伏安特性

（1）按图 1-3-2 所示接线，将直流稳压电源 U_S 与电阻 R_S（R_S=51Ω）相串联来模拟实际直流电压源。可变电阻器置于最大值。

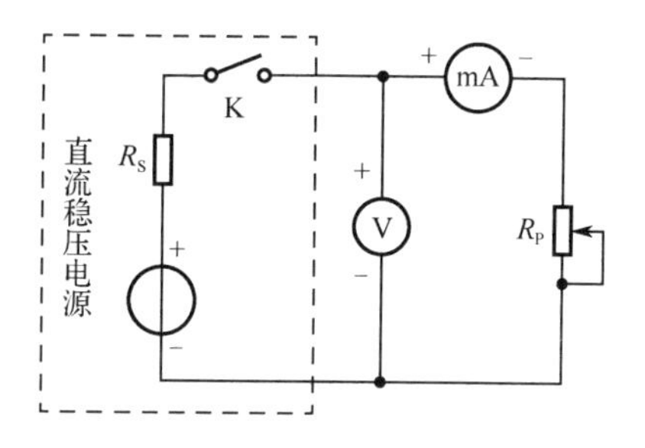

图 1-3-2 实际直流电压源的测试电路

（2）闭合开关 K，稳压电源输出值调节为 10V，改变 R_p 的数值，分别调为 100Ω、200Ω、300Ω、400Ω、500Ω、600Ω。测量电路中的电流值和实际电源的端电压，记入表 1-3-2 中。

表 1-3-2 实际电压源的实验数据记录

	100Ω	200Ω	300Ω	400Ω	500Ω	600Ω
端电压 U						
电流 I						

（3）根据测量的数据画出电源的伏安曲线图。

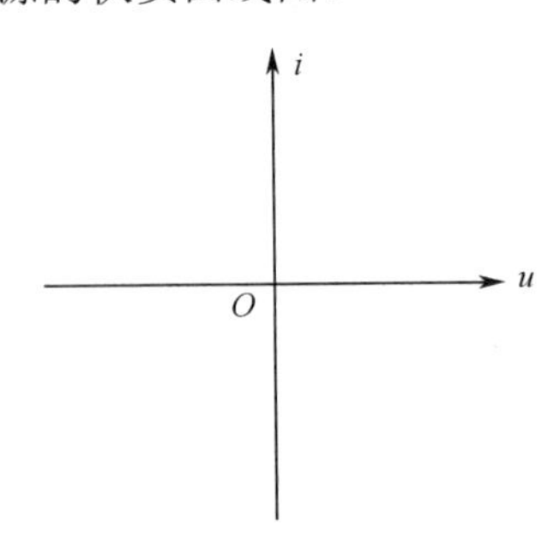

（4）分析实验结果。试问理想电压源两端的电压与它的外接电阻有没有关系？与流经它的电流有没有关系？

【小贴士】 电流表应串接在被测电流支路中，电压表并接在被测电压两端，要注意直流仪表“+”、“−”端的接线，并选择适当的量限。直流稳压电源输出端不能短路。交流电源和直流电源不能接错，否则会将电阻烧坏（电路中电阻的功率不可超过电阻的额定功率）。

相关知识

电源是一种能将其他形式的能量（如光能、热能、机械能、化学能等）转换成电能的装置或设备，电源给电路提供电能。发电机、蓄电瓶、干电池等是一些常见的电源。在含电阻的电路中，当有电流流动时，就会有能量不断消耗，那么电路中必须有能量的来源——电源不断提供能量才行。没有电源，在一个纯电阻电路中是不可能产生电流和电压的。电压源和电流源是实际电源的理想化模型，故又称理想电压源和理想电流源。实际电源工作时，在一定条件下，有的端电压基本不随外部电路而变化，如新的干电池、大型电网；有的提供的电流基本不随外部电路而变化，如光电池、晶体管稳流电源。根据对实际电源的观察分析，从而得出两种电源模型：电压源和电流源。

1.4 理想电源

本节讲的电压源、电流源都是理想电源，是在一定条件下从实际电源抽象出来的一种电源模型，是一种有源元件。

1.4.1 理想电压源

理想电压源的定义是，其两端电压总能保持确定的数值，其值与流过它的电流 i 无关的元件叫理想电压源。它具有两个特点。

（1）元件上电压 $u(t)$ 的函数（或在一定时间范围内的波形）是固定的，不会因它连接的外电路的不同而改变，即 $u(t)=u_{S}(t)$ 始终成立。

（2）流过电源的电流会随外接电路的不同而不同。

理想电压源的电路符号如图 1-3-3 所示，其中正负号是电源端电压的参考极性。理想电压源电动势（用 e 表示）的参考方向是从负极指向正极，而端电压（用 U_S 表示）的参考方向则是从正极指向负极，用这种参考方向时，有：

$$e = -U_S \tag{1-3-1}$$

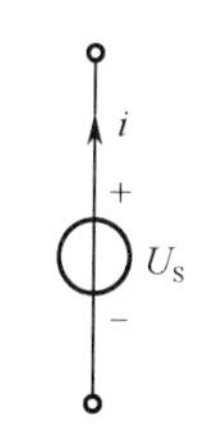

图 1-3-3 理想电压源的电路符号

1. 理想电压源的电压、电流关系

（1）理想电压源两端电压由理想电压源本身决定，与外电路无关；与流经它的电流方向、大小无关。其伏安特性曲线如图 1-3-4 所示。直流电压源的伏安特性在 $i-u$ 平面上是一条不通过原点且与电流轴平行的直线。

（2）通过理想电压源的电流由理想电压源及外电路共同决定。如图 1-3-5 所示，理想电压源外接电阻 R，形成闭合回路，回路中的电流可以由式（1-3-2）表示。

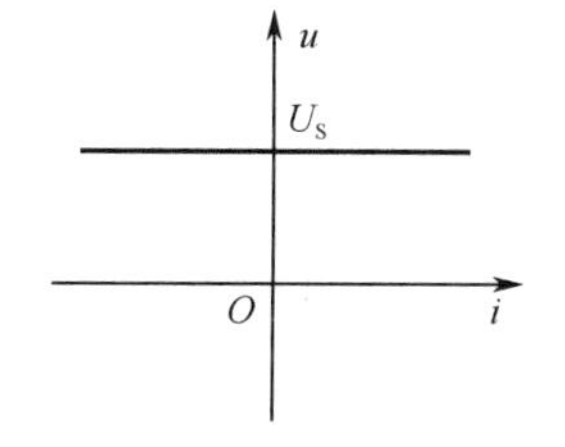

图 1-3-4 理想电压源的伏安特性曲线

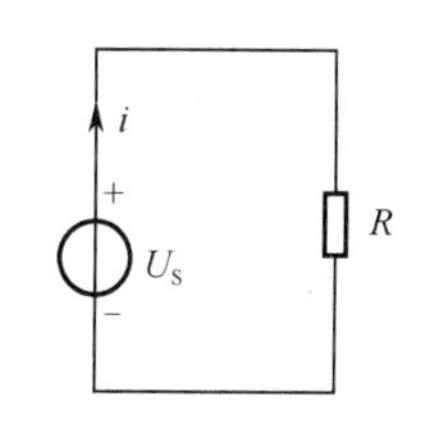

图 1-3-5 理想电压源的外电路

$$i = \frac{u_s}{R} \tag{1-3-2}$$

$$\begin{aligned} &i = 0(R = \infty) \\ &i = \infty(R = 0 \text{ 即短路}) \end{aligned} \tag{1-3-3}$$

由式（1-3-3）可知，当 $R \to \infty$ 时，$i \to 0$；而当 $R \to 0$ 时，$i \to \infty$，产生一个极大的电流，容易烧毁电路中的器件，应该避免发生，因此理想电压源可以开路，但不能短路。

【例 1-3-1】 求图 1-3-6 所示的两种情况下 u 的取值。

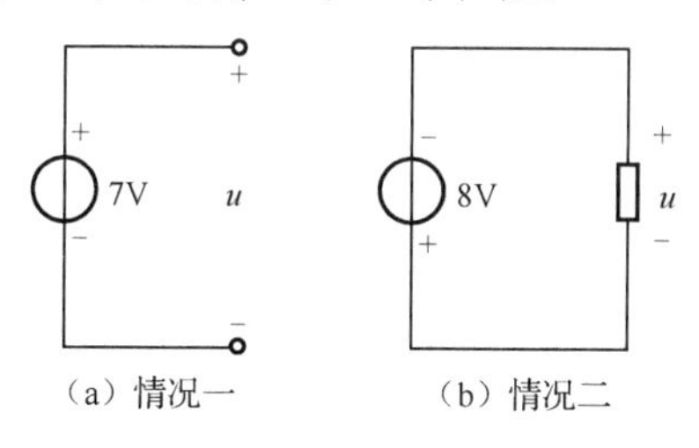

图 1-3-6 例 1-3-1 电路

【解】 图 1-3-6（a）所示端口电压的正极与电压源的正极连接在一起，端口电压的负极和电压源的负极连接在一起，因此

$$u = 7\text{V}$$

图 1-3-6（b）所示 u 的正极接与电压源的负极连接，u 的负极接与电压源的正极连接，因此 u 的取值应该与电压源的输出相反，即

$$u = -8\text{V}$$

2. 理想电压源的功率

（1）当理想电压源两端的电压与电流的参考方向为非关联时，如图 1-3-7 所示，则其功率表示为式（1-3-4）。式（1-3-4）的物理意义为：外力克服电场力做功，理想电压源发出功率。

$$p = -ui \tag{1-3-4}$$

（2）当理想电压源两端的电压与电流的参考方向为关联参考方向时，如图 1-3-8 所示，则其功率由式（1-3-5）表示。此时，理想电压源吸收功率，不向外电路提供能量。

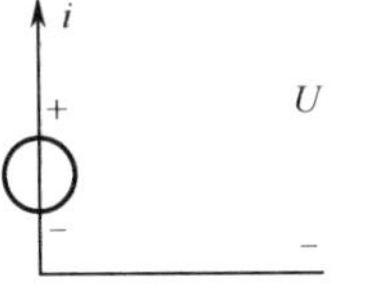
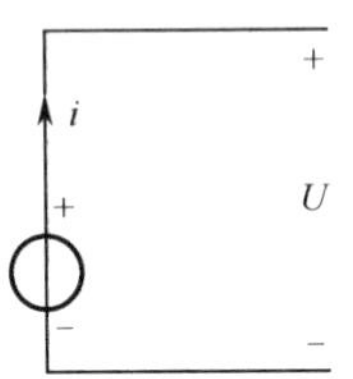

图 1-3-7 理想电压源的非关联参考方向

图 1-3-8 理想电压源的关联参考方向

$$p = ui \tag{1-3-5}$$

还应指出，理想电压源的电压是给定的，流过理想电压源的电流由外电路决定，大小和方向随外电路的不同而改变。当电流从理想电压源的低电位处流向高电位处，理想电压源放出能量，它起电源的作用，发出功率。反之，当电流从理想电压源的高电位处流向低电位处，则理想电压源吸收功率，这时理想电压源将作为负载出现。通常，理想电压源的电压、电流取非关联参考方向，如图 1-3-7 所示。在这种情况下，如果 $p<0$，理想电压源发出功率；$p>0$，理想电压源实际上是吸收功率。

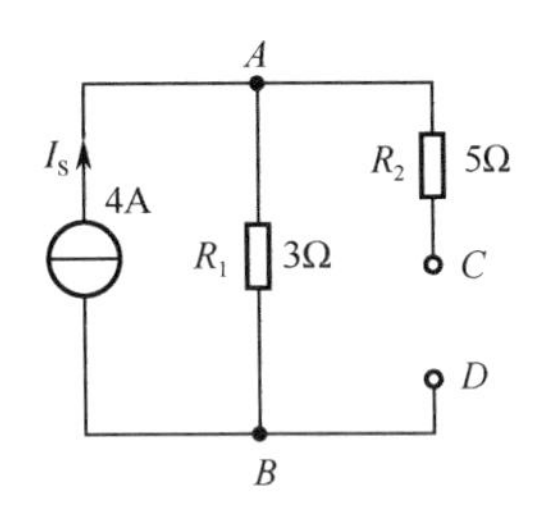

图 1-3-9 例 1-3-2 电路

【例 1-3-2】 在图 1-3-9 所示电路中，C、D 间是断开的，求 U_{AB} 和 U_{CD}，并求各电阻及电流源吸收的功率。

【解】 因为 C、D 间断路，因此 AC 支路上，即 R_2 电阻上没有电流流过；

$$U_{AB} = R_1 \cdot I_S = 3 \times 4 = 12\ (\text{V})$$

由于 R_2 电阻上没有电流流过，因此不产生压降，所以

$$U_{CD} = U_{AB}$$

$$P_{R_2} = 0$$

$$P_{R_1} = \frac{U_{AB}^2}{R_1} = \frac{12^2}{3} = 48\ (\text{W})$$

因为 U_{AB} 表示 A 为高电位，B 为低电位，根据图示电流源的电流指向可知电流源为非关联参考方向，因此可得：

$$P_{I_S} = -U_{AB} \cdot I_S = -12 \times 4 = -48\ (\text{W})$$

3. 理想电压源的串联

如果电路串联一个以上的理想电压源，则这些理想电压源可以被等效地以单一理想电压源取代，其值为单个理想电压源的和或差（视单个理想电压源的极性而定）。因理想电压源会有不同的极性，所以在决定等效理想电压源的大小与极性时必须考虑极性。

若所有的理想电压源极性是统一的（假设是使电压上升的方向），则合成理想电压源为简单的代数相加。图 1-3-10（a）所示为 3 个理想电压源的串联，其等效电压源的大小由式（1-3-6）

表示。

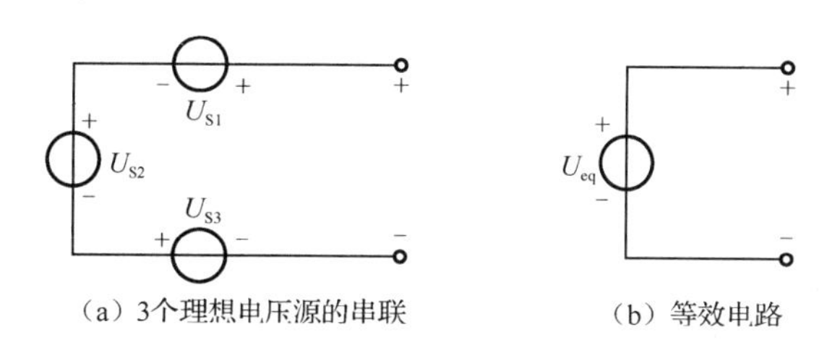

（a）3个理想电压源的串联　（b）等效电路

图 1-3-10　理想电压源的串联等效

$$U_{eq} = U_{S1} + U_{S2} + U_{S3} \tag{1-3-6}$$

若理想电压源的电压极性并不统一，则可根据需要进行理想电压源的等效。如图 1-3-11（a）所示电路，若等效理想电压源采用图 1-3-11（b）所示的参考极性，则等效理想电压源可以由式（1-3-7）表示；若采用图 1-3-11（c）所示的参考极性，则等效理想电压源可以由式（1-3-8）表示。

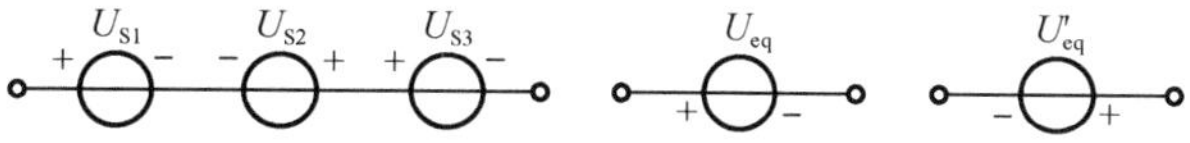

（a）串联电路　（b）情况一　（c）情况二

图 1-3-11　理想电压源的串联等效

$$U_{eq} = U_{S1} - U_{S2} + U_{S3} \tag{1-3-7}$$

$$U'_{eq} = -U_{S1} + U_{S2} - U_{S3} \tag{1-3-8}$$

【小贴士】 进行理想电压源的串联等效时，可以观察目标理想电压源（等效理想电压源）的极性，与目标理想电压源极性相同的理想电压源前面取“+”号，相反的理想电压源前面取“–”号，进行代数和的运算。

【例 1-3-3】 电路如图 1-3-12 所示，已知 $U_{S1}=3\text{V}$，$U_{S2}=-5\text{V}$，$U_{S3}=6\text{V}$，求其等效电压 U_{AB} 的大小。

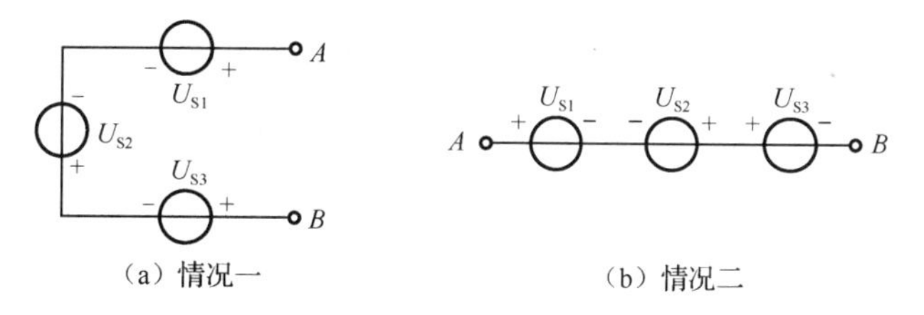

（a）情况一　（b）情况二

图 1-3-12　例 1-3-3 电路

【解】 图 1-3-12（a）所示目标等效电压源为 U_{AB}，表示 A 为“+”极，B 为“–”极，则图 1-3-12（a）中等效电压源应为：

$$U_{AB} = U_{S1} - U_{S2} - U_{S3} = 3-(-5)-6=2\ (\text{V})$$

图 1-3-12（b）所示目标等效电压源为 U_{AB}，与 U_{AB} 极性相同的取“+”，相反的取“–”可得：

$$U_{AB} = -U_{S1} - U_{S2} + U_{S3} = -3-(-5)+6=8\ (\text{V})$$

4．理想电压源的并联

在电路中出现多个理想电压源并联时，如图 1-3-13（a）中 3 个理想电压源并联，因为理想电压源两端电压总能保持确定的数值，与外接电路无关，因此只有在 3 个理想电压源输出电压相同时才允许并联。因此图 1-3-13（b）中的等效理想电压源大小由式（1-3-9）表示。

$$U_{eq}=U_{S1}=U_{S2}=U_{S3} \tag{1-3-9}$$

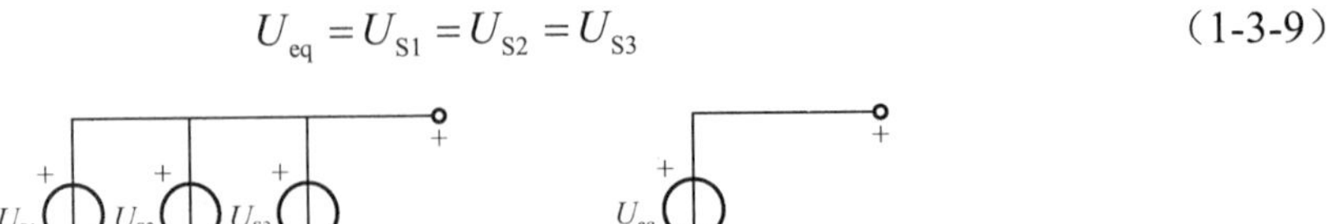

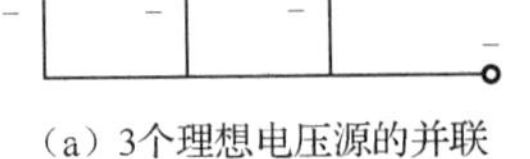

（a）3个理想电压源的并联　　（b）等效电路

图 1-3-13　理想电压源的并联等效

1.4.2　理想电流源

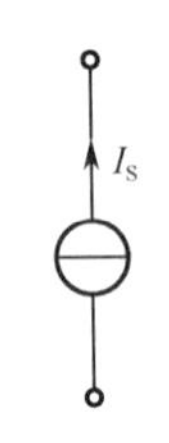

图 1-3-14　理想电流源的电路符号

理想电流源的定义是，其输出电流总能保持定值，其值与它的两端电压 u 无关的元件叫理想电流源。它具有两个特点。

（1）元件上电压 $i(t)$ 的函数（或在一定时间范围内的波形）是固定的，不会因它连接的外电路的不同而改变，即 $i(t)=i_S(t)$ 始终成立。

（2）元件的电压会随外接电路的不同而不同。

理想电流源的符号如图 1-3-14 所示。箭头是理想电流源的输出电流参考方向。

1．理想电流源的电压、电流关系

（1）理想电流源的输出电流由理想电流源本身决定，与外电路无关；与它两端电压方向、大小无关。其伏安特性曲线如图 1-3-15 所示。直流理想电流源的伏安特性在 $i-u$ 平面上是一条不通过原点且与电压轴平行的直线。

这表明电流 i 由 I_S 决定，与理想电流源两端的电压值无关，同时也说明了理想电流源所表示的只是支路的电流，不能确定两端的电压值。

（2）理想电流源两端的电压由理想电流源及外电路共同决定。如图 1-3-16 所示，理想电流源外接电阻 R，形成闭合回路，回路中的端口电压可以由式（1-3-10）表示。

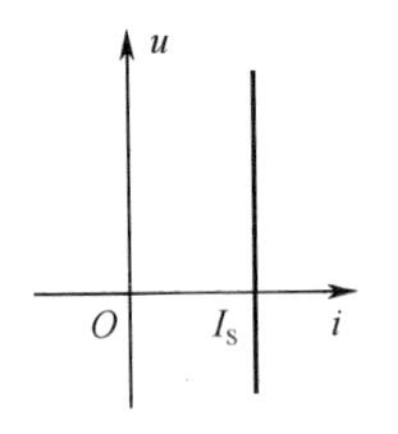

图 1-3-15　理想电流源的伏安特性

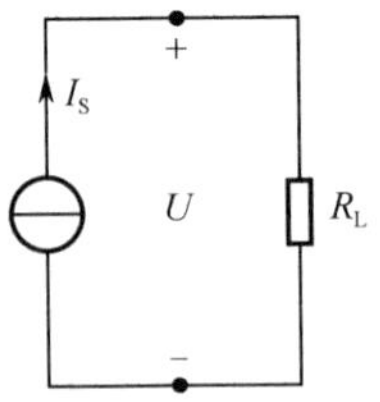

图 1-3-16　理想电流源外接电路

由式（1-3-11）可知，当 $R_L\to 0$ 时，$U\to 0$；而当 $R_L\to\infty$ 时，$U\to\infty$，对外输出极大电压，会导致电路器件负荷过大，因此理想电流源可以短路，但不能开路！

$$U=I_SR_L \tag{1-3-10}$$

$$U = 0(R_L = 0)$$
$$U = \infty(R_L = \infty \text{即开路}) \quad (1\text{-}3\text{-}11)$$

2．理想电流源的功率

（1）当理想电流源输出的电流和两端的电压的参考方向非关联时，如图 1-3-17 所示，则其功率表示为式（1-3-12），其物理意义为理想电流源发出功率，起到电源作用。

$$P = -U \cdot I_S \quad (1\text{-}3\text{-}12)$$

（2）当理想电流源输出的电流和两端的电压的参考方向为关联参考方向时，如图 1-3-18 所示，则其功率由式（1-3-13）表示。此时，理想电流源吸收功率，不向外电路提供能量。

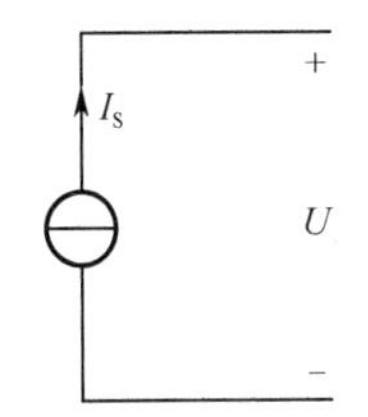

图 1-3-17　理想电流源非关联参考方向

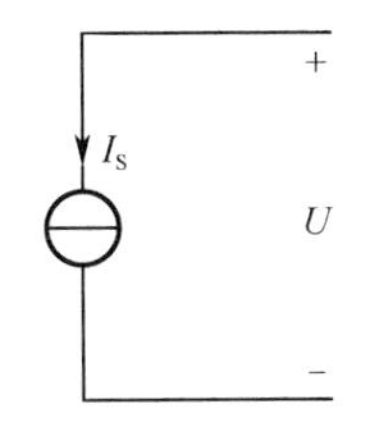

图 1-3-18　理想电流源关联参考方向

$$P = U \cdot I_S \quad (1\text{-}3\text{-}13)$$

还应指出：理想电流源的电流是给定的，但它的端电压由外电路决定，大小和方向随外电路的不同而改变。通常对理想电流源输出电流、两端电压取非关联参考方向，如图 1-3-17 所示。在这种情况下，如果 $P<0$，理想电流源发出功率；$P>0$，理想电流源吸收功率。

理想电压源的电压和理想电流源的电流都不受外电路的影响。它们在电路中作为电源或输入信号时，起着“激励”作用，将在电路中产生电流和电压，这些电流和电压便是“响应”。这类电源称为独立电源。

【例 1-3-4】 如图 1-3-19 所示，计算电路中各元件的功率。

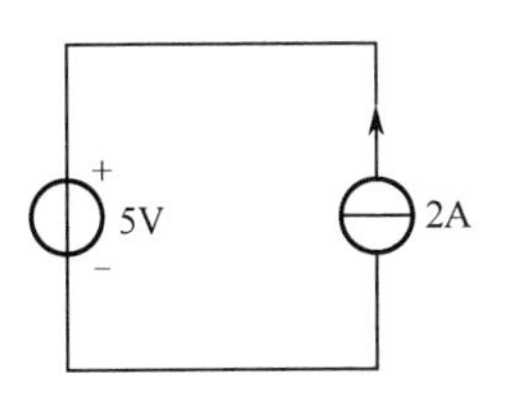

图 1-3-19　例 1-3-4 电路

【解】 对于 2A 理想电流源而言，其输出电流与两端电压为非关联参考方向，则：

$$P_{2A} = -(5 \times 2) = -10\text{（V），发出功率}$$

对于 5V 理想电压源而言，其两端电压与流过的电流为关联参考方向，则：

$$P_{5V} = 5 \times 2 = 10\text{（V），吸收功率}$$

$$\text{满足} P_{发} = P_{吸}$$

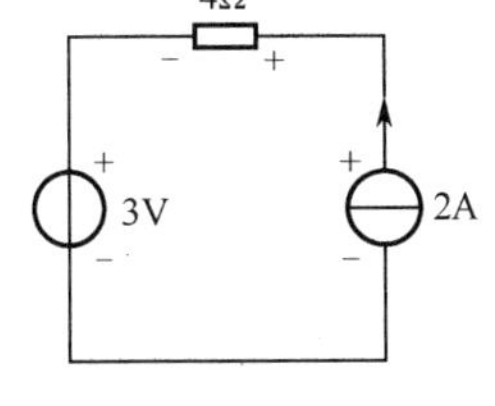

图 1-3-20　例 1-3-5 电路

【例 1-3-5】 计算如图 1-3-20 所示的电路中 4Ω电阻的电压、电流源的端电压及其吸收的功率。

【解】 根据理想电流源的基本特性，电流为定值，其值与外电路无关。故流过 4Ω电阻的电流应为理想电流源的定值电流，即 2A，其电压应为 4×2=8（V）。

至于理想电流源的端电压则由与之相连接的外电路决定，设端电压极性如图 1-3-20 所示，根据 4Ω电阻及电压源的电压和极性，可得理想电流源端电压为 4×2+3=11（V）。理想电流源吸收功率（非关联参考方向）为

$$p = -ui = -11 \times 2 = -22\text{（W）}$$

3．理想电流源的串联

在电路中出现多个电流源串联时，如图 1-3-21（a）所示，此时串联通路中的电流为某一数值，因为理想电流源的属性，其输出电流总能保持定值，与外接电路无关，因此只有在 3 个电流源的输出电流相同时才允许串联。因此图 1-3-21（b）中的等效电流源大小由式（1-3-14）表示。

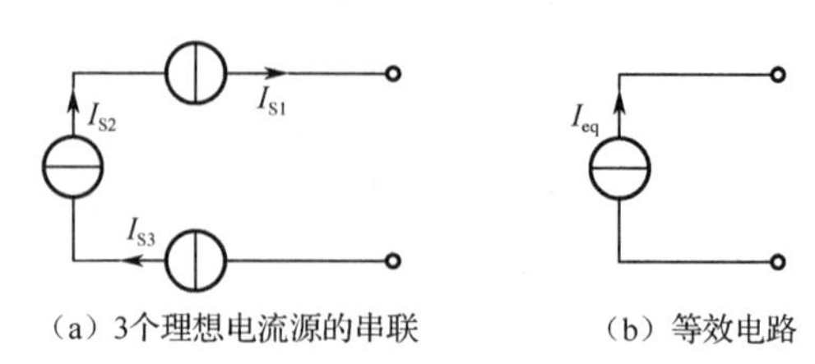

图 1-3-21　理想电流源的串联等效

$$I_{eq}=I_{S1}=I_{S2}=I_{S3} \tag{1-3-14}$$

4．理想电流源的并联

如果电路并联一个以上的理想电流源，则这些理想电流源可以被等效地以单一理想电流源取代，其值为个别理想电流源的和或差（视单个理想电流源的方向而定）。因理想电流源会有不同的方向，所以在决定等效理想电流源的大小与方向时必须考虑方向性。

若所有的理想电流源方向是统一的，则合成理想电流源为简单的代数相加。图 1-3-22（a）所示为 3 个理想电流源的并联，其等效电流源的大小由式（1-3-15）表示。

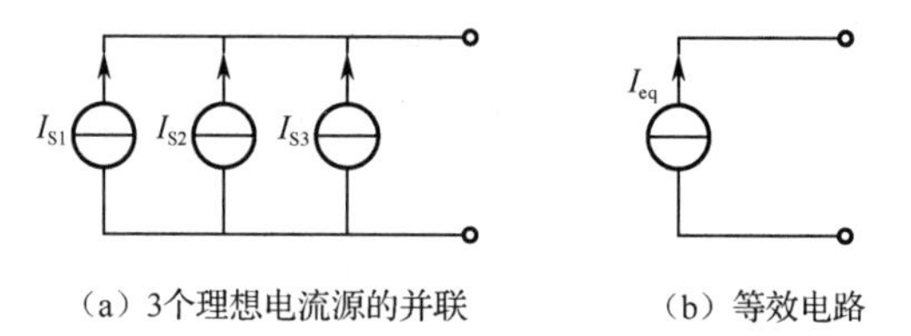

图 1-3-22　理想电流源的并联等效

$$I_{eq}=I_{S1}+I_{S2}+I_{S3} \tag{1-3-15}$$

若理想电流源的输出电流方向并不统一，则可根据需要进行电流源的等效。例如，图 1-3-23（a）所示电路，若等效理想电流源采用图 1-3-23（b）所示的参考方向，则等效理想电流源可以由式（1-3-16）表示；若采用图 1-3-23（c）所示的参考方向，则等效理想电流源可以由式（1-3-17）表示。

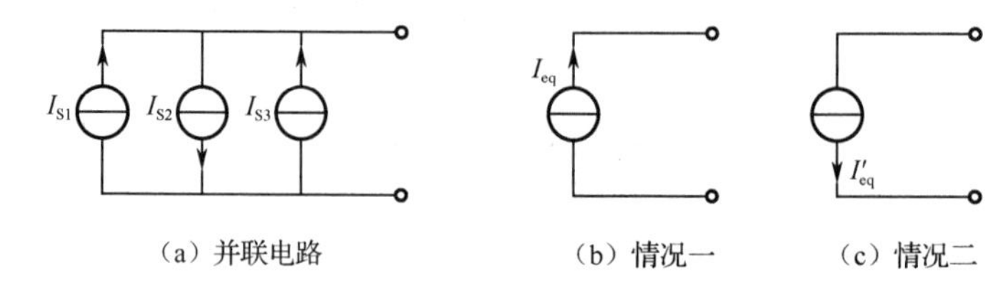

图 1-3-23　理想电流源的并联等效

$$I_{eq}=I_{S1}-I_{S2}+I_{S3} \tag{1-3-16}$$

$$I'_{eq}=-I_{S1}+I_{S2}-I_{S3} \tag{1-3-17}$$

【小贴士】进行理想电流源的并联等效时，可以观察目标理想电流源（等效理想电流源）的方向，与目标理想电流源方向相同的理想电流源前面取“+”号，相反的理想电流源前面取“−”号，进行代数和的运算。

【例 1-3-6】电路如图 1-3-24 所示，已知 $I_{S1}=-6A$，$I_{S2}=3A$，求图中 I 的大小。

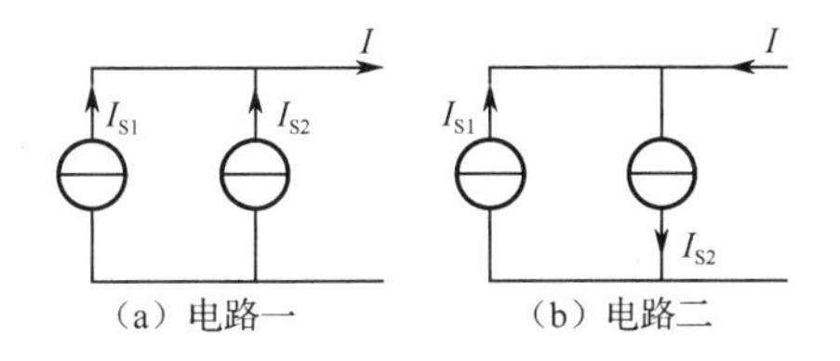

图 1-3-24 例 1-3-6 电路

【解】图 1-3-24（a）中，回路中待求 I 与 I_{S1}，I_{S2} 方向相同，则有：

$$I=I_{S1}+I_{S2}=-6+3=-3\text{（A）}$$

图 1-3-24（b）中，路中待求 I 与 I_{S1} 反向，与 I_{S2} 同向，则有：

$$I=-I_{S1}+I_{S2}=-(-6)+3=9\text{（A）}$$

1.5 实际电源

理想电压源和电流源从理论上说都是可以向外提供无穷大功率的理想电源。例如，当电压源的外接电路短路时，$i\to\infty$，而 u_S 仍保持不变，故功率为无穷大，实际上这是不可能的。实际电源的内部是有电阻（称为内电阻）存在的，端电压将随电流增加而下降。一般可用具有串联电阻的电压源作为实际电源的模型。如果电流源外接电路开路时，因为开路相当于外接电阻 $R\to\infty$，而 i_S 仍保持不变，根据 $p=Ri^2$ 可知输出功率为无穷大，实际上这也是不可能的。一般可用具有并联电阻的电流源作为实际电源的模型。

1.5.1 实际电压源

实际的直流电源供电时，输出电压 u 输出电流 i 都随负载而变化。输出电流越大，输出电压越低。负载短路时，输出电压为零，输出电流最大。负载短路时的输出电流称为短路电流，用 i_{SC} 表示。负载开路时，输出电流为零，输出电压最高。负载开路时的输出电压称为开路电压，用 u_{OC} 表示。

图 1-3-25（a）为实际电源向负载 R_L 供电的电路。此时实际电源上的端电压 u 和电流 i 的关系称为伏（特）安（培）关系，简称 VAR（Volt-Ampere Relation），可用直线近似地描述，如图 1-3-25（b）所示。由伏安曲线图可得：

$$\frac{u}{i_{SC}-i}=\frac{u_{OC}}{i_{SC}} \tag{1-3-18}$$

由式（1-3-18）变换可得式（1-3-19）：

$$u=u_{OC}-\frac{u_{OC}}{i_{SC}}i \tag{1-3-19}$$

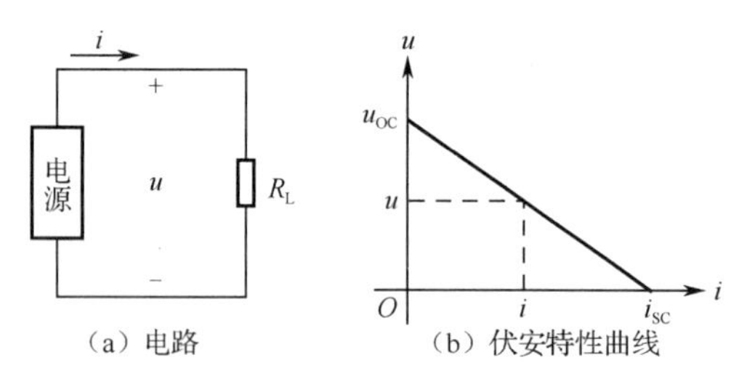

图 1-3-25 实际电源

令$u = u_S - R_S i$，则$u_S = u_{OC}$，这里u_S是一个量值与极性和开路电压u_{OC}相同的等效电压源，$R_S = u_{OC} / i_{SC}$是电源的等效内电阻，简称电源内阻。电源输出电流为i时，内阻R_S上产生压降为$R_S i$，实际电源输出电压可由式（1-3-19）求得。由此看来，一个实际电源，在研究它的输出电压u和输出电流i时，我们可以用一个理想电压源U_S和内阻R_S串联的模型来表示实际电压源，这种模型如图 1-3-26（a）所示。实际电源的等效内阻R_S很小，即$R_S \approx 0$，输出电压随负载电阻R_L变化很小，说明此电源在此工作状态下具有很好的近似恒压性。

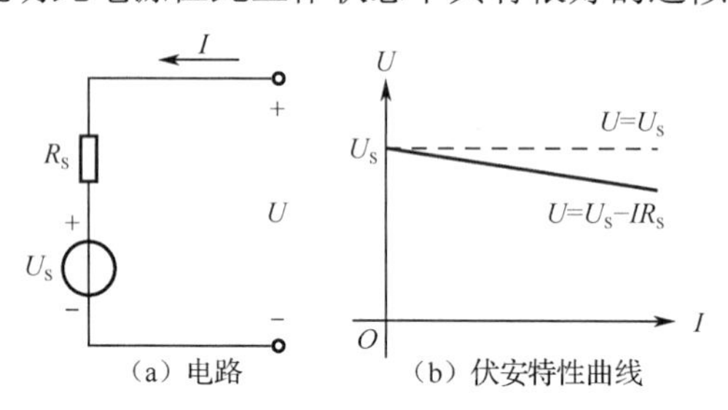

图 1-3-26 实际电压源的模型及伏安特性

实际电压源的端电压U与流过电压源的电流I有关：随着电流的增加，端电压也下降得越大。主要原因是实际电压源内部总是存在一定的电阻，由于内阻损耗与电流有关，电流越大，损耗也越大，端电也就越低。因此，实际电压源已不再具有端电压为定值的特点。本书中通常将实际电压源简称为电压源。

$$U = U_S - IR_S \tag{1-3-20}$$

从图 1-3-26（a）所示模型中可求得端电压U与电流I的关系可用式（1-3-20）来表述。图 1-3-26（b）所示即实际电压源的伏安特性曲线。可以看到，电压源的端电压U低于U_S，所差之值就是电源内阻R_S上的压降IR_S，而且随着I的增大，IR_S就越大，端电压也就越低。实际电压源的内阻越小，就越接近理想电压源，也可以将理想电压源看作实际电压源内阻为零时的极限情况。

1.5.2 实际电流源

由式（1-3-18）可以推出式（1-3-21），变换可以得出式（1-3-22）。

$$\frac{i_{SC} - i}{u} = \frac{i_{SC}}{u_{OC}} \tag{1-3-21}$$

$$i = i_{SC} - \frac{i_{SC}}{u_{OC}} u \tag{1-3-22}$$

令$i = i_S - G_S u$，则$i_S = i_{SC}$，其中i_S是一个量值和方向均与短路电流i_{SC}相同的等效电流源。

$G_S = i_{SC} / u_{OC}$ 是电源的等效内电导，简称电源内电导。电源输出电压为 u 时，通过内电导的电流为 $G_S u$ 。电源输出电流由式（1-3-22）求得。由此可见，一个实际电源在研究它的输出电压 u 和输出电流 i 时，也可以等效为一个电流源 i_S 与一个电导 G_S 并联的电路模型，这种模型如图 1-3-27 所示。实际电流源内阻很大，$R_S \gg R_L$ ，$G_S \ll G_L$ ，电流源输出电流随负载 R_L 变化很小，说明此电源在此工作状态下具有很好的近似恒流性。

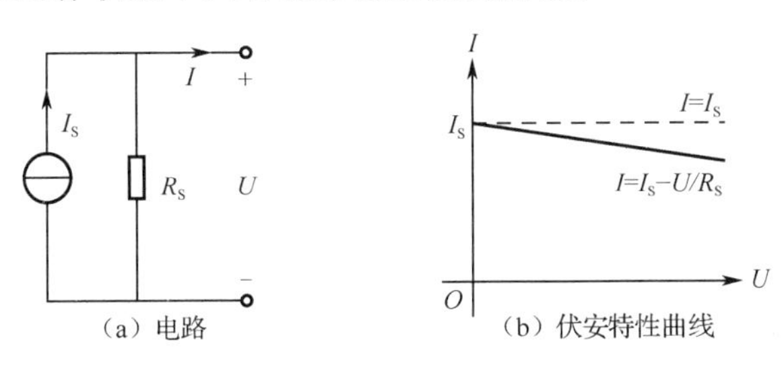

图 1-3-27　实际电流源模型及伏安特性

实际电流源在向外电路提供电流时，也会由于内阻的存在，而不能维持一个定值。电流源输出的电流 I 随其端电压 U 的增加而减小。内阻越大，输出电流 I 受端电压 U 的影响越小。本书中通常将实际电流源简称为电流源。

$$I = I_S - U / R_S \tag{1-3-23}$$

从图 1-3-27（a）所示模型中可求得端电压 U 与电流 I 的关系可用式（1-3-23）来表述。图 1-3-27（b）所示即为实际电流源的伏安特性曲线。可以看到，电流源向外输出的电流是 I_S。端电压 U 越大，则内阻分流越大，实际输出的电流 I 就越小。实际电流源的内阻越大，内部分流作用就越小，也就越接近理想电流源。因此可以将理想电流源看成实际电流源在内阻趋于无穷大时的极限情况。

1.6　电压源与电流源的等效互换

所谓等效互换是指电路在变换前与变换后，对于未变换部分的电路来说，电流、电压、功率等电量不变。电压源与电流源进行等效互换的前后，负载的电流、电压等电量应保持不变。

当电压源与电流源接入负载 R_L 后，电路如图 1-3-28 所示。

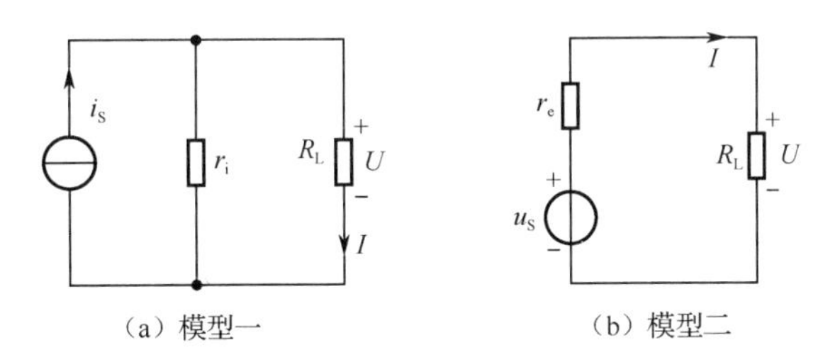

图 1-3-28　实际电源外接电路

由图 1-3-28（a）可推导出式（1-3-24）。

$$I = i_S - \frac{U}{r_i} \tag{1-3-24}$$

由图 1-3-28（b）可知

$$U = u_S - I \cdot r_e \tag{1-3-25}$$

$$I = \frac{u_S}{r_e} - \frac{U}{r_e} \tag{1-3-26}$$

因为等效变换，流过外接电阻的电流应该是不变的，负载R_L的端电压U也是不变的。因此可以推出：

$$\begin{cases} i_S = \dfrac{u_S}{r_e} \\ r_e = r_i \end{cases} \tag{1-3-27}$$

即可满足R_L的电流、电压在两种电源模型的分别作用下保持不变。式（1-3-27）是电压源与电流源的等效互换条件。利用等效互换，有时可简化复杂电路的分析计算。

实际电源的两类模型对外部电路有相同的输出电压和输出电流，说明它们对外部电路是等效的。这种等效作用是通过内阻的降压作用和内电导的分流作用来实现的。没有内阻即$R_S=0$，或没有内电导即$G_S=0$时，仅为一个（理想）电压源与一个（理想）电流源。它们之间根本无法对外电路等效。因为理想电压源的内阻$r_e \to 0$，如果可变换成电流源，该电流源将并接一个$r_i = r_e \to 0$的内阻，相当于将电流源短路，对于负载R_L来说，不可能获得变换前的电流值。同样，因为理想电流源并联的内阻$r_i \to \infty$，如果能变换成电压源，则电压源串联的内阻$r_e = r_i \to \infty$，相当于断路，负载R_L不可能从电源获得电流。故理想电流源也不能等效变换为理想电压源。

【小贴士】 电源两类模型互换时，电压源电位升高的方向应与电流源的方向保持一致。

【例 1-3-7】 试用电压源与电流源等效变换的方法，计算图 1-3-29 中电阻R_4的电流。已知$I_{S1}=6\text{A}$，$I_{S2}=5\text{A}$，$R_1=2\Omega$，$R_2=2\Omega$，$R_3=4\Omega$，$R_4=6\Omega$。

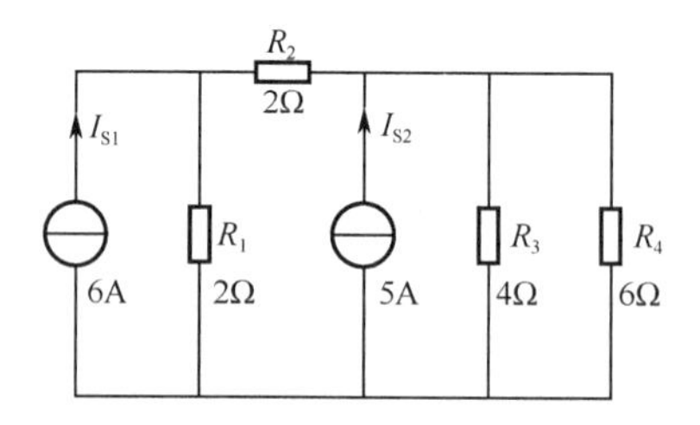

图 1-3-29 例 1-3-7 电路

【解】 将I_{S1}与R_1电流源进行等效变换为电压源，如图 1-3-30 所示。

$$U_{S1} = I_{S1} \cdot R_1 = 6 \times 2 = 12\ (\text{V})$$

$$R_e = R_1 = 2\ (\Omega)$$

将U_{S1}、R_eR_2进行等效变换，换成实际电流源模型，如图 1-3-31 所示。

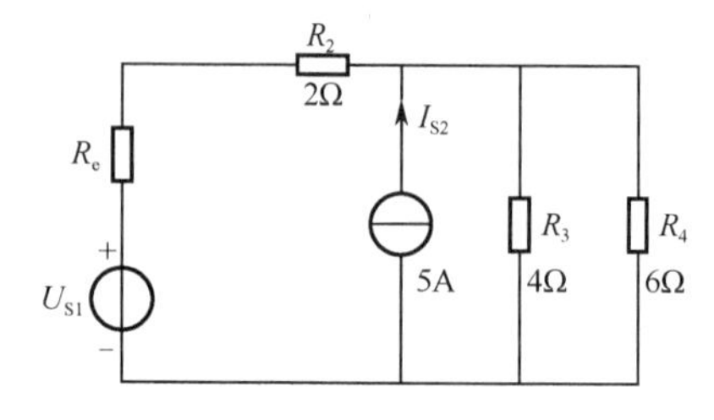

图 1-3-30 等效变换为电压源

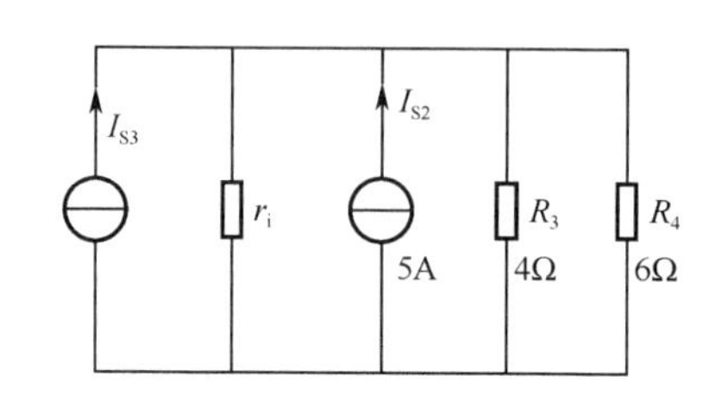

图 1-3-31 等效变换为电流源

$$r_i = R_e + R_2 = 2 + 2 = 4\ (\Omega)$$

$$I_{S3} = \frac{U_{S1}}{R_e + R_2} = \frac{12}{2+2} = 3\ (\text{A})$$

为 I_{S3} 与 I_{S2} 进行并联，可等效为图 1-3-32 所示电路。

$$I_S = I_{S2} + I_{S3} = 3 + 5 = 8\ (\text{A})$$

$$r_e = \frac{r_i \cdot R_3}{r_i + R_3} = \frac{4 \times 4}{4 + 4} = 2\ (\Omega)$$

再将 I_S 与 r_e 所组成的实际电流源模型转换成实际电压源的模型，如图 1-3-33 所示。

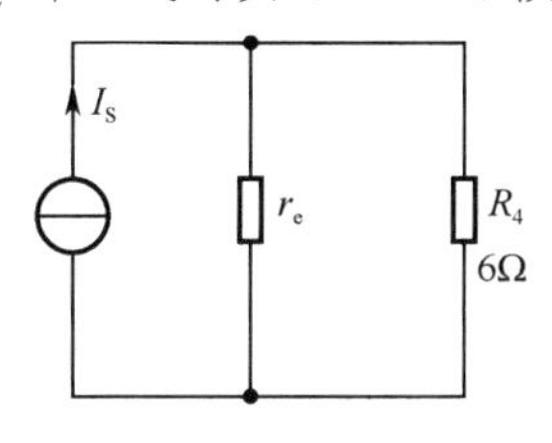

图 1-3-32　等效电路

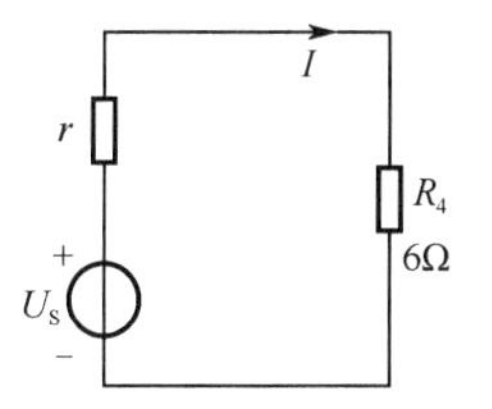

图 1-3-33　实际电压源

$$U_S = I_S \cdot r_e = 8 \times 2 = 16\ (\text{V})$$

$$r = r_e = 2\ (\Omega)$$

流过 R_4 上的电流为：

$$I = \frac{U_S}{r + R_4} = \frac{16}{2+6} = 2\ (\text{A})$$

【拓展知识 3】 受控源的知识

受控源又称“非独立”电源，受控电压源的电压或受控电流源的电流不是独立的，而是受电路中某个电压或电流控制的。

1. 受控源的模型及其分类

1）电压控制的电压源 VCVS

（1）表达式：$u_2 = \alpha u_1$。

α 反映了两个支路电压之间的比例关系，称为两个支路之间的转移电压比。

（2）其电源模型如图 1-3-34 所示。

2）电流控制的电压源 CCVS

（1）表达式：$u_2 = g i_1$。

g 为电阻量纲，称为两个支路之间的转移电阻。

（2）电源模型如图 1-3-35 所示。

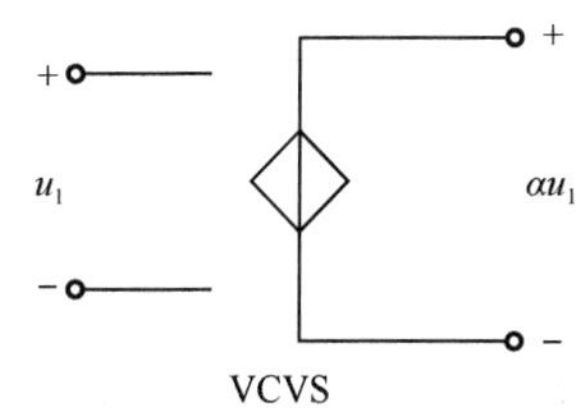

图 1-3-34　电压控制的电压源

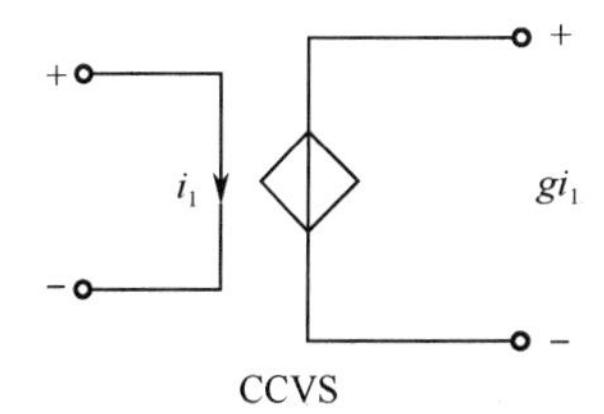

图 1-3-35　电流控制的电压源

3）电压控制的电流源 VCCS

（1）表达式：$i_2 = \beta u_1$。

β 为电导量纲，称为转移电导。

（2）电源模型如图 1-3-36 所示。

4）电流控制的电流源 CCCS

（1）表达式：$i_2 = \gamma i_1$。

γ 为无量纲，转移电流比。

（2）电源模型如图 1-3-37 所示。

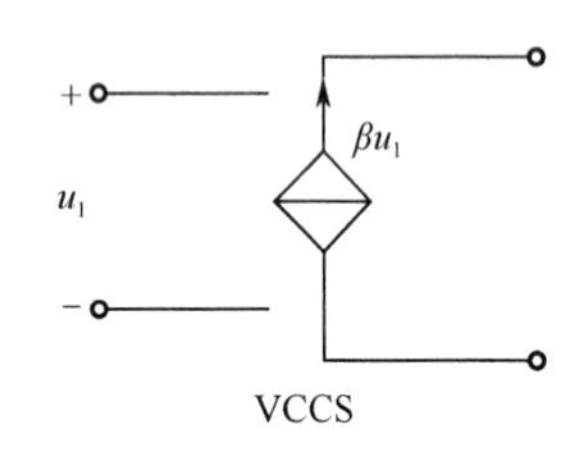

图 1-3-36　电压控制的电流源

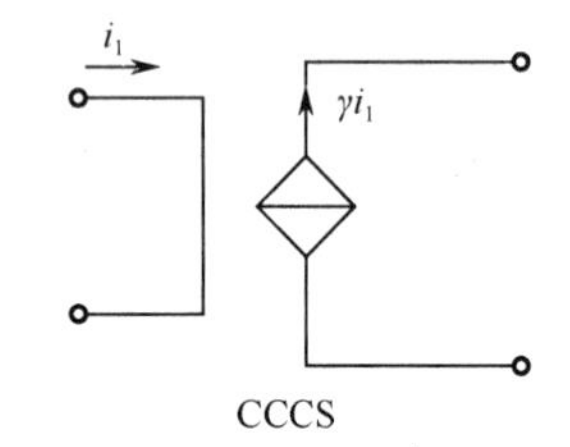

图 1-3-37　电流控制的电流源

2．受控源的特点

（1）不知控制量时，不能确定受控源输出的电流、电压。

（2）受控源不能独立存在，必须与控制量同时出现、消失。

（3）受控源可看成电阻元件，它具有电源和电阻的两重性。

任务 1—4　电容元件特性测试

学习导航

学习目标	1．理解电容元件的基本结构，掌握电容的基本性质
	2．了解电容元件的简单测量方法
	3．理解电容的储能及通交流隔直流的功能
重点知识要求	电容元件的伏安关系
关键能力要求	交流电源，交流电表的使用和测量

任务要求

任务要求	1．掌握电容充放电过程电压和电流的变化
	2．掌握电容通交隔直的性质
任务环境	交流电源，交流电流表，交流电压表，电容模块，电阻模块，万用表
任务分解	1．测量电容充电过程和放电过程中，电压和电流的变化
	2．测量电容对于直流和交流传输特性

实施步骤

1．电容器充放电功能测试

（1）同时搭建如图 1-4-1（a）和图 1-4-1（b）所示两个电路，开关先悬空打开，U 为直流稳压电源的输出电压，先将稳压电源输出电压旋钮置于最小位置。

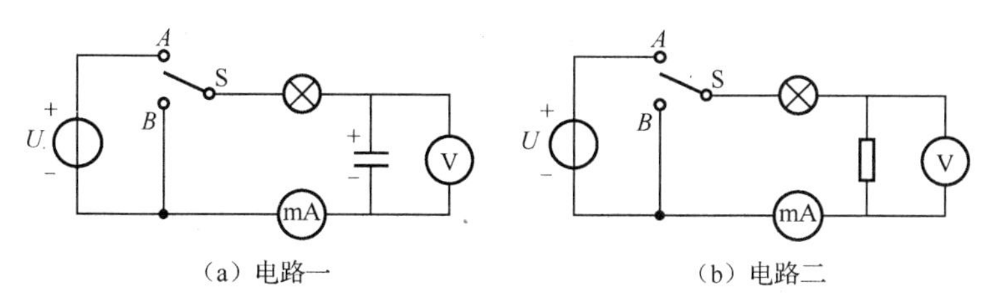

（a）电路一　　（b）电路二

图 1-4-1　电容充放电功能测试电路

（2）打开直流稳压电源开关，调节稳压电源的输出电压，使其输出电压分别为 10V、20V、30V、40V、50V。将开关拨至 A 接点，等待一定时间，观察现象，并将电压表和电流表的数值变化记录在表 1-4-1 中。

表 1-4-1　电容充电功能测试

	10V	20V	30V	40V	50V
电压初始值					
电压变化趋势					
电压稳定值					
电流初始值					
电流变化趋势					
电流稳定值					

（3）将开关拨至 B 接点，等待一定时间，观察现象，并将电压表和电流表的数值变化记录在表 1-4-2 中。

表 1-4-2　电容放电功能测试

	10V	20V	30V	40V	50V
电压初始值					
电压变化趋势					
电压稳定值					
电流初始值					
电流变化趋势					
电流稳定值					

（4）比较图 1-4-1（a）与图 1-4-2（b）两个电路，记录其小灯泡的状态变化，并进行分析。

2．电容器通交隔直功能验证

（1）搭建如图 1-4-2 所示电路，将电压输出调节为指定电压值后，合上开关，进行数据读取。

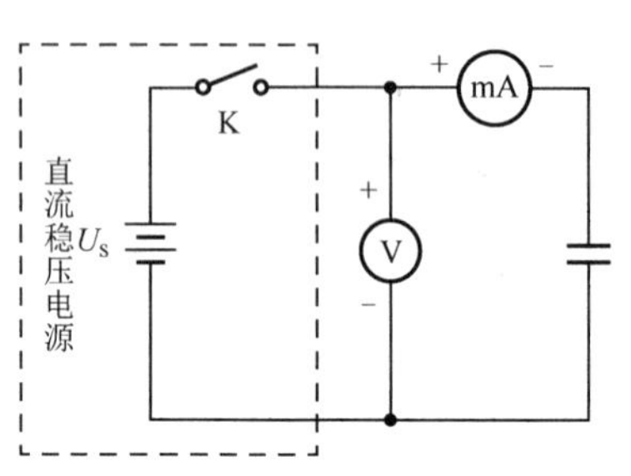

图 1-4-2　电容加载直流电源

（2）将电压分别调制 10V、20V、30V、40V、50V。将电压表和电流表的数据记录在表 1-4-3 中。

表 1-4-3　电容加载直流电源数据记录表

	10V	20V	30V	40V	50V
电压表读数					
电流读数					

（3）更换电源，如图 1-4-3 所示进行搭建，注意电压表和电流表要使用交流电压表和交流电流表，将交流输出设为指定电压值后，合上开关，进行数据读取。

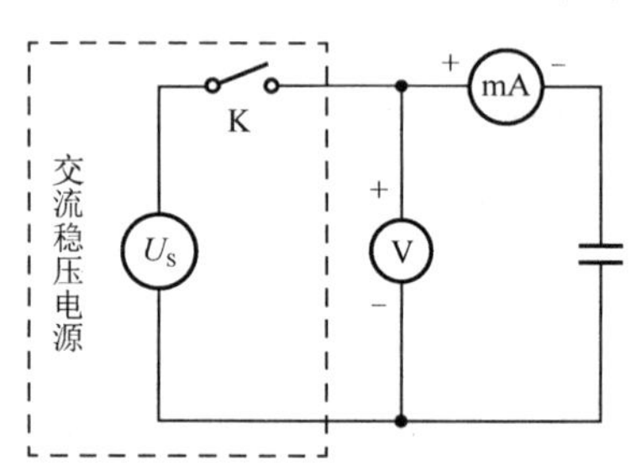

图 1-4-3　电容器加载交流电源

（4）将电压分别调制 10V、20V、30V、40V、50V。将电压表和电流表的数据记录在表 1-4-4 中。

表 1-4-4　电容加载交流电源数据记录表

	10V	20V	30V	40V	50V
电压表读数					
电流读数					

（5）比较图 1-4-2 和图 1-4-3 所示的电路测试结果，进行结果分析。

相关知识

1.7 电容元件

电容元件是实际电容器的理想化模型。电容器在工程中应用极广，其品种和规格有很多。但就其构成原理来说都是一样的。两块金属板用介质（如云母片、绝缘纸、电解质、空气等）隔开就构成一个简单的实际电容器。外加电源后，两个极板上能分别聚集起等量的异号电荷，建立电场，并储存电场能量。移去电源后，电荷可继续聚集在极板上，电场也继续存在。理想电容元件应只具有储存电场能量的作用，而不消耗电能，也不储存磁能。

1.7.1 电容的基本概念

1. 电容的形成

在理想情况下，不考虑电容器的热效应和磁场效应，忽略介质的损耗和漏电流，就可以将电容元件看成实际电容器的理想化模型。

任何两个金属导线或平面导体，以一段距离放置，当外加电压 U 于两金属体时，使两者间产生电场，即具有电容效应。如图 1-4-4 所示，两个平面金属体 X、Y 之面积为 A（单位：m^2），以距离 d（单位：m）的方式平行放置，由于电中性的关系，X、Y 平面金属体上并无任何残留的电荷。当外加一个电压 U 跨接于两个金属板上时，使 X 电极连接了正电压端、Y 电极连接了负电压端，此时 X 金属板上的电子会受该外加正电压能量的影响脱离电子轨道进而使该电极板变成带正电的离子，所累积值电荷为$+q$；Y 金属板上的原子核内，所带正电质子会被该外加负电压能量影响而吸离金属板，使该电极板变成具有带负电的电子，所累积之总电荷为$-q$。

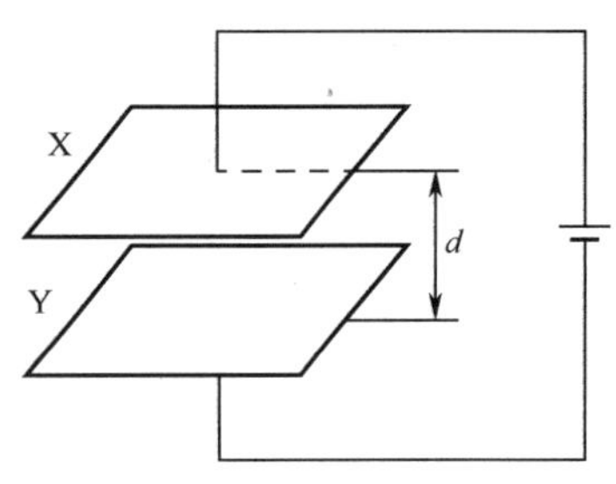

图 1-4-4 电容器模型

极板间有介质存在，不可能有传导电流，但介质中电场变化时将产生位移电流。X 极板上的带正电离子会发射电力线至 Y 极板上带负电的电子，形成电通量Ψ，其值等于任意一个电极板上累积的电荷量 q。理论证明，位移电流与传导电流是相等的。这就是电流连续性原理在电容电路中的应用。当外加于金属板 X、Y 间的电压 U 越大时，则累积在金属板上的电荷 q 越多，此种电荷量 q 随外加电压 U 增加而增加的关系即为电容特性。

2. 电容器的符号和单位

利用电容特性所制造出来的电路元件称为电容器，线性电容元件在电路中的图形符号如图 1-4-5 所示。图中 $+q$ 和 $-q$（q 是代数量）是该元件正极板和负极板上的电荷量。

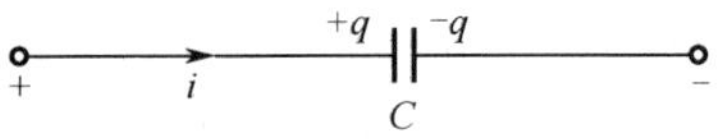

图 1-4-5 电容器的符号

正电荷被输送到上面极板，称为电容被充电，电压是增加的，若规定电容元件上电压的参考方向由正极板指向负极板，则任意时刻正极板上的电荷与其两端的电压有如下关系式。

$$q = Cu \tag{1-4-1}$$

其中C称为电容元件的电容（量）。C是一个与电荷q、电压u无关的正实常数。

在国际单位制中，电压单位为伏特，电荷单位为库伦，则电容的单位为法拉（Farad），简称法，用英文字母F表示，当$q = 1\text{C}$，$u = 1\text{V}$时，则$C = 1\text{F}$。实际电容器的电容远比1F小，因此常用微法和皮法等较小的辅助单位，其与法拉的换算公式如式（1-4-2）所示。

$$\begin{aligned} 1\mu\text{F} &= 10^{-6}\text{F} \\ 1\text{nF} &= 10^{-9}\text{F} \\ 1\text{pF} &= 10^{-12}\text{F} \end{aligned} \tag{1-4-2}$$

3. 电容器的分类

电容器具有阻止直流通过、而允许交流通过的特点，因此，在电路中通常可以完成隔直流、滤波、旁路、信号调谐等功能。

电容器按结构可分为固定电容器、可变电容器和微调电容器，按介质材料可分为有机介质、无机介质、气体介质和电解质等。

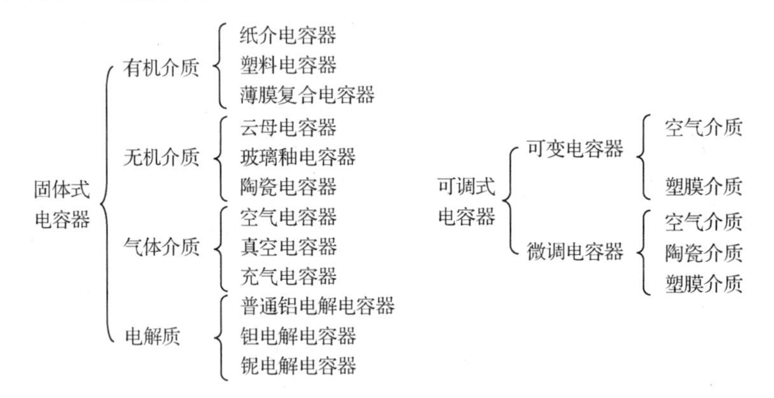

4. 电容器的主要参数

电容器的主要参数有标称容量、额定工作电压、绝缘电阻、介质损耗等。

1）标称容量及精度

电容量是指电容器两端加上电压后，存储电荷的能力。标称容量是电容器外表面所标注的电容量，是标准化了的电容值，采用E24、E12、E6标称系列。当标称容量范围在0.1～1 μF时，采用E6系列。对于标称容量在1 μF以上的电容器（多为电解电容器），一般采用表1-4-5所示的标称系列值。

表1-4-5　1μF以上电容器的标称系列值

容量范围	标称系列电容值/μF
>1μF	1　2　4　4.7　6　8　10　15　20　30　47　50　60　80　100

不同类型的电容器采用不同的精度等级，精密电容器的允许误差较小，而电解电容器的允许误差较大。一般常用电容器的精度等级分为三级：Ⅰ级为±5%，Ⅱ级为±10%，Ⅲ级为±20%。

2）额定工作电压

额定工作电压是电容器在规定的工作温度范围内，长期、可靠地工作所能承受的最高电压。若工作电压超出这个电压值，电容器就会被击穿损坏。额定工作电压通常指直流电压。电解电容器和体积较大的电容器的额定电压值直接标在电容器的外表面上，体积小的电容器只能根据信号判断。

3）绝缘电阻及漏电流

电容器的绝缘电阻是指电容器两极之间的电阻，或者叫漏电电阻。由于电容器中的介质是非理想绝缘体，因此任何电容器工作时都会有漏电流。显然，漏电流越大，绝缘电阻越小。漏电流过大，会使电容器的性能变坏，引起电路故障，甚至导致电容器的损坏。

电解电容的漏电流较大，通常给出漏电流参数；其他类型电容器的漏电流很小，用绝缘电阻表示其绝缘性能。绝缘电阻一般应在数百兆欧姆到数千兆欧姆数量级。

4）介质损耗

介质损耗是指介质缓慢极化和介质导电所引起的损坏。通常用损耗功率和电容器的无功功率之比，即损耗角的正切值表示，有：

$$\tan\delta = \frac{\text{损耗功率}}{\text{无功功率}}$$

不同介质电容器的 $\tan\delta$ 值相差很大，一般在 10^{-2}～10^{-4} 数量级。损耗角大的电容器不适合于高频情况下工作。

5．电容的特性曲线和伏安关系

与电阻、电感元件类似，电容元件的电荷电压关系也可以在 $u-q$（或 $q-u$）平面上表示，称为库伏特性曲线。线性电容元件的库伏特性曲线是通过 $u-q$（或 $q-u$）平面上坐标原点的一条直线，如图 1-4-6 所示。

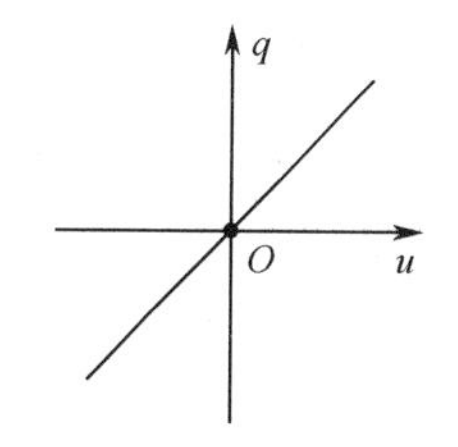

图 1-4-6　线性电容器的库伏特性曲线

虽然电容是根据 $u-q$ 关系定义的，但在电路中常用的变量是电压和电流，即我们感兴趣的是电容元件的伏安关系，由电流的定义 $i = \mathrm{d}q/\mathrm{d}t$ 和电容的定义 $C = q/u$ 可以推出电容元件的伏安关系：

$$i = \frac{\mathrm{d}q}{\mathrm{d}t} = \frac{\mathrm{d}Cu}{\mathrm{d}t} = C\frac{\mathrm{d}u}{\mathrm{d}t} \tag{1-4-3}$$

当极板间电压 u 变化时，极板上电荷 q 也随之改变，则在电路中产生电流。式（1-4-3）为流过电容上的电流与电容两端电压为关联方向的情况，可以看出，任何时刻，线性电容元件的电流与该时刻电压的变化率成正比。也就是说，只有当电压随时间变化时，电容才有电流，即电容电流反映了电容两端电压的动态。元件上电压发生剧变时，将产生很大的电流；当元件上电压稳定不变时（直流电压），则电流为零。例如，当电容充电结束后，电容电压虽然达到某定值 U_0，但其电流却为零。这时元件相当于开路，所以说电容元件有隔断直流（简称隔直）的作用。这和电阻元件有本质的不同，电阻两端只要有电压存在，电阻中的电流就一定不为零。

电容的伏安关系还表明，在任何时刻如果通过电容的电流为有限值，那么电容上电压就不能突变；反之，如果电容上电压发生突变，则通过电容的电流将为无限大。

当电容元件的电压和电流取非关联参考方向时，式（1-4-3）应改写为式（1-4-4）的形式。

$$i=-C\frac{\mathrm{d}u}{\mathrm{d}t} \tag{1-4-4}$$

式（1-4-3）是电容伏安特性方程的微分形式，据此可以写出其积分形式，即对应于当前任一时刻 t，电容电压由式（1-4-5）表示。

$$\begin{aligned}u(t)&=\frac{1}{C}\int_{-\infty}^{t}i(\xi)\mathrm{d}\xi\\&=u(0)+\frac{1}{C}\int_{0}^{t}i(\xi)\mathrm{d}\xi\end{aligned} \tag{1-4-5}$$

电容电压与电荷的积累有关。因此，为了得到正确的电容电压，就必须从最初时刻电容上 $q=0$ 开始计算。在数学上这个最初时刻是时间从负无穷大开始的，即 $u(-\infty)=0$ 则可以推导出式（1-4-5）。

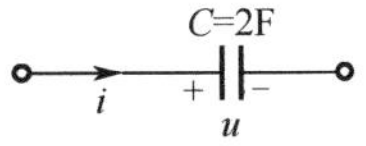

【例 1-4-1】 如图 1-4-7 所示，电容两端电压满足 $u(t)=8t^2+2$，求电流 $i(t)$。

C=2F

i + − u

图 1-4-7　例 1-4-1 电路

【解】 电容元件的伏安关系为

$$i(t)=C\frac{\mathrm{d}u}{\mathrm{d}t}=2\times\frac{\mathrm{d}(8t^2+2)}{\mathrm{d}t}=32t \quad (\mathrm{A})$$

1.7.2　电容元件的功率和储能

电容元件的功率可由式（1-4-6）表示，电容两端的电压和流过它的电流为关联参考方向时，$p(t)>0$ 电容吸收功率，$p(t)<0$ 电容放出功率。

$$p(t)=ui=Cu\frac{\mathrm{d}u}{\mathrm{d}t} \tag{1-4-6}$$

如果电容两端的电压和流过它的电流为非关联参考方向，则

$$p(t)=-ui=-Cu\frac{\mathrm{d}u}{\mathrm{d}t} \tag{1-4-7}$$

仍然是，$p(t)>0$ 电容吸收功率，$p(t)<0$ 电容放出功率。

从 0 到 t 时间内，电容元件吸收的电能为

$$\begin{aligned}W&=\int_0^t p(\xi)\mathrm{d}\xi=\int_0^t Cu\frac{\mathrm{d}u(\xi)}{\mathrm{d}\xi}\cdot\mathrm{d}\xi=C\int_0^t u(\xi)\mathrm{d}u(\xi)\\&=\frac{1}{2}Cu(t)^2-\frac{1}{2}Cu(0)^2\end{aligned} \tag{1-4-8}$$

若 $u(0)=0$（即在 t=0 时刻电容元件处于未充电状态，其电场能力也为零）则

$$W=\frac{1}{2}Cu(t)^2 \tag{1-4-9}$$

从时间 t_1 到 t_2，电容元件吸收的能量表示为式（1-4-10），等于元件 t_2 和 t_1 时刻的电场能力之差。

$$W_{\mathrm{C}}=C\int_{u(t_1)}^{u(t_2)}u\mathrm{d}u=\frac{1}{2}Cu(t_2)^2-\frac{1}{2}Cu(t_1)^2=W_{\mathrm{C}}(t_2)-W_{\mathrm{C}}(t_1) \tag{1-4-10}$$

电容的储能与同一时刻电容电压的平方成正比，而与电流无关。电容电压不能跃变，实质上是储能不能跃变的反映。电容元件充电时，$|u(t_2)|>|u(t_2)|$，$W_{\mathrm{C}}(t_2)>W_{\mathrm{C}}(t_1)$，$W_{\mathrm{C}}>0$，吸收能量，并全部转变成电场能储存起来；元件放电时，$|u(t_2)|<|u(t_2)|$，$W_{\mathrm{C}}<0$，释放电场能量，

若元件原先没有充电，那么它在充电时吸收并储存起来的能量，在放电完毕时一定全部释放出来，它并不消耗能量，所以说电容元件是一种储能元件。同时，它也不会释放出多于它吸收或储存的能量。由式（1-4-9）可知，电容储能不会出现负值，因此电容是无源元件。

【例 1-4-2】 一只容量为 100μF 的电容，在 t_0 时刻 $u_C(t_0)$ 为 100V，在 t_1 时刻（$t_0 < t_1$），$u_C(t_1)$ 为 50V，电容中的能量增加了多少？

【解】 由式（1-4-8）可得：

$$
\begin{aligned}
W &= \frac{1}{2}C[u(t_1)^2 - u(t_0)^2] \\
&= \frac{1}{2} \times 100 \times 10^{-6} \times (50^2 - 100^2) \\
&= -0.375\ \text{(J)}
\end{aligned}
$$

从 t_0 至 t_1 时间内，电容储存的能量增加了-0.375J，即减少了 0.375J。

1.7.3 电容的串/并联

1. 电容的串联

串联电容如图 1-4-8（a）所示，可以简化为一个单一的等效电容器，如图 1-4-8（b）所示。等效电容之倒数等于各个电容倒数的总和。如果每一个电容器载有其初值电压，则在等效电容器上初值电压为各个电容器电压的代数和。

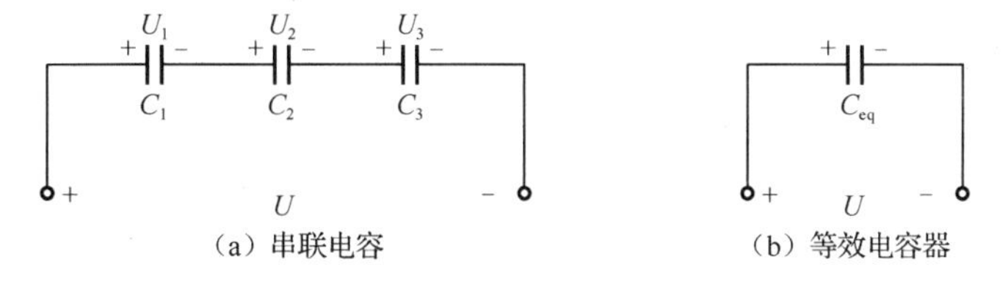

图 1-4-8 电容的串联

如图 1-4-8（a）所示电路中，各个电容的两端电压都可以根据式（1-4-5）列出，各个电容上流过的电流为同一支路电流，可以由此推导出式（1-4-11）。

$$
\left.
\begin{aligned}
U_1 &= \frac{1}{C_1}\int_0^t i(\xi)\mathrm{d}\xi \\
U_2 &= \frac{1}{C_2}\int_0^t i(\xi)\mathrm{d}\xi \\
U_3 &= \frac{1}{C_3}\int_0^t i(\xi)\mathrm{d}\xi
\end{aligned}
\right\} \Rightarrow U = U_1 + U_2 + U_3 = \left(\frac{1}{C_1} + \frac{1}{C_2} + \frac{1}{C_3}\right)\int_0^t i(\xi)\mathrm{d}\xi \tag{1-4-11}
$$

当令图 1-4-8（b）中的 C_{eq} 取值如式（1-4-12）时，可保持对外电路输出特性不变，即可以实现等效互换。

$$
\frac{1}{C_{eq}} = \frac{1}{C_1} + \frac{1}{C_2} + \frac{1}{C_3} \tag{1-4-12}
$$

可将图 1-4-8（a）中的 3 个电容的串联推广至 n 个电容的串联，则得 n 个电容的串联等效可以由式（1-4-13）表示。

$$\frac{1}{C_{eq}}=\sum_{i=1}^{n}\frac{1}{C_n} \qquad (1\text{-}4\text{-}13)$$

2. 电容的并联

并联电容如图 1-4-9（a）所示，可以简化为一个单一的等效电容器，如图 1-4-9（b）所示。并联连接电容的等效电容为各个电容的代数和。

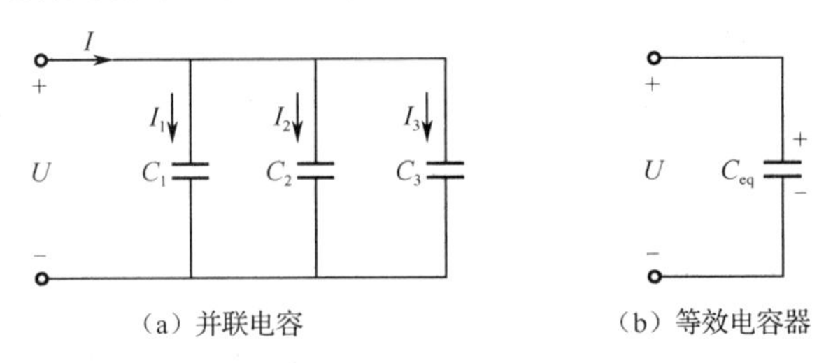

图 1-4-9　电容的并联

电容并联连接时，端口电压相同；其各个电容上流过的电流可以由式（1-4-3）表示，可以由此推导出式（1-4-14）。

$$\left.\begin{aligned}I_1&=C_1\frac{\mathrm{d}U}{\mathrm{d}t}\\I_2&=C_2\frac{\mathrm{d}U}{\mathrm{d}t}\\I_3&=C_3\frac{\mathrm{d}U}{\mathrm{d}t}\end{aligned}\right\}\Rightarrow I=I_1+I_2+I_3=(C_1+C_2+C_3)\frac{\mathrm{d}U}{\mathrm{d}t} \qquad (1\text{-}4\text{-}14)$$

当令图 1-4-9（b）中的 C_{eq} 取值如式（1-4-15）时，可保持对外电路输出特性不变，即可以实现等效互换。

$$C_{eq}=C_1+C_2+C_3 \qquad (1\text{-}4\text{-}15)$$

可将图 1-4-9（a）中的 3 个电容的并联推广至 n 个电容的并联，则得 n 个电容的并联等效可以由式（1-4-16）表示。

$$C_{eq}=\sum_{i=1}^{n}C_n \qquad (1\text{-}4\text{-}16)$$

【例 1-4-3】 1μF 耐压 100V 和一个 2μF 耐压 200V 的电容进行并联连接后，其电容值为多少，以及总耐压值应为多少？

【解】 $C_{eq}=C_1+C_2=3\mu F$

总耐压值应为 100V。这是为了保障 1μF 电容不会因为受压过高而烧坏。

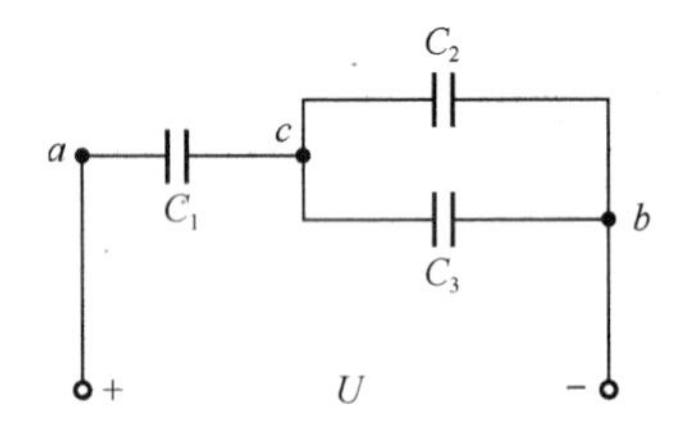

图 1-4-10　例 1-4-4 电路

【例 1-4-4】 如图 1-4-10 所示，设 $C_1=C_2=C_3=10^{-6}$F，若 $U_{bc}=60V$，$U_{ab}=120V$，则 C_1 电容器上的电荷为多少？

【解】 $C_{bc}=C_2+C_3=2\mu F$

$$Q_{bc}=C_{bc}\cdot U_{bc}=2\times10^{-6}\times60=120\times10^{-6}\text{（C）}$$

串联后各电容存储电荷量均相同

$$Q_{ac}=Q_{bc}=120\times10^{-6}\text{（C）}$$

【拓展知识 4】 电容器的选取

1. 电容器的标注方法

电容器的标注方法有直接标注法和色码法。

1）直接标注法

直接标注是用字母或数字将电容器有关的参数标注在电容器表面上。对于体积较大的电容器，可标注材料、标称值、单位、允许误差和额定工作电压，或者只标注标称容量和额定工作电压；对于体积较小的电容器，则只标注容量和单位，有时只标注容量不标注单位，此时规定当数字大于 1 时单位为 pF，小于 1 时单位为 μF 。

电容器主要参数标注的顺序如下。

第一部分，主称，用字母 C 表示电容。

第二部分，用字母表示介质材料，其对应关系见表 1-4-6。

表 1-4-6 电容器的介质材料采用的标注字母

字母	介质材料	字母	介质材料	字母	介质材料
A	钽电解	H	纸膜复合	Q	漆膜
B	聚苯乙烯等非极性有机薄膜	I	玻璃釉	T	低频陶瓷
C	高频陶瓷	J	金属化纸介	V	云母纸
D	铝电解	L	聚酯等极性有机薄膜	Y	云母
E	其他材料电解	N	铌电解	Z	纸
G	合金电解	O	玻璃膜		

第三部分，用字母表示特征。

第四部分，用字母或数字表示，包括品种、尺寸代号、温度特性、直流工作电压、标称值、允许误差、标准代号等。

【例 1-4-5】 请解读（1）CJX250 0.33 ±10%，（2）CD 25V 47 μF 的电容参数。

【解】 CJX250 0.33 ±10%，表示金属化纸介小型电容器，容量为 0.33 μF，允许误差±10%，额定工作电压 250V。

CD 25V 47 μF，表示额定工作电压 25V、标称容量 47 μF 的铝电解电容。

用数字标注容量有以下几种方法。

① 只标数字，如 4700、300、0.22、0.01。此时指电容的容量是 4700pF、300pF、0.22 μF，0.01 μF 。

② 以 n 为单位，如 10n、100n、4n7。它们的容量是 0.01 μF 、0.1 μF 、4700pF。

③ 另一种表示方法是用三位数码表示容量大小，单位是 pF，前两位是有效数字，后一位是零的个数。

例如：102，它的容量为 10×10^2pF=1000pF;

103，它的容量为 10×10^3pF=10000pF;

104，它的容量为 10×10^4pF=100000pF，即 0.1 μF;

332，它的容量为 33×10^2pF=3300pF;

473，它的容量为 47×10^3pF=47000pF，即 0.047μF。

第三位如果是 9，则乘 10^{-1}，如 339 表示 33×10^{-1}pF=3.3pF。

【小贴士】 由以上可以总结出，直接数字标注的电容器，其电容量的一般读数原则是：10^4 以下的读 pF，10^4 以上（含 10^4）的读μF。

2）色码法

电容器的色码法与电阻的相似，各种色标表示有效数字和乘数。

电容器的色标一般有 3 种颜色，从电容器的顶端向引线方向，依次为第 1 位有效数字环、第 2 位有效数字环、乘数环，单位为 pF。若两位有效数字的色环是同一种颜色，就涂成一道宽的色环，如图 1-4-11（b）所示。图 1-4-11（a）标示的电容值为 0.015μF，1-4-11（b）标示的电容值为 3300pF。

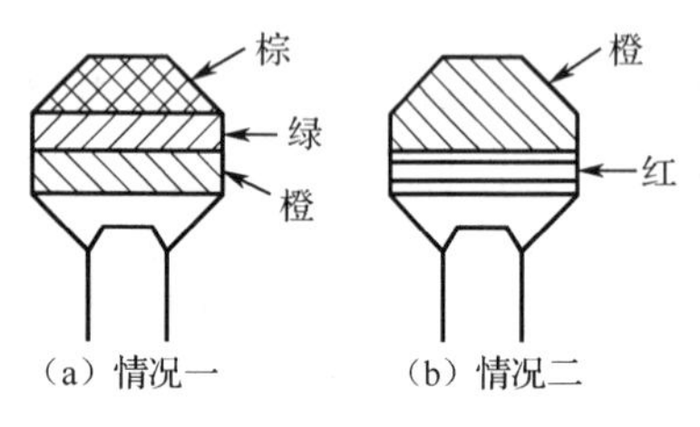

图 1-4-11　电容的色码法

3. 电容器的选用

电容器的种类有很多，应根据电路的需要，考虑一下因素，合理选用。

1）选用合适的介质

电容器的介质不同，性能差异较大，用途也不完全相同，应根据电容器在电路中的作用及实际电路的要求，合理选用。一般电源滤波、低频耦合、去耦、旁路等，可选用电解电容器；高频电路应选用云母、聚丙烯电容器或高频瓷介电容器。

2）标称容量及允许误差

因为电容器在制造中容量控制较难，不同精度的电容器的价格相差较大，所以应考虑电路的实际需要选择。对精度要求不高的电路，选用容量相近或容量大些的即可，如旁路、去耦及低频耦合等；但在精度要求高的电路中，应按设计值选用。在确定电容器的容量时，要根据标称系列来选择。

3）额定工作电压

电容器的耐压是一个很重要的参数，在选用时，器件的额定工作电压一定要高于实际电路工作电压的 1～2 倍。但电解电容器是个例外，它通常使电路的实际工作电压为电容器额定工作电压的 50%～70%。如果额定工作电压远高于实际电路的电压，会使成本增高，电解电容器的容量下降。

3. 性能测量

准确测量电容器的容量，需要专用的电容表。有的数字万用表有电容挡，可以测量电容值。通常可以用模拟万用表的电阻挡，检测电容的性能好坏。

（1）用万用表的电阻挡检测电容器的性能，要选择合适的挡位。大容量的电容器，应该选择小电阻挡；反之，选大电阻挡。一般 50μF 以上的电容器宜选用 R×100 或更小的电阻挡，电容值在 1μF～50μF 之间用 R×1k 挡；1μF 以下用 R×10k 挡。

（2）检测电容器的漏电电阻的方法。用万用表的表笔与电容器的两引线接触，随着充电过程的结束，指针应回到接近无穷大处，此处的电阻值即为漏电电阻。一般电容器的漏电电阻为几百至几千兆欧姆。测量时，若表针指到或接近欧姆零点，则表明电容器内部短路；若指针不动，始终指在无穷处，则表明电容器内部开路或失效。对于容量在 0.1μF 以下的电容器，由于漏电电阻接近无穷大，难以分辨，故不能用此方法检测电容器内部是否开路。

任务 1—5　电感元件特性测试

学习导航

学习目标	1．了解电感结构，基本性质
	2．理解电感的工作原理
	3．掌握电感的伏安关系
	4．熟练掌握电感的串/并联等效分析
重点知识要求	电感元件的伏安关系及动态特性
关键能力要求	1．电感的连接和测量
	2．交流电源、交流电表的使用和测量

任务要求

任务要求	1．掌握电感元件伏安特性及主要功能
	2．掌握电容通交隔直的性质
任务环境	交流电源，交流电流表，交流电压表，电感模块，电阻模块，万用表
任务分解	测量电容对于直流和交流的不同的传输特性

实施步骤

电感通直隔交功能验证

（1）搭建如图 1-5-1 所示电路，将电压输出调节为指定电压值后，合上开关，进行数据读取。

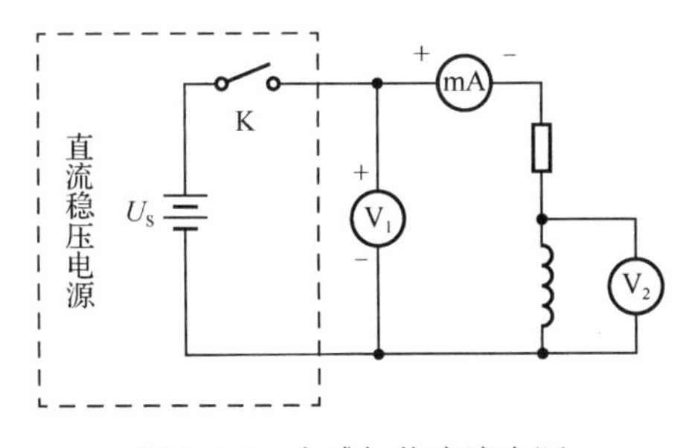

图 1-5-1　电感加载直流电源

（2）将电压分别调制 10V、30V、50V。将电压表、电流表的数据记录在表 1-5-1 中。

表 1-5-1　电感加载直流电源数据记录表

	10V	30V	50V
V_1 读数			
V_2 读数			
电流表读数			

（3）更换电源，如图 1-5-2 所示进行搭建，注意电压表和电流表要使用交流电压表和交流电流表，将交流输出设为指定电压值后，合上开关，进行数据读取。

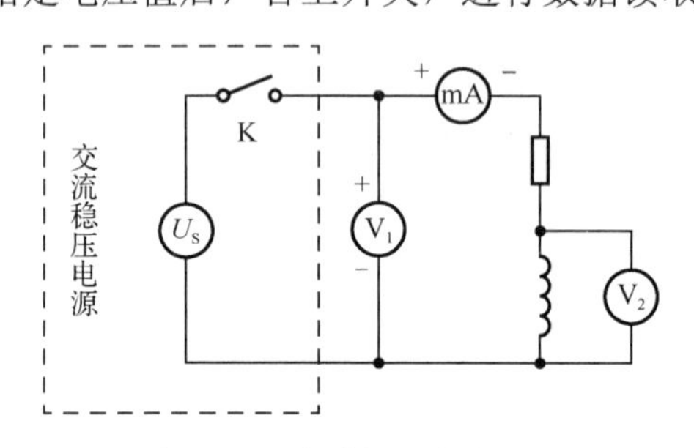

图 1-5-2　电感加载交流电源

（4）将电压分别调制 10V、30V、50V。将电压表、电流表的数据记录在表 1-5-2 中。

表 1-5-2　电感加载交流电源数据记录表

	10V	30V	50V
V_1 读数			
V_2 读数			
电流表读数			

相关知识

1.8　电感元件

绕在螺线管或铁芯上的一个线圈，当线圈中有电流通过时，在线圈周围就形成一个磁场，磁场中储存着磁场能量，这种器件称为电感器。如果不考虑电感器的热效应和电场效应，即抽象为电感元件，它是实际电感器的理想化模型，表征了电感器的主要物理特性，即电感元件具有储存磁场能量的性能。

1.8.1　电感的基本概念

1．电感的形成

载流导体周围会产生磁场。如果电流 i 通过一个用导线绕成的线圈，每匝线圈都将产生磁通 Φ，具有 N 匝线圈的总磁通称为磁链，用 Ψ 表示。如果每匝线圈产生的磁通相同，则磁链为：

$$\psi = N\Phi \tag{1-5-1}$$

磁通Φ、磁链Ψ都是由线圈本身的电流所产生的。在国际单位制中，磁通和磁链的单位为韦伯，简称韦（Wb）。磁链是电流i的函数，即

$$\psi = f(i) \tag{1-5-2}$$

线圈中磁链的方向，可用右手螺旋定则来确定，如图 1-5-3（a）所示。如果忽略线圈的导线电阻和电容效益，就形成了一个理想电感元件。Ψ与i的关系可以用$i-\psi$平面上的曲线表示，该曲线称为电感元件的特性曲线，如果电感元件的特性曲线绘制在$i-\psi$平面上，是一条通过原点且斜率不随时间、磁链或电流变化的直线，则此电感元件称为线性非时变电感元件，如图 1-5-3（b）所示。

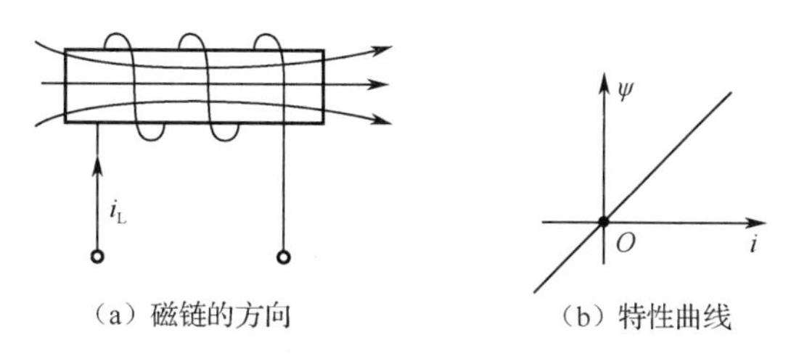

（a）磁链的方向　　（b）特性曲线

图 1-5-3　电感模型及特性曲线

当规定磁通Φ的参考方向与电流i的参考方向之间符合右手螺旋关系时，磁链与电流的关系可以通过线性电感元件韦安特性的数学表达式表示：

$$\psi = Li \tag{1-5-3}$$

图 1-5-3（b）中直线的斜率即为式（1-5-3）中的比例常数L，称为电感量，简称电感。电感元件中的磁通或磁链若是由线圈自身电流产生的，则称为自感磁通和自感磁链，否则称为互感磁通和互感磁链。互感问题将在项目八中讨论，这里只讨论线圈的自感。

电感元件的物理原型是电感线圈，是用导线绕制的空心或具有铁芯的电感线圈，在工程中应用十分广泛。当线圈通入交变电流时，线圈会产生自感电动势，自感电动势的大小和方向与电流的变化率有关。线圈中通以电流i，根据物理学电生磁的道理，将在线圈中产生磁通Φ_L。

2. 电感的符号和单位

利用电感特性所制造出来的电路元件称为电感器，线性电感元件在电路中的图形符号如图 1-5-4 所示。

L　a　b

图 1-5-4　电感的电路符号

在国际单位制中，自感的单位是亨利，用符号 H 表示。常用的辅助单位有毫亨（mH）和微亨（μH），其换算关系如式（1-5-4）所示。

$$\begin{aligned} 1\text{mH} &= 10^{-3}\text{H} \\ 1\mu\text{H} &= 10^{-6}\text{H} \end{aligned} \tag{1-5-4}$$

3. 电感的伏安关系

与电容元件类似，虽然电感是根据$i-\psi$关系定义的，但在电路中常用的变量是电压和电流，即我们感兴趣的是电感元件的伏安关系。由物理学中电磁感应定律可知：当通过电感的电流发生变化时，磁链也相应地随之变化，电感两端出现感应电压。这个电压是由法拉第的电磁感应定律给定的，如式（1-5-5）在电压与电流采用关联参考方向的情况下，电压与电流的参考方向与磁通的参考方向符合右手螺旋法则。

$$u=\frac{\mathrm{d}\psi}{\mathrm{d}t} \tag{1-5-5}$$

将式（1-5-3）带入式（1-5-5）得

$$u=\frac{\mathrm{d}Li}{\mathrm{d}t}=L\frac{\mathrm{d}i}{\mathrm{d}t} \tag{1-5-6}$$

需要强调的是，这里的电压与电流是在关联参考方向下的。式（1-5-6）符合楞次定律。楞次定律指出，当电感中的电流变化时电感两端会产生感应电压，而感应电压的极性是对抗这个电流的变化的。若电流增加，即造成了磁场的增强，因此磁链增大，由式（1-5-5）得$u(t)>0$，它意味着 a 点电位高于 b 点电位，这一极性正是对抗电流进一步增加的。

当电流与电感电压为非关联参考方向时，其伏安关系应为式（1-5-7）。

$$u=-L\frac{\mathrm{d}i}{\mathrm{d}t} \tag{1-5-7}$$

电感的电压、电流关系也可以表示成积分形式，即如式（1-5-8）所示。

$$\begin{aligned} i_{\mathrm{L}}(t)&=\frac{1}{L}\int_{-\infty}^{t}u_{\mathrm{L}}(\tau)\mathrm{d}\tau=\frac{1}{L}\psi(t) \\ &=\frac{1}{L}\int_{-\infty}^{0}u_{\mathrm{L}}(\tau)\mathrm{d}\tau+\frac{1}{L}\int_{0}^{t}u_{\mathrm{L}}(\tau)\mathrm{d}\tau \\ &=i_{\mathrm{L}}(0)+\frac{1}{L}\int_{0}^{t}u_{\mathrm{L}}(\tau)\mathrm{d}\tau \end{aligned} \tag{1-5-8}$$

式（1-5-8）表明，对电感电压的时间积分等于该电感的磁链。同时我们也看到，t 时刻的电感电流与 t 时刻以前的电压的“全部历史”有关。因此，电感元件有“记忆”电压的作用，也即属于记忆元件。

电容在电压变化时才有电流，而电感则是电流变化时才有电压，但它们同样反映了元件的动态特性，都称为动态元件。

电感的伏安关系表明通过电感的两端电压与其中电流的变化率成正比，若电流稳定不变，其电压必为零。只有当电流随时间变化时才有电压；电流变化越快，电压越高；电流不变时，尽管电流存在，电压也等于零。例如，当直流电流通过电感，电感两端电压为零，电感犹如短路线。电感的伏安关系还表明，在一般条件下电感电流不会发生突变，电感电压是有限值，反之，如果电感电流发生突变，则电感两端的电压将为无限大。

【例 1-5-1】 电路如图 1-5-5（a）所示，0.1H 的电感通以图 1-5-5（b）所示的电流，求时间 t>0 电感电压的变化。

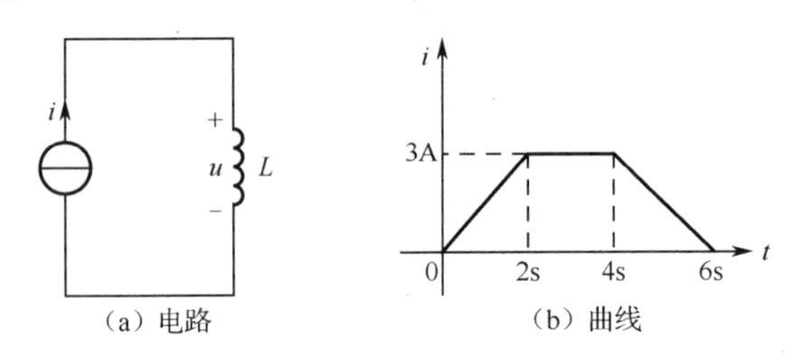

（a）电路　（b）曲线

图 1-5-5　例 1-5-1 图形

【解】 根据电流的变化规律，分段计算如下。

（1）$0<t<2\mathrm{s}$：$i=1.5t$（A）

$$u = L\frac{\mathrm{d}i}{\mathrm{d}t} = 0.1\times1.5 = 0.15\text{（V）}$$

（2）$2\mathrm{s} < t < 4\mathrm{s}$： $i = 3$（A）

$$u = L\frac{\mathrm{d}i}{\mathrm{d}t} = 0$$

（3）$4\mathrm{s} < t < 6\mathrm{s}$： $i = (-1.5t + 3)$（A）

$$u = L\frac{\mathrm{d}i}{\mathrm{d}t} = -0.1\times1.5 = -0.15\text{（V）}$$

（4）$t > 6\mathrm{s}$：电流为 0，电压也为 0。

1.8.2 电感的功率和储能

一个电感当其电压u和电流i在关联参考方向下，它吸收的功率由式（1-5-9）表示

$$p_{\mathrm{L}} = u_{\mathrm{L}}i_{\mathrm{L}} = Li_{\mathrm{L}}\cdot\frac{\mathrm{d}i_{\mathrm{L}}}{\mathrm{d}t} \tag{1-5-9}$$

电感元件的功率与电容元件一样可以是正，也可以是负。功率为正表示电感从电路中吸收能量，储存在磁场中；功率为负表示电感释放储存在磁场中的能量。但有一点需要明确，电感本身不消耗功率。

对式（1-5-9）从$-\infty$到t进行积分，就得到电感元件的储能的计算公式（1-5-10）。

$$\begin{aligned} W_{\mathrm{L}}(t) &= \int_{-\infty}^{t} p(\tau)\mathrm{d}\tau = L\int_{-\infty}^{t} i_{\mathrm{L}}(\tau)\cdot\mathrm{d}i_{\mathrm{L}}(\tau) \\ &= \frac{1}{2}L[i_{\mathrm{L}}(t)^2 - i_{\mathrm{L}}(-\infty)^2] \end{aligned} \tag{1-5-10}$$

若已知$i_{\mathrm{L}}(-\infty) = 0$，则电感储能可以由式（1-5-11）表示。

$$W = \frac{1}{2}Li_{\mathrm{L}}(t)^2 \tag{1-5-11}$$

式（1-5-11）说明电感在某一时刻的储能取决于该时刻电感上的电流值，当电流随时间变化时，电感储能也随时间变化。电感储存的磁场能量与$i_{\mathrm{L}}(t)$有关，也与电感量L有关。无论$i_{\mathrm{L}}(t)$为正值或负值，恒有$W_{\mathrm{L}}(t) \geqslant 0$。

从t_1时刻到t_2时刻内，线性电感元件吸收的能量可以表示为式（1-5-12），等于元件在t_1和t_2时刻的磁场能量之差。

$$\begin{aligned} W_{\mathrm{L}} &= L\int_{t_1}^{t_2} i(\tau)\mathrm{d}\tau \\ &= \frac{1}{2}Li(t_2)^2 - \frac{1}{2}Li(t_1)^2 \\ &= W_{\mathrm{L}}(t_2) - W_{\mathrm{L}}(t_1) \end{aligned} \tag{1-5-12}$$

当电流$|i|$增大时，$W_{\mathrm{L}}(t_2) > W_{\mathrm{L}}(t_1)$，$W_{\mathrm{L}} > 0$，元件吸收能量，并全部转变成磁场能量；当$|i|$减小时，$W_{\mathrm{L}} < 0$，元件释放磁场能量。由此可见，线性电感元件既不产生能量，又不消耗能量，是一个无源储能元件。

【例 1-5-2】 电路如图 1-5-6（a）所示，0.1H 的电感通以 1-5-6（b）所示的电流，求时间t>0 电感功率和储能的变化。

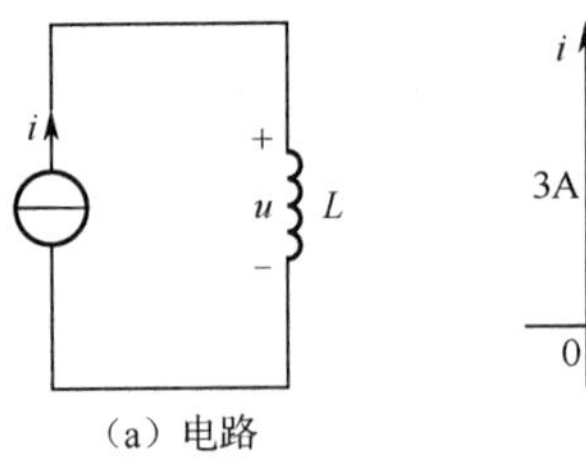

（a）电路

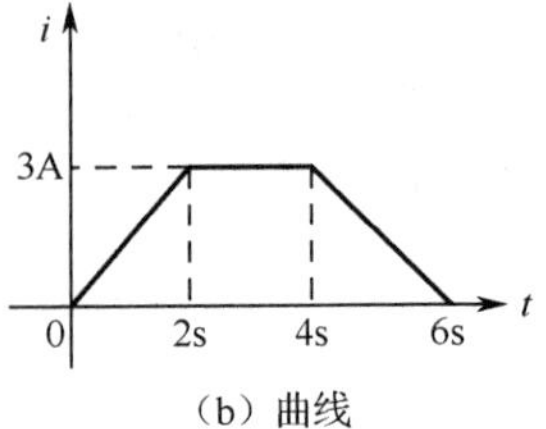

（b）曲线

图 1-5-6　例 1-5-2 图形

【解】 根据电流的变化规律，分段计算如下。

（1）$0<t<2\text{s}$：$i=1.5t$（A）

$$p=ui=L\frac{\mathrm{d}i}{\mathrm{d}t}i=0.1\times1.5\times1.5t=0.225t\text{（W）}$$

$$W=\frac{1}{2}Li^2=0.1125t^2\text{（J）}$$

（2）$2\text{s}<t<4\text{s}$：$i=3$（A）

$$p=ui=L\frac{\mathrm{d}i}{\mathrm{d}t}i=0$$

$$W=\frac{1}{2}Li^2=\frac{1}{2}\times0.1\times3^2=0.45\text{（J）}$$

（3）$4\text{s}<t<6\text{s}$：$i=(-1.5t+3)$（A）

$$p=ui=L\frac{\mathrm{d}i}{\mathrm{d}t}i=0.1\times(-1.5)\times(-1.5t+3)=(0.225t-0.45)\text{（W）}$$

$$W=\frac{1}{2}Li^2=(0.1125t^2-0.45t+0.45)\text{（J）}$$

（4）$t>6\text{s}$：电流为零，电压为零，则功率和能量均为零。

1.8.3　电感的串/并联

1．电感的串联

与电阻串并联相似，电感的串并联也可以简化为单一的电感器。

如图 1-5-7（a）中所示 3 个电感串联在同一支路上，电感器上流过的电流相同，各个电感器的电压由式（1-5-6）可以列出，可以由此推导出式（1-5-13）。

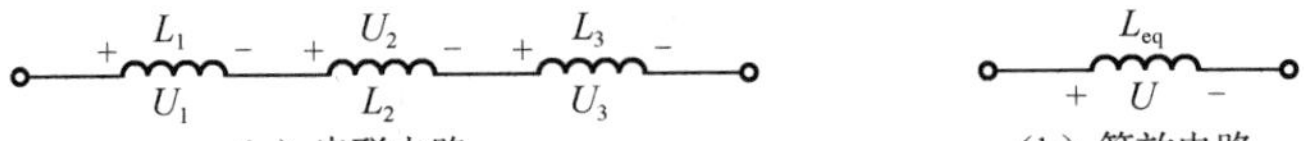

（a）串联电路　　（b）等效电路

图 1-5-7　电感的串联等效

$$\left.\begin{array}{l}U_1=L_1\dfrac{\mathrm{d}I}{\mathrm{d}t}\\ U_2=L_2\dfrac{\mathrm{d}I}{\mathrm{d}t}\\ U_3=L_3\dfrac{\mathrm{d}I}{\mathrm{d}t}\end{array}\right\}\Rightarrow U=U_1+U_2+U_3=(L_1+L_2+L_3)\frac{\mathrm{d}I}{\mathrm{d}t} \tag{1-5-13}$$

串联端口电压等于各个电感电压之和，如果令图 1-5-7（b）中的等效电感为式（1-5-14）所示时，可保持对外电路输出特性不变，即可以实现等效互换。

$$L_{\text{eq}} = L_1 + L_2 + L_3 \tag{1-5-14}$$

由此可知，串联连接电感器的等效电感为各个电感的代数和。若有 n 个电感串联，则可将电感串联等效公式进行推广，得到式（1-5-15）。

$$L_{\text{eq}} = \sum_{i=1}^{n} L_n \tag{1-5-15}$$

【例 1-5-3】 将图 1-5-8（a）中 3 个电感等效变换为图 1-5-8（b）中所示的等效电感。

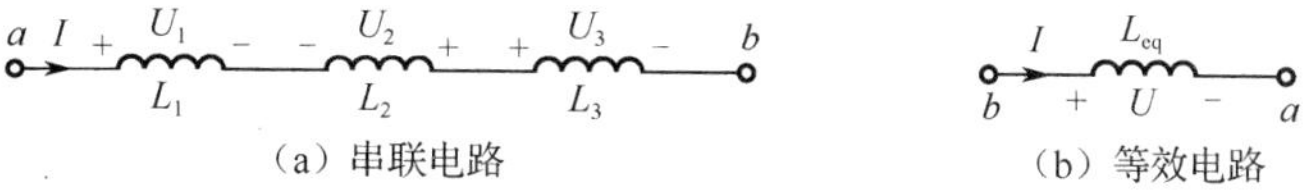

（a）串联电路　　（b）等效电路

图 1-5-8　例 1-5-3 图形

【解】 要实现串联等效，端口电压要保持不变，令图 1-5-8（a）中端口电压为 U_{ab}，则

$$\begin{aligned} U_{ab} &= U_1 - U_2 + U_3 \\ &= L_1 \frac{\text{d}I}{\text{d}t} - \left(-L_2 \frac{\text{d}I}{\text{d}t}\right) + L_3 \frac{\text{d}I}{\text{d}t} \\ &= (L_1 - L_2 + L_3)\frac{\text{d}I}{\text{d}t} \end{aligned}$$

在图 1-5-8（b）中，等效电感 U 可表示为：

$$U = L_{\text{eq}} \frac{\text{d}I}{\text{d}t}$$

且根据电压的极性判断可以得出，其端口电压 U_{ab} 表示为：

$$U_{ab} = -U = -L_{\text{eq}} \frac{\text{d}I}{\text{d}t}$$

要实现等效变换，其端口电压 U_{ab} 和流过的电流 I 都要一致，因此可得

$$(L_1 + L_2 + L_3)\frac{\text{d}I}{\text{d}t} = -L_{\text{eq}} \frac{\text{d}I}{\text{d}t}$$

$$L_{\text{eq}} = -(L_1 + L_2 + L_3) = -L_1 - L_2 - L_3$$

【小贴士】 电感的串联等效时，要注意标注的极性，与目标电感极性相同的取正，反之取反。

2. 电感的并联

并联电感如图 1-5-9（a）所示，可以简化为一个单一的等效电感，如图 1-5-9（b）所示。并联连接电容的等效电容的倒数为各个电容的倒数的总和。端口电流等于流过各个电感支路的代数和。

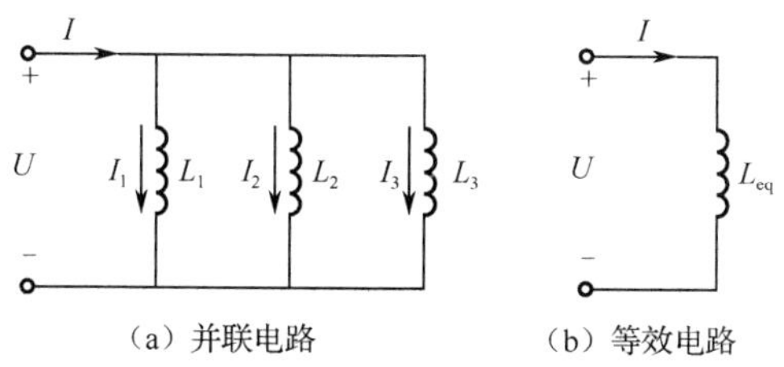

（a）并联电路　　（b）等效电路

图 1-5-9　电感的并联等效

进行并联连接时，每个并联电感都具有相同的端口电压，各个电感上流过的电流可以由式（1-5-8）表示，可以由此推导出式（1-5-16）。

$$\left.\begin{aligned} I_1 &= \frac{1}{L_1}\int_0^t U\mathrm{d}\tau \\ I_2 &= \frac{1}{L_2}\int_0^t U\mathrm{d}\tau \\ I_3 &= \frac{1}{L_3}\int_0^t U\mathrm{d}\tau \end{aligned}\right\} \Rightarrow I = I_1 + I_2 + I_3 = \left(\frac{1}{L_1}+\frac{1}{L_2}+\frac{1}{L_3}\right)\int_0^t U\mathrm{d}\tau \tag{1-5-16}$$

由式（1-5-16）可知，3 个并联电感的端口电流为各支路电流之和，若令图 1-5-9（b）中的等效电感以式（1-5-17）表示时，可保持对外电路输出特性不变，即可以实现等效互换。

$$L_{\mathrm{eq}} = \frac{1}{L_1}+\frac{1}{L_2}+\frac{1}{L_3} \tag{1-5-17}$$

可将图 1-5-9 中的 3 个电感的并联推广至 n 个电感的并联，则可得 n 个电感的并联等效可以由式（1-5-18）表示。

$$\frac{1}{L_{\mathrm{eq}}} = \sum_{i=1}^{n}\frac{1}{L_n} \tag{1-5-18}$$

【例 1-5-4】 并联电感如图 1-5-10 所示，已知 $t=0$ 时，$i=5\mathrm{A}$，$i(t)=8\sin(10t)\mathrm{A}$，$L_1=1\mathrm{H}$，$L_3=3\mathrm{H}$，求（1）$u(t)$ 的表达式；（2）$i(t)$ 在 $t\geqslant 0$ 的表达式。

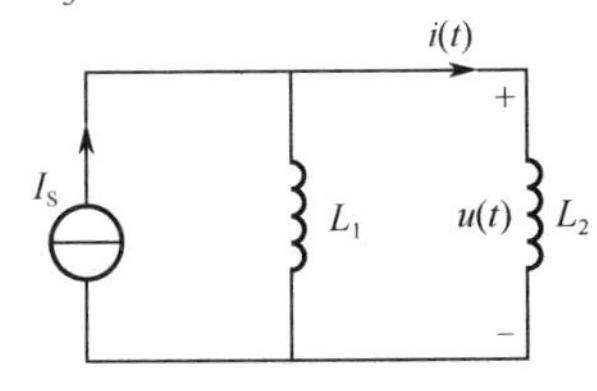

图 1-5-10 例 1-5-4 电路

【解】 （1）并联后总电感：

$$L = \frac{L_1 \times L_2}{L_1 + L_2} = \frac{3}{4}\ (\mathrm{H})$$

并联电路的电压相等，可得：

$$u(t) = L\frac{\mathrm{d}i}{\mathrm{d}t} = \frac{3}{4}\frac{\mathrm{d}(8\sin(10t))}{\mathrm{d}t} = 60\cos(10t)\ (\mathrm{V})$$

（2）该支路上流过的电流大小应为：

$$\begin{aligned} i(t) &= \frac{1}{L}\int_0^t u\mathrm{d}t + i(0) \\ &= \frac{1}{3}\int_0^t 60\cos(10t)\mathrm{d}t + 5 \\ &= [2\sin(10t)+5]\ (\mathrm{A}) \end{aligned}$$

【例 1-5-5】 如图 1-5-11 所示电路，试求等效电感 L 的取值。

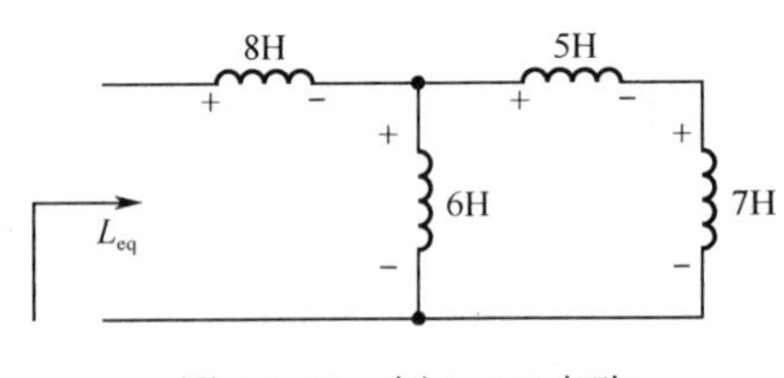

图 1-5-11 例 1-5-5 电路

【解】 由图 1-5-11 分析可得，5H 电感与 7H 电感串联，然后与 6H 电感并联，最后再与 8H 电感串联。

5H 电感与 7H 电感串联等效为：

$$L'_{\mathrm{eq}} = 5+7 = 12\ (\mathrm{H})$$

该 12H 等效电感与 6H 电感并联等效为：

$$\frac{1}{L''_{\mathrm{eq}}} = \frac{1}{12}+\frac{1}{6} = \frac{1}{4} \Rightarrow L''_{\mathrm{eq}} = 4\ (\mathrm{H})$$

该 4H 等效电感与 8H 电感串联等效可得:

$$L_{eq}=8+4=12\text{（H）}$$

3．电感的分类

电感器的种类有很多，可按不同方式分类。按结构可分为空心电感器、磁芯电感器、铁芯电感器，按工作参数可分为固定式电感器、可变电感器、微调电感器，按功能可分为振荡线圈、耦合线圈、偏转线圈。一般低频电感器大多采用铁芯（铁氧体芯）或磁芯，而中高频电感则采用空心或高频磁芯。

4．电感的主要参数

电感器的主要参数有电感量、品质因数、标称电流、分布电容等。

1）电感量

电感量是用 L 表示，单位为 H（亨利），辅助单位有 mH（毫亨）、μH（微亨）。同电阻、电容器一样，商品电感器的标称电感量也有一定误差，常用电感器误差在 5%～20%之间。

2）品质因数

电感线圈的品质因数（Q 值）是反映线圈质量的一个参数，Q 值越高，损耗功率越小，电路效率越高，选择性越好。

3）额定电流

额定电流是线圈允许通过的最大电流。

4）分布电容

电感器并非理想器件，线圈匝与匝之间、层与层之间、绝缘层和骨架之间都存在着分布电容，其等效电路可用图 1-5-12 表示。

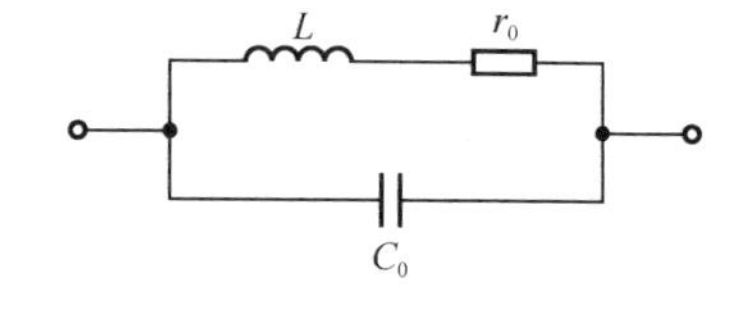

图 1-5-12　实际电感器的等效电路

图 1-5-12 中 C_0 是分布电容，r_0 是直流电阻。由于分布电容和直流电阻的存在，会使线圈的品质因数降低，损耗增大。

任务 1—6　基尔霍夫定律验证测试

学习导航

学习目标	1．理解 KCL、KVL 定律，会列 KCL 和 KVL 方程
	2．能应用基尔霍夫定律进行较复杂电路的电压、电流等的计算
	3．能正确使用电压电流表测量复杂电路，验证基尔霍夫定律
重点知识要求	KCL、KVL 定律
关键能力要求	复杂直流电路的搭建与电压电流测量

任务要求

任务要求	1．实验验证基尔霍夫电压定律和电流定律
	2．加深学生对电位、电压概念及相互关系的理解，证明电位的相对性、电压的绝对性
	3．加深对测量电路中的电位以及电流、电压参考方向的理解
任务环境	直流稳压源，直流电压表，直流电流表，电阻模块
任务分解	1．电压电位的测量
	2．基尔霍夫定律

实施步骤

1．电压电位的测量

（1）按图 1-6-1 所示接线，调节双路可调直流稳压源，设置两个电源单独使用输出电压分别为 U_{S1}=10V，U_{S2}=6V。连接两路开关及 5 个电阻，阻值分别为 R_1=430Ω，R_2=150Ω，R_3=51Ω，R_4=100Ω，R_5=51Ω。

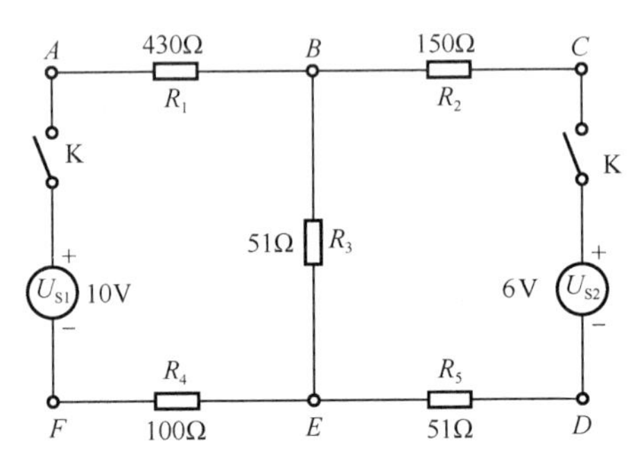

图 1-6-1　电压电位的测量电路

（2）用万用表检测电路，检查电路通路及元件的选取是否正确，如有问题则进行故障排除。（注意：检测时要断开电源。）

（3）闭合开关 K_1 和 K_2，以 B 点、D 点、E 点为电位的参考点（参考点电位为 0），测量电路中的其余点的电位，将电压表跨接在被测点与参考点之间，电压表的读数就是该点的电位值。当电压表的“+”端接被测点，“−”端接参考点，电压表指针正向偏转，读数为正时，该点电位即为正值，反之为负值。用直流电压表分别测量 A、B、C、D、E、F 各点电位。然后再测量电压 U_{AB}、U_{BC}、U_{CD}、U_{DE}、U_{EF}、U_{AF}、U_{BE}，其中 A、B 两点间的电压 U_{AB}，它的参考方向是由 A 指向 B，也就是说 A 点的参考极性为“+”，B 点的参考极性为“−”，若电压表指针正向偏转，读数为正时，该两点间电压即为正值，反之为负值。将数据记入表 1-6-1 中（测试中注意电位的正负极）。

表 1-6-1　电压电位测量记录表

参考点	V_A	V_B	V_C	V_D	V_E	V_F	U_{AB}	U_{BC}	U_{CD}	U_{DE}	U_{EF}	U_{AF}	U_{BE}
B 点													
D 点													
E 点													

（4）根据测量数据进行分析，理解电位与电压的关系，以及它们之间的相同点与不同点，并回答以下问题。

① 以不同的点为参考点时，电路中各点的电位是否相同？电路中两点间的电压是否有变化？这说明什么？

② 以 *B* 为参考点，用测量电位和电压值，验证电位与电压的关系。

③ 在测量过程中如何确定电位的正负极和两点间电压的正负极，请说明。

2. 基尔霍夫定律验证

（1）按图 1-6-2 所示接线，调节双路可调直流稳压源，设置两个电源单独使用输出电压分别为 U_{S1}=25V，U_{S2}=15V，将 3 个电流表串联在电路中，注意电流表的正负极连接方式，不可接反，分别选取 R_1=430Ω，R_2=150Ω，R_3=51Ω，R_4=100Ω，R_5=51Ω 5 个电阻，按图 1-6-2 所示意进行电路搭建。

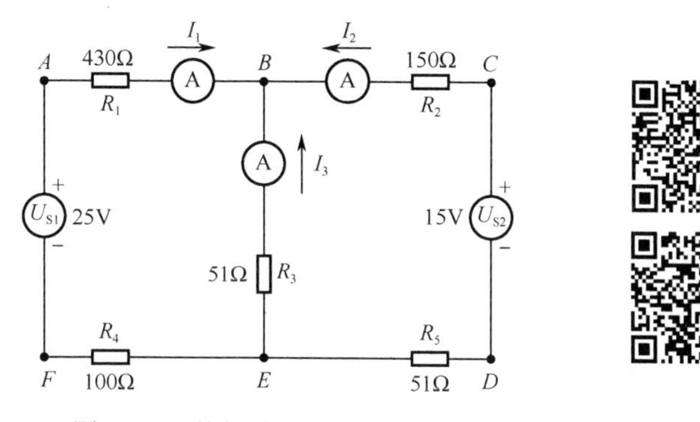

基尔霍夫电流定律验证

基尔霍夫电压定律验证

图 1-6-2　基尔霍夫定律测试电路

（2）用万用表检测电路，检查电路通路及元件的选取是否正确，若有问题则进行故障排除。（注意：检测时要断开电源。）

（3）利用接入的直流电流表测量 I_1、I_2、I_3 的数值（注意电流的方向）。我们往往事先不知道每一支路中电流的实际方向，这时可以任意假定各个支路中电流的方向，并且标在电路图上。若电流表正向偏转，则读数为正，反之数值为负值，说明其参考方向与实际方向相反。根据

图 1-6-2 中所标示的电流参考方向确定被测电流的正负号，将数据填入实验报告表 1-6-2 中。

表 1-6-2　基尔霍夫定律测试电流数据记录表

I_1（mA）	I_2（mA）	I_3（mA）	节点 B 上电流的代数和

（4）用导线代替电流表，并用直流电压表测量电压 U_{AB}、U_{BE}、U_{EF}、U_{FA} 和 U_{CB}、U_{BE}、U_{ED}、U_{DC} 的数值，根据图 1-6-2 中所示的电压参考方向确定被测电压的正负号将数据填入实验报告表 1-6-3 中。

表 1-6-3　基尔霍夫定律测试电压数据记录表

U_{AB}（V）	U_{BE}（V）	U_{EF}（V）	U_{FA}（V）	回路 $ABEFA$ 电压降之和
U_{CB}（V）	U_{BE}（V）	U_{ED}（V）	U_{DC}（V）	回路 $CBEDC$ 电压降之和

（5）分析实验结果，验证基尔霍夫定律。

基尔霍夫电压定律指出，任何时刻，沿电路中任意一个闭合回路绕行一周，各段电压的代数和恒等于零，即 $\Sigma U=0$。

基尔霍夫电流定律指出，任何时刻，在电路的任意一个节点上，所有支路电流的代数和恒等于零，即 $\Sigma I=0$。

思考实验过程，整合实验数据，并回答以下问题。

① 根据实验结果是否可以验证基尔霍夫定律，请用数据说明。

② 分析在实验过程中是否可以改变电源的电压值。

③ 在实验过程中如何确定电压、电流值的正负。

相关知识

电路中，各支路电流和支路电压受两类约束。一类是元件特性约束，如电阻支路的电压和电流要服从欧姆定律 $u = Ri$；另一类是元件连接特性的约束，这类约束与元件的性质无关，仅与元件的相互连接有关。表示这类约束关系的是基尔霍夫定律。

基尔霍夫（或译为克希荷夫）提出了集总参数电路的基本定律，称为基尔霍夫电流定律和基尔霍夫电压定律，统称为基尔霍夫定律。即基尔霍夫定律是集中参数假设下电路基本定律。为便于介绍基尔霍夫定律，先介绍一下关于支路、节点等概念。

1. 支路和节点

一般情况下，我们把电路中每一个二端元件称为一条支路，把支路的连接点称为节点。显然，任意一条支路接于两节点之间，而任意一个节点是两条或两条以上支路的连接点。（有时为了需要，可把通过同一电流的一段电路视为一条支路。）如图 1-6-3 中，二端元件分别有 7 个，包括直流电压源u_S（A–D），直流电流源i_S（C–D），电阻R_1（A–E），电阻R_2（C–E），电阻R_3（A–B），电阻R_4（B–C），电阻R_5（B–D），可以认为这 7 个二端元件自成一条支路，这样对应的节点就有：*A*、*B*、*C*、*D*、*E* 这 5 个节点；但在电路分析的过程中，我们会发现，电阻R_1（A–E）和电阻R_2（C–E）实际流过的电流相同，可以看作一条支路进行分析，那么这时节点就应该是有 *A*、*B*、*C*、*D* 这 4 个节点。

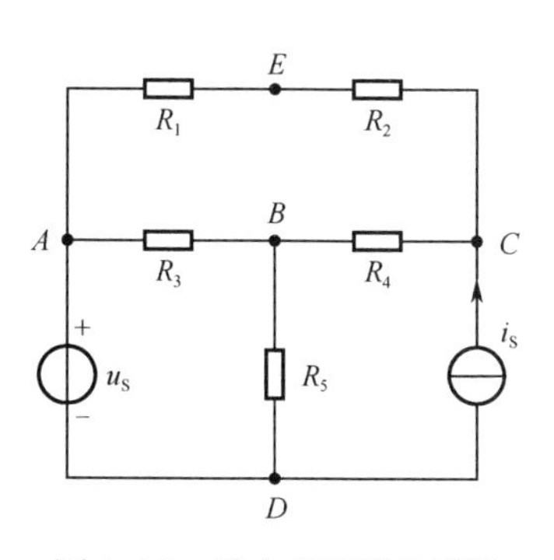

图 1-6-3　基本术语示意模型

2. 回路

电路中任意一个闭合的路径都称为回路，如图 1-6-3 中，一共有 5 个回路，分别为：*A-B-D-A* 回路；*B-C-D-B* 回路；*A-B-C-D-A* 回路；*A-B-C-E-A* 回路；*A-E-C-D-A* 回路。

3. 网孔

网孔的定义是对平面电路而言的，其内部不包含任何支路的回路称为网孔。在上述 5 个回路中，*A-B-C-D-A* 回路包含 *B-D* 支路，因此不是网孔。同理，*A-E-C-D-A* 回路包含 *A-B* 支路，*B-C* 支路及 *B-D* 支路，也不属于网孔，因此图 1-6-3 中只有 3 个回路符合网孔的定义，分别为：*A-B-D-A* 网孔；*B-C-D-B* 网孔及 *A-B-C-E-A* 网孔。

【小贴士】 网孔一定是回路，但回路不一定是网孔。一般把含元件较多的电路称为网络。实际上电路和网络这两个名词并无明确的区别，可以混用。在集总参数电路中，任何时刻通过元件的电流和其两端的电压都是一个确定的物理量。我们把通过元件的电流称为支路电流，元件的两端电压称为支路电压，支路电流和支路电压是我们分析电路的两个基本变量。集总参数电路中的基本规律也可用它们来表示。

1.9 电路中的电位与电压的关系

1. 电位的定义

电场力把 1 库仑（C）的正电荷，从电场中的 *a* 点沿任意路径移动到无穷远处（该处的电场强度为零），电场力所做功的焦耳（J）数，称为电场中 *a* 点的电位，用φ_a表示，单位为伏（V）。而电场中 *a*、*b* 两点的电位之差称为 *a*、*b* 两点之间的电压，用u_{ab}表示，如式（1-6-1），单位为伏（V）

$$u_{ab}=\varphi_a-\varphi_b \tag{1-6-1}$$

若$u_{ab}>0$，则 *a* 点的实际电位就高于 *b* 点的实际电位，即$\varphi_a>\varphi_b$；若$u_{ab}<0$，则 *a* 点的实际电位就低于 *b* 点的实际电位，即$\varphi_a<\varphi_b$；若$u_{ab}=0$，则 *a*、*b* 两点的实际电位相等，即$\varphi_a=\varphi_b$。可见，电压u_{ab}也是一个标量代数量。电路中某点的电位是该点与参考点之间的电压，若这个电压为正，则表示该点比参考点的电位高，该点的电位为正，反之该点比参考点的电位低，该点的电位为负。

2．计算电路中某点电位的方法

（1）确认电位参考点的位置。事先制定的计算电位的起点称电位参考点或零点位点。可以选取电路中任意一点作为参考点，视其电位为零，用“⊥”表示。习惯上，常规定大地的电位为零，也可以是机器的机壳。

（2）确定电路中的电流方向和各元件两端电压的正负极性。

（3）从被求点开始通过一定的路径绕到电位参考点，则该点的电位等于此路径上所有电压降的代数和：电阻元件电压降写成±*RI* 形式，当电流 *I* 的参考方向与路径绕行方向一致时，选取“+”号；反之，选取“−”号。电源电动势写成±*E* 形式，当电动势的方向与路径绕行方向一致时，选取“−”号；反之，选取“+”号。

引入电位的概念后，电路图的画法将会发生变化。为简便起见，电子电路中有一种习惯画法，即电源不用电压源符号表示，而改为标出其极性及电压的数值，按照这种画法，图 1-6-4（b）可改画如图 1-6-4（a）所示，图中标出 *a* 点+6V 表示电压源的正极接在 *a* 端，其电压的数值为 6V，电压源的另一极（负极）则接在参考点 *d*，不再标示出来。同样 *c* 端标出−2V，意思是电压源的负极接在 *c* 端，其电压的数值为 2V 电压源的正极接在参考点 *d*，不再重复标示。我们应该熟悉这种画法。

如图 1-6-4 所示，图中未作刻意说明，实际示意选取 *d* 点为参考点，$V_a = 6\text{V}$ 表示 *a* 点相对 *d* 的电位值，等同于 $V_a - V_d = 6\text{V}$。同理，$V_c = -2\text{V}$ 表示 *c* 点相对于 *d* 点而言的电位值，等同于 $V_c - V_d = -2\text{V}$。图中 *a*、*c* 两点间电压表示为 $U_{ac} = V_a - V_c = [6-(-2)] = 8\text{V}$。

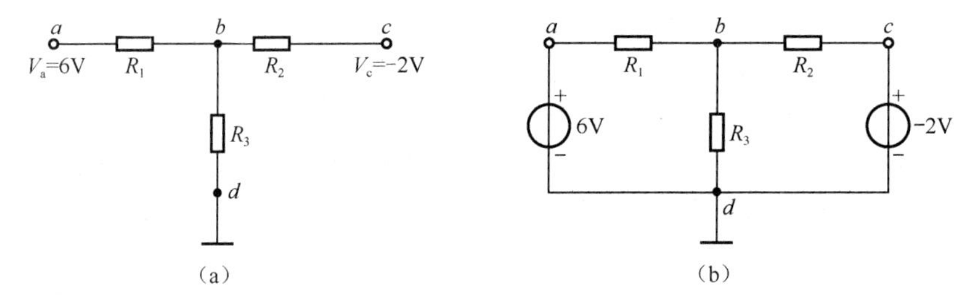

图 1-6-4　电位的定义示意模型

（4）电路中参考点的选定是任意的，它只是一个公共点，不过一经选定，在测量过程中不允许改变电位参考点，且规定该点的电位为零，电路中电位的高低、正负都是相对于参考点而言的。若参考点发生变化，电路中各点电位都会随之发生变化。

（5）电路中任意两点间的电压等于该两点间的电位差，电压与参考点的选择无关。若参考点发生变化，电路中该两点间的电压不会随之发生变化。

【例 1-6-1】 电路如图 1-6-5 所示，分别以 *a*、*b* 为参考点，求图示电路中个点的电位 V_a、V_b、V_c、V_d 及 U_{ab}、U_{ac}、U_{ad}。

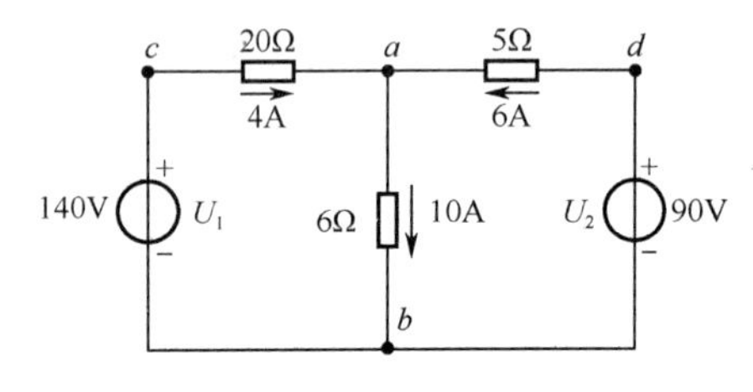

图 1-6-5　例 1-6-1 电路

【解】 （1）设 a 为参考点，如图 1-6-6 所示进行分析。

因为 a 点位参考点，因此 a 点电位视为零，即 $V_a = 0$（V）。

$$V_b = U_{ba} = -10\times 6 = -60\text{（V）}$$

$$V_c = U_{ca} = 4\times 20 = 80\text{（V）}$$

$$V_d = U_{da} = 6\times 5 = 30\text{（V）}$$

（2）设 b 为参考点，如图 1-6-7 所示进行分析。

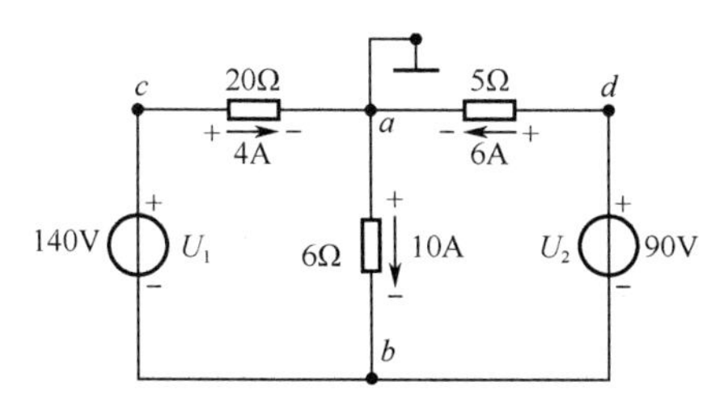

图 1-6-6　以 a 为参考点

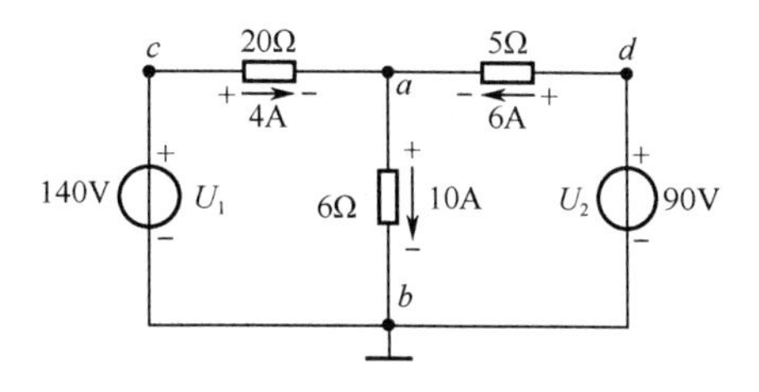

图 1-6-7　以 b 为参考点

b 点为参考点，即 $V_b = 0$（V）。

$$V_a = U_{ab} = 10\times 6 = 60\text{（V）}$$

$$V_c = U_{cb} = U_1 = 140\text{（V）}$$

$$V_d = U_{db} = U_2 = 90\text{（V）}$$

U_{ab} 表示参考电压极性 a 点为“+”、b 点为“–”，与电流的参考方向为关联参考方向，应运用 $U = IR$ 进行计算得：

$$U_{ab} = 10\times 6 = 60\text{（V）}$$

U_{ac} 表示参考电压极性 a 点为“+”、c 点为“–”，与电流的参考方向为非关联参考方向，应运用 $U = -IR$ 进行计算得：

$$U_{ac} = -4\times 20 = -80\text{（V）}$$

U_{ad} 表示参考电压极性 a 点为“+”、d 点为“–”，与电流的参考方向为非关联参考方向，应运用 $U = -IR$ 进行计算得：

$$U_{ad} = -6\times 5 = -30\text{（V）}$$

由此例可以得出结论，电位值是相对的，参考点选取的不同，电路中各点的电位也将随之改变，而电路中两点间的电压值是固定的，不会随参考点的改变而发生不同，即与零点位参考点的选取无关。

借助电位的概念可以简化电路图，以例题 1-6-1 中，b 点为参考点，可以将图 1-6-7 所示电路以电位的方式简化为图 1-6-8 所示电路。

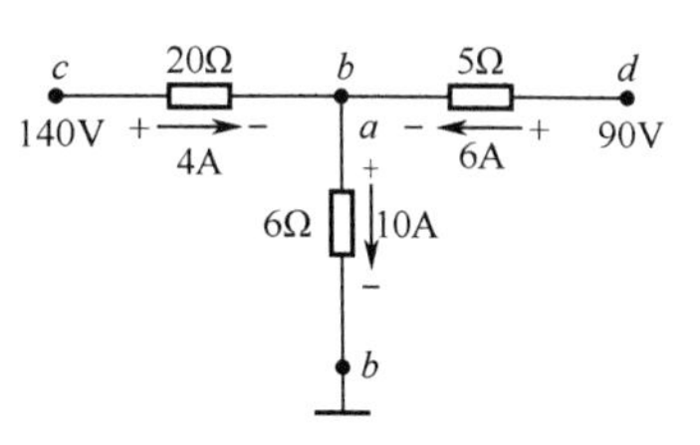

图 1-6-8　利用电位简化电路图

【例 1-6-2】 电路如图 1-6-9 所示，求开关 S 打开和闭合两种状态下 A、B 两点的电位。

【解】 （1）开关 S 打开的状态，电路等效如图 1-6-10 所示。

3 个电阻串联在同一条支路上，支路两端电压为：

$$U_{ED} = V_E - V_D = 12-(-18) = 30\text{（V）}$$

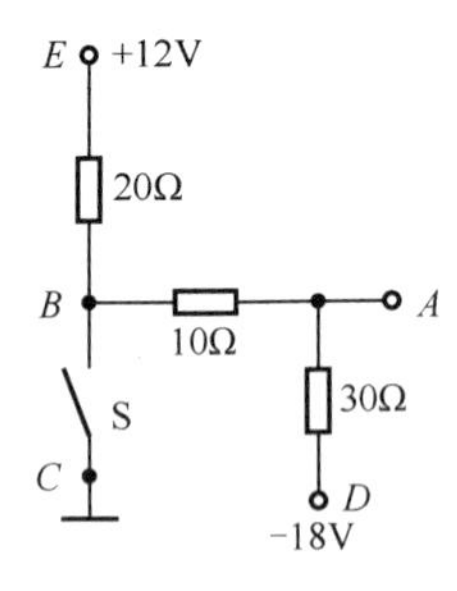

图 1-6-9 例 1-6-2 电路

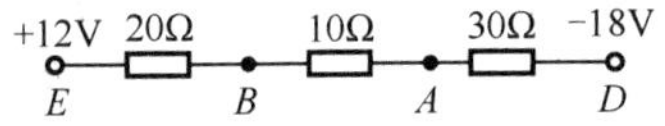

图 1-6-10 开关 S 打开

因为电压参考方向选取的 E 点为高电位端、D 点为低电位端，因此电流参考方向选取由 E 点流向 D 点方向，两者保持关联参考方向，得电流大小为：

$$I = \frac{U}{20+10+30} = 0.5\text{（A）}$$

$$V_B = V_E - I\times 20 = 12 - 0.5\times 20 = 2\text{（V）}$$

$$V_A = V_E - I\times(20+10) = I\times 30 + V_D = -3\text{（V）}$$

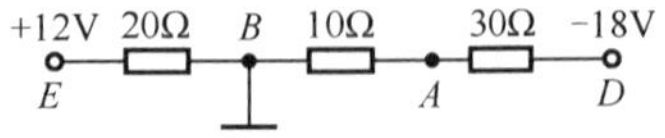

（2）开关 S 闭合时，电路可等效如图 1-6-11 所示。

图 1-6-11 开关 S 闭合

开关 S 闭合时，B 点通过开关接地，则：

$$V_B = 0\text{（V）}$$

由图 1-6-11 可知，$V_B = 0\text{V}$，$V_D = -18\text{V}$，则：

$$U_{BD} = V_B - V_D = 0-(-18) = 18\text{（V）}$$

$$I_{BD} = \frac{U_{BD}}{10+30} = 0.45\text{（A）}$$

$$V_A = V_B - I_{BD}\times 10 = I_{BD}\times 30 + V_D = -4.5\text{（V）}$$

1.10 基尔霍夫定律

基尔霍夫两大定律构成的外部约束条件也称为“拓扑”约束，即只与电路的连接结构有关，而与元件性质无关；元件伏安关系构成的内部约束条件也称为元件约束，只与元件性质有关，而与电路的连接结构无关。两者的联立就确定了电路的解。故求解电路的任何方法都应该是、也必定是这两类约束条件既必要又充分的体现。

1. 基尔霍夫电流定律（Kirchhoff's Current Law，KCL）

基尔霍夫电流定律描述了电路中各支路电流之间的相互关系。它有两种数学表述方式：

（1）在任意时刻 t，流出某个节点的支路电流总和等于流入该节点的支路电流总和，如式（1-6-2）所示。

$$\sum i_{入} = \sum i_{出} \tag{1-6-2}$$

若规定流出节点的电流取正号（这是代数式中的取号规定，与电流本身的正负值无关，只看作参考方向），流入节点的电流取负号（或做相反规定），则 KCL 又可叙述第 2 种方式。

（2）对于集总电路的任意节点，在任意时刻，流出或流入该节点的支路电流的代数和恒等于零，即如式（1-6-3）所示。

$$\sum i = 0 \tag{1-6-3}$$

KCL 是电荷守恒定律和电流连续性在集中参数电路中任意一个节点处的具体反映。所谓电荷守恒定律，即是电荷既不能创造，也不能消灭。基于这条定律，对集中参数电路中某一支路的横截面来说，它“收支”是完全平衡的。即流入横截面多少电荷即刻又从该横截面流出多少电荷，$\mathrm{d}q/\mathrm{d}t$ 在一条支路上应处处相等，这就是电流的连续性。对于集中参数电路中的节点，在任意时刻 t，它“收支”也是完全平衡的，所以 KCL 是成立的。

【例 1-6-3】 通过 a 节点的电流如图 1-6-12 所示，求电流 i 的大小。

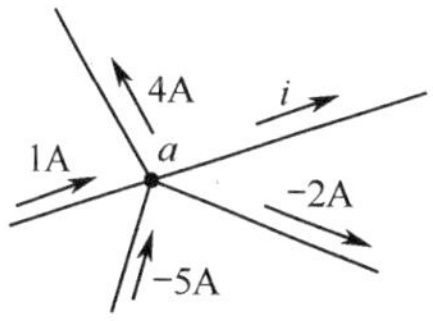

【解】 设流入节点 a 的电流为正，流出该节点的电流为负，依据 KCL 有:

$$1+(-5)-i-4-(-2)=0$$

$$i=-6\ (\mathrm{A})$$

图 1-6-12 例 1-6-3 图形

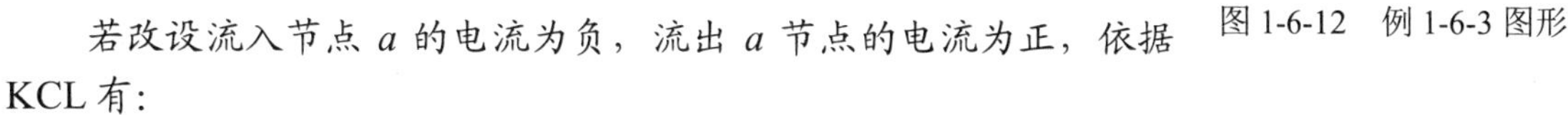

若改设流入节点 a 的电流为负，流出 a 节点的电流为正，依据 KCL 有:

$$-1-(-5)+4+(-2)+i=0$$

$$i=-6\ (\mathrm{A})$$

由本例可知，流出节点的支路电流为正，还是流入节点的支路电流为正，可任意进行假设，不影响计算结果，但在一个 KCL 方程中只能采取一种假设。另外，在 KCL 方程中有两套符号，外面的一套符号是依据电流参考方向与节点的关系假设确定，而里面一套符号是由电流参考方向与实际方向的关系确定。

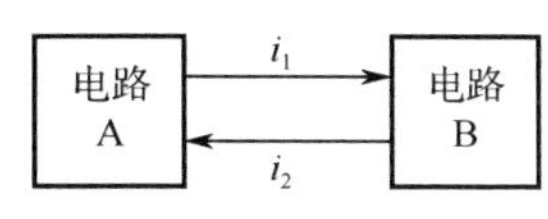

图 1-6-13 广义基尔霍夫电流定律

在进行集总假设时，可以广义地将一个封闭曲面看作一个节点，当把流入封闭曲面的电流视为正时，则流出该闭合曲面的电流即为负。反之，则相反。进而可以推广为广义基尔霍夫电流定律。在任意时刻 t，流入（或流出）某个封闭曲面的所有支路电流的代数和为零。如图 1-6-13 所示，依据广义 KCL 定义我们可以得出 $i_1=i_2$。

【例 1-6-4】 如图 1-6-14 所示，标示了支路电流的参考方向，给出了部分电阻值和支路电流大小，试求 i 的大小。

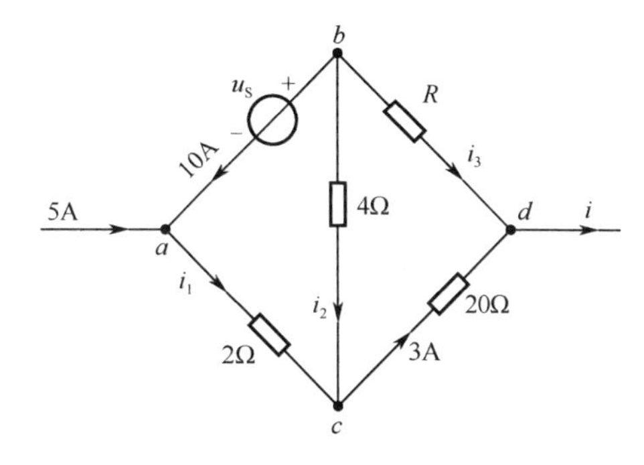

图 1-6-14 例 1-6-4 电路

【解】 （1）先列写 a 点的 KCL 方程，假设流入 a 点的支路电流为“+”，流出 a 点的支路电流为“−”，依据 a 点流入流出的支路电流代数和恒为零可得:

$$5+10-i_1=0$$

$$i_1=15\ (\mathrm{A})$$

同理，列写 c 点的 KCL 方程，同样假设流入 c 点的支路电流为“+”，流出 c 点的支路电流为“-”，依据基尔霍夫电流定律可知，流入流出 c 点的支路电流代数和恒为零可得：

$$i_1 + i_2 - 3 = 0$$

$$i_2 = 3 - i_1 = 3 - 15 = -12 \text{（A）}$$

列写 b 点和 d 点的 KCL 方程：

$$-10 - i_2 - i_3 = 0 \ \Rightarrow \ i_3 = 2 \text{（A）}$$

$$i_3 + 3 - i = 0 \ \Rightarrow \ i=5 \text{（A）}$$

（2）利用广义基尔霍夫电流定律，将 $abdc$ 闭合回路看作一个节点，对于这个节点而言，流入电流 5A，流出电流即为待求电流 i，可直接得出：

$$5 - i=0 \ \Rightarrow \ i=5 \text{（A）}$$

关于 KCL 的应用，应再明确以下几点。

（1）KCL 具有普遍意义，它适用于任意时刻、任何激励源（直流、交流或其他任意变化的激励源）情况的一切集总参数电路。

（2）应用 KCL 列写节点或闭曲面电流方程时，首先要设出每一支路电流的参考方向，然后依据参考方向是流入或流出取号（流出者取正号，流入者取负号，或者反之）列写出 KCL 方程。另外，对连接有较多支路的节点列 KCL 方程时不要遗漏了某些支路。

2．基尔霍夫电压定律（Kirchhoff's Voltage Law，KVL）

基尔霍夫电压定律描述了电路中各支路电压之间的相互关系。它也有两种数学描述方式。

（1）在任何时刻 t，按照一定的绕行方向，沿任意一个回路所有支路电压的代数和恒等于零，其数学表达式为：

$$\sum u = 0 \tag{1-6-4}$$

此方程称为回路的 KVL 方程。应用 KVL 列方程时，必须首先任意指定一个回路绕行方向。凡电压的参考方向与回路绕行方向一致时都取为正，否则为负。即电压的参考极性从“+”到“-”与回路的绕行方向一致者，则该电压前取“+”号，否则取“-”号。

（2）在任意时刻 t，按照一定的绕行方向，沿任意一个回路中所有电阻元件上电压降低的代数和，等于该回路中所有电源电压升高的代数和，即：

$$\sum u_{升} = \sum u_{降} \tag{1-6-5}$$

【例 1-6-5】 电路如图 1-6-15 所示，利用基尔霍夫电压定律求电压 U_1 和 U_2。

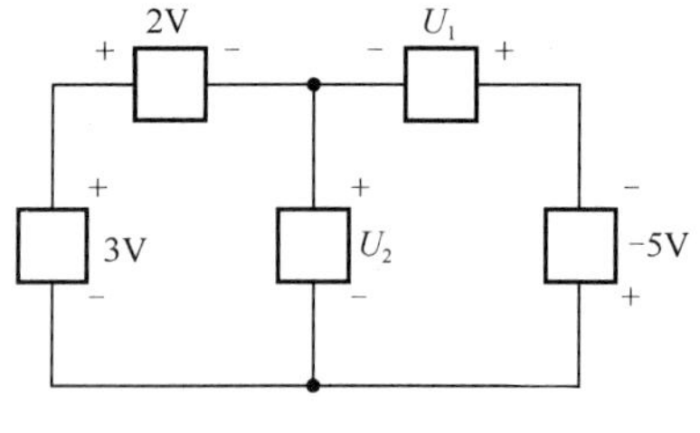

图 1-6-15　例 1-6-5 电路

【解】（1）对最大回路选取顺时针绕行方向，且设电压降为正，电压升为负，列写 KVL 方程，得：

$$2 - U_1 - (-5) - 3 = 0$$

$$U_1 = 4 \text{（V）}$$

对左边网孔选顺时针绕行方向，且设电压降为正，电压升为负，列写 KVL 方程，得:

$$2+U_2-3=0$$

$$U_2=1\text{（V）}$$

（2）对最大回路选取逆时针绕行方向，且设电压降为正，电压升为负，列写 KVL 方程，得:

$$-2+3+(-5)+U_1=0$$

$$U_1=4\text{（V）}$$

对左边网孔选顺时针绕行方向，且设电压升为正，电压降为负，列写 KVL 方程，得:

$$-U_2-2+3=0$$

$$U_2=1\text{（V）}$$

显然，绕行方向为顺时针还是逆时针可任意假定，电压升为正还是电压降为正也可任意假定，不影响计算结果，但在一个 KVL 方程中只能是一种假设。另外，在 KVL 方程中也有两套符号，外面的一套符号是由绕行方向与电压参考方向的关系假设确定的，而里面的一套符号是由电压参考方向与实际方向的关系确定的。

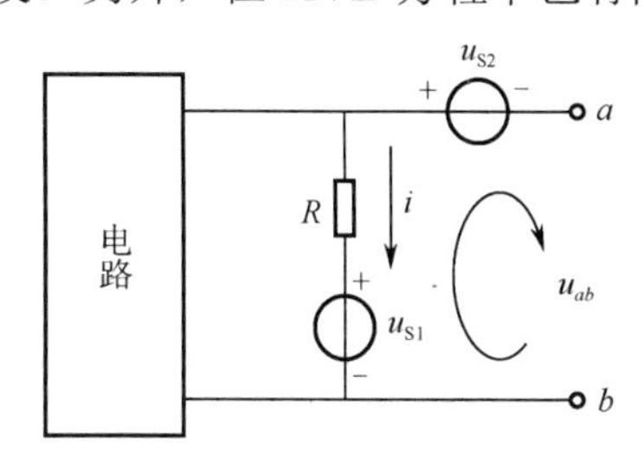

图 1-6-16 基尔霍夫电压定律的推广

我们也可以把基尔霍夫电压定律适用的场合，由回路推广到一个开口电路，称之为假想回路。如图 1-6-16 所示，a、b 为开路的端口，可假象有一个电压源u_{ab}形成闭合回路，选绕行方向为顺时针，且沿绕行方向电压降为正，列出 KVL 方程为：$u_{S2}+u_{ab}-u_{S1}-iR=0$

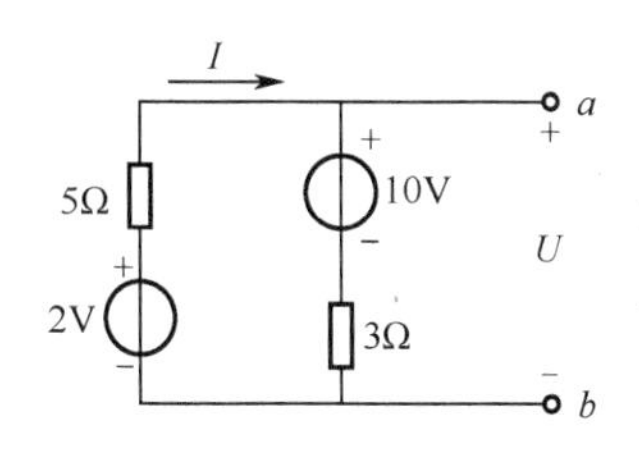

图 1-6-17 例 1-6-6 电路

【例 1-6-6】 电路如图 1-6-17 所示，求开路 ab 端电压 U。

【解】 对于两个电压源和两个电阻连接成的回路，设电流方向和绕行方向均为顺时针，且沿着绕行方向电压降为正，电压升为负，有:

$$5I+10+3I-2=0$$

$$I=-1\text{（A）}$$

KVL 可扩展用于对开口电路求取开路电压，设 a、b 端钮之间的开路电压为U后，与 10V 电压源和 3Ω电阻支路（或 2V 电压源和 5Ω电阻支路）构成为一个假想回路。有:

$$U-3I-10=0$$

将$I=-1$ A 代入，得

$$U=10+3\times(-1)=7\text{（V）}$$

基尔霍夫电压定律的本质是能量守恒原理，关于 KVL 的应用，也应注意两点。

（1）KVL 适用于任意时刻、任意激励源情况的一切集总参数电路。

（2）应用 KVL 列回路电压方程时，首先设出回路中各元件（或各段电路）上电压参考方向，然后选一个巡行方向（顺时针或逆时针均可），自回路中某一点开始，按所选巡行方向沿着回路“走”一圈。“走”的过程中遇各元件取号法则是：“走”向先遇元件上电压参考方向的“+”端取正号，反之取负号。若回路中有电阻元件，电阻元件又只标出了电流参考方向，这时列 KVL 方程，若“走”向与电流方向一致，则电阻上电压为$+Ri$，反之，为$-Ri$。

【小贴士】 利用 KVL 列回路电压方程的原则：（1）选定回路绕行方向（可以顺时针也可以逆时针）。（2）标出各支路电流的参考方向（可任意）。（3）电阻元件的端电压为 $\pm Ri$，当电流 i 的参考方向与回路绕行方向一致时，选取“+”号，反之选取“–”号。（4）电源电动势为$\pm u$，当电源电动势的标定方向（正极指向负极）与回路绕行方向一致时，选取“+”号，反之选取“–”号。

【拓展知识 5】 线图理论与基尔霍夫定律公式的独立性

1. 线图理论

线图理论（简称图论）是一个数学分支，应用图论来讨论电路方程的独立性是很有效的，在此我们将介绍它的一些基础知识，并用来讨论基尔霍夫方程的独立性。称之为“网络图论”或“网络拓扑”，“拓扑”在这里泛指电路的结构或连接方式。

前面讲到基尔霍夫定律仅与元件的连接方式即电路的结构有关，而与元件性质无关。这里暂不考虑元件性质，将各支路用线段代替，而支路两端的节点仍然保留。

1）电路的图

图是一组节点和一组支路（也可称边）的集合，其中支路只在节点处相交，这种图称线图，简称图。图 1-6-18（a）所示的电路，画出对应的图如图 1-6-18（b）所示，称它为图 G。图 G 的支路和节点与图 1-6-18（a）中的一一对应，将图 1-6-18（a）中电路的结构完全表达出来了，所以又称其为拓扑图（即结构图）。

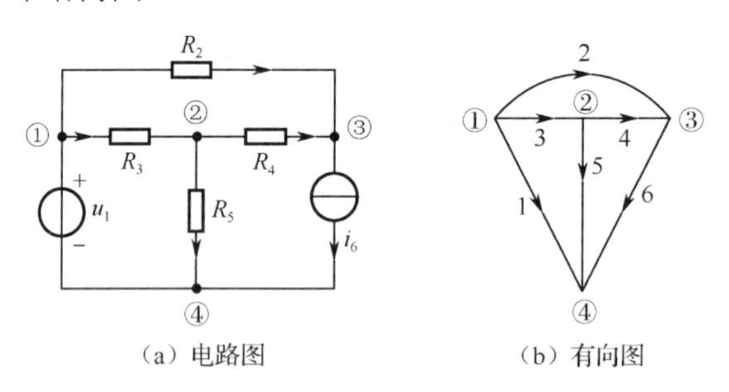

图 1-6-18 电路的图

（1）有向图和无向图

标明支路参考方向的图称为有向图，不标出参考方向的图称为无向图。图 1-6-18（b）所示为有向图，而图 1-6-19 所示为无向图，称它为图 G_1。有向图每条支路所标的方向与原电路一致，箭头既表示电流的参考方向，又表示电压的参考极性，两者为关联参考方向。

（2）子图

如果图 G_1 的每个节点和支路也是图 G 的节点和支路，则 G_1 为 G 的子图，或者说从图 G 中删去某些节点或支路而得到子图 G_1，如图 1-6-20 所示。

（3）连通图和非连通图

在线图中任意节点间至少有一条由支路构成的路径相连通时，这个图就称为连通图，否则称为分离图或非连通图。如图 1-6-21（a）所示为连通固，而图 1-6-21（b）所示为非连通图，图 1-6-21（b）与图 1-6-21（a）相比少了一条支路，变成了两个分离的部分。非连通图可能有两个或多个分离部分。

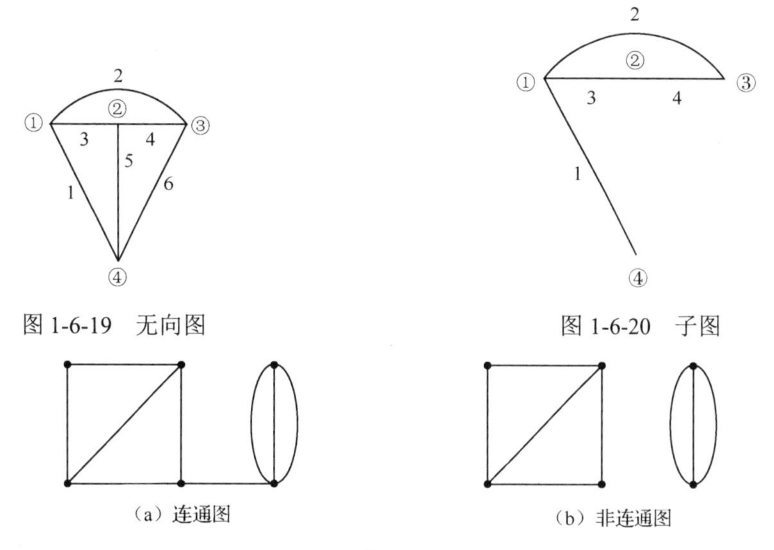

图 1-6-19　无向图　　　　图 1-6-20　子图

（a）连通图　　（b）非连通图

图 1-6-21　连通图与非连通图

电路分析课程主要研究的是连通的有向图。

2）树和余树

树和余树是图论中一个重要的概念。一个包含图 G 的所有节点而没有回路的连通子图，称为连通图的树。如图 1-6-22（b）和图 1-6-22（c）所示，它们都符合树的定义，它们是连接了图 1-6-22(a)所示所有的节点而没有形成回路的连通图。一个线图可以有许多种树，图 1-6-22（a）所示的完全图总共有 16 种树。

构成树的各条支路称为树支，树支支路的集合称为树。如图 1-6-22（b）所示的{3,4,5}和图 1-6-22（c）所示的{1,5,6}，都包含 3 条树支。即在不同的树中，树支数目是相同的。在这里，若设节点数为 n，树支数目是 n−1。

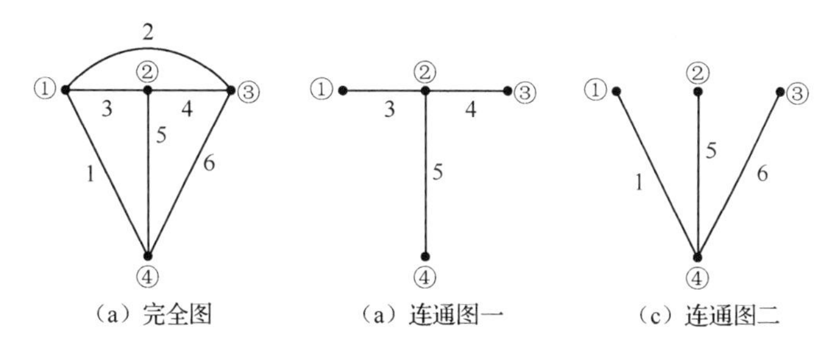

（a）完全图　　（a）连通图一　　（c）连通图二

图 1-6-22　图 G 的树

可以这样来证明这个关系的存在，先画出图 G 的全部节点，然后用逐步添加支路的办法来生成图 G 的一棵树。第一个添加的支路必然连接两个节点，以这条支路为基础，以后每添加一条支路就多连接一个新节点，这样逐步添加支路，直至连接全部节点但不形成回路为止，这些所有添加的支路的集合就生成图 G 的一棵树。但支路数始终比节点数少 1，如图 1-6-22（b）所示的{3,4,5}，按数字顺序将节点连接起来就能说明这个结论。所以具有 n 个节点的连通图，树支的数目为 n−1，正好与独立节点数相同。

对图 G 选定一种树，除了树以外的支路集合称为余树，余树的各支路称为连支，或者连支的集合称为余树（或补树）。设图 G 的支路数为 b，节点数为 n，则连支数 $L=b-(n-1)=b-n+1$，这是显而易见的。图 1-6-23（a）和图 1-6-23（b）所示实线支路为树支，虚线支路为连支。图 1-6-23（a）中选树{3,4,5}，余树为{1,2,6}；图 1-6-23（b）中选树{1,5,6}，余树为{2,3,4}。

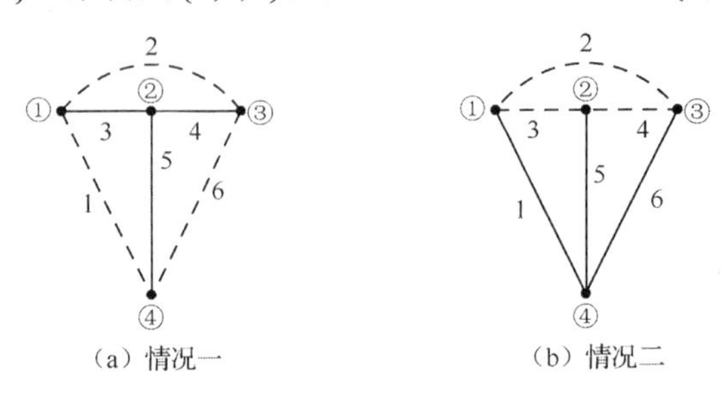

图 1-6-23　树和余树

3）割集

割集也是图论中的一个重要概念。割集一般用 C 表示，C 是连通图 G 中的一个支路集合。用一个封闭面去切割连通图，被切割的支路的集合在符合以下两个条件时，称为割集。

（1）从连通图 G 中移去被切割的全部支路，则图 G 正好分成两个分离部分。

（2）只要少移去被切割的任意一条支路，图 G 仍是连通的。

可见，割集是把图 G 分成两个分离部分的最少边集。

割集 C_1：{2,3,5,6}，将割集支路移去后留下的子图分为两部分见图 1-6-24（b）。

割集 C_2：{1,5,6}，将割集支路移去后留下的子图分为两部分见图 1-6-24（c）。其中节点④是图 G 的一部分。

显然其中支路集合 C_1{2,3,5,6}和 C_2{1,5,6}都满足割集的条件，所以 C_1 和 C_2 都是图 G 的割集。但支路集合{1,5}则不是图 G 的割集，因为从连通图 G 中移去被切割的{1,5}支路，图 G 仍是连通的，不符合判断割集的条件（1）。

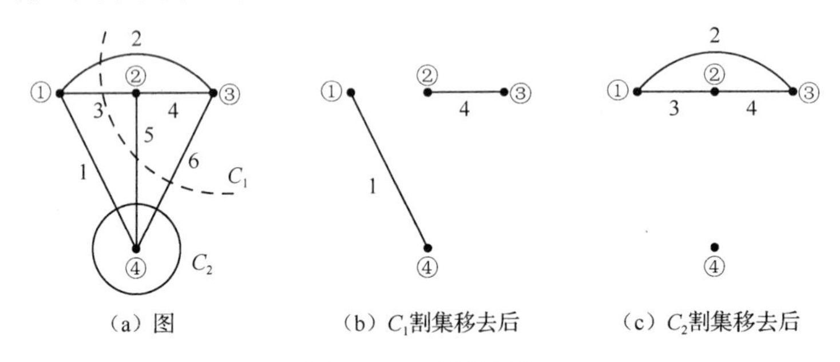

图 1-6-24　图的割集

2. 基尔霍夫定律方程的独立性

1）KCL 方程的独立性

再看图 1-6-18（b）所示的有向图，有 6 条支路（b=6），4 个节点（n=4），所以树支是 $n-1$=3。选定树{3,4,5}，并已画出基本割集如图，以树支方向作为基本割集的方向（方向向里或者向外）。列出每个基本割集的 KCL 方程：

$$i_1 + i_3 + i_2 = 0$$
$$i_2 + i_4 - i_6 = 0$$
$$i_1 + i_5 + i_6 = 0$$

每个方程有一个树支支路电流是其他方程所没有的，各方程互相不能推出，可以保证是独立的。所以说按基本割集列出的 KCL 方程组是独立的，独立方程数是 $n-1$。

2）KVL 方程的独立性

再看图 1-6-22（a），选定树{1,3,4}，余树为{2,5,6}，连支数为 $L=b-n+1=3$。图中画出了基本回路，并以连支方向作为回路绕行方向。写出各基本回路的 KVL 方程：

$$u_5 - u_1 + u_3 = 0$$
$$u_2 - u_4 - u_3 = 0$$
$$u_6 - u_1 + u_3 + u_4 = 0$$

3 个方程各含有一个连支电压，这是其他方程所没有的，互相不能推出，保证是独立的。所以按基本回路列出的 KVL 方程互相是独立的，独立的 KVL 方程数等于连支数 $L=b-n+1$，这就证明了上面的有关结论。

结合基尔霍夫电流定律和基尔霍夫电压定律，以支路电流和回路电压为变量列方程，若电路有 b 条支路，则有 $2b$ 个变量，共有 $2b$ 个独立方程。

基尔霍夫定律是集总参数电路的基本定律，要保证列出的方程是互相独立的，这样才能有效地用方程组分析计算电路，这一点是至关重要的。

【例 1-6-7】 已知电路如图 1-6-25 所示。列出独立的 KCL 方程和 KVL 方程。

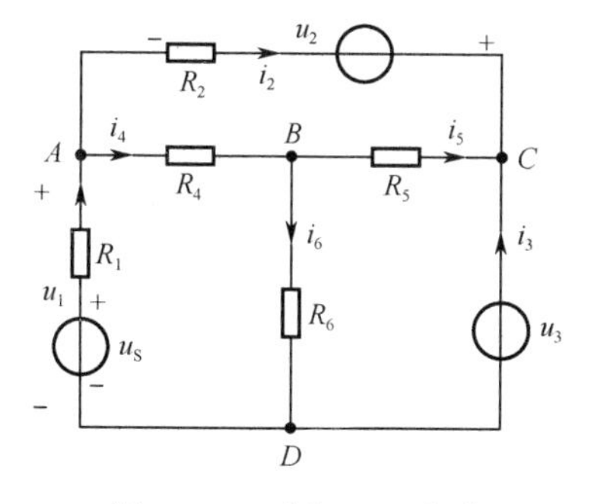

图 1-6-25 例 1-6-7 电路

【解】 图中共有 6 条支路，$b=6$；4 个节点 $n=4$；因此应该有 $n-1=3$ 个 KCL 独立方程，假设流入节点的支路电流为负，流出节点的支路电流为正，分别以 A、C、D 节点列写 KCL 方程得：

$$\begin{cases} -i_1 + i_2 + i_4 = 0 \\ -i_2 - i_3 - i_5 = 0 \\ i_1 - i_6 + i_3 = 0 \end{cases}$$

应该有 $b-n+1=3$ 个 KVL 独立方程，以 3 个网孔 A-B-D-A、A-C-B-A、B-C-D-B 为对象，按照顺时针方向，假设电压升为正，电压降为负，列写 KVL 方程：

$$\begin{cases} u_1 + u_4 + u_6 = 0 \\ u_2 - u_5 - u_4 = 0 \\ -u_6 + u_5 - u_3 = 0 \end{cases}$$

【例 1-6-8】 电路如图 1-6-26 所示，$R_1 = 1\Omega, R_2 = 2\Omega, R_3 = 3\Omega, U_{S1} = 3V, U_{S2} = 1V$。求电阻 R_1 两端的电压 U_1。

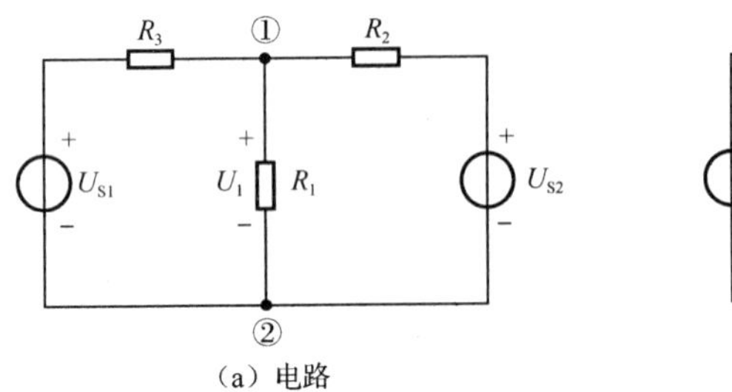

（a）电路

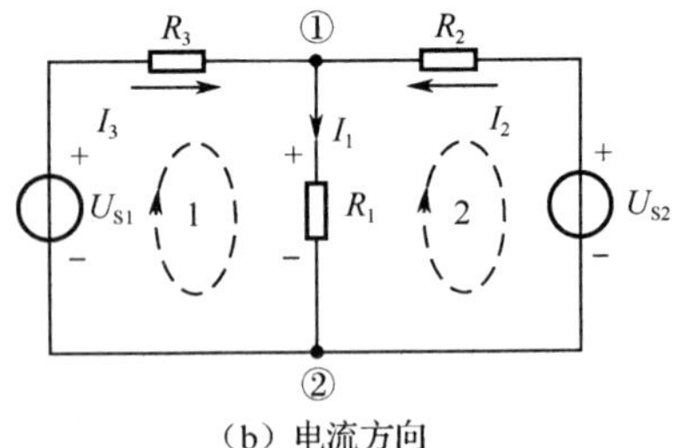

（b）电流方向

图 1-6-26 例 1-6-8 电路

【解】 假设 3 个电阻上流过的电流 I_1、I_2、I_3 参考方向图 1-6-26（b）所示。

如图 1-6-26（b）所示标注方向以顺时针方向绕行，假设电压降为正，电压升为负，则:

对回路 1，应用 KVL 有 $-U_{S1} + I_3R_3 + I_1R_1 = 0$。

对回路 2，应用 KVL 有 $-I_1R_1 + I_2R_2 + U_{S2} = 0$。

对节点①，应用 KCL 有 $I_1 + I_2 - I_3 = 0$。

代入数据解 3 个方程，解得:

$$I_1 = \frac{9}{11}\ (\text{A}), I_2 = -\frac{1}{11}\ (\text{A}), I_3 = \frac{8}{11}\ (\text{A})$$

$$\therefore U_1 = I_1R_1 = \frac{9}{11}\ (\text{V})$$

项目总结

1. 电路模型

在集总假设的条件下，定义一些理想电路元件（如 R、L、C 等），这些理想电路元件在电路中只起一种电磁性能作用，它有精确的数学解析式描述，也规定有模型表示符号。对实际的元器件，根据它应用的条件及所表现出的主要物理性能，对其做某种近似理想化（要有实际工程观点），用所定义的一种或几种理想元件模型的组合连接，构成实际元器件的电路模型。

若将实际电路中各实际部件都用它们的模型表示，这样所画出的图称为电路模型图（又称电原理图）。

由集总元件构成的电路称为集总电路。

电流、电压（电位）和功率是分析电路的基本变量。

2. 电流

定义：单位时间内通过导体横截面的电荷量，称为电流强度。

表达式：$i(t) = \frac{dQ}{dt}$。

单位：安培（A）。

实际方向：规定正电荷运动的方向为电流的实际方向。

3．电压

定义：电压是指电路中两点 A、B 之间的电位差。

表达式：$u_{AB}=\dfrac{\mathrm{d}w}{\mathrm{d}q}$。

单位：伏特（V）。

实际方向：规定为从高电位指向低电位的方向。

4．关联参考方向

对一个确定的电路元件或支路而言，若电流的参考方向是从电压参考极性的“+”流向“−”的，则称电流与电压为关联参考方向，简称关联方向，否则为非关联方向。

5．功率

定义：单位时间电场力所做的功，称为电功率，简称功率。

表达式：关联参考方向时，$p=ui$。

非关联参考方向时，$p=-ui$。

单位：瓦特（W）。

通常约定 $p>0$ 时元件吸收功率；$p<0$ 时元件发出功率。

对于完整的电路而言，发出的功率=消耗的功率，满足能量守恒。

6．电阻

定义：用来表示导体对电流阻碍作用的大小。

表达式：$R=\rho\dfrac{L}{S}$。

单位：欧姆（Ω）。

线性电阻的伏安特性曲线是在 $I—U$ 平面坐标系中一条通过原点的直线。

7．电导

定义：衡量导体导电能力的大小。

表达式：$G=\dfrac{1}{R}$。

单位：西门子（S）。

8．欧姆定律

反映流过线性电阻的电流与该电阻两端电压之间的关系，反映了电阻元件的待性。

欧姆定律表达式：关联参考方向时，$u=Ri$。

非关联参考方向时，$u=-Ri$。

只适用于线性电阻。

9．开路和短路

开路：电阻无限大的状态。

短路：电阻为零的状态。

10．电压源

理想电压源：两端电压总能保持确定的数值不变。

理想电流源：其输出电流总能保持定值不变。

实际电压源：理想电压源与电阻串联的模型。
实际电流源：理想电流源与电阻并联的模型。
实际电压源和实际电流源的等效互换：

$$\begin{cases} i_S = \dfrac{u_S}{r_e} \\ r_e = r_i \end{cases}$$

11．电容

表达式：$C = \dfrac{q}{u}$。

单位：法拉（F）。

伏安关系：关联参考方向时，$i = C\dfrac{du}{dt}$。

非关联参考方向时，$i = -C\dfrac{du}{dt}$。

功能：通交流隔直流，储存电场能。
电容在电压变化时才有电流，反映了元件的动态特性，称为动态元件。

12．电感

表达式：$L = \dfrac{\psi}{i}$。

单位：亨利（H）。

伏安关系：关联参考方向时，$u = L\dfrac{di}{dt}$。

非关联参考方向时，$u = -L\dfrac{di}{dt}$。

功能：通直流阻交流，储存磁场能。
电感在电流变化时才有电压，反映了元件的动态特性，称为动态元件。

13．基尔霍夫定律

网孔一定是回路，但回路不一定是网孔。
KCL：对集总电路的任意节点（含假想节点）$\sum i = 0$ 或 $\sum i_{出} = \sum i_{入}$。
KVL：对集总电路的任意回路（含假想回路）$\sum u = 0$。

14．串/并联等效

元　件	连接方式	等效公式
电阻	串联	$R_{eq} = \sum_{i=1}^{n} R_n$
	并联	$\dfrac{1}{R_{eq}} = \sum_{i=1}^{n} \dfrac{1}{R_n}$
电容	串联	$\dfrac{1}{C_{eq}} = \sum_{i=1}^{n} \dfrac{1}{C_n}$
	并联	$C_{eq} = \sum_{i=1}^{n} C_n$

续表

元 件	连接方式	等效公式
电感	串联	$L_{eq}=\sum_{i=1}^{n}L_n$
	并联	$\frac{1}{L_{eq}}=\sum_{i=1}^{n}\frac{1}{L_n}$
理想电压源	串联	$U_{eq}=\sum_{i=1}^{n}U_n$
	并联	$U_{eq}=U_1=U_2=\cdots=U_n$
理想电流源	串联	$I_{eq}=I_1=I_2=\cdots=I_n$
	并联	$I_{eq}=\sum_{i=1}^{n}I_n$

自测练习1

一、填空题

1．电流所经过的路径称为________，通常由________、________和________三部分组成。

2．无源二端理想电路元件包括________元件、________元件和________元件。

3．由________元件构成的、与实际电路相对应的电路称为__________，这类电路只适用________参数元件构成的低、中频电路的分析。

4．大小和方向均不随时间变化的电压和电流称为________电，大小和方向均随时间变化的电压和电流称为__________电，大小和方向均随时间按照正弦规律变化的电压和电流被称为________电。

5．________具有相对性，其大小正负相对于电路参考点而言。

6．衡量电源力做功本领的物理量称为________，它只存在于________内部，其参考方向规定由________电位指向________电位，与________的参考方向相反。

7．通常我们把负载上的电压、电流方向称为________方向；而把电源上的电压和电流方向称为________方向。

8．________定律体现了线性电路元件上电压、电流的约束关系，与电路的连接方式无关；________定律则是反映了电路的整体规律，其中________定律体现了电路中任意节点上汇集的所有________的________约束关系，________定律体现了电路中任意回路上所有________的约束关系，具有普遍性。

9．理想电压源输出的________值恒定，输出的________由它本身和外电路共同决定；理想电流源输出的________值恒定，输出的________由它本身和外电路共同决定。

10．实际电压源模型“20V、1Ω”等效为电流源模型时，其电流源 $I_S=$________A，内阻 $R_i=$________Ω。

11．负载上获得最大功率的条件是_______等于_______，获得的最大功率 $P_{max}=$_______。

12．如果受控源所在电路没有独立源存在时，它仅仅是一个________元件，而当它的控制量不为零时，它相当于一个________。在含有受控源的电路分析中，特别要注意，不能随意把________的支路消除掉。

二、判断题

1. 集总参数元件的电磁过程都分别集中在各元件内部进行。（　　）
2. 电压、电位和电动势定义式形式相同，所以它们的单位一样。（　　）
3. 电流由元件的低电位端流向高电位端的参考方向称为关联方向。（　　）
4. 电功率大的用电器，电功也一定大。（　　）
5. 电路分析中一个电流得负值，说明它小于零。（　　）
6. 电路中任意两个节点之间连接的电路统称为支路。（　　）
7. 网孔都是回路，而回路则不一定是网孔。（　　）
8. 应用基尔霍夫定律列写方程式时，可以不参照参考方向。（　　）
9. 电压和电流计算结果得负值，说明它们的参考方向假设反了。（　　）
10. 理想电压源和理想电流源可以等效互换。（　　）
11. 两个电路等效，即它们无论其内部还是外部都相同。（　　）
12. 负载上获得最大功率时，说明电源的利用率达到了最大。（　　）
13. 受控源在电路分析中的作用与独立源完全相同。（　　）
14. 电路等效变换时，如果一条支路的电流为零，则可按短路处理。（　　）

三、单项选择题

1. 当电路中电流的参考方向与电流的真实方向相反时，该电流（　　）。

A. 一定为正值　B. 一定为负值　C. 不能肯定是正值或负值

2. 已知空间有 a、b 两点，电压 U_{ab}=10V，a 点电位为 V_a=4V，则 b 点电位 V_b 为（　　）。

A. 6V　B. −6V　C. 14V

3. 当电阻 R 上的 u、i 参考方向为非关联时，欧姆定律的表达式应为（　　）。

A. $u = Ri$　B. $u = -Ri$　C. $u = R|i|$

4. 一个电阻 R 上 u、i 参考方向不一致，令 u=−10V，消耗功率为 0.5W，则电阻 R 为（　　）。

A. 200Ω　B. −200Ω　C. ±200Ω

5. 两个电阻串联，R_1:R_2=1:2，总电压为 60V，则 U_1 的大小为（　　）。

A. 10V　B. 20V　C. 30V

6. 电阻是（　　）的元件，电感是（　　）的元件，电容是（　　）的元件。

A. 储存电场能量　B. 储存磁场能量　C. 耗能

7. 理想电压源和理想电流源间（　　）。

A. 有等效变换关系　B. 没有等效变换关系　C. 有条件下的等效关系

8. 当恒流源开路时，该恒流源内部（　　）。

A. 有电流，有功率损耗　B. 无电流，无功率损耗　C. 有电流，无功率损耗

四、简答题

1. 在 8 个灯泡串联的电路中，除 4 号灯不亮外其他 7 个灯都亮。当把 4 号灯从灯座上取下后，剩下 7 个灯仍亮，问电路中有何故障，为什么？

2. 额定电压相同、额定功率不等的两个白炽灯，能否串联使用。

3. 负载上获得最大功率时，电源的利用率大约是多少。

4. 电路等效变换时，电压为零的支路可以去掉吗？为什么？

5. 在电路等效变换过程中，受控源的处理与独立源有什么相同，有什么不同。

6．试述“电路等效”的概念。

五、计算分析题

1．电路如自测图 1-1 所示，已知 U=3V，求 R。

2．电路如自测图 1-2 所示，已知 U_S=3V，I_S=2A，求 U_{AB} 和 I。

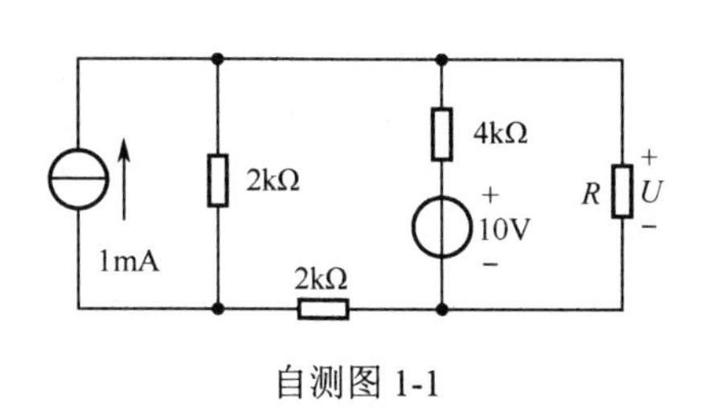

自测图 1-1

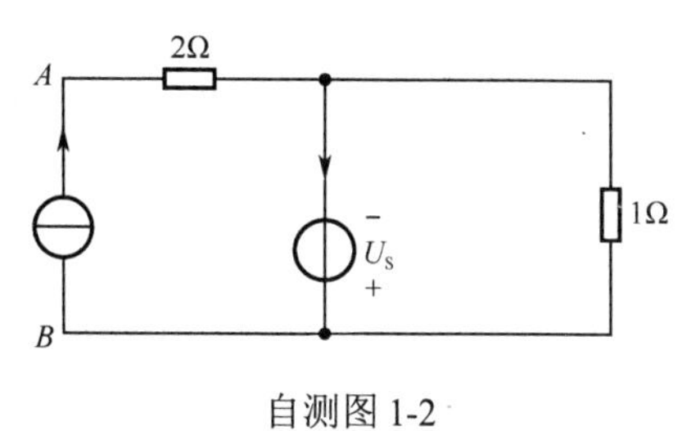

自测图 1-2

3．电路如自测图 1-3 所示，求 10V 电压源发出的功率。

4．分别计算 S 打开与闭合时自测图 1-4 所示电路中 A、B 两点的电位。

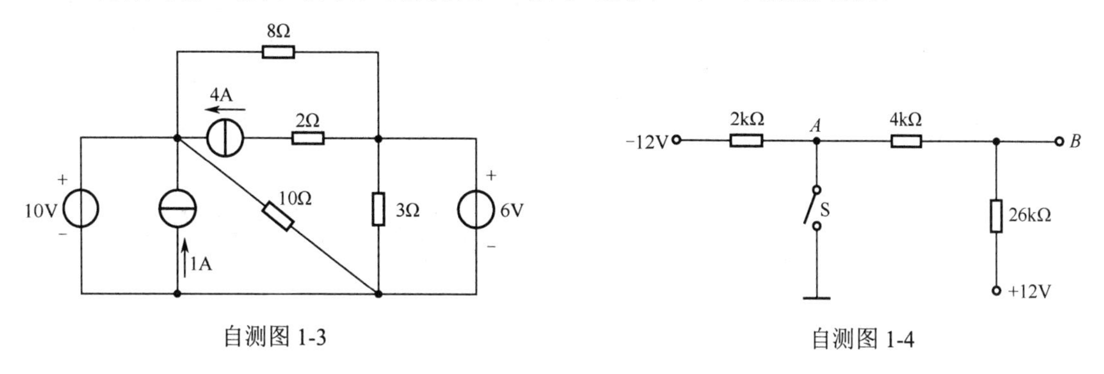

自测图 1-3　　　　自测图 1-4

5．试求自测图 1-5 所示电路的入端电阻 R_{AB}。

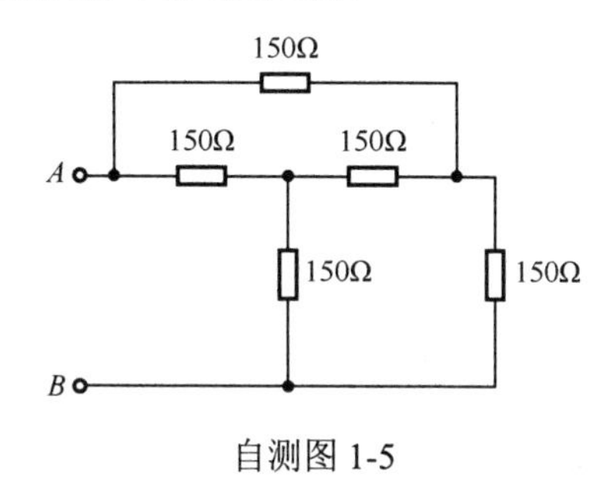

自测图 1-5

项目 2 电路的等效变换与分析测试

项目导入

由电阻元件、独立电源和受控源构成的电路称为电阻电路。电路分析是指已知电路结构和元件参数，求解电路中的电压、电流和功率。

本项目主要介绍直流线性电阻电路分析的方法，主要有三类：等效变换、网络一般分析方法和网络定理的应用。电路的分析计算都以互连的约束和元件的约束为基本依据。其中包括电阻串、并联电路的等效、独立电源的等效变换，以及支路电流法、叠加定理和戴维南定理的电阻电路计算。本项目讨论的电路分析方法也是分析正弦交流电路和动态电路的基础。

任务 2—1 电阻等效变换的分析与测试

学习导航

学习目标	1．理解电阻的串联、并联、混联电路的电压、电流、功率关系
	2．进行无源电阻电路的分析计算
	3．了解星形-三角形电阻网络变换
重点知识要求	1．串联、并联电阻电路电压、电流、功率关系
	2．电阻混联电路分析与计算
关键能力要求	电阻混联电路的分析计算和测量

任务要求

任务要求	1．理解电阻的串联、并联的特性
	2．正确分析电阻混联电路电压、电流、功率
任务环境	直流稳压电源、直流电表、万用表、电阻模块
任务分解	1．认识电阻串联方式
	2．认识电阻串联方式
	3．电阻混联电路

1．电阻的串联电路测试

按图 2-1-1 所示电路连接串联实验电路。调节稳压电源分别输出两组不同的电压，测量电路中的电流和电压值，记录于表 2-1-1 中。

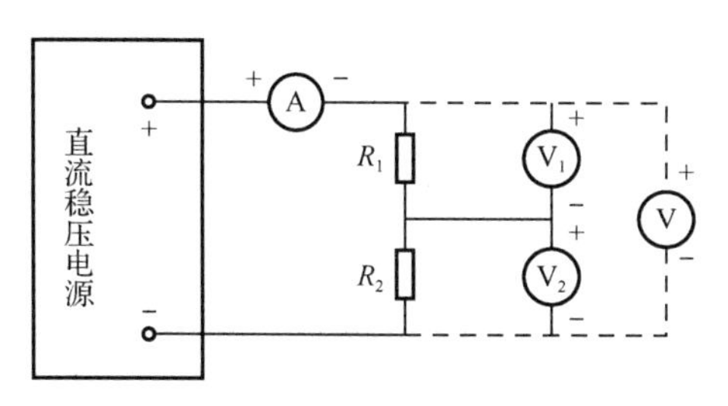

图 2-1-1　串联实验电路图

表 2-1-1　串联电路实验数据表

项目	测量值				计算值	
	U	U_1	U_2	I	$U=U_1+U_2$	$R=U/I$
1						
2						

2．电阻的并联电路测试

按图 2-1-2 所示电路连接并联实验电路。调节稳压电源分别输出两组不同的电压，测量电路中的电流和电压值，记录于表 2-1-2 中。

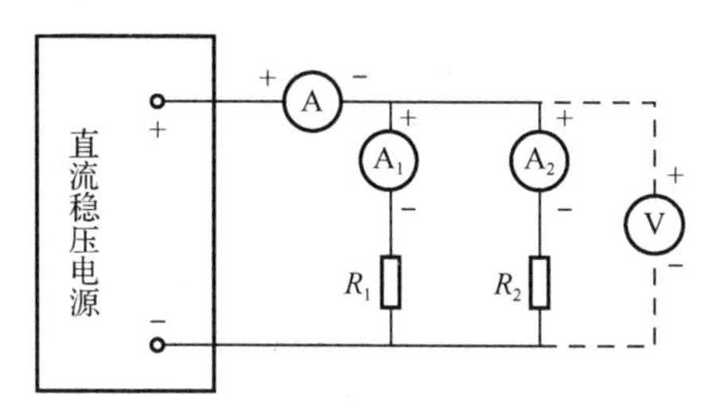

图 2-1-2　并联实验电路图

表 2-1-2　并联电路实验数据表

项目	测量值				计算值	
	I	I_1	I_2	U	$I=I_1+I_2$	$R=U/I$
1						
2						

3．电阻的混联电路探究

在电阻电路中，既有电阻的串联关系又有电阻的并联关系，称为电阻混联。对混联电路的分析和计算大体上可分为以下几个步骤。

（1）首先整理清楚电路中电阻串联、并联关系，必要时重新画出串联、并联关系明确的电路图。

（2）利用串联、并联等效电阻公式计算出电路中总的等效电阻。

（3）利用已知条件进行计算，确定电路的总电压与总电流；根据电阻分压关系和分流关系，逐步推算出各支路的电流或电压。

相关知识

2.1 等效的概念

一个电路只有两个端钮与外部相连时，就称为二端网络，或者一端口网络。每一个二端元件就是最简单的一个二端网络。如果二端网络含有电源，称为有源二端网络；如果二端网络不包含电源，称为无源二端网络。

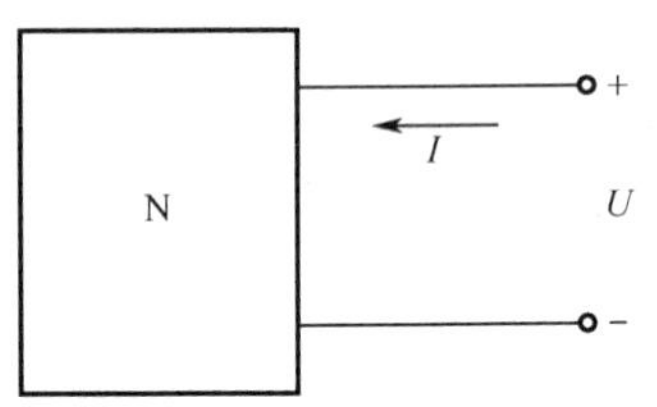

图 2-1-3 二端网络

图 2-1-3 给出了二端网络的一般符号。二端网络的端钮电流，端钮间电压分别称为端口电流和端口电压。图 2-1-3 所选的端口电流 I、端口电压 U 的参考方向对二端网络为关联参考方向，UI 应看成该网络消耗的功率。

如果一个二端网络的端口电压电流关系和另一个二端网络的端口电压、电流关系相同，这两个网络对外部称为等效网络。等效网络的内部结构虽然不同，但对外部电路而言，它们的影响完全相同。即等效网络互换后，它们的外部情况不变，故我们所说的“等效”指“外部等效”。

一个内部无源的电阻性二端网络，总有一个电阻元件与之等效。这个电阻元件的阻值称为该网络的等效电阻或输入电阻。它等于该网络在关联参考方向下端口电压与端口电流的比值，用 R_i 表示。

另外还有三端网络、四端网络……n 端网络。两个 n 端网络，如果对应各端钮间的电压电流关系相同，则它们是等效的。

进行网络的等效变换，是分析计算电路的一个重要手段。用结构较简单的网络等效代替结构较复杂的网络，将简化电路的分析计算。

2.2 电阻串/并联

1. 电阻的串联

两个或两个以上电阻依次首尾连接，通过的是同一电流，这种连接方式称为电阻的串联。

图 2-1-4 中，以 U 表示总电压，I 表示电流，R_1、R_2……R_n 表示各电阻，U_1、U_2、U_n 表示各电阻的电压。

设总电压为 U、电流为 I、总功率为 P。

特点：

（1）等效电阻

$$R=R_1+R_2+\cdots+R_n$$

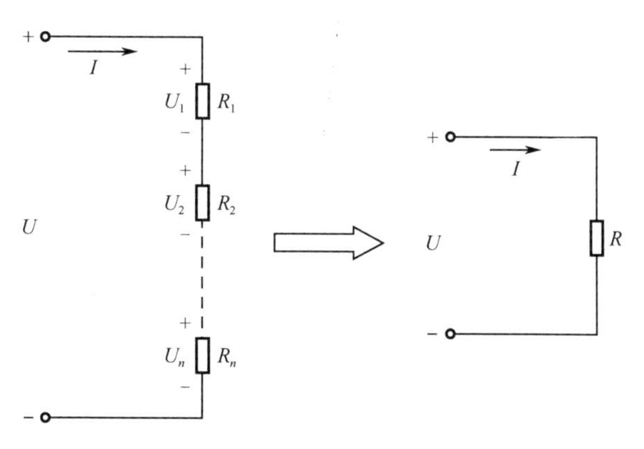

图 2-1-4 电阻串联等效图

（2）分压关系

$$\frac{U_1}{R_1}=\frac{U_2}{R_2}=\cdots=\frac{U_n}{R_n}=\frac{U}{R}=I$$

（3）功率分配

$$\frac{P_1}{R_1}=\frac{P_2}{R_2}=\cdots=\frac{P_n}{R_n}=\frac{P}{R}=I^2$$

特例：两只电阻 R_1、R_2 串联时，等效电阻 $R=R_1+R_2$，则有分压公式

$$U_1=\frac{R_1}{R_1+R_2}U\ ,\qquad U_2=\frac{R_2}{R_1+R_2}U$$

2．电阻并联

两个或两个以上电阻首端和尾端分别接在一起，各电阻承受同一电压，这种连接方式称为电阻的并联。

图 2-1-5 中，以 U 表示电阻上的电压，I 表示总电流，G_1、G_2……G_n 表各电阻的电导，I_1、I_2、I_n 表示各电阻中的电流。

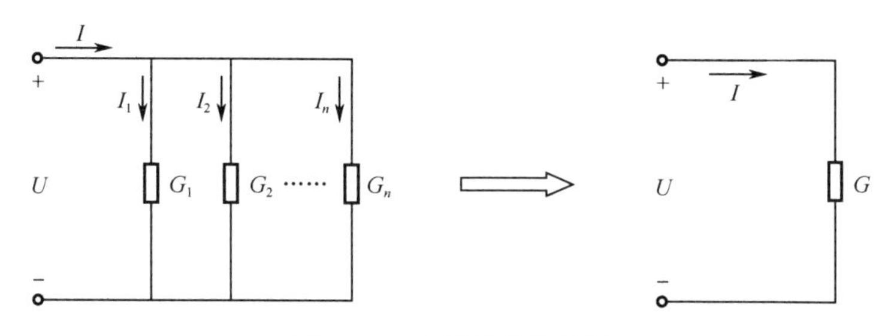

图 2-1-5 电阻并联等效图

设总电流为 I、电压为 U、总功率为 P。

（1）等效电导

$G=G_1+G_2+\cdots+G_n$ 即

$$\frac{1}{R}=\frac{1}{R_1}+\frac{1}{R_2}+\cdots+\frac{1}{R_n}$$

（2）分流关系

$$R_1I_1=R_2I_2=\cdots=R_nI_n=U$$

（3）功率分配

$$R_1P_1=R_2P_2=\cdots=R_nP_n=U^2$$

特例：两只电阻 R_1、R_2 并联时，等效电阻

$$R=\frac{R_1R_2}{R_1+R_2}$$

则有分流公式

$$I_1=\frac{R_2}{R_1+R_2}I\ ,\quad I_2=\frac{R_1}{R_1+R_2}I$$

2.3 电阻的混联

电阻的串联和并联相结合的连接方式，称为电阻的混联。只有一个电源作用的电阻串、并联电路，可用电阻串、并联化简的办法，化简成一个等效电阻和电源组成的单回路，这种电路又称简单电路。反之，不能用串联、并联等效变换化简为单回路的电路则称为复杂电路。

1．等效变换法

（1）利用电流的流向及电流的分、合，画出等效电路。

（2）利用电路中的各等电位点分析电路，画出等效电路。

【例 2-1-1】 图 2-1-6 所示电路中，已知 $R_1=R_2=8\Omega$，$R_3=R_4=6\Omega$，$R_5=R_6=4\Omega$，$R_7=R_8=24\Omega$，$R_9=16\Omega$，电路端电压 $U=224\text{V}$，试求通过电阻 R_9 的电流和 R_9 两端的电压？

分析：根据电流的流向整理并画出等效电路图。然后根据串/并联关系计算出总的等效电阻。

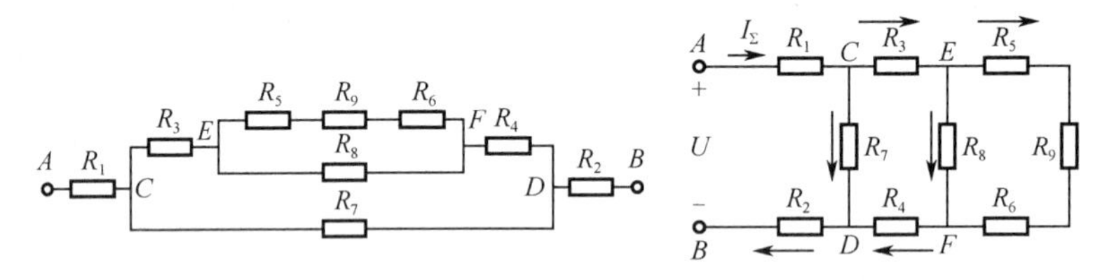

图 2-1-6 电路图及等效电路图

【解】 $R_{总}=28\Omega$，总电流 $I_{总}=8\text{A}$

在 R_9 中的电流 $I_9=2\text{A}$，电阻 R_9 两端的电压 $U_9=R_9I_9=2\times16=32$（V）

2．等电位化简法

（1）各节点标一字母（注意：两节点之间如果没有元件连接，这两个节点可以合并）。

（2）将各字母按顺序水平排列。

（3）将各电阻放入相应的字母之间。

（4）依据串/并联依次求等效电阻。

【例 2-1-2】 如图 2-1-7 所示，已知每个电阻 $R=10\Omega$，电源电动势 $E=5\text{V}$，电源内阻忽略不计，求电路上的总电流。

分析：A 点与 C 点，B 点与 D 点等电位，因此画出等效电路图如图 2-1-7 所示。

【解】 总的等效电阻 $R_{总}=2.5\Omega$，总电流 $I=2\text{A}$。

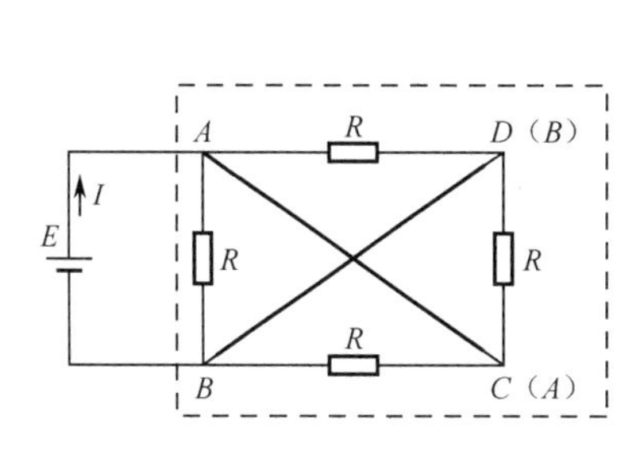

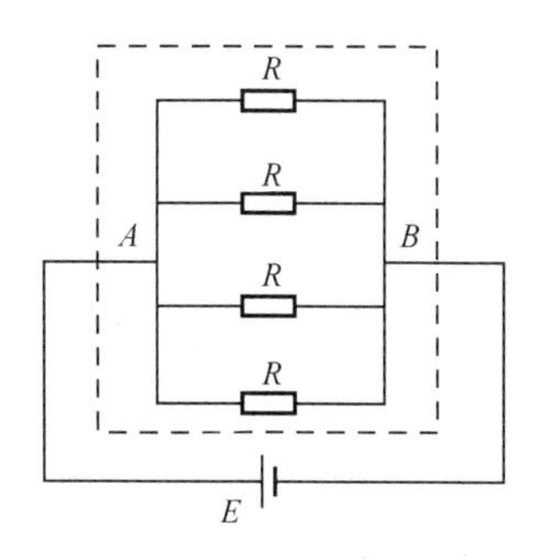

图 2-1-7　电路图及等效电路图

【例 2-1-3】 有一盏额定电压为 U_1=40V、额定电流为 I=5A 的电灯，应该怎样把它接入电压 U=220V 照明电路中。

【解】 将电灯（设电阻为 R_1）与一只分压电阻 R_2 串联后，接入 U=220V 电源上，如图 2-1-8 所示。

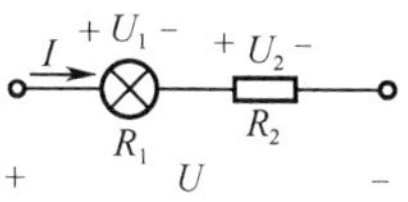

图 2-1-8　照明电路

解法一：分压电阻 R_2 上的电压为

$U_2=U-U_1=220-40=180$V，且 $U_2=R_2I$，则

$$R_2=\frac{U_2}{I}=\frac{180}{5}=36\ (\Omega)$$

解法二：利用两只电阻串联的分压公式 $U_1=\frac{R_1}{R_1+R_2}U$，且 $R_1=\frac{U_1}{I}=8\ (\Omega)$，可得

$$R_2=R_1\frac{U-U_1}{U_1}=36\ (\Omega)$$

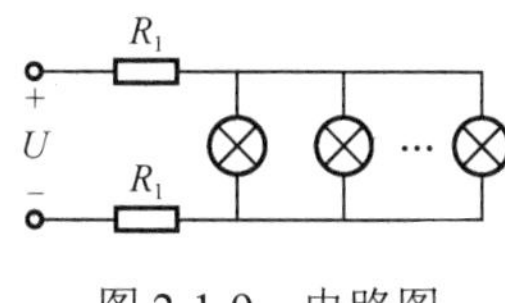

图 2-1-9　电路图

【例 2-1-4】 如图 2-1-9 所示电路，电源供电电压 U=220V，每根输电导线的电阻均为 R_1=1Ω，电路中一共并联 100 盏额定电压 220V、功率 40W 的电灯。假设电灯在工作（发光）时电阻值为常数。试求：（1）当只有 10 盏电灯工作时，每盏电灯的电压 U_L 和功率 P_L；（2）当 100 盏电灯全部工作时，每盏电灯的电压 U_L 和功率 P_L。

【解】 每盏电灯的电阻为 $R=U^2/P=1210\Omega$，n 盏电灯并联后的等效电阻为 $R_n=R/n$

根据分压公式，可得每盏电灯的电压

$$U_L=\frac{R_n}{2R_1+R_n}U$$

功率

$$P_L=\frac{U_L^2}{R}$$

（1）当只有 10 盏电灯工作时，即 n=10，则 $R_n=R/n=121\Omega$，因此

$$U_L=\frac{R_n}{2R_1+R_n}U\approx 216\ (\text{V}),\ P_L=\frac{U_L^2}{R}\approx 39\ (\text{W})$$

（2）当 100 盏电灯全部工作时，即 n=100，则 $R_n=R/n=12.1\ (\Omega)$，因此

$$U_L=\frac{R_n}{2R_1+R_n}U\approx 189\ (\text{V}),\ P_L=\frac{U_L^2}{R}\approx 29\ (\text{W})$$

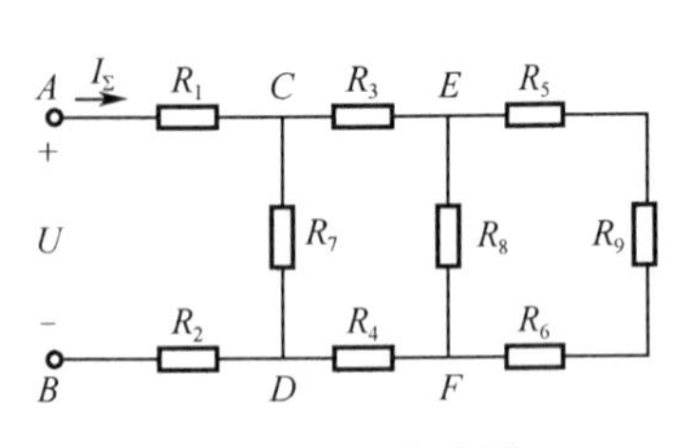

图 2-1-10　电路图

【例 2-1-5】 如图 2-1-10 所示，已知 $R_1=R_2=8\Omega$，$R_3=R_4=6\Omega$，$R_5=R_6=4\Omega$，$R_7=R_8=24\Omega$，$R_9=16\Omega$；电压 $U=224V$。试求：

（1）电路总的等效电阻 R_{AB} 与总电流 I_Σ；

（2）电阻 R_9 两端的电压 U_9 与通过它的电流 I_9。

【解】 （1）R_5、R_6、R_9 三者串联后，再与 R_8 并联，E、F 两端等效电阻为

$$R_{EF}=(R_5+R_6+R_9)//R_8=24\Omega//24\Omega=12\ (\Omega)$$

R_{EF}、R_3、R_4 三者电阻串联后，再与 R_7 并联，C、D 两端等效电阻为

$$R_{CD}=(R_3+R_{EF}+R_4)//R_7=24\Omega//24\Omega=12\ (\Omega)$$

总的等效电阻　　$R_{AB}=R_1+R_{CD}+R_2=28\ (\Omega)$

总电流　　$I_\Sigma=U/R_{AB}=224/28=8\ (A)$

（2）利用分压关系求各部分电压：

$$U_{CD}=R_{CD}I_\Sigma=96\ (V),$$

$$U_{EF}=\frac{R_{EF}}{R_3+R_{EF}+R_4}U_{CD}=\frac{12}{24}\times 96=48\ (V)$$

$$I_9=\frac{U_{EF}}{R_5+R_6+R_9}=2\ (A),\quad U_9=R_9I_9=32\ (V)$$

【例 2-1-6】 如图 2-1-11 所示，用变阻器调节负载电阻 R_L，两端电压的分压电路。$R_L=50\Omega$，电源电压 $U=220V$，中间环节是变阻器。变阻器的规格是 100Ω3A，现把它平分为四段，在图上用 a、b、c、d、e 等点标出。试求当滑动触点分别在 a、c 点时，负载和变阻器各段所通过的电流和负载电压并说明使用时的安全问题。

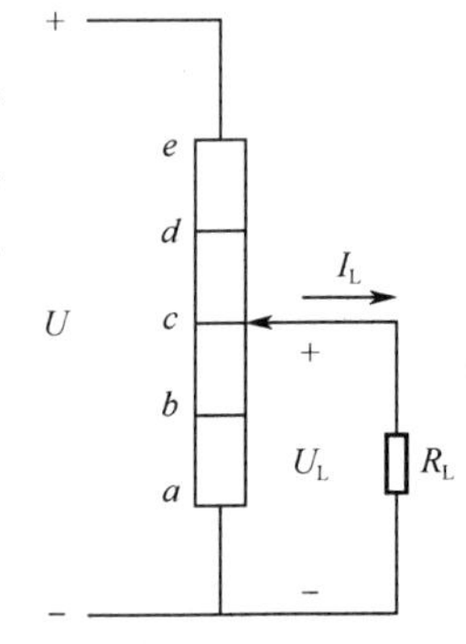

图 2-1-11　电路图

【解】 （1）在 a 点时：

$$U_L=0\quad I_L=0\quad I_{ea}=\frac{U}{R_{ea}}=\frac{220}{100}=2.2\ (A)$$

（2）在 c 点时：等效电阻 R' 为 R_L 与 R_{ca} 并联，再与 R_{ec} 串联，即

$$R'=\frac{R_{ca}R_L}{R_{ca}+R_L}+R_{ec}=\frac{50\times 50}{50+50}+50=25+50=75\ (\Omega)$$

$$I_{ea}=\frac{U}{R'}=\frac{220}{75}=2.93\ (A)$$

$$I_L=I_{ca}=\frac{2.93}{2}=1.47\ (A)$$

$$U_L=R_LI_L=50\times 1.47=73.5\ (V)$$

因为，$I_{ec}=2.93<3A$、$I_{ca}=1.47<3\ (A)$，所以变阻器是安全的。

【拓展知识 6】 电阻串/并联的应用——电表的改装

1. 电流表原理和主要参数

电流表 G 是根据通电线圈在磁场中受磁力矩作用发生偏转的原理制成的，且指针偏角 θ 与

电流强度 I 成正比，即 $\theta=kI$，故表的刻度是均匀的。

电流表的主要参数有：

表头内阻 R_g：即电流表线圈的电阻。

满偏电流 I_g：即电流表允许通过的最大电流值，此时指针达到满偏。

满偏电压 U：即指针满偏时，加在表头两端的电压，故 $U_g=I_gR_g$

2．电流表改装成电压表

方法：串联一个分压电阻 R，如图 2-1-12 所示，若量程扩大 n 倍，即 $n=U/U_g$，则根据分压原理，需串联的电阻值 $R=(U_R/U_g)R_g=(n-1)R_g$，故量程扩大的倍数越高，串联的电阻值越大。

3．电流表改装成电流表（扩大量程）

方法：并联一个分流电阻 R，如图 2-1-13 所示，若量程扩大 n 倍，即 $n=I/I_g$，则根据并联电路的分流原理，需要并联的电阻值 $R=(I_g/I_R)R_g=R_g/(n-1)$，故量程扩大的倍数越高，并联的电阻值越小。

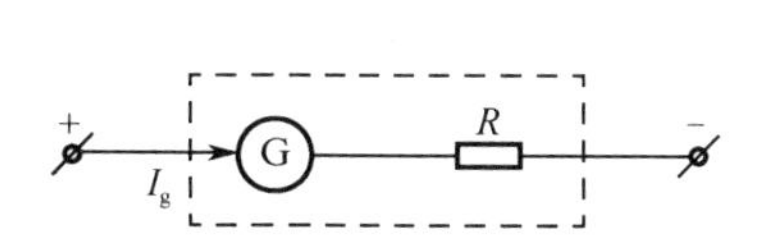

图 2-1-12 改装电压表原理图

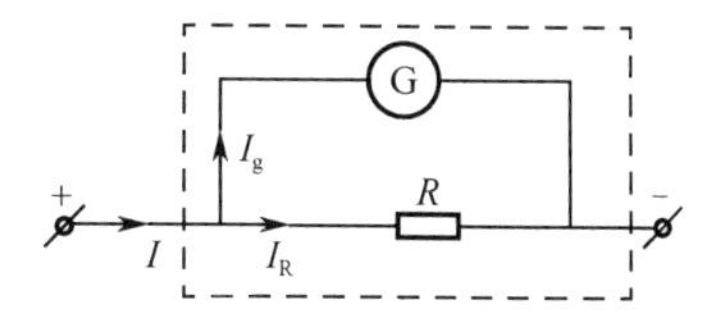

图 2-1-13 改装电流表原理图

【例 2-1-7】 如图 2-1-14 所示，一只电流表，内阻 R_g=1kΩ，满偏电流为 I_g=100μA，要把改成量程为 U_n=3V 的电压表，应该串联一只多大的分压电阻 R?

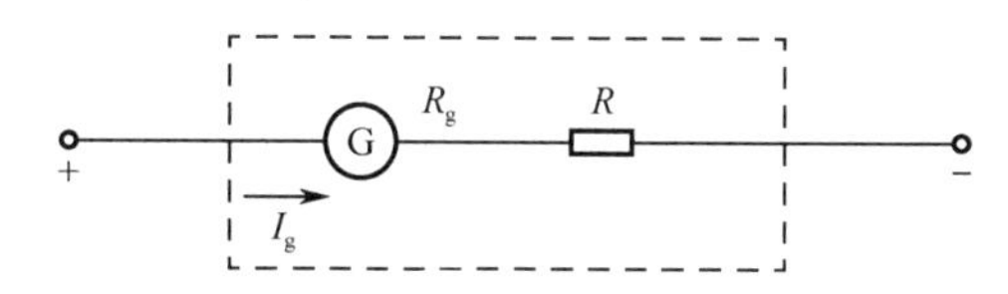

图 2-1-14 改装电压表图

【解】 该电流表的电压量程为 $U_g=R_gI_g$=0.1V，与分压电阻 R 串联后的总电压 U_n=3V，

$$U_g=\frac{R_g}{R_g+R}U_n$$

将电压量程扩大到 $n=U_n/U_g$=30 倍利用两只电阻串联的分压公式，可得

$$R=\frac{U_n-U_g}{U_g}R_g=\left(\frac{U_n}{U_g}-1\right)R_g=(n-1)R_g=29\text{（kΩ）}$$

将电灯与一只 36Ω分压电阻串联后，接入 U=220V 电源上即可。

以上表明，将一只量程为 U_g、内阻为 R_g 的表头扩大到量程为 U_n，所需要的分压电阻为 $R=(n-1)R_g$，其中 $n=(U_n/U_g)$称为电压扩大倍数。

【例 2-1-8】 有一只微安表，满偏电流为 I_g=100μA、内阻 R_g=1kΩ，要改装成量程为 I_n=100mA 的电流表，试求所需分流电阻 R。

$$I_g=\frac{R}{R_g+R}$$

【解】 如图 2-1-13 所示，设 $n=I_n/I_g$（称为电流量程扩大倍数），根据分流公式可得 I_n，则

$$R=\frac{R_g}{n-1}$$

本例中 $n=I_n/I_g=1000$，$R=\dfrac{R_g}{n-1}=\dfrac{1\,\text{k}\Omega}{1000-1}\approx 1$（Ω）。

将一只量程为 I_g、内阻为 R_g 的表头扩大到量程为 I_n，所需要的分流电阻为 $R=R_g/(n-1)$，其中 $n=(I_n/I_g)$称为电流扩大倍数。

任务 2—2　电源的等效变换探究与测试

学习导航

学习目标	1．掌握电源的连接及两种实际电源模型的等效变换法则
	2．能进行实际电源的电压源模型与电流源模型之间的等效变换和计算
重点知识要求	1．两种实际电源模型
	2．两种实际电源模型的等效变换法则
关键能力要求	电源电路的分析与变换简化

任务要求

任务要求	1．建立电压源和电流源的概念
	2．掌握电压源与电流源的等效变换方法
任务环境	直流稳压电源、直流电压表、直流电流表、电阻模块
任务分解	1．认识电压源、电流源模型
	2．两种实际电源模型的等效变换

实施步骤

电源模型等效变换仿真

两种实际电源模型的仿真探究。

（1）打开 Multisim 软件。

（2）分别测出图 2-2-1（a）所示两个端口间等效电阻及电压、电流。利用等效的原理，确定图 2-2-1（b）所示的相关参数。

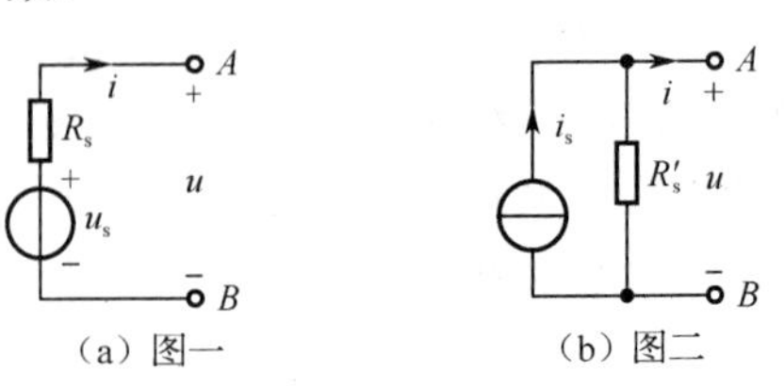

（a）图一　（b）图二

图 2-2-1　仿真测试原理图

2.4 电源的串/并联

1. 理想电压源的串/并联

理想电压源的端电压与通过它的电流无关，是一个恒定值，不会因为它所连接的外电路负载不同而改变，而通过它的电流 I 却取决于它所连接的外电路。理想直流电压源的伏安特性，如图 2-2-2（a）所示。

实际的电压源都具有一定的内阻 R_i，它可以用理想电压源 U_s 和电阻 R_1 相串联的模型来模拟。其端电压：$U=U_s-R_i\times I$，式中 I 为流过实际电压源的电流，实际直流电压源的伏安特性曲线，如图 2-2-2（b）所示。

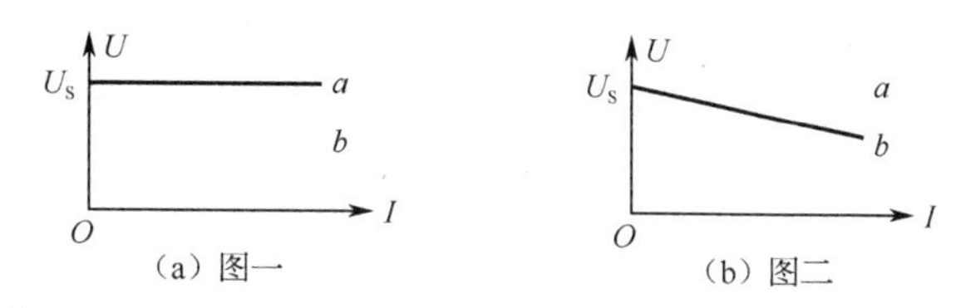

图 2-2-2　电压源伏安特性曲线

1）理想电压源的串联

两个或多个理想电压源串联后向外电路供电，对外电路而言，可以用一个等效的理想电压源来代替。

以多个直流理想电压源串联电路为例，来推导其等效理想电压源的计算公式。对于如图 2-2-3 所示的电路写 KVL 方程，可得等效理想电压源的电压 U_S 为

$$U_S = U_{S1} + U_{S2} + \cdots + U_{Sn} = \sum_{i=1}^{n} U_{Si}$$

结论：n 个串联的电压源可以用一个电压源等效置换（替代），等效电压源的电压是相串联的各电压源电压的代数和，其目的是提高输出电压。

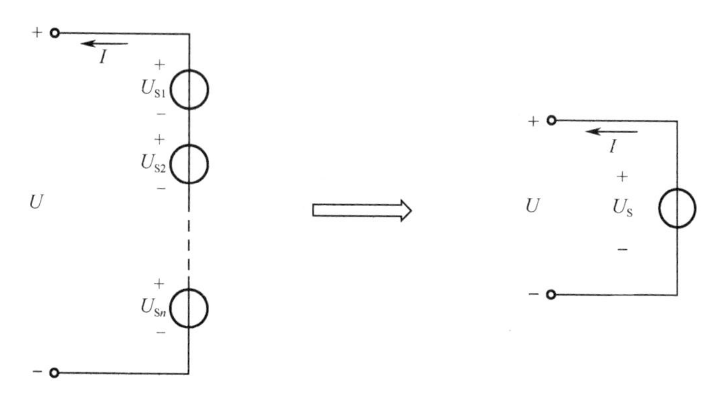

图 2-2-3　理想电压源串联的等效变换

2）理想电压源的并联

两个及两个以上电压源并联电路及其等效电压源如图 2-2-4 所示。电压源并联必须满足各个电压源大小相等、方向相同这个条件。电压源并联的目的是提高带载能力（供出的电流）。

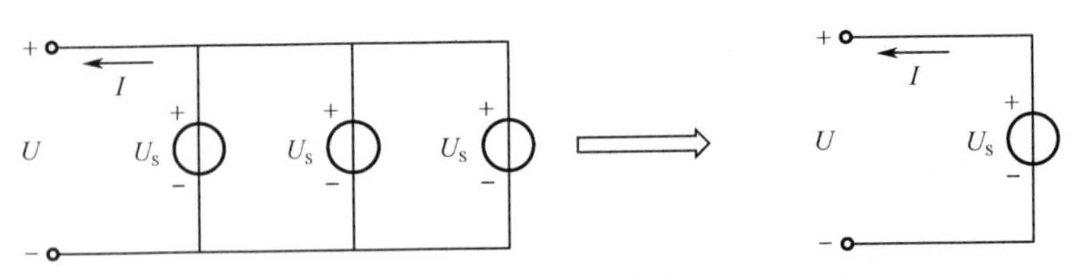

图 2-2-4　电压源并联等效图

结论：电压值不同的电压源不能并联，电压值相同且电压极性一致的 n 个电压源并联时，其对外电路的作用与一个电压源的作用等效。

推论：任何元件与电压源并联，其对外电路的作用与一个电压源的作用等效。

2．电流源的串/并联

1）电流源的并联

以多个直流理想电流源并联电路为例，来推导其等效理想电流源的计算公式。对于如图 2-2-5 所示的电路写 KCL 方程，可得等效理想电流源的电压 I_S 为

$$I_S = I_{S1} + I_{S2} + \cdots + I_{Sn} = \sum_{i=1}^{n} I_{Si}$$

结论：n 个并联的电流源可以用一个电流源等效置换（替代），等效电流源的电流是相并联的各电流源电流的代数和，其目的是为了提高输出的电流。

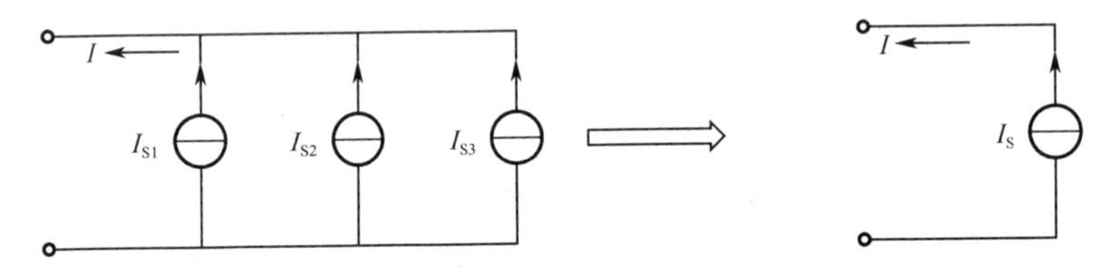

图 2-2-5　电流源并联等效图

2）电流源的串联

两个及两个以上电流源串联电路及其等效电流源如图 2-2-6 所示。电流源串联必须满足各个电流源大小相等、方向相同这个条件。

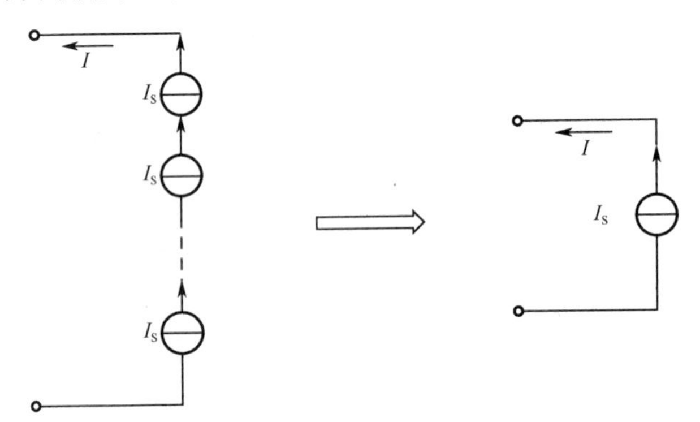

图 2-2-6　电流源串联等效图

结论：电流值不同的电流源不能串联，电流值相同且电流方向也相同的 n 个电流源串联时，其对外电路的作用与一个电流源的作用等效。

推论：任何元件与电流源串联，其对外电路的作用与一个电流源的作用等效。

2.5 两种实际电源模型的等效变换

两种实际电源模型的等效变换见图 2-2-7。

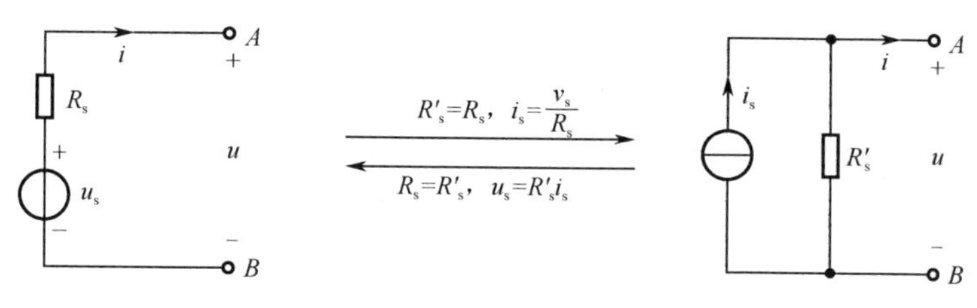

图 2-2-7 两种实际电源模型的等效变换

$$i_s = \frac{u_s}{R_s} \quad i = i_s - \frac{u}{R'_s}$$

$$u = u_s - R_s i \quad u = R'_s i_s - R'_s i$$

等效条件：$\begin{cases} R_s = R'_s \\ u_s = R'_s i_s \end{cases}$

电源等效变换时应注意：

（1）在进行等效变换时，电压 U_s 的正极性端和电流 I_s 的流出端要对应。

（2）电压源和电流源的等效变换只对外电路等效，对内不等效。

（3）理想电压源和理想电流源之间不能进行等效变换。

由此可见，任何一个理想电压源与电阻串联组合以及电流源与电阻并联组合均能等效变换。

【例 2-2-1】 求图 2-2-8 所示电路的电流 I。

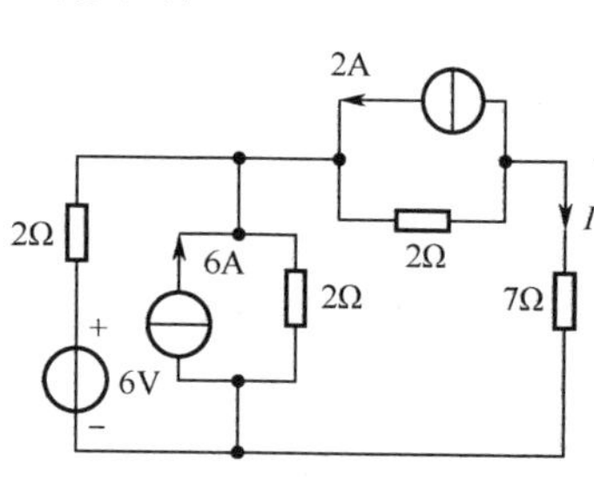

图 2-2-8 电路图

【解】 利用电源等效变换可以画图化简过程如图 2-2-9 所示。

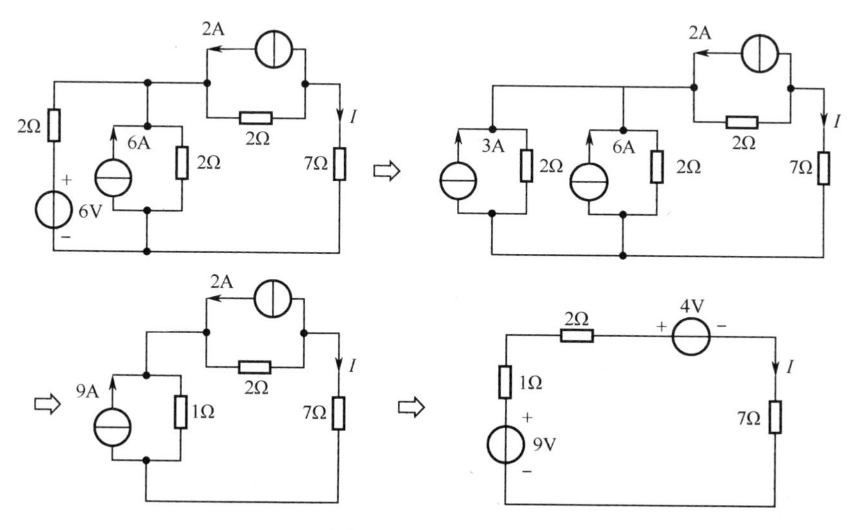

图 2-2-9 化简过程

【例 2-2-2】 将图 2-2-10 所示有源二端网络等效变换为一个电压源。

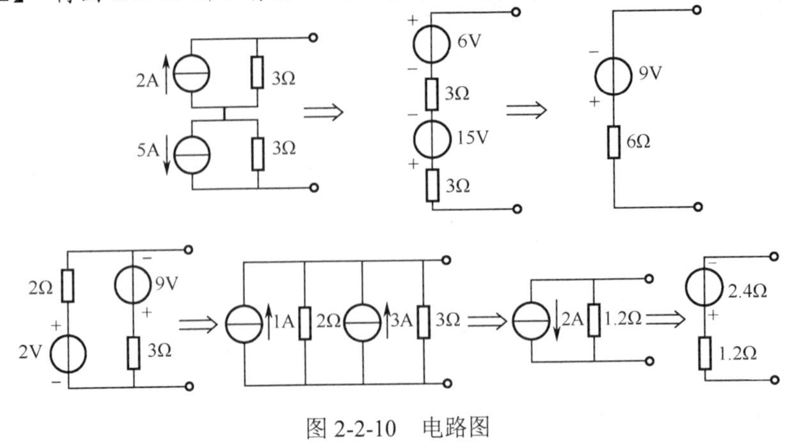

图 2-2-10 电路图

【拓展知识 7】 受控源的介绍

（1）电源有独立电源（如电池、发电机等）与非独立电源（或称为受控源）之分。

受控源与独立源的不同点是：独立源向外电路提供的电压或电流是某一固定的数值或是时间的某一函数，它不随电路其余部分的状态而变，而受控源向外电路提供的电压或电流则是受电路中另一支路的电压或电流所控制的一种电源。

受控源又与无源元件不同，无源元件两端的电压和它自身的电流有一定的函数关系，而受控源的输出电压或电流则和另一支路（或元件）的电流或电压有某种函数关系。

（2）独立源与无源元件是二端器件，受控源则是四端器件，或称为双口元件。它有一对输入端（U_1、I_1）和一对输出端（U_2、I_2）。输入端可以控制输出端电压或电流的大小。施加于输入端的控制量可以是电压或电流，因此有两种受控电压源（即电压控制电压源 VCVS 和电流控制电压源 CCVS）和两种受控电流源（即电压控制电流源 VCCS 和电流控制电流源 CCCS）。它们的示意图见图 2-2-10。

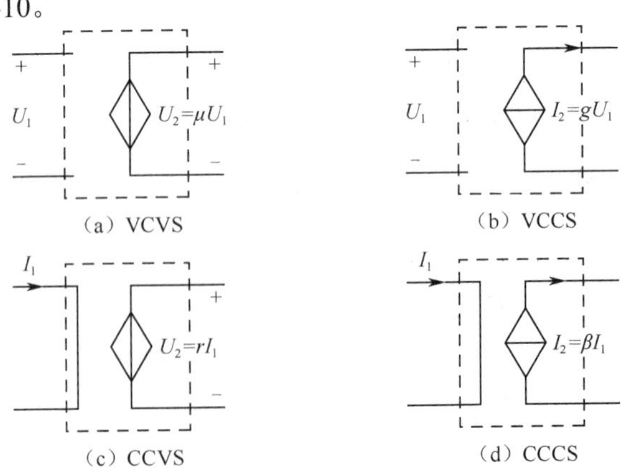

图 2-2-10 受控源

（3）受控源的控制端与受控端的关系式称为转移函数。

4 种受控源的转移函数参量定义如下。

① 压控电压源（VCVS）：$U_2=f(U_1)$，$\mu=U_2/U_1$ 称为转移电压比（或电压增益）。

② 压控电流源（VCCS）：$I_2=f(U_1)$，$g=I_2/U_1$ 称为转移电导。

③ 流控电压源（CCVS）：$U_2=f(I_1)$，$r=U_2/I_1$ 称为转移电阻。

④ 流控电流源（CCCS）：$I_2=f(I_1)$，$\beta=I_2/I_1$ 称为转移电流比（或电流增益）。

【小贴士】 受控源与独立源的比较。

（1）独立源电压（或电流）由电源本身决定，与电路中其他电压、电流无关，而受控源电压（或电流）由控制量决定。

（2）独立源在电路中起“激励”作用，在电路中产生电压、电流，而受控源是反映电路中某处的电压或电流对另一处电压或电流的控制关系，在电路中不能作为“激励”。

任务 2—3　支路电流法应用

学习导航

学习目标	1．掌握支路电流法
	2．能应用支路电流法进行电路分析计算
重点知识要求	1．支路电流法中独立方程的含义
	2．根据支路电流法写出电流电压方程
关键能力要求	复杂直流电路的分析能力

任务要求

任务要求	1．掌握支路电流法
	2．能应用方法进行电路分析计算
任务环境	直流稳压电源、直流电压表、直流电流表、电阻模块
任务分解	1．理解支路电流法
	2．应用支路电流法分析电路

实施步骤

支路电流法实验探究。

（1）复习基尔霍夫定律，由学生列出对应电路的 KCL 和 KVL 方程。

① 按图 2-3-1 所示接线：（通电前要用万用表的欧姆挡来检测电路并排除故障）。

U_{S1}=25V，U_{S2}=15V，R_1=430Ω，R_2=150Ω，R_3=51Ω，R_4=100Ω，R_5=51Ω。

② 将直流电流表接入电路中，测量 I_1、I_2、I_3 的数值（注意电流的方向），根据图中所示的电流参考方向确定被测电流的正负号将数据填入实验报告表 2-3-1 中。

③ 用导线代替电流表，并用直流电压表测量电压 U_{AB}、U_{BE}、U_{EF}、U_{FA} 和 U_{CB}、U_{BE}、U_{ED}、U_{DC} 的数值，根据图中所示的电压参考方向确定被测电压的正负号将数据填入实验报告

表 2-3-1 中。

④ 分析实验结果。

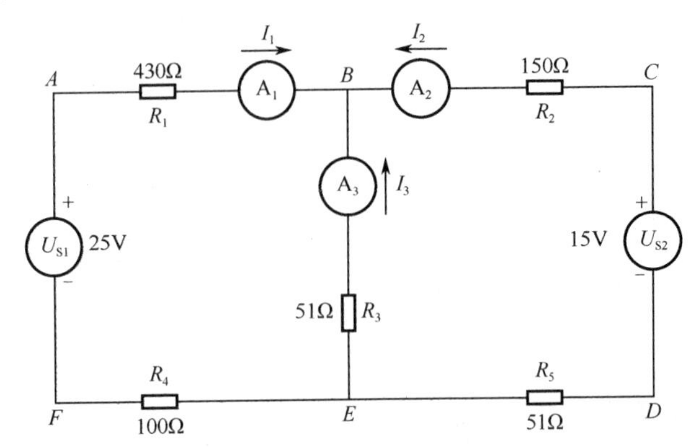

图 2-3-1　支路电流法接线图

表 2-3-1　实验报告表

<table>
<tr><td colspan="2">I_1（mA）</td><td colspan="2">I_2（mA）</td><td colspan="2">I_3（mA）</td><td colspan="2">节点 B 上电流的代数和</td></tr>
<tr><td colspan="2"></td><td colspan="2"></td><td colspan="2"></td><td colspan="2"></td></tr>
<tr><td>U_{AB}（V）</td><td>U_{BE}（V）</td><td colspan="2">U_{EF}（V）</td><td colspan="2">U_{FA}（V）</td><td colspan="2">回路 $ABEFA$ 电压降之和</td></tr>
<tr><td></td><td></td><td colspan="2"></td><td colspan="2"></td><td colspan="2"></td></tr>
<tr><td>U_{CB}（V）</td><td>U_{BE}（V）</td><td colspan="2">U_{ED}（V）</td><td colspan="2">U_{DC}（V）</td><td colspan="2">回路 $CBEDC$ 电压降之和</td></tr>
<tr><td></td><td></td><td colspan="2"></td><td colspan="2"></td><td colspan="2"></td></tr>
</table>

（2）教师启发，让学生观察实验数据，从数学的角度分析整理方程，总结出一组合理有效的方程组，引出支路电流法。

（3）师生一起总结支路电流法列写方程的注意点，学生练习。

（4）在掌握支路电流法基础上，教师适当提示，学生自主选择学习另两种方法，并适当练习。

（5）师生共同思考总结各方法的特点及选择。

相关知识

1．KCL、KVL 的独立方程数

对于支路数为 n，节点数为 m 的电路，其独立的 KCL 方程数为$(m-1)$个；独立的 KVL 方程数为$[n-(m-1)]=(n-m+1)$个。

KCL：$(m-1)$

KVL：$(n-m+1)$

n 条支路的 VCR：n

将 VCR 方程代入 KVL 方程中，消去电压未知量，再和 KCL 联立，可以得到 n 个电流变量的 n 个方程，则可求得各支路电流——支路电流法。

2．支路电流法

凡不能用电阻串并联等效变换化简的电路，一般称为复杂电路。对于复杂电路我们可以用KCL和KVL推导出各种分析方法，支路电流法是其中之一。

所谓的支路电流法就是以支路电流为变量，对电路的节点列写KCL方程，对回路列写KVL方程，求解各支路电流的方法。支路电流法的实质就是应用基尔霍夫定律求解电路。

设电路有 n 条支路，则有 n 个未知电流量，因此要列出 n 个独立方程，这就是应用支路电流法的关键。当要求出多条支路的电流时，应用支路电流法比较方便。

3．支路电流法解题步骤

对于 n 条支路，m 个节点的电路，应用支路电流法解题的步骤如下。

（1）选定各支路电流为未知量，标出各电流的参考方向，并标出各电阻上的正负号。

（2）按基尔霍夫电流定律，列出（m−1）个节点电流方程。

（3）指定回路的绕行方向，按基尔霍夫定律，列出 $n-(m-1)$ 个回路电压方程。

（4）代入已知，解联立方程组，求各支路的电流。

（5）确定各支路电流方向。

【例 2-3-1】 列写如图 2-3-2 所示电路的支路电流方程。

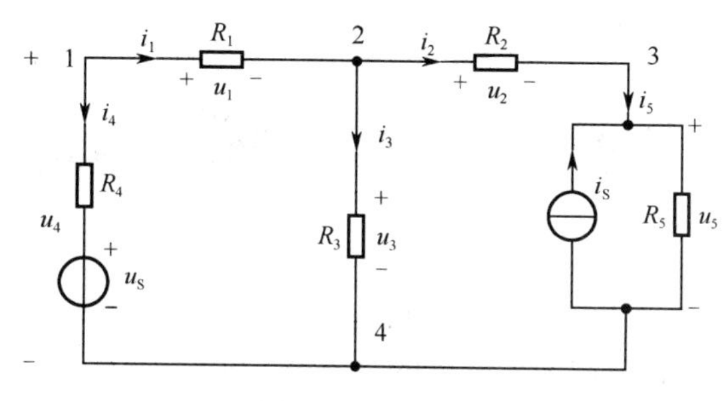

图 2-3-2 电路图

【解】 画出电路的图，分别对节点 1、2、3 列写 KCL 方程。

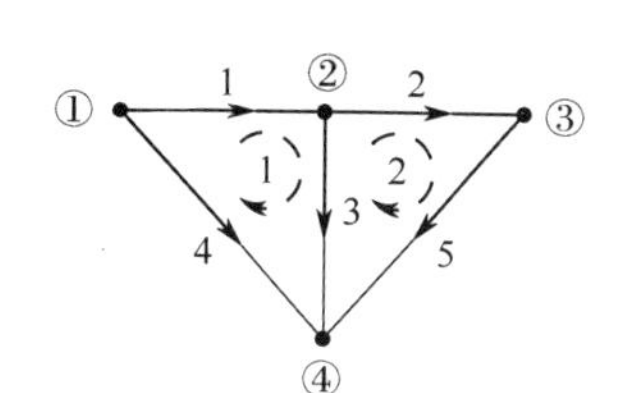

$$i_1 + i_4 = 0$$

$$-i_1 + i_2 + i_3 = 0$$

$$-i_2 + i_5 = 0$$

分别对网孔 1、2 列写 KVL 方程。

$$R_1 i_1 + R_3 i_3 - R_4 i_4 = u_s$$

$$R_2 i_2 + (i_5 + i_s)R_5 - R_3 i_3 = 0$$

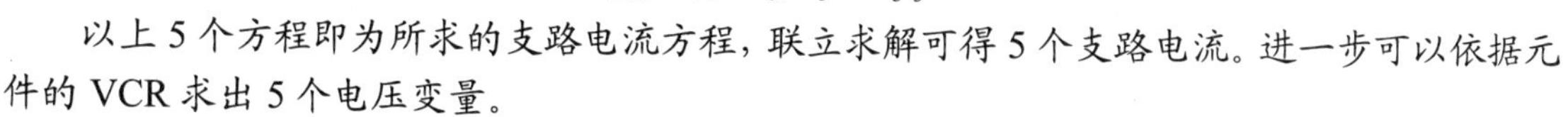

以上 5 个方程即为所求的支路电流方程，联立求解可得 5 个支路电流。进一步可以依据元件的 VCR 求出 5 个电压变量。

$$u_1 = R_1 i_1 \quad u_2 = R_2 i_2 \quad u_3 = R_3 i_3 \quad u_4 = u_s + R_4 i_4 \quad u_5 = (i_5 + i_s)R_5$$

【例 2-3-2】 列写如图 2-3-3 所示电路的支路电流方程。

【解】 对节点 2 列写 KCL 方程:

$$-i_1 + i_2 + i_3 = 0$$

$$-i_2 = i_s$$

按图示绕行方向分别对网孔 1、2 列写 KVL 方程。

$$R_1i_1 + R_3i_3 = u_s$$

$$R_2i_2 + u_5 - R_3i_3 = 0$$

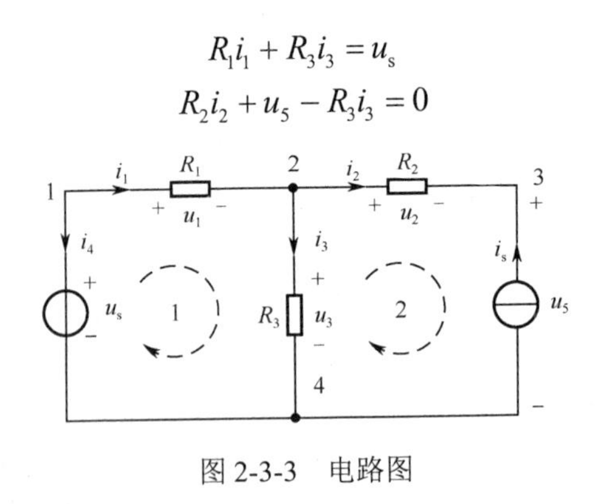

图 2-3-3　电路图

上述方程中的未知量不全是电流，有一个是电流源所在支路的电压。

若电路中含有给定的电流源，则在 KVL 方程中将出现相应的未知电压，此电压将在求解联立方程时一并求出。此时，电流源所在支路的电流是已知的。

将 VCR 方程代入 KCL 方程中，消去电流未知量，再和 KVL 联立，可以得到 b 个电压变量的 b 个方程，则可求得各支路电压——支路电压法。一旦求得各支路的电压，则各支路的电流也就可由相应支路的 VCR 求得。

【拓展知识 8】　网孔电流法

在支路电流法中，由独立电压源和线性电阻构成的电路，可以 n 个支路电流变量来建立电路方程。在 n 个支路电流中，只有一部分电流是独立电流变量，另一部分电流则可由这些独立电流来确定。为了求解方便，我们考虑若以网孔电流为未知量，是不是就可以大大减少了方程数量，避免求解烦琐呢？

1．网孔电流法

网孔电流法（简称网孔法）是以假想的网孔电流为直接求解对象，以基尔霍夫第二定律（KVL）为基础，求出网孔电流后，进而求出电路中各电流和电压的方法。

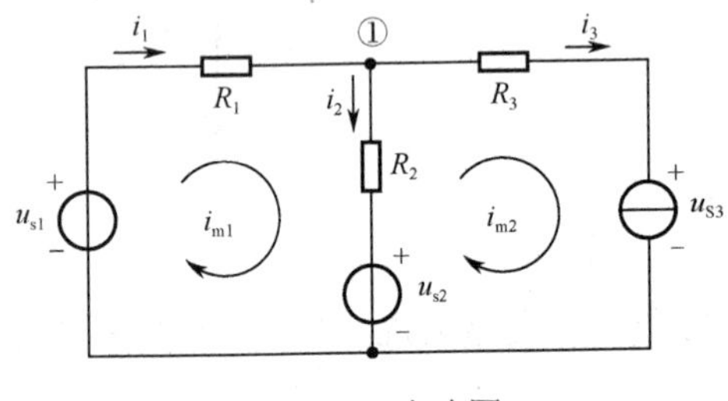

图 2-3-4　电路图

网孔电流是在闭合网孔内连续流动的假象电流，如图 2-3-4 所示。

网孔 1　　$R_1I_{m1}+R_2I_{m1}-R_2I_{m2}+U_{S2}-U_{S1}=0$

网孔 2　　$R_3I_{m2}+U_{S3}-U_{S2}+R_2I_{m2}-R_2I_{m1}=0$

整理可得：$(R_1+R_2)I_{m1}-R_2I_{m2}+U_{S2}-U_{S1}=0$

$-R_2I_{m1}+(R_3+R_2)I_{m2}+U_{S3}-U_{S2}=0$

可以进一步写成

$$R_{11}I_{m1}+R_{12}I_{m2}=U_{S11}$$

$$R_{21}I_{m1}+R_{22}I_{m2}=U_{S22}$$

这是具有两个网孔电路的网孔电流方程的一般形式。其中 R_{11}、R_{22} 分别代表两个网孔的自电阻。自电阻为网孔中所有电阻之和，这里 $R_{11}=R_1+R_2$、$R_{22}=R_2+R_3$，由于网孔绕行方向与网孔电流参考方向一致，所以自电阻总是为正的。R_{12} 和 R_{21} 表示两个网孔的公共电阻，称为互电阻，当流过互电阻的两个网孔电流参考方向一致时，互电阻为正，相反时为负。这里的

$R_{12}=R_{21}=-R_2$，U_{S11} 和 U_{S22} 为网孔中理想电压源代数和。当网孔电流从理想电压源“+”端流出时，该理想电压源取正号，从“-”端流出时取负号。

2．解题步骤

（1）任意标定各网孔电流的参考方向和网孔绕行方向。

在列写网孔 KVL 约束方程时，应首先设定网孔电流的大小和参考方向。为了使所列方程有规律和容易写出，一般设定网孔电流的参考方向均为顺时针或均为逆时针，而且回路的循行方向就取为与网孔电流的参考方向一致。显然，网孔电流的个数及所列 KVL 约束方程的个数，都一定等于网孔数。

（2）列写 $n-(m-1)$个独立的网孔电流方程。

（3）联立求解方程，求得各网孔电流。

（4）根据支路电流的参考方向及支路电流与相关网孔电流的关系求各支路电流。

（5）进行验算。验算时，选外围回路列 KVL 方程验证。若代入数据，回路电压之和为 0，则说明以上数据正确。

任务 2—4 叠加定理的应用和验证

学习导航

学习目标	1．掌握并应用叠加定理对电路进行分析计算
	2．熟练使用电子仪器仪表完成实验验证
重点知识要求	1．叠加定理及分析步骤
	2．叠加定理的适用范围
关键能力要求	定理应用分析能力和验证实验设计能力

任务要求

任务要求	1．掌握叠加定理的内容
	2．能够应用叠加原理计算不太复杂的电路
	3．用实验方法验证叠加定理
任务环境	直流稳压电源、直流电表、直流电压表、电阻模块
任务分解	1．叠加原理实验探究
	2．叠加定理应用分析电路

实施步骤

叠加定理

1．实验验证叠加定理

（1）按图 2-4-1 所示在实验板上将电源 E_1、E_2 和电流表接入电路，R_1=300Ω，R_2=200Ω，R_3=100Ω，并调节使 E_1 为 16V，E_2 为 6V。

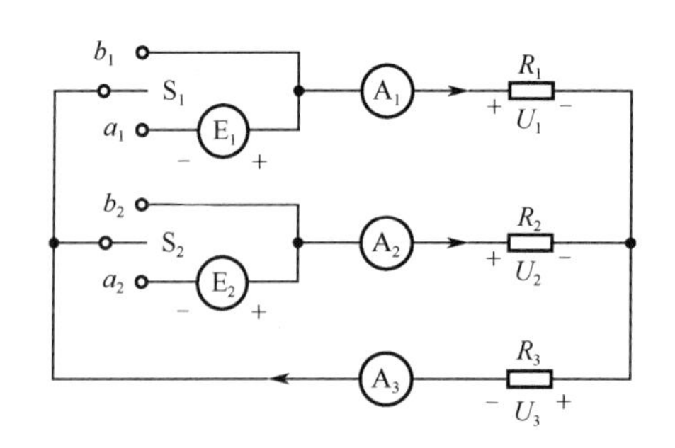

图 2-4-1　叠加实验原理图

（2）E_1、E_2共同作用。将 S_1 投向 a_1，S_2 投向 a_2 分别测出电流 I_1、I_2 和 I_3，并将数据填入表 2-4-1 中。再分别测出 3 个电阻上的电压 U_1、U_2 和 U_3，并将数据填入表 2-4-2 中。（测量过程中根据电流与电压的参考方向进行测量，如果发现指针反偏，说明遇实际方向和参考方向相反，请调换表笔测量，读数为负。）

（3）E_1 单独作用。将 S_1 投向 a_1，S_2 投向 b_2，分别测出电流 I'_1、I'_2 和 I'_3，并将数据填入表中。再分别测出 3 个电阻上的电压 U_1、U_2 和 U_3，并将数据填入表中。

（4）E_2 单独作用。将 S_1 投向 b_1，S_2 投向 a_2，分别测出电流 I_1、I_2 和 I_3，并将数据填入表表 2-4-1 中。再分别测出 3 个电阻上的电压 U_1、U_2 和 U_3，并将数据填入表 2-4-2 中。

表 2-4-1　数据记录及结果分析一

项目	E_1	E_2	I'_1	I'_2	I'_3	I_1''	I_2''	I_3''	I_1	I_2	I_3
测量结果											

表 2-4-2　数据记录及结果分析二

项目	E_1	E_2	U'_1	U'_2	U'_3	U_1''	U_2''	U_3''	U_1	U_2	U_3
测量结果											

分析电阻 R_1、R_2、R_3 上测得的电流和电压是否符合下列关系：

$$I_1 = I_1' + I_1'' \qquad I_2 = I_2' + I_2'' \qquad I_3 = I_3' + I_3''$$

$$U_1 = U_1' + U_1'' \qquad U_2 = U_2' + U_2'' \qquad U_3 = U_3' + U_3''$$

2．叠加定理理解题应用

（1）该原理仅使用于线性网络。

（2）叠加时，电路的连接以及电路所有电阻和受控源都不予更动，所谓电压源不作用，就是把该电压源的电压置零，即在该电流源处用开路代替。

（3）叠加原理的“加”是指代数“和”，所以叠加时，要注意电压和电流的参考方向，即正负极。

（4）由于功率不是电流或电压的一次函数，所以不能用叠加定理来计算功率。

3．相应的定理推广和扩展应用

线性电路的齐次性（比例性）。

（1）独立源是作为电路的输入，通常称其为激励。

（2）响应：由激励产生的输出。

（3）线性电路中响应与激励之间存在线性关系。

（4）在单一激励的线性电路中，若激励增加或减小 n 倍，响应也同样增加或减小 n 倍，这种性质称为齐次性或比例性。它是线性的一个表现。

设激励为 $e(t)$，响应为 $r(t)$，则 $r(t)=ne(t)$，线性电路中，n 是一个常数。

相关知识

当线性电路中有几个电源共同作用时，各支路的电流（或电压）等于各个电源分别单独作用时在该支路产生的电流（或电压）的代数和（叠加）。

在使用叠加定理分析计算电路应注意以下几点。

（1）叠加定理只能用于计算线性电路（即电路中的元件均为线性元件）的支路电流或电压（不能直接进行功率的叠加计算）。

（2）电压源不作用时应视为短路，电流源不作用时应视为开路。

（3）叠加时要注意分电流（或分电压）与所求的电流（或电压）之间的参考方向，正确选取各分量的正负号。

（4）每个电源单独作用时，必须画出分图，且尽量保持原图结构不变。

（5）叠加原理只能用来求电路中的电压和电流，而不能用来计算功率。

【例 2-4-1】 如图 2-4-2（a）所示电路，已知 U_1=17V，U_2=17V，R_1=2Ω，R_2=1Ω，R_3=5Ω，试应用叠加定理求各支路电流 I_1、I_2、I_3。

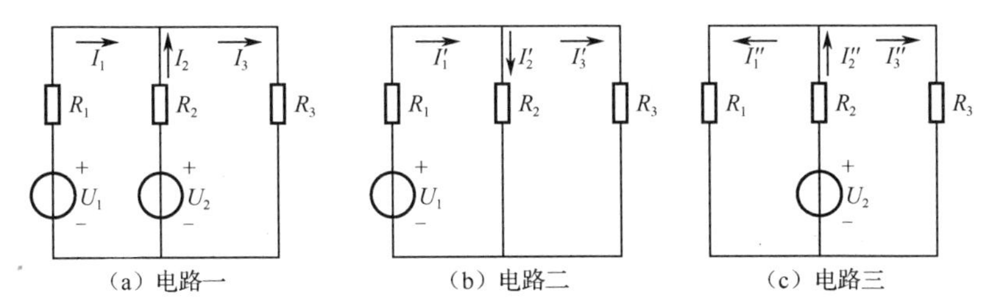

图 2-4-2 叠加定理及分解图

【解】

（1）画出当电源 U_1 单独作用时，将 U_2 不作用（视为短路），如图 2-4-2（b）所示。

$$R_{23} = R_2 // R_3 = 0.83\ (\Omega)$$

$$I_1' = \frac{U_1}{R_1 + R_{23}} = \frac{17}{2.83} = 6\ (\text{A})$$

$$I_2' = \frac{R_3}{R_2 + R_3} I_1' = 5\ (\text{A})$$

$$I_3' = \frac{R_2}{R_2 + R_3} I_1' = 1\ (\text{A})$$

（2）画出当电源 U_2 单独作用时，将 U_1 不作用（视为短路），如图 2-4-2（c）所示。

$$R_{13} = R_1 // R_3 = 1.43\ (\Omega)$$

$$I_2'' = \frac{U_2}{R_2 + R_{13}} = \frac{17}{2.43} = 7\ (\text{A})$$

$$I_1''=\frac{R_3}{R_1+R_3}I_2''=5\text{（A）}$$

$$I_3''=\frac{R_1}{R_1+R_3}I_2''=2\text{（A）}$$

（3）当电源 U_1、U_2 共同作用时（叠加），若各电流分量与原电路电流参考方向相同时，在电流分量前面选取“+”号，反之，则选取“−”号。

$$I_1=I_1'-I_1''=1\text{（A）}$$

$$I_2=I_2'+I_2''=2\text{（A）}$$

$$I_3=I_3'+I_3''=3\text{（A）}$$

【例 2-4-2】 用叠加定律求如图 2-4-3（a）所示电路的电压 U_x。

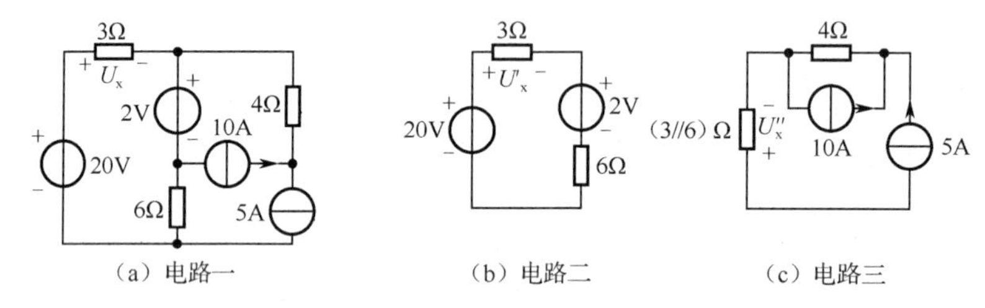

图 2-4-3 叠加定理及分解图

【解】

（1）当 20V 和 2V 电压源共同作用，而 5A 和 10A 的电流源不作用时，电路可化简为如图 2-4-3（b）所示，则有 U_x'=(20−2)/3=6（V）。

（2）当 5A 和 10A 的电流源共同作用，而 20V 和 2V 电压源不作用时，电路可化简为如图 2-4-3（c）所示，则有 U_x''=−5*(3//6)=−10（V）。

（3）由叠加定理可得 $U_x=U_x'+U_x''$=−4（V）。

【例 2-4-3】 用叠加定理求图 2-4-4（a）电路中电压 U。

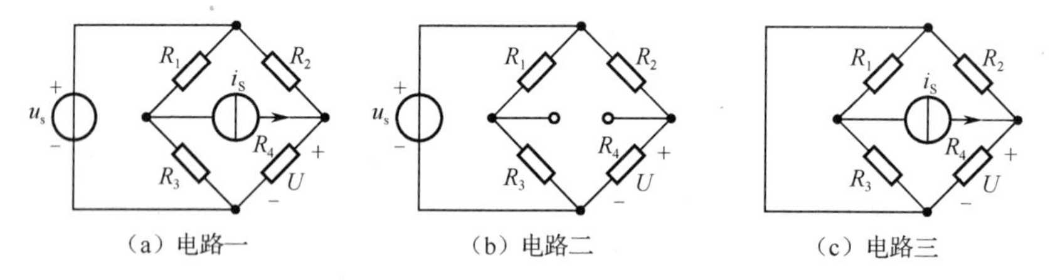

图 2-4-4 叠加定理及分解图

【解】 画出独立电压源 U_s 和独立电流源 i_s 单独作用的电路，如图 2-4-4（b）和图 2-4-4（c）所示，由此分别求得 U' 和 U'' 相加得到电压 U。

任务 2—5　戴维南定理的应用和验证

学习导航

学习目标	1. 掌握并应用戴维南定理对电路进行分析计算
	2. 熟练使用电子仪器仪表完成实验验证
重点知识要求	1. 戴维南定理及分析步骤
	2. 戴维南定理的内涵及应用
关键能力要求	定理应用分析能力和验证实验设计能力

任务要求

任务要求	1. 用实验方法验证戴维南定理
	2. 理解最大功率传输定理
	3. 熟练使用电子仪器仪表完成实验
任务环境	直流稳压电源、直流电表、直流电压表、电阻模块
任务分解	1. 戴维南定理验证及应用
	2. 最大功率传输定理验证及应用

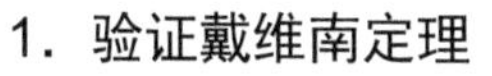

实施步骤

戴维南定理

1. 验证戴维南定理

1）学生分组实验，讨论数据的规律

按图 2-5-1（a）所示搭建电路。

（1）把电路中的 a、b 处左边作为有源二端网络。接好线路（其中 E 是直流稳压电源）。测量电流 I_L 的值。

（2）测开路电压。把 R_L 从 a、b 处与有源二端网络断开，用万用表测开路电压 V_{abk} 的值。

（3）测有源二端网络的等效内阻。为此，将 E 去掉（即把稳压电源输出端断开），用导线代替 E 的位置（即用导线把 R_1、R_2 的另一端用导线直接接起来）。用万用表测 a、b 间电阻（这时 R_L 仍从 a、b 间断开），R_{ab} 的值。

（4）构成等效电路

根据已测得的有源二端网络的开路电压 V_{abk} 即 E_0，以及等效内阻 R_{ab} 即 R_0，来构成等效电路。按图 2-5-1（b）所示接线，测该电路的电流 I_L'的值，试比较 I_L 与 I_L'。

实验分析、思考

（1）如何从电源的外特性说明电源内阻的大小。

（2）电压源不容许短路，电流源是否可以短路。

（3）图 2-5-1（a）所示电路中，a、b 点不断开的电压是多少。

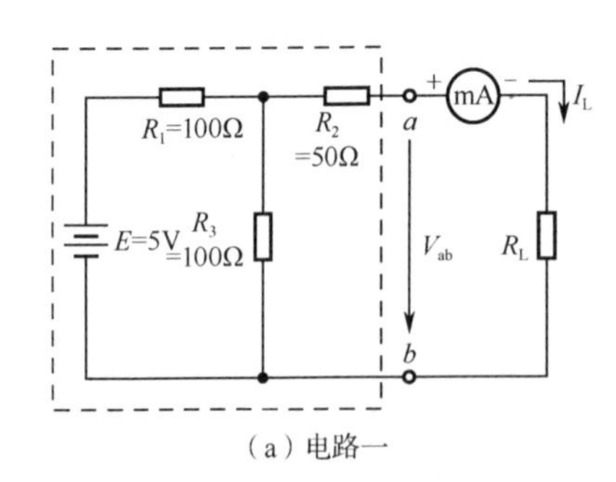

（a）电路一

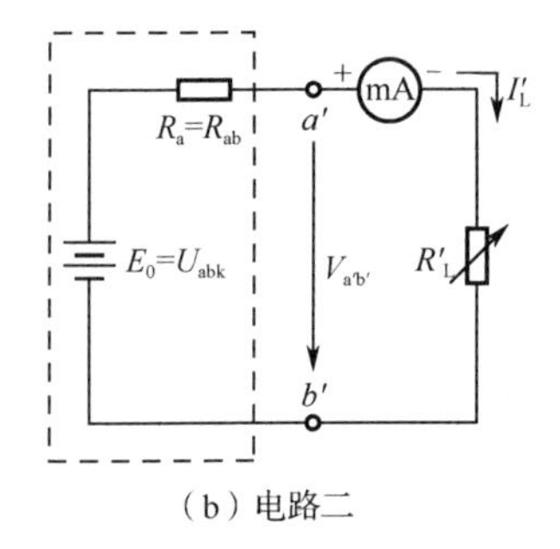

（b）电路二

图 2-5-1　实验电路图

2）教师提炼定理，指导解题步骤及注意点

应用戴维南定理解题的步骤如下。

（1）移开待求支路，剩有源二端网络。

（2）求出有源二端网络的开路电压和内部独立源置零时的等效电阻。

（3）画出有源二端网络的戴维南等效电路，接上待求支路，应用电路约束关系求出相关物理量。

解题注意点如下。

（1）待求支路不能算作电源内部元件。

（2）独立置零，电压源须短路，电流源须开路。

（3）注意电源电压的极性方向。

3）学生练习解题

【例 2-5-1】 求图 2-5-2 所示电路中通过 12Ω 电阻的电流 i。

【解】 将原电路从 a、b 处断开，见图 2-5-3，求左端部分的戴维南等效电路。

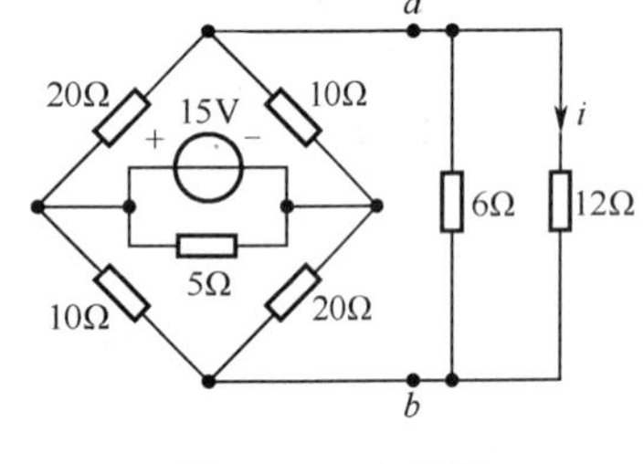

图 2-5-2　电路图

$$u_{oc}=\frac{10}{20+10}\times 15-\frac{20}{20+10}\times 15$$

$$=\frac{1}{3}\times 15-\frac{2}{3}\times 15=-5\text{（V）}$$

$$R_{eq}=\frac{20\times 10}{20+10}\times 2=\frac{200}{30}\times 2$$

$$=\frac{400}{30}=13.33\text{（Ω）}$$

将移出的支路与求出的戴维南等效电路进行连接，见图 2-5-4，求得

$$i=\frac{-5}{R_{eq}+\dfrac{6\times 12}{6+12}}\times\frac{6}{6+12}=-0.096\text{（A）}$$

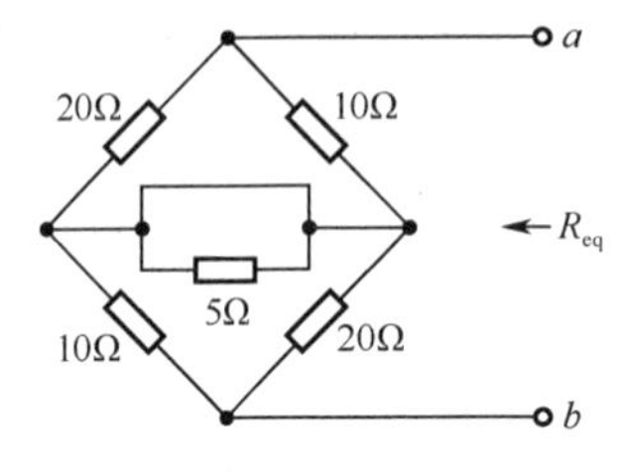

图 2-5-3　左端部分

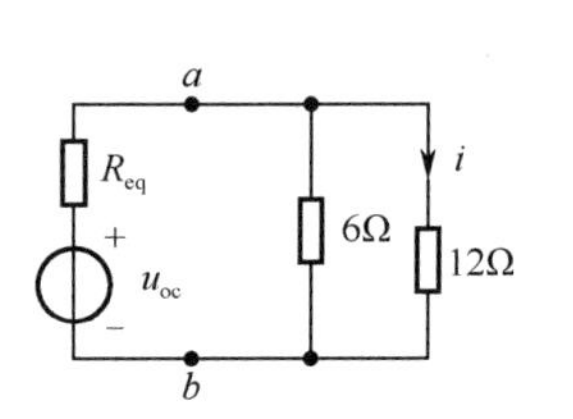

图 2-5-4　电路连接

2．最大功率传输的探究与应用

负载在什么条件下可从电源获得最大功率？最大功率是多少？

实验探究：按图 2-5-5 所示接线，U_S=4V，R_L=500Ω，调节 R_L 值分别改为表 2-5-1 中所示数值，同时测量 U_{ab} 和 I 的数值填入表 2-5-1 中。计算负载获得的功率 $P=U_{ab}\times I$，并分析结论。

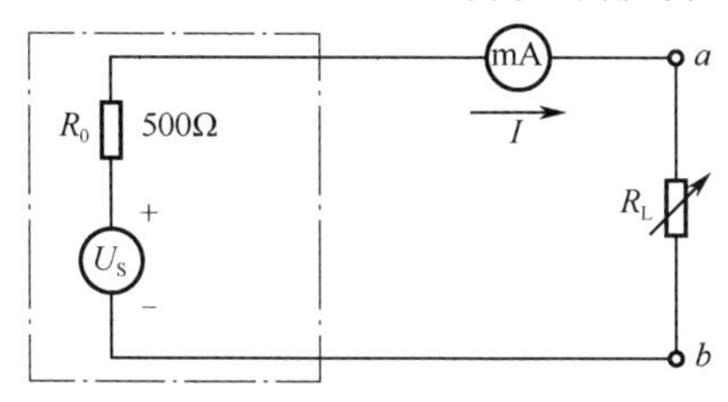

图 2-5-5　连线图

表 2-5-1　数据记录及结果分析

R_L/Ω	150	200	250	300	350	400	450	500	550	600	650
I/mA											
U_{ab}/V											
P/W											

实验结论：____

相关知识

1．戴维南定理

戴维南定理是任何含源线性单口网络 N（指含有电源、线性电阻及受控源的单口网络），不论其结构如何复杂，就其端口特性来说，都可以用一个电压源与电阻的串联支路等效替代。其中，等效电压源的电压等于网络 N 的开路电压 U_{oc}，串联电阻 R_0 等于该网络除源后（即所有独立源均为零值，受控源要保留），所得网络 N 的等效电阻，如图 2-5-6 所示。

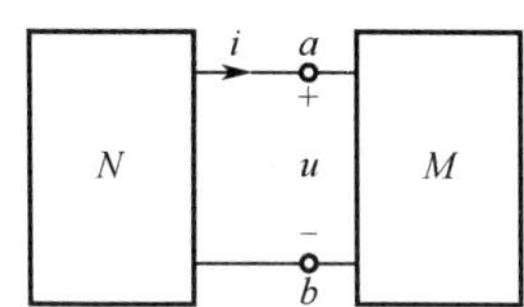

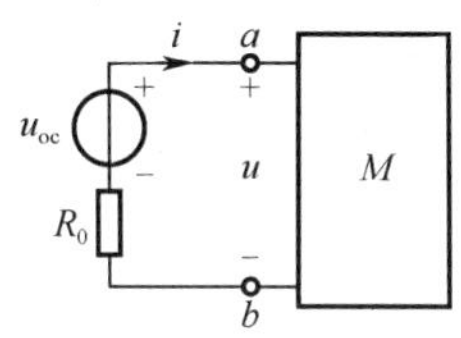

图 2-5-6　戴维南定理

【例 2-5-2】 用戴维南定理如图 2-5-7 所示 2Ω电阻中的电流 I。

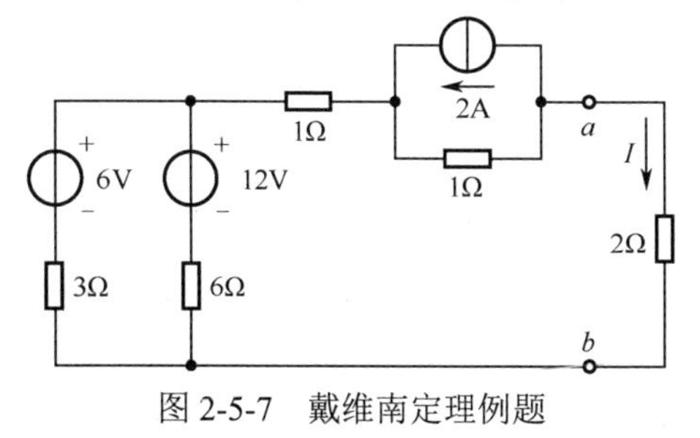

图 2-5-7　戴维南定理例题

【解】

（1）将待求支路断开移出，剩余电路看作一个有源二端网络，见图 2-5-8，求该有源二端网络的开路电压 $U_{oc}=U_{ab}$。

由有源二端网络可得：$U_{ab}=6+\left(\dfrac{12-6}{3+6}\right)\times 3-2\times 1=6+2-2=6$（V）。

（2）将上述有源二端网络除源（电压源短路、电流源开路），见图 2-5-9，求得无源二端网络的等效电阻 R_{ab}，$R_0=R_{ab}$。

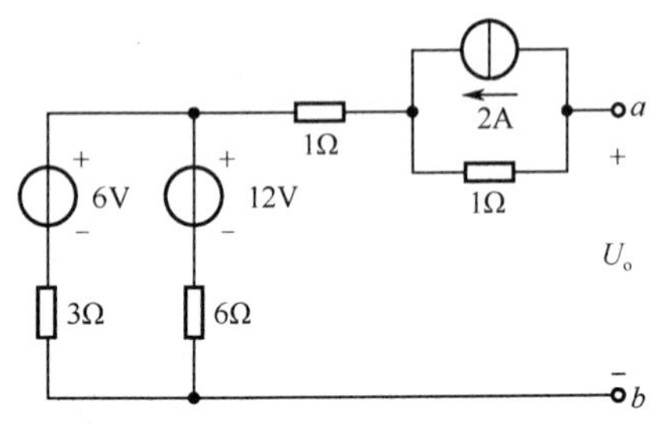

图 2-5-8　有源二端网络

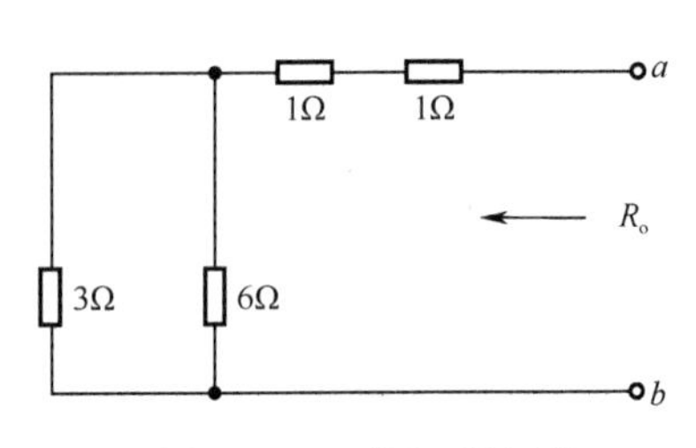

图 2-5-9　无源二端网络

由无源二端网络：$R_0=3//6+1+1=4$（Ω）。

（3）用 U_{OC} 和 R_0 串联组成等效电压源，接在待求支路两端，形成单回路简单电路，然后求出待求量。

由戴维南等效电路（见图 2-5-10）：$I=\dfrac{U_{ab}}{R_0+2}=\dfrac{6}{4+2}=1$（A）

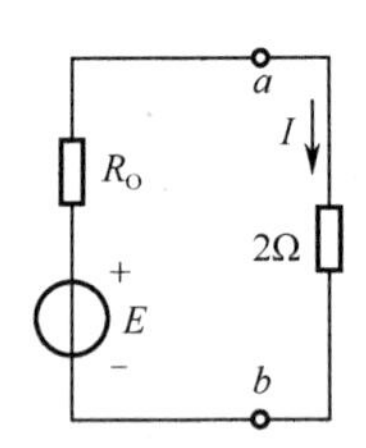

图 2-5-10　戴维南等效电路

【小贴士】 戴维南解题时要注意，U_{OC} 的参考方向与二端网络开路电压的参考方向一致。

【例 2-5-3】 电路如图 2-5-11 所示，当 R=4Ω时，I=2A。求当 R=9Ω时，I 等于多少？

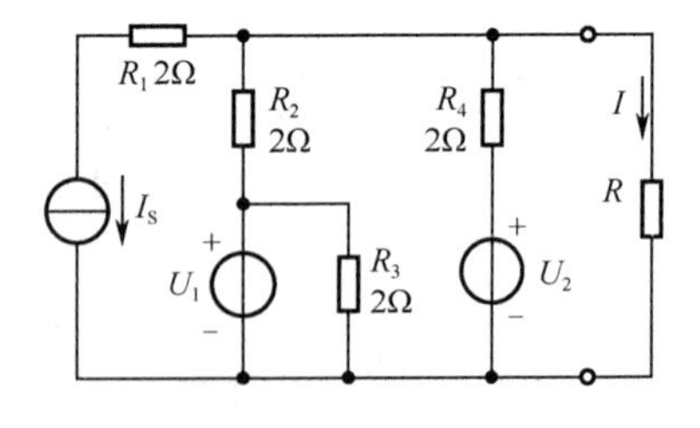

图 2-5-11　例 2-5-3 电路图

【解】 （1）原电路可由戴维南等效，其等效电阻可由无源而端网络求出。

画出无源二端网络如图 2-5-12（a）所示，$R_0=R_2//R_4=1$（Ω）。

（2）画出戴维南等效电路如图 2-5-12（b）所示，由 KVL：$E=IR_0+IR=I(R_0+R)$。

当 R=4Ω时，I=2A，可得：$E=I(R_0+R)=2*(1+4)=10$（V）。

所以，当 R=9Ω时，$I=E/(R_0+R)=10/(1+9)=1$（A）。

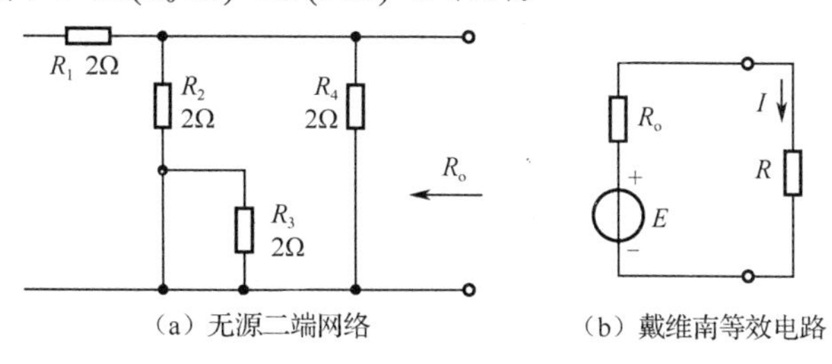

图 2-5-12 电路图

【例 2-5-4】 用戴维南定理求图 2-5-13 所示电路中电流 I_1。

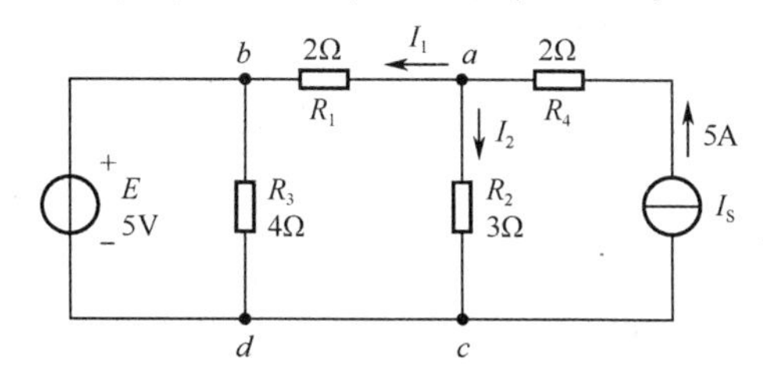

图 2-5-13 例 2-5-4 电路图

【解】 画出有源二端网络和无源二端网络，见图 2-5-14，求戴维南等效电路中的 E：

$$E=U_{ac}-U_{bd}=3\times5-5=10\text{（V）}$$

$$R_o=3\Omega$$

由戴维南等效电路：

$$I=10/(3+2)=2\text{（A）}$$

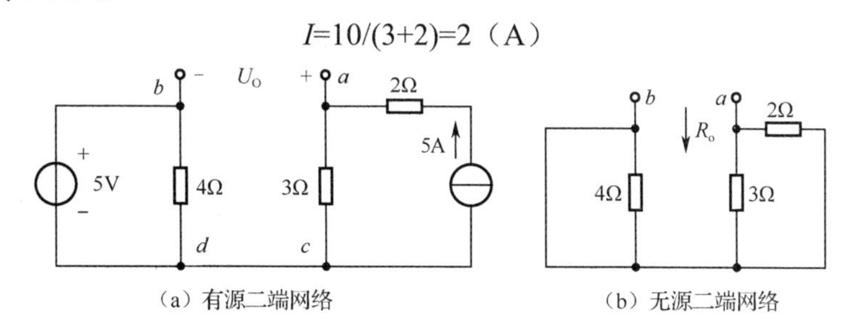

图 2-5-14 电路图

2. 戴维南定理的应用——最大功率传输定理

1）最大功率传输定理

最大功率传输定理是关于负载与电源相匹配时，负载能获得最大功率的定理。

如图 2-5-15 所示，含源线性电阻单口网络（R_0>0）向可变电阻负载 R_L 传输最大功率的条件是：负载电阻 R_L 与单口网络的输出电阻 R_0 相等。满足 $R_L=R_0$ 条件时，称为最大功率匹配，此时负载电阻 R_L 获得的最大功率为：$P_{max}=\dfrac{U_{OC}^2}{4R_0}$。

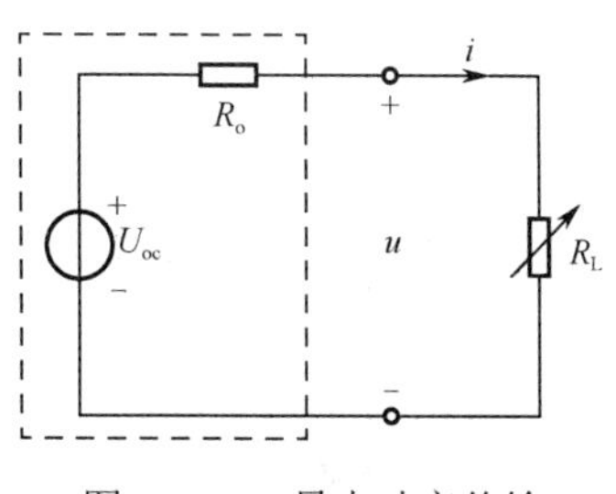

图 2-5-15 最大功率传输

满足最大功率匹配条件（$R_L=R_o>0$）时，R_o 吸收功率与 R_L 吸收功率相等，对电压源 U_{oc} 而言，功率传输效率为η=50%。对单口网络 N 中的独立源而言，效率可能更低。电力系统要求尽可能提高效率，以便更充分地利用能源，不能采用功率匹配条件。但在测量、电子与信息工程中，常常着眼于从微弱信号中获得最大功率，而不看重效率的高低。

2）最大功率传输定理解题步骤

计算可变二端电阻负载从线性电阻电路获得最大功率的步骤如下。

（1）计算连接二端电阻的含源线性电阻单口网络的戴维南等效电路。

（2）利用最大功率传输定理，确定获得最大功率的负载电阻值 $R_L=R_o>0$。

（3）计算负载电阻 $R_L=R_o>0$ 时获得的最大功率值。

【小贴士】 使用最大功率传输定理时要注意以下 3 条。

（1）最大功率传输定理用于一端口功率给定，负载电阻可调的情况。

（2）一端口等效电阻消耗的功率一般不等于端口内部消耗的功率，因此当负载获取最大功率时，电路的传输效率并不一定等于 50%。

（3）计算最大功率问题结合应用戴维南定理或诺顿定理最方便。

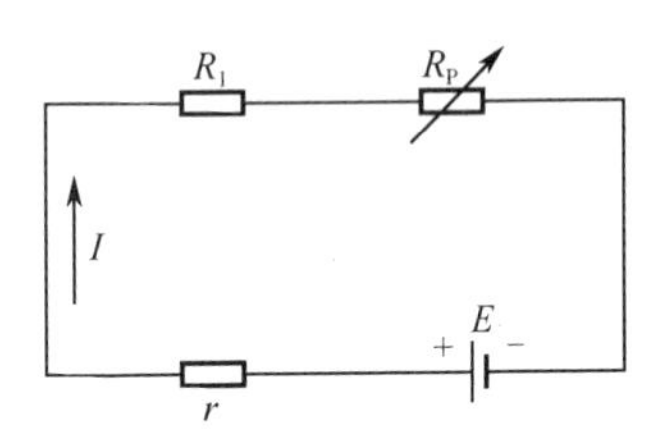

图 2-5-16　例 2-5-5 电路图

【例 2-5-5】 如图 2-5-16 所示，直流电源的电动势 E=10V、内阻 r=0.5Ω，电阻 R_1=2Ω，问：可变电阻 R_P 调至多大时可获得最大功率 P_{max}？

【解】 将(R_1+r)视为电源的内阻，则 $R_P=R_1+r=2.5\Omega$时，R_P 获得最大功率

$$P_{max}=\frac{E^2}{4R_P}=10\text{（W）}$$

【拓展知识 9】 诺顿定理

任何含源线性单口网络 N（指含有电源、线性电阻及受控源的单口网络），不论其结构如何复杂，就其端口特性而言，都可以用一个电流源与一个电阻的并联支路等效替代，如图 2-5-17 所示。其中，等效电流源的电流等于网络 N 的短路电流 i_{sc}，并联电阻 R_{eq} 等于该网络除源后（即所有独立源均为零值，受控源要保留），所得网络 N 的等效电阻。

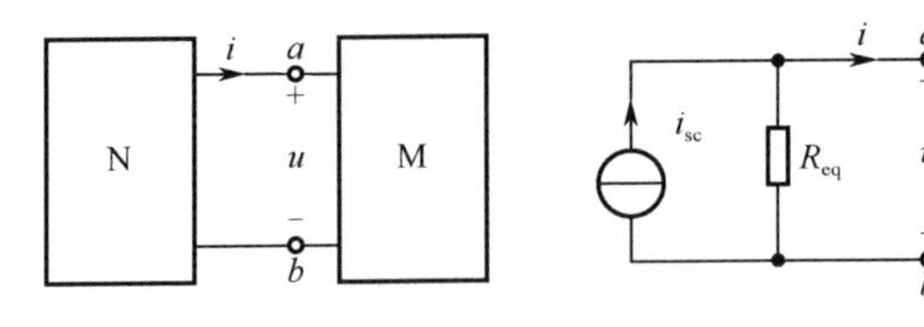

图 2-5-17　诺顿定理

诺顿定理与戴维南定理互为对偶的定理。诺顿定理和戴维南定理是最常用的电路简化方法。由于戴维南定理和诺顿定理都是将有源二端网络等效为电源支路，所以统称为等效电源定理或等效发电机定理。

【例 2-5-6】 试画出图 2-5-18 所示二端网络的诺顿等效电路。

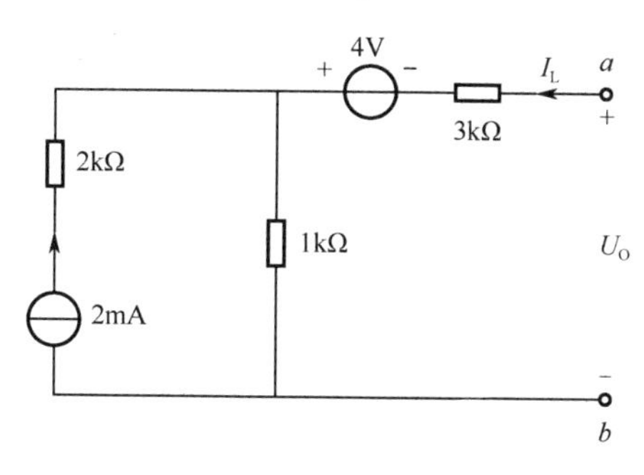

图 2-5-18　诺顿定理举例

【解】　（1）求 I_{SC}。令图 2-5-18 所示电路中的 U_0=0，可得图 2-5-19 所示电路。分析此电路可得:

$$4-3I_{SC}=2+I_{SC} \qquad I_{SC}=0.5\ (\text{A})$$

（2）求 R_0。令图 2-5-18 所示电路中的电压源短路，电流源开路，可得图 2-5-20 所示电路。分析此电路可得:

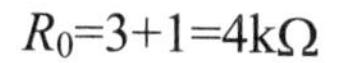

$$R_0=3+1=4\text{k}\Omega$$

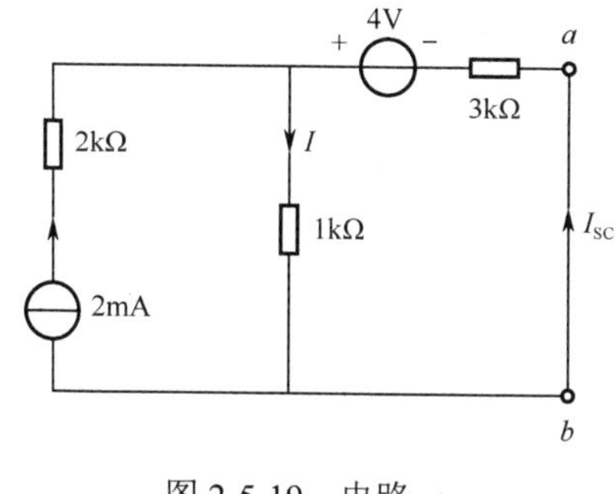

图 2-5-19　电路一

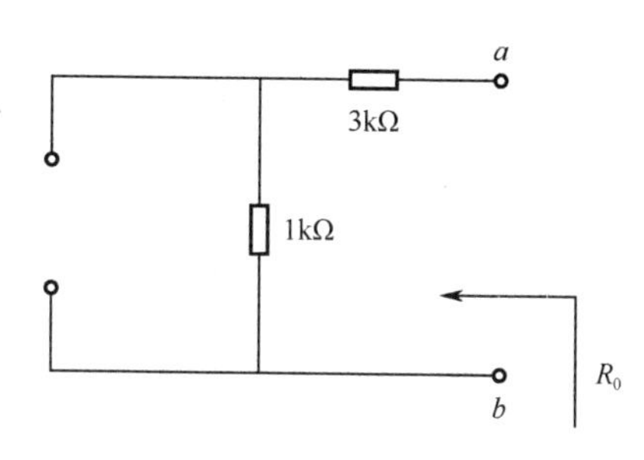

图 2-5-20　电路二

（3）二端网络的诺顿等效电路如图 2-5-21 所示。

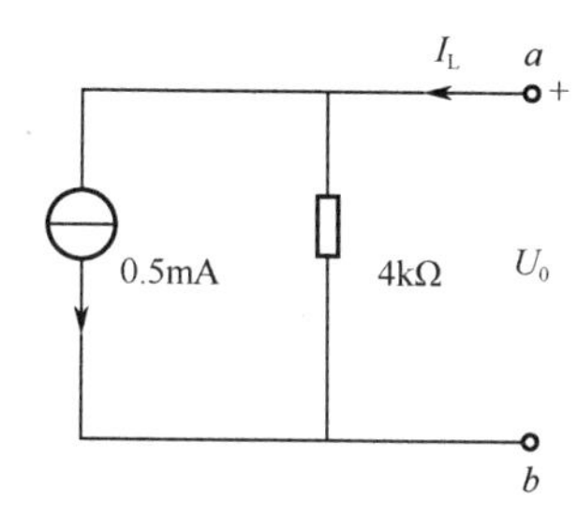

图 2-5-21　诺顿等效电路

项目总结

（1）等效是电路分析中一个非常重要的概念。

结构、元件参数可以完全不相同的两部分电路，若具有完全相同的外特性（端口电压-电流关系），则相互称为等效电路。

等效变换就是把电路的一部分电路用其等效电路来代换。电路等效变换的目的是简化电路，方便计算。

值得注意的是，等效变换对外电路来讲是等效的，对变换的内部电路则不一定等效。

（2）电阻的串/并联公式计算等效电阻、对称电路的等效化简和电阻星形连接与电阻三角形连接的等效互换是等效变换最简单的例子。

（3）含独立电源电路的等效互换。

① 电源串/并联的等效化简。

电压源串联：$u_{Seq}=\sum u_{Sk}$。

电压源并联：只有电压相等极性一致的电压源才能并联，且$u_{Seq}=u_{Sk}$

电流源并联：$i_{Seq}=\sum i_{Sk}$

电流源串联：只有电流相等流向一致的电流源才能串联，且$i_{Seq}=i_{Sk}$

电压源和电流源串联等效为电流源；电压源和电流源并联等效为电压源。

② 实际电源的两种模型及其等效转换。

实际电源可以用一个电压源U_S和一个表征电源损耗的电阻R_S的串联电路来模拟，称之为戴维南电路模型。

实际电源也可以用一个电流源i_S和一个表征电源损耗的电导G_S的并联电路来模拟，称之为诺顿电路模型。

两类实际电源等效转换的条件$R_S=\dfrac{1}{G_S}$，$u_S=R_S i_S$

（4）对于具有b条支路和n个节点的连通网络，有$(n-1)$个线性无关的独立KCL方程，$(b-n+1)$个线性无关的独立KVL方程。

（5）根据元件约束（元件的VCR）和网络的拓扑约束（KCL，KVL），支路分析法可分为支路电流法和支路电压法。所需列写的方程数为b个。用b个支路电流（电压）作为电路变量，列出$(n-1)$个节点的KCL方程和$(b-n+1)$个回路的KVL方程，然后代入元件的VCR。求解这b个方程。最后，求解其他响应。支路分析法的优点是直观、物理意义明确。缺点是方程数目多、计算量大。

（6）叠加定理：在线性电路中，任意一个支路电压或电流都是电路中各独立电源单独作用时在该支路上电压或电流的代数和。

应用叠加定理应注意以下几点。

① 叠加定理只适用于线性电路，非线性电路一般不适应。

② 某独立电源单独作用时，其余独立源置零。置零电压源是短路，置零电流源是开路。电源的内阻及电路其他部分结构参数应保持不变。

③ 叠加定理只适应于任意一个支路电压或电流。任意一个支路的功率或能量是电压或电流的二次函数，不能直接用叠加定理来计算。

④ 受控源为非独立电源，应保持不变。

⑤ 响应叠加是代数和，应注意响应的参考方向。

（7）戴维南定理：任意一个线性有源二端网络N，就其两个输出端而言，总可以用一个独立电压源和一个电阻的串联电路来等效，其中，独立电压源的电压等于该二端网络N输出端的开路电压u_{OC}，串联电阻R_o等于将该二端网络N内所有独立源置零时从输出端二端网络的输入电阻。

（8）最大功率传输。

有源二端网络 N 与一个可变负载电阻 R_L 相接，当 $R_L=R_0$ 时负载获得最大功率，称负载与有源二端网络 N 匹配，最大功率为 $P_{Lmax}=\dfrac{U_{OC}^2}{4R_0}$

自测练习2

一、填空题

1．凡是用电阻的串/并联和欧姆定律可以求解的电路统称为________电路，若用上述方法不能直接求解的电路称为________电路。

2．以客观存在的支路电流为未知量，直接应用________定律和________定律求解电路的方法，称为________法。

3．当复杂电路的支路数较多、回路数较少时，应用________电流法可以适当减少方程式数目。这种解题方法中，是以________的电流为未知量，直接应用________定律求解电路的方法。

4．当复杂电路的支路数较多、节点数较少时，应用________电压法可以适当减少方程式数目。这种解题方法中，是以________的________电压为未知量，直接应用________定律和________定律求解电路的方法。

5．在多个电源共同作用的________电路中，任意一个支路的响应均可看成由各个激励单独作用下在该支路上所产生的响应的________，称为叠加定理。

6．具有两个引出端钮的电路称为________网络，其内部含有电源的称为________网络，内部不包含电源的称为________网络。

7．“等效”是指对________以外的电路作用效果相同。戴维南等效电路是指一个电阻和一个电压源的串联组合，其中电阻等于原有源二端网络________后的________电阻，电压源等于原有源二端网络的________电压。

8．为了减少方程式数目，在电路分析方法中我们引入了________电流法、________电压法；________定理只适用线性电路的分析。

9．在进行戴维南定理化简电路的过程中，如果出现受控源，应注意除源后的二端网络等效化简的过程中，受控电压源应________处理；受控电流源应________处理。在对有源二端网络求解开路电压的过程中，受控源处理应与________分析方法相同。

二、判断题

1．叠加定理只适用于直流电路的分析。 （　　）

2．支路电流法和回路电流法都是为了减少方程式数目而引入的电路分析法。 （　　）

3．回路电流法是只应用基尔霍夫第二定律对电路求解的方法。 （　　）

4．节点电压法是只应用基尔霍夫第二定律对电路求解的方法。 （　　）

5．弥尔曼定理可适用于任意节点电路的求解。 （　　）

6．应用节点电压法求解电路时，参考点可要可不要。 （　　）

7．回路电流法只要求出回路电流，电路最终求解的量就算解出来了。 （　　）

8．回路电流是为了减少方程式数目而人为假想的绕回路流动的电流。（　　）

9．应用节点电压法求解电路，自动满足基尔霍夫第二定律。（　　）

10．实用中的任何一个两孔插座对外都可视为一个有源二端网络。（　　）

三、单项选择题

1．叠加定理只适用于（　　）。

A．交流电路　　B．直流电路　　C．线性电路

2．自动满足基尔霍夫第一定律的电路求解法是（　　）。

A．支路电流法　　B．回路电流法　　C．节点电压法

3．自动满足基尔霍夫第二定律的电路求解法是（　　）。

A．支路电流法　　B．回路电流法　　C．节点电压法

4．必须设立电路参考点后才能求解电路的方法是（　　）。

A．支路电流法　　B．回路电流法　　C．节点电压法

5．只适应于线性电路求解的方法是（　　）。

A．弥尔曼定理　　B．戴维南定理　　C．叠加定理

四、简答题

1．试述回路电流法求解电路的步骤。回路电流是否为电路的最终求解响应。

2．一个不平衡电桥电路进行求解时，只用电阻的串/并联和欧姆定律能够求解吗？

3．试述戴维南定理的求解步骤。如何把一个有源二端网络化为一个无源二端网络。在此过程中，有源二端网络内部的电压源和电流源应如何处理呢？

4．在实际应用中，我们用高内阻电压表测得某直流电源的开路电压为225V，用足够量程的电流表测得该直流电源的短路电流为50A，问这一直流电源的戴维南等效电路？

五、计算分析题（根据实际难度定分，建议每题6～12分）

1．已知如自测图2-1所示电路中电压 U=4.5V，试应用已经学过的电路求解法求电阻 R。

2．求解如自测图2-2所示电路的戴维南等效电路。

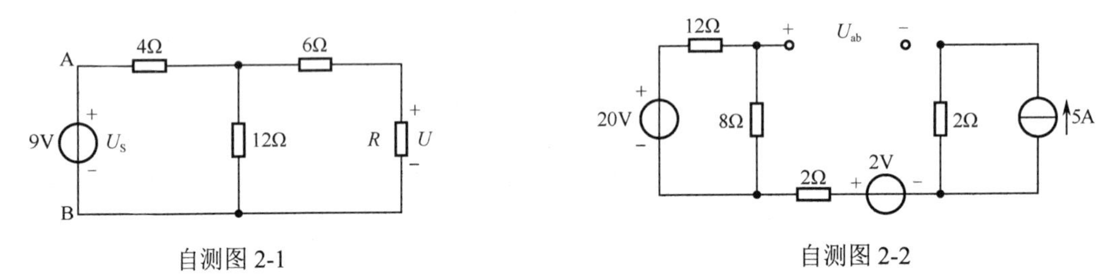

自测图2-1　　自测图2-2

3．试用叠加定理求解如自测图2-3所示电路中的电流 I。

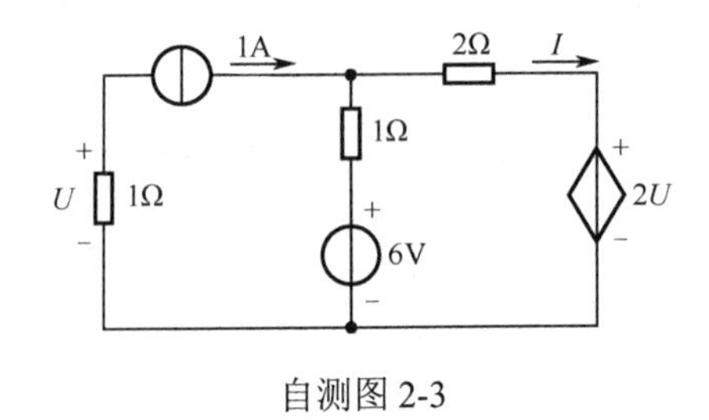

自测图2-3

项目 3 正弦稳态电路分析及实践

项目导入

在前面讨论的电路中，电流和电压的大小、方向均不随时间变化，这样的电流、电压称为直流电。人们在日常生活和工业生产中，广泛使用交流电。交流电是指大小、方向随时间按一定规律周期性变化且在一个周期内平均值为零的电流和电压。在交流电中应用最多的是大小、方向随时间按正弦规律周期性变化的电流、电压，这样的电流、电压称为正弦交流电。一般我们所说的交流电指的就是正弦交流电。正弦交流电路的基本理论和基本分析方法是学习电路分析的重要基础。

任务 3—1 单相正弦交流电的了解和测量

学习导航

学习目标	1．理解正弦交流电的三要素及有效值、平均值的概念
	2．理解复数的基本概念和正弦量的相量表示法
	3．会使用示波器正确测量与分析正弦交流信号
	4．会使用低频信号发生器和毫伏表、交流电流表等仪器仪表
重点知识要求	1．正弦交流电的三要素
	2．正弦量的相量表示法
	3．R、L、C 元件的相量模型
关键能力要求	用实验法观测电路，探究分析特性参数

任务要求

任务要求	1．分析计算正弦交流电的三要素
	2．在解析式、波形图、相量式三种信号表达形式间进行转换
	3．对正弦信号进行相量（复数）的基本运算
	4．用示波器、低频信号发生器和毫伏表、交流电流表等仪器仪表分析测量元件的交流等效参数
任务环境	实验台电源箱、交流电压/电流表、示波器、低频信号发生器、毫伏表、电阻、电容、电感元件模块
任务分解	1．正弦交流电信号观察与分析
	2．交流元件上电压与电流关系的测定

1. 正弦交流电信号观察与分析

（1）教师演示介绍仪器使用，从观察实际信号波形引入正弦交流电的波形、要素等概念。

（2）学生练习操作仪器，实验记录波形数据，加深对正弦交流电的概念理解（也可做仿真实验）。

（3）学生做习题巩固正弦交流电三要素。

2. 交流元件上电压与电流关系的测定

（1）正弦信号的相量表示、运算教学，教师讲解引导，学生思考练习。

（2）学生实验：测定电阻、电感、电容元件上的电压与电流关系。

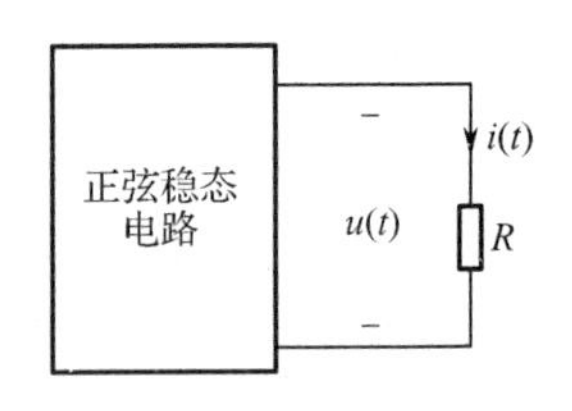

图 3-1-1　电阻元件的电压与电流关系测试电路

① 电阻元件的电压与电流关系测试电路如图 3-1-1 所示，在电阻元件两端接上交流电压，这样在电阻元件中就有电流流过，电阻 R=1kΩ，交流电源电压为 12V，频率为 50Hz。

② 用示波器观察电阻元件中电压与电流的关系，具体步骤如下。

- CH1 通道接电源电压探头，采样电源两端电压，读出相关数据，填入表 3-1-1 中。
- CH2 通道接电阻电压探头，采样电阻两端电压，读出相关数据，填入表 3-1-1 中。
- 选择合适的水平和垂直标度，将触发电平设置到 CH1 上，即可得到相应的电压与电流的图形。

③ 用万用表或交流表头来测试电阻两端的电压和流过电阻中的电流。

④ 对数据进行分析计算，计算数值填入表 3-1-2 中。

表 3-1-1　示波器观察电阻元件中电压与电流

	频率	相位	最大值	有效值	t=0.01s 的瞬时值
电源电压					
电阻电压					
交流电流					

表 3-1-2　电阻元件中电压与电流的分析计算

U_m/I_m	U/I	$u/i(t=0.01s)$	相 位 差

⑤ 画出电压与电流的波形。

⑥ 根据电压与电流的波形做出电压与电流的相量图。

参照上述步骤，同理可测试电感、电容元件上电压与电流的关系。

⑦ 师生共同分析，建立交流元件的相量模型。

3.1 单相正弦交流电

3.1.1 正弦交流电路中的物理量

1. 正弦量的三要素

在正弦交流电路中，电流和电压在任意一个瞬时的数值称为正弦量的瞬时值。瞬时值通常可以表示为 $i(t)$、$u(t)$，也可以表示为 i、u。正弦量可以用波形图来表示，如图 3-1-2 所示为一个正弦交流电流波形。同时，正弦量还可以用函数表达式来表示，在所规定参考方向下，$i(t)$ 可以表示为：

$$i(t) = I_{\mathrm{m}} \sin(\omega t + \varphi) \qquad (3\text{-}1\text{-}1)$$

式中：I_{m} 称为幅值（又称振幅值或最大值）；ω 称为角频率；φ 称为初相。

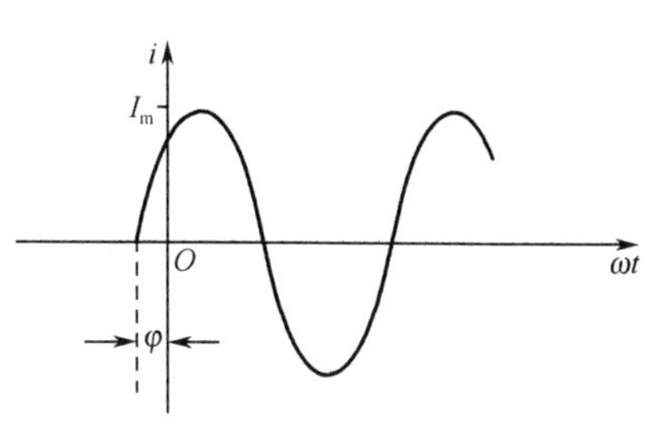

图 3-1-2　波形图

【例 3-1-1】 已知正弦电压的幅值为 10V，周期为 100ms，初相为π/6。试写出正弦电压的函数表达式和画出波形图。

【解】 先计算正弦电压的角频率

$$\omega = \frac{2\pi}{T}$$

$$= \frac{2\pi}{100 \times 10^{-3}} = 20\pi \approx 62.8\mathrm{rad/s}$$

正弦电压的函数表达式为：

$$u = U_{\mathrm{m}} \sin(\omega t + \varphi_u)$$

$$= 10\sin\left(20\pi t + \frac{\pi}{6}\right) = 10\sin(62.8t + 30^{\circ}) \text{（V）}$$

波形图见图 3-1-3。

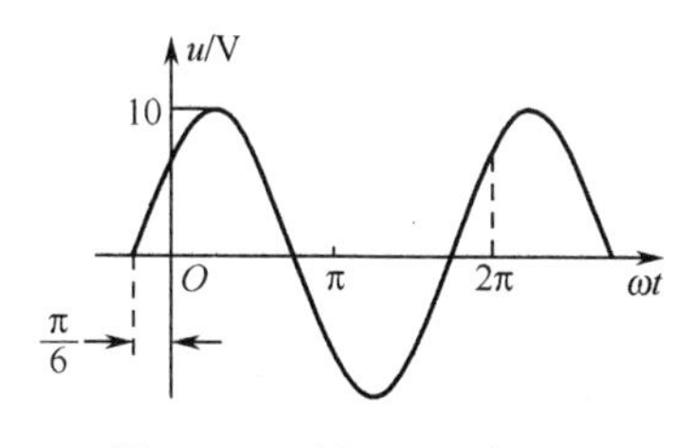

图 3-1-3　例 3-1-1 波形图

一个正弦量，只要明确了它的三要素，则这个正弦量就是唯一的、确定的。因此，表达一个正弦量时，也只要表达出其三要素即可。解析式和波形图都能很好地表达正弦量的三要素，因此它们是正弦量的表示方法。

1. 幅值与有效值

幅值：正弦电流在整个变化过程中所能达到的最大数值，也称振幅值。正弦量的幅值用带下标 m 的大写字母来表示，如 I_{m}、U_{m}。电路的一个重要作用是能量转换，而正弦量的瞬时值、最大值都不能确切反映它们在转换能量方面的效果，为此，引入有效值的概念。有效值通常用大写字母表示，如 I、U 等。

有效值：一个交流电流 i 和一个直流电流 I，分别作用于同一电阻 R，如果经过一个周期 T 的时间两者产生的热量相等，则直流电流 I 称为交流电流 i 的有效值。

在一个周期T的时间内直流电流I通过电阻R所产生的热量为：

$$Q = I^2RT$$

在相同时间内交流电流i通过同一电阻R所产生的热量为：

$$Q' = \int_0^T i^2R\mathrm{d}t$$

若两者相等，则 $\int_0^T i^2R\mathrm{d}t = I^2RT$

解得周期电流的有效值为 $$I = \sqrt{\frac{1}{T}\int_0^T i^2\mathrm{d}t} \tag{3-1-2}$$

对于正弦量，设 $i(t) = I_\mathrm{m}\sin\omega t$

代入上式，得

$$I = \sqrt{\frac{1}{T}\int_0^T i^2\mathrm{d}t} = \sqrt{\frac{1}{T}\int_0^T I_\mathrm{m}^2\sin^2\omega t\mathrm{d}t} = \sqrt{\frac{I_\mathrm{m}^2}{T}\int_0^T \frac{1-\cos 2\omega t}{2}\mathrm{d}t}$$

$$= \sqrt{\frac{I_\mathrm{m}^2}{2T}\left[t\Big|_0^T - \frac{1}{2\omega}\sin 2\omega t\Big|_0^T\right]} = \sqrt{\frac{I_\mathrm{m}^2}{2T}[T-0]} = \sqrt{\frac{I_\mathrm{m}^2}{2}} = \frac{I_\mathrm{m}}{\sqrt{2}} = 0.707I_\mathrm{m} \tag{3-1-3}$$

即正弦电流的有效值等于其振幅值的$1/\sqrt{2}$。类似地，正弦电压的有效值也等于其振幅值的$1/\sqrt{2}$，即

$$U = \frac{U_\mathrm{m}}{\sqrt{2}} = 0.707U_\mathrm{m} \tag{3-1-4}$$

引入有效值后，正弦量的解析式常写为

$$i(t) = \sqrt{2}I\sin(\omega t + \varphi_i)\text{；}\quad u(t) = \sqrt{2}U\sin(\omega t + \varphi_u) \tag{3-1-5}$$

【小贴士】（1）工程上说的正弦电压、电流值一般指有效值，如设备铭牌额定值、电网的电压等级等。但绝缘水平、耐压值指的是最大值。因此，在考虑电器设备的耐压水平时应按最大值考虑。

（2）测量中，交流测量仪表指示的电压、电流读数一般为有效值。

（3）区分电流、电压的瞬时值、最大值、有效值的符号i、I_m、I、u、U_m、U。

2．角频率、周期与频率

角频率：正弦信号在单位时间内所变化的电角度（弧度数）。角频率ω的单位为弧度/秒，用符号 rad/s 表示。一个周期时间内，正弦量经的电角度为弧度 2π，即：

$$\omega = \frac{2\pi}{T} \tag{3-1-6}$$

周期：正弦量循环一次所需要的时间。周期用符号T表示，单位为秒（s）。

频率：正弦量在单位时间内（1s）变化的循环次数，用符号f表示，单位为赫兹（Hz），简称赫。

角频率、周期和频率都表示正弦量变化的快慢。角频率与周期、频率的关系：

$$\omega = \frac{2\pi}{T} = 2\pi f \tag{3-1-7}$$

【小贴士】 我国和世界上大多数国家都采用 50Hz 作为国家电力工业的标准频率，通常称为工频。它的周期是 0.02s，角频率$\omega = 2\pi f = 314\text{rad/s}$。少数国家的工频为 60Hz。

3．相位与初相

由式（3-1-1）可知，正弦量的瞬时值 $i(t)$ 是由幅值 I_m 和正弦函数 $\sin(\omega t+\varphi)$ 共同决定的。$(\omega t+\varphi)$ 这个角度称为正弦量的相位（或称相位角），它是随时间变化的。相位是表示正弦量在某一瞬间所处状态的物理量，它不仅是确定正弦量瞬时值的大小和正负的角度，还能表示出正弦量变化的趋势。

φ 是正弦量在 $t=0$（即计时起点）时的相位，称为正弦量的初相位，简称初相，它反映了正弦量在计时起点的状态。相位和初相的单位，用弧度或度表示。我们规定初相 φ 的取值范围为 $|\varphi|\leqslant\pi$，即 $-180°\leqslant\pi\leqslant180°$ 。

初相的大小与计时起点有关，如图 3-1-4 所示。在波形图上可以看到，正弦量的初相是由正弦量的零值到坐标原点之间的角度表示的。

（1）当正弦量到达零值（正弦量每变化一周期有两次为零，零值是指由负向正过渡时的值）时作为计时起点，则 $\varphi=0$，如图 3-1-4（a）所示。

（2）当正弦量到达某一正值时作为计时起点，则 $\varphi>0$，如图 3-1-4（b）所示。

（3）当正弦量到达某一负值时作为计时起点，则 $\varphi<0$，如图 3-1-4（c）所示。

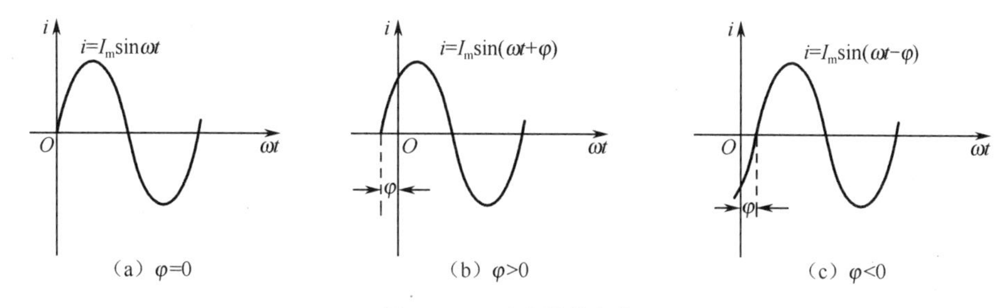

图 3-1-4 正弦量的初相

4．同频率正弦电压、电流的相位差

两个正弦电压、电流相位之差，称为相位差，用 φ 表示。例如，有两个同频率的正弦电流，如图 3-1-5 所示。

$$i_1(t)=I_{1m}\sin(\omega t+\varphi_1),\ \ i_2(t)=I_{2m}\sin(\omega t+\varphi_2)$$

电流 $i_1(t)$ 与电流 $i_2(t)$ 之间的相位差为：

$$\varphi=(\omega t+\varphi_1)-(\omega t+\varphi_2)=\varphi_1-\varphi_2 \qquad (3\text{-}1\text{-}8)$$

式（3-1-8）表明：两个同频率正弦量在任意时刻的相位差均等于它们初相之差，与时间 t 无关。

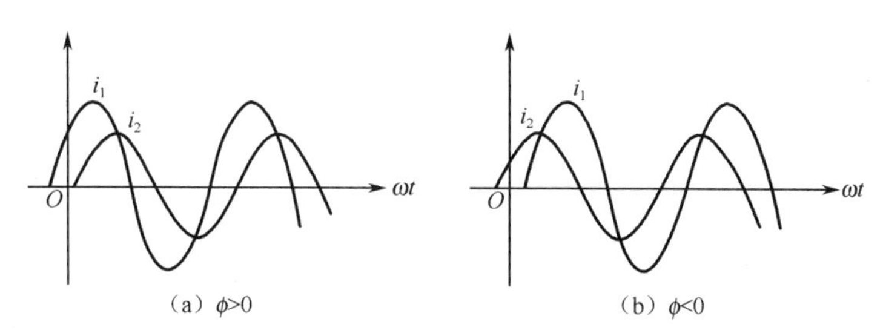

图 3-1-5 同频率正弦电压、电流的相位差

当$\varphi=\varphi_1-\varphi_2>0$时，表明$i_1(t)$超前于电流$i_2(t)$，超前的角度为$\varphi$，超前的时间为$\dfrac{\varphi}{\omega}$。

当$\varphi=\varphi_1-\varphi_2<0$时，表明$i_1(t)$滞后于电流$i_2(t)$，滞后的角度为$|\varphi|$，滞后的时间为$\dfrac{|\varphi|}{\omega}$。

【小贴士】 超前、滞后的概念中相位差不得超过±180°。

同频率正弦电压、电流的相位差有几种特殊的情况。

（1）同相：相位差$\varphi=\varphi_1-\varphi_2=0$，如图 3-1-6（a）所示。

（2）正交：相位差$\varphi=\varphi_1-\varphi_2=\pm\dfrac{\pi}{2}$，如图 3-1-6（b）所示。

（3）反相：相位差$\varphi=\varphi_1-\varphi_2=\pm\pi$，如图 3-1-6（c）所示。

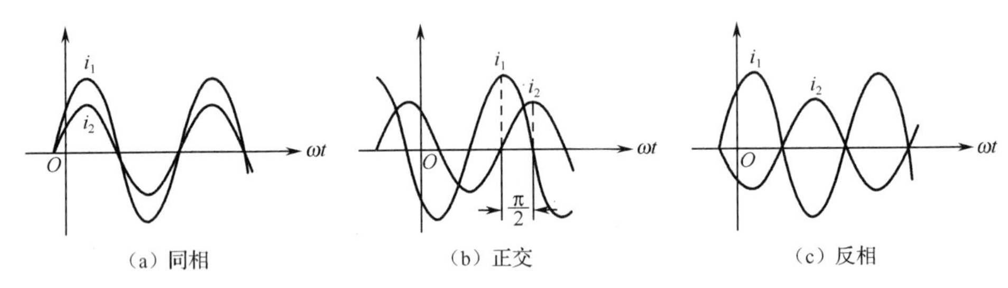

（a）同相　（b）正交　（c）反相

图 3-1-6　同频率正弦电压电流相位差的特殊情况

【小贴士】 同相即两个同频率的正弦量初相相同；反相表示两个同频率正弦量相位相差 180°，注意：180°在解析式中相当于等号后面的负号；正交表示两个同频率正弦量之间的相位差是 90°。

【例 3-1-2】 现有两个同频率的正弦量，$u(t)=311\sin(\omega t+60^\circ)$（V）、$i(t)=10\sin(\omega t-60^\circ)$（A），试求两个正弦量的有效值及它们的相位差，并说明超前滞后关系。

【解】 由表达式可知　$U_\text{m}=311$（V），$I_\text{m}=10$（A）

有效值：$U=\dfrac{U_\text{m}}{\sqrt{2}}=\dfrac{311}{\sqrt{2}}=220$（V），$I=\dfrac{I_\text{m}}{\sqrt{2}}=\dfrac{10}{\sqrt{2}}=7.07$（V）

由于　$\varphi_u=60^\circ$　$\varphi_i=-60^\circ$

则相位差　$\varphi_{ui}=\varphi_u-\varphi_i=60^\circ-(-60^\circ)=120^\circ$

即u超前i 120°，或i滞后u 120°。

3.1.2　正弦信号的相量表示法

在分析正弦稳态电路的响应时，我们经常遇到正弦信号的运算问题。如果利用三角函数关系式进行正弦信号的运算，十分烦琐。为此，可以借助复数来表示正弦信号，从而使正弦稳态电路的分析和计算得到简化。相量法就是用复数来表示正弦量，使正弦交流电路的稳态分析与计算转化为复数运算的一种方法。

1．复数

复数是由实数和虚数之和构成的，其代数形式为

$$A=a+\text{j}b \tag{3-1-9}$$

式中：a为实部；b为虚部；j 表示虚部单位。在数学中，虚部单位用 i 表示，但由于在电路中 i 通常表示电流，故用 j 表示。虚部单位$\text{j}=\sqrt{-1}$。

1）复数的表示形式

以实数数轴和虚数数轴为相互垂直的坐标轴而构成的平面，称为复数平面，简称复平面，其中“+1”表示实数数轴，“+j”表示虚数数轴。任意复数在复平面内都可以找到其唯一对应的点，同时，复平面上的任意也代表了一个唯一的复数。如图 3-1-7 所示，可知 $A_1 = 2 + \mathrm{j}2$，$A_2 = 2 - \mathrm{j}2$，$A_3 = -3 - \mathrm{j}1$，$A_4 = -4 + \mathrm{j}3$。

任意复数在复平面内还可以用其对应的矢量表示，如图 3-1-8 所示。复数 A 在实轴上的投影为 a，在虚轴上的投影为 b。复数 A 对应一个复矢量，矢量的长度 r 称为复数的模（符号“$|A|$”表示复数 A 的模，模取正值），矢量与实轴正方向的夹角 θ，称为复数的幅角（θ 取值 $-\pi \leqslant \theta \leqslant \pi$）。该复数在实轴上的投影为 a，在虚轴上的投影为 b。

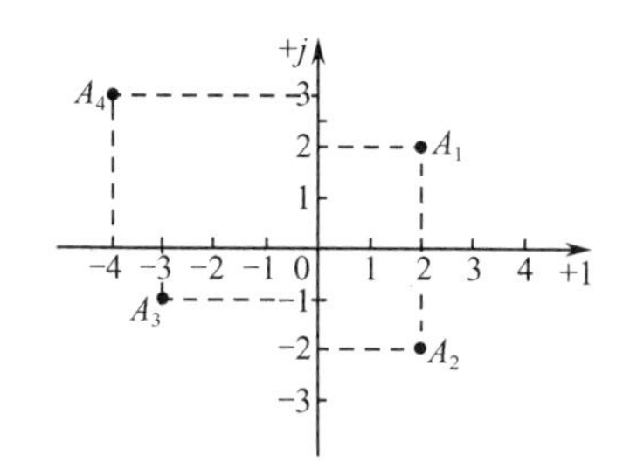

图 3-1-7　复数用点表示

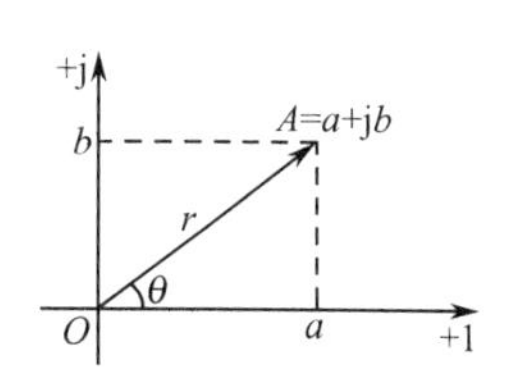

图 3-1-8　复数用矢量表示

复数用点表示与用矢量表示之间的关系如下：

$$\begin{cases} r = |A| = \sqrt{a^2 + b^2} \\ \theta = \arctan \dfrac{b}{a} \\ a = r\cos\theta \\ b = r\sin\theta \end{cases} \tag{3-1-10}$$

这时，复数可以写成

$$A = a + \mathrm{j}b = r\cos\theta + \mathrm{j}r\sin\theta$$

2）复数的 4 种表达式

代数式：$A = a + \mathrm{j}b$

三角函数式：$A = r\cos\theta + \mathrm{j}r\sin\theta$

指数式：$A = r\mathrm{e}^{\mathrm{j}\theta}$（由数学中的尤拉公式 $\mathrm{e}^{\mathrm{j}\theta} = \cos\theta + \mathrm{j}\sin\theta$ 得到）

极坐标式：$A = r\angle\theta$

可以把复数的极坐标形式画出图示，如图 3-1-9 所示。

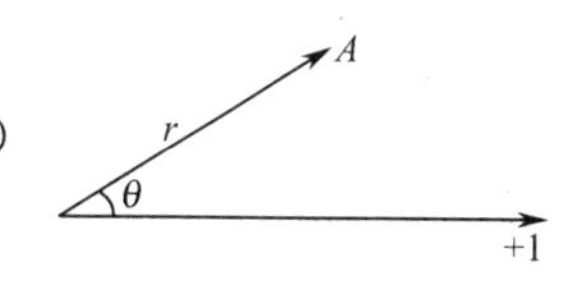

图 3-1-9　相量图

以上 4 种形式可以利用式（3-1-10）进行互换。

【例 3-1-3】 写成复数 $A_1 = 6 - \mathrm{j}8$ 和 $A_2 = 20\angle 45^\circ$ 的其他 3 种表达式。

【解】 A_1 的模 $r_1 = \sqrt{6^2 + (-8)^2} = 10$，$A_1$ 的幅角 $\theta_1 = \arctan \dfrac{-8}{6} = -53.1^\circ$，由此可得

三角函数式：$A_1 = 10\cos(-53.1^\circ) + \mathrm{j}10\sin(-53.1^\circ)$

指数式：$A_1 = 10\mathrm{e}^{\mathrm{j}(-53.1^\circ)}$

极坐标式：$A_1 = 10\angle -53.1^\circ$

A_2 的实部 $a_2 = 20\cos 45^\circ = 14.1$，$A_2$ 的虚部 $b_2 = 20\sin 45^\circ = 14.1$

代数式：$A_2 = 14.1 + \mathrm{j}14.1$

三角函数式：$A_2 = 20\cos 45^\circ + \mathrm{j}20\sin 45^\circ$

指数式：$A_2 = 20\mathrm{e}^{\mathrm{j}45^\circ}$

两复数矢量图如图 3-1-10 所示。

【例 3-1-4】 写出复数1、−1、j、−j的极坐标式，并在复平面内画出其矢量图。

复数1的实部为1，虚部为0，极坐标式$1 = 1\angle 0^\circ$；

复数−1的实部为−1，虚部为0，极坐标式$-1 = 1\angle \pm 180^\circ$；

复数j的实部为0，虚部为1，极坐标式$\mathrm{j} = 1\angle 90^\circ$；

复数−j的实部为0，虚部为−1，极坐标式$-\mathrm{j} = 1\angle -90^\circ$；

矢量图如图 3-1-11 所示。

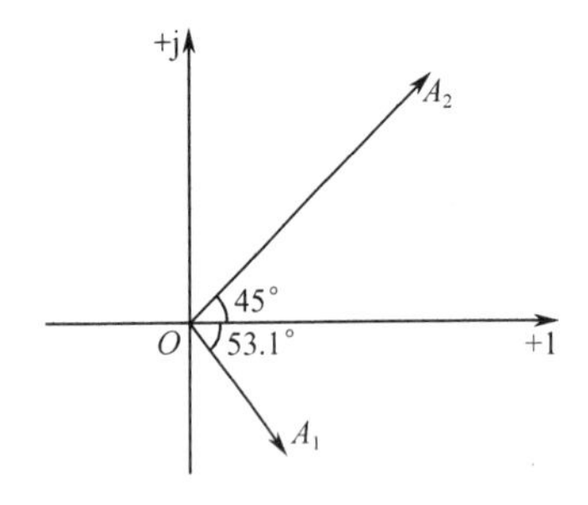

图 3-1-10　例 3-1-3 矢量图

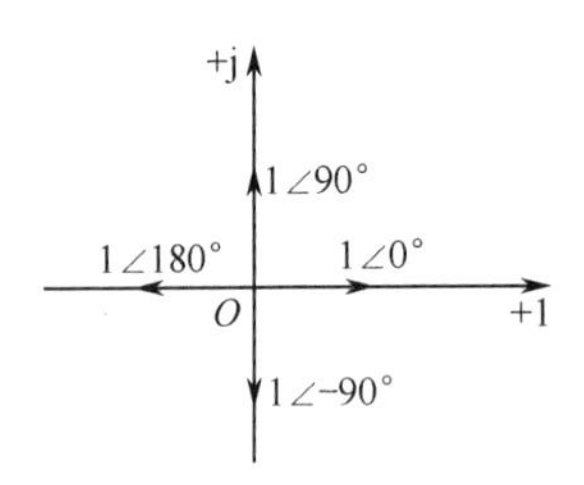

图 3-1-11　例 3-1-4 矢量图

2．复数的四则运算

复数的加减运算，通常采用复数的代数形式或三角形式；复数的乘除运算，采用复数的指数形式或极坐标形式比较方便。

设有两个复数 $A = a_1 + \mathrm{j}b_1 = r_1\angle\theta_1$，$B = a_2 + \mathrm{j}b_2 = r_2\angle\theta_2$，则

（1）加减运算（代数形式）

$$A_1 \pm A_2 = (a_1 \pm a_2) + \mathrm{j}(b_1 \pm b_2)$$

（2）乘法运算（极坐标形式）

$$A_1 \cdot A_2 = r_1 \cdot r_2 \angle(\theta_1 + \theta_2)$$

（3）除法运算（极坐标形式）

$$\frac{A_1}{A_2} = \frac{r_1\angle\theta_1}{r_2\angle\theta_2} = \frac{r_1}{r_2}\angle(\theta_1 - \theta_2)$$

【小贴士】 复数的加减运算还可以用矢量图来表示，两复数相加减其矢量满足“平行四边形法则”，见图 3-1-12。

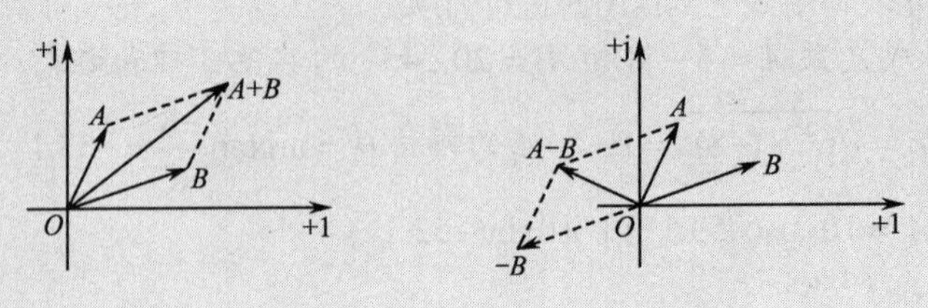

图 3-1-12　平行四边形法则（加减运算）

【例 3-1-5】 已知 $A = 8 + \mathrm{j}6$，$B = 6 - \mathrm{j}8$，求 $A + B$、$A - B$、$A \times B$ 和 A / B。

【解】 $A+B=(8+\mathrm{j}6)+(6-\mathrm{j}8)=(8+6)+\mathrm{j}(6-8)=14-\mathrm{j}2$

$A-B=(8+\mathrm{j}6)-(6-\mathrm{j}8)=(8-6)+\mathrm{j}[6-(-8)]=2+\mathrm{j}14$

$A\times B=(8+\mathrm{j}6)\times(6-\mathrm{j}8)=10\angle 36.9^\circ\times 10\angle -53.1^\circ=100\angle -16.2^\circ$

$\dfrac{A}{B}=\dfrac{(8+\mathrm{j}6)}{(6-\mathrm{j}8)}=\dfrac{10\angle 36.9^\circ}{10\angle -53.1^\circ}=1\angle 90^\circ$

【例 3-1-6】 已知 $Z_1=5\angle 0^\circ$，$Z_2=5\angle 90^\circ$，求 $\dfrac{Z_1Z_2}{Z_1+Z_2}$。

【解】 $Z_1=5\angle 0^\circ=5$，$Z_2=5\angle 90^\circ=\mathrm{j}5$，

可得 $\dfrac{Z_1Z_2}{Z_1+Z_2}=\dfrac{5\angle 0^\circ\times 5\angle 90^\circ}{5+\mathrm{j}5}=\dfrac{25\angle 90^\circ}{5\sqrt{2}\angle 45^\circ}=\dfrac{5}{\sqrt{2}}\angle 45^\circ=3.54\angle 45^\circ$

3．正弦量的相量表示

对正弦量进行加、减运算，无论是解析式还是图像法，都非常麻烦。为此，我们引入了正弦量的旋转矢量表示法。

在复平面上，一个长度为正弦量幅值 I_m、初相为 φ 的有向线段按逆时针方向以 ω 的角速度旋转，该有向线段称为旋转矢量，它任意时刻在纵轴上的投影为 $I_\mathrm{m}\sin(\omega t+\varphi)$。当旋转矢量旋转一周时，其投影对应于一个完整的周期正弦波，如图 3-1-13 所示。也就是说，一个旋转矢量可以完全的体现一个正弦量的三要素，即旋转矢量与正弦量是一一对应的关系。

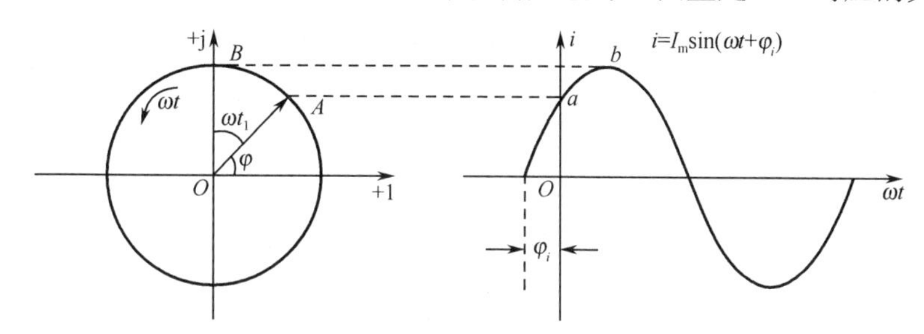

图 3-1-13 正弦量与旋转矢量

在同一坐标系中，几个同频率的正弦量的旋转矢量，它们以相同的角速度逆时针旋转，各旋转矢量间的夹角（相位差）不变，相对位置不变，各个旋转矢量是相对静止的。在电路分析中，主要是分析各正弦量之间的相互关系，因此，电路分析中可先不考虑角频率这个要素。正弦量的相量表示法就是用模值等于正弦量的最大值（或有效值），辐角等于正弦量的初相位的复数对应地表示相应正弦量。与正弦量相对应的复数称为“相量”，以“$\dot{A}$”表示。

由上分析可知，正弦量 $i(t)=I_\mathrm{m}\sin(\omega t+\varphi)$ 的相量，可以写成

峰值相量：
$$\dot{I}_\mathrm{m}=I_\mathrm{m}\mathrm{e}^{\mathrm{j}\varphi}=I_\mathrm{m}\angle\varphi \tag{3-1-11}$$

峰值相量的模等于正弦量的峰值。

有效值相量：
$$\dot{I}=I\mathrm{e}^{\mathrm{j}\varphi}=I\angle\varphi \tag{3-1-12}$$

有效值相量的模等于正弦量的有效值。

在实际计算中，我们经常使用的是正弦量有效值，因此也经常用有效值相量来表示正弦量。

【小贴士】（1）用相量表示正弦量，两者不相等。

（2）相量与向量是两个不同的概念。相量是用来表示时域的正弦信号。而向量是表示空

间内具有大小和方向的物理量。

（3）同频率的正弦量 $u(t)$、$u_1(t)$和 $u_2(t)$，对应的相量分别为$\dot{U}$、$\dot{U}_1$和$\dot{U}_2$，若 $u(t)=u_1(t)\pm u_2(t)$，则$\dot{U}=\dot{U}_1\pm\dot{U}_2$。

【例 3-1-7】 已知$\dot{I}=6\angle-50^\circ$ A，$\dot{U}=-6+\mathrm{j}8$V，写出$\dot{I}$和$\dot{U}$所表示的频率为ω的正弦量。

【解】 i的瞬时值表示式为：$i(t)=6\sqrt{2}\sin(\omega t-50^\circ)$ A

由于 $\dot{U}=-6+\mathrm{j}8=10\angle126.9^\circ$ V

u的瞬时值表示式为：$u(t)=10\sqrt{2}\sin(\omega t+126.9^\circ)$ V

【例 3-1-8】 已知 $u_1(t)=6\sqrt{2}\sin(314t+30^\circ)$（V），$u_2(t)=4\sqrt{2}\sin(314t+60^\circ)$（V），$u(t)=u_1(t)+u_2(t)$，求$u(t)=?$。

【解】 $\dot{U}_1=6\angle30^\circ$（V），$\dot{U}_2=4\angle60^\circ$（V）

$$\begin{aligned}\dot{U}=\dot{U}_1+\dot{U}_2&=6\angle30^\circ+4\angle60^\circ\\&=5.19+\mathrm{j}3+2+\mathrm{j}3.46\\&=9.64\angle41.9^\circ\ (\mathrm{V})\end{aligned}$$

故 $u(t)=u_1(t)+u_2(t)=9.64\sqrt{2}\sin(314t+41.9^\circ)$（V）

4．相量图

相量是用复数表示的，相量在复平面上的图形称为相量图。一般在进行电路分析时，做相量图定性分析，由复数计算具体结果，再转换成对应的瞬时值表达式，一般称为相量图辅助分析法。

【小贴士】 不同频率的正弦量的相量画在同一复平面上没有意义。

【例 3-1-9】 已知$i=10\sqrt{2}\sin(100t+45^\circ)$（A），$u=100\sin(100t+135^\circ)$（V），请画出电流$i$、电压$u$的相量图。

【解】 $\dot{I}=10\angle45^\circ$（A），$\dot{U}=70.7\angle135^\circ$（V），相量图见图 3-1-14。

【例 3-1-10】 已知$i_1=3\sqrt{2}\sin(\omega t+20^\circ)$（A），$i_2=5\sqrt{2}\sin(\omega t-70^\circ)$（A），若$i=i_1+i_2$，求$i=?$

【解】 用相量计算：$\dot{I}_1=3\angle20^\circ$（A），$\dot{I}_2=5\angle-70^\circ$（A）

$$\begin{aligned}\dot{I}_1+\dot{I}_2&=3\angle20^\circ+5\angle-70^\circ\\&=3\cos20^\circ+\mathrm{j}3\sin20^\circ+5\cos(-70^\circ)+\mathrm{j}5\sin(-70^\circ)\\&=5.83\angle-39.03^\circ\ (\mathrm{A})\end{aligned}$$

$$i(t)=5.83\sqrt{2}\sin(\omega t-39.03^\circ)\ (\mathrm{A})$$

也可由相量图解，见图 3-1-15。

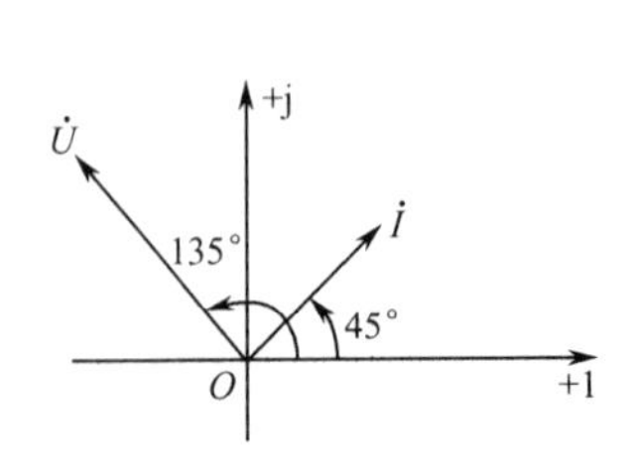

图 3-1-14 例 3-1-9 的相量图

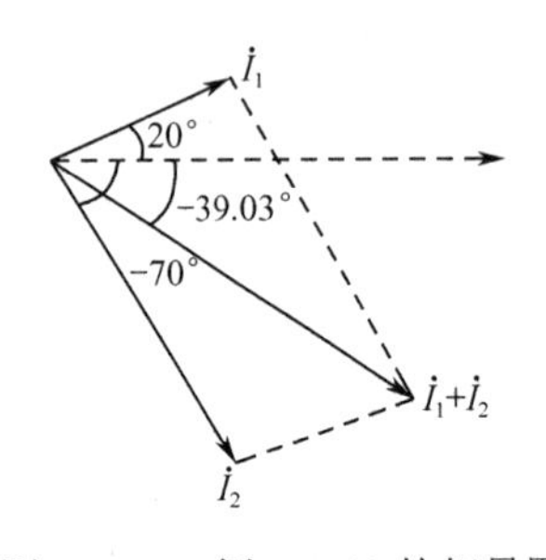

图 3-1-15 例 3-1-10 的相量图

由勾股定理得：$I=\sqrt{I_1^2+I_2^2}=\sqrt{3^2+5^2}=5.83$（A）

$$\varphi_i=20^\circ-\arctan\frac{5}{3}=-39.03^\circ$$

【小贴士】 相量法的优点如下：

（1）把时域问题变为复数问题。

（2）可以把直流电路的分析方法直接用于交流电路。

【拓展知识 10】 相量形式的基尔霍夫定律

在直流电路中讨论过的基尔霍夫定律同样适用于交流电路。

基尔霍夫电流定律（KCL）：任一瞬间，流过电路一个节点（或闭合面）的各电流瞬时值的代数和等于零，即

$$\sum i=0 \tag{3-1-13}$$

正弦交流电路中各电流都是与电源同频率的正弦量，把这些同频率的正弦量用相量表示，即

$$\sum \dot{I}=0 \quad 或 \quad \sum \dot{I}_{\mathrm{m}}=0 \tag{3-1-14}$$

如图 3-1-16（a）所示，根据 KCL 则有：

$$-i_1-i_2+i_3+i_4+i_5=0$$

相量形式的 KCL 为：

$$-\dot{I}_1-\dot{I}_2+\dot{I}_3+\dot{I}_4+\dot{I}_5=0$$

列写 KCL 方程时要注意：电流前的正负符号由其参考方向决定，若参考方向指向节点的电流取正号，则离开节点的电流就取负号。

式（3-1-14）也可以表示为：

$$\sum \dot{I}_{入}=\sum \dot{I}_{出}$$

基尔霍夫电压定律（KVL）：同一瞬间，电路的一个回路中各段电压瞬时值的代数和等于零，即

$$\sum u=0 \tag{3-1-15}$$

将各电压用相量形式表示，即

$$\sum \dot{U}=0 \quad 或 \quad \sum \dot{U}_{\mathrm{m}}=0 \tag{3-1-16}$$

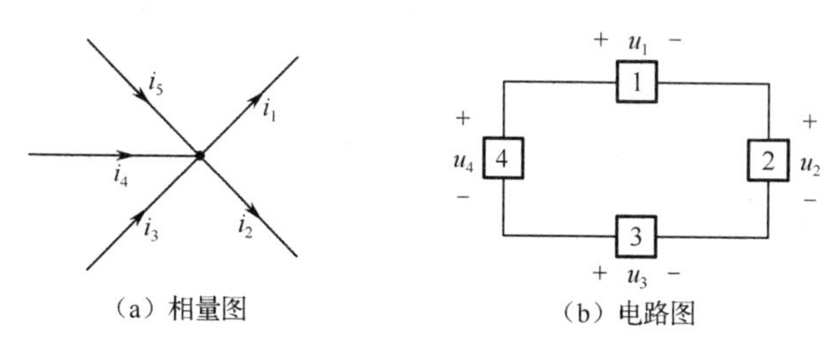

（a）相量图　（b）电路图

图 3-1-16　基尔霍夫定律举例

如图 3-1-16（b）所示，根据 KVL 则有：

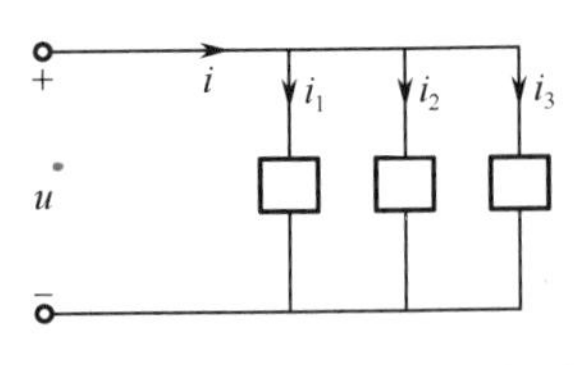

图 3-1-17　例 3-1-11 电路图

$$u_1 + u_2 - u_3 - u_4 = 0$$

相量形式的 KVL 为：

$$\dot{U}_1 + \dot{U}_2 - \dot{U}_3 - \dot{U}_4 = 0$$

同样，列写 KVL 方程时应注意其参考方向与绕行方向的关系。

【例 3-1-11】 如图 3-1-17 所示，已知同频率正弦电流 $i_1 = 5\sqrt{2}\sin(\omega t)$（A），$i_2 = 4\sqrt{2}\sin(\omega t - 180^\circ)$（A），$i_3 = \sqrt{2}\sin(\omega t - 90^\circ)$（A），求电流 i。

【解】 $\dot{I}_1 = 5\angle 0^\circ = 5$（A），$\dot{I}_2 = 4\angle -180^\circ = -4$（A），$\dot{I}_3 = 1\angle -90^\circ = -\mathrm{j}1$（A），

由 KCL 可知：$\dot{I} = \dot{I}_1 + \dot{I}_2 + \dot{I}_3 = 5 - 4 - \mathrm{j} = 1 - \mathrm{j} = \sqrt{2}\angle -45^\circ$（A）

解得：$i = \sqrt{2}\sqrt{2}\sin(\omega t - 45^\circ) = 2\sin(\omega t - 45^\circ)$（A）

任务 3—2　单相正弦交流稳态电路的相量法分析

学习导航

学习目标	1．理解电阻元件、电感元件及电容元件上电压与电流的相量关系
	2．理解电感与电容的相关特性，理解感抗和容抗
	3．能正确使用交流电压表、交流电流表和功率表测量元件的交流等效参数
重点知识要求	1．KCL、KVL 定律的相量形式
	2．阻抗的概念及分析
	3．R、L、C 元件的相量模型
关键能力要求	能用三表法测电路的参数

任务要求

任务要求	1．学习使用交流仪表、调压器、功率表
	2．掌握阻抗的概念，能利用阻抗分析计算正弦交流电路
	3．用交流电压表、交流电流表和功率表测量 R、L、C 元件的交流等效参数
任务环境	交流电压表、交流电流表、功率表、电阻、电容、电感元件模块
任务分解	1．交流元件参数的测定
	2．RLC 串联电路的电压、电流的测量分析
	3．RLC 并联电路的电压、电流的测量分析

实施步骤

交流元件参数的测定

1．交流元件参数的测定

将自耦变压器调零。按图 3-2-1 所示接线，智能功率表接线可不考虑同名端。

被测元件可以在实验挂板上自己选择，其中电阻要用 50W 电阻 100Ω（短时通电，防止过

热）。电容可选 4.7μF、耐压 400V 以上，电感线圈选日光灯镇流器，按表调节自耦变压器输出电压，分别测量数据并填入表 3-2-1 中。

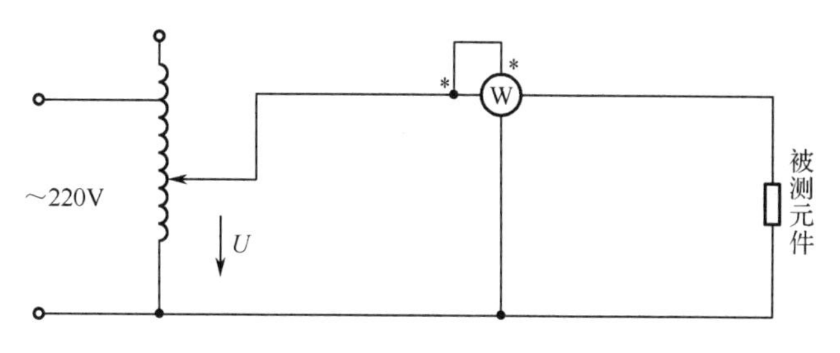

图 3-2-1 测电路元件的参数电路图

表 3-2-1 电路元件的参数

被测元件	测量值			计算值		
	U（V）	I（A）	P（W）	R（Ω）	L（mH）	C（μF）
电 阻	30				—	—
	40				—	—
	50				—	—
	平 均 值				—	—
电感线圈	40			—		—
	80			—		—
	120			—		—
	平 均 值			—		—
电 容 器	40			—	—	
	80			—	—	
	120			—	—	
	平 均 值			—	—	

2. RLC 串联电路的电压电流的测量分析

1）RC 串联电路测量

将自耦变压器调零，按图 3-2-2 所示接线。

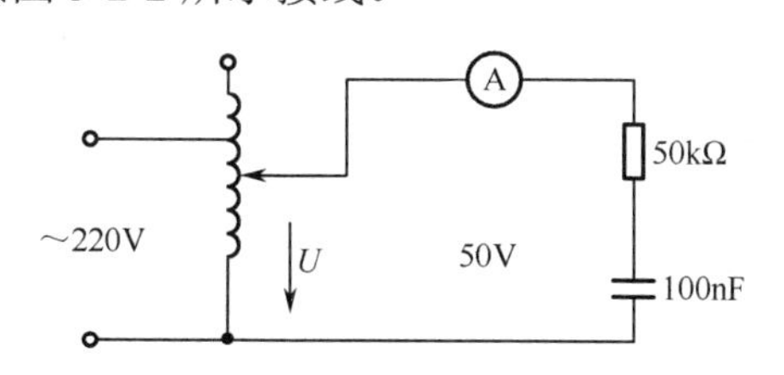

图 3-2-2 RC 串联电路测量电路图

调节电压使 U=50V，测出电流及电压值并填入表 3-2-2 中，按测量数据画出相量图并分析结果。

注意：短时通电，防止电阻过热。

表 3-2-2　RC 串联电路电流及电压测量值

U（V）	U_R（V）	U_C（V）	I（mA）
50			

根据实验数据画出相量图，计算各电压或电流值，与实验数据相比较，并分析误差。

2）RLC 串联电路的电压电流的测量

按图 3-2-3 所示接线。调节电压使 U=80V，测出各电流和电压值并填入表 3-2-3 中，按测量数据画出相量图并分析结果。

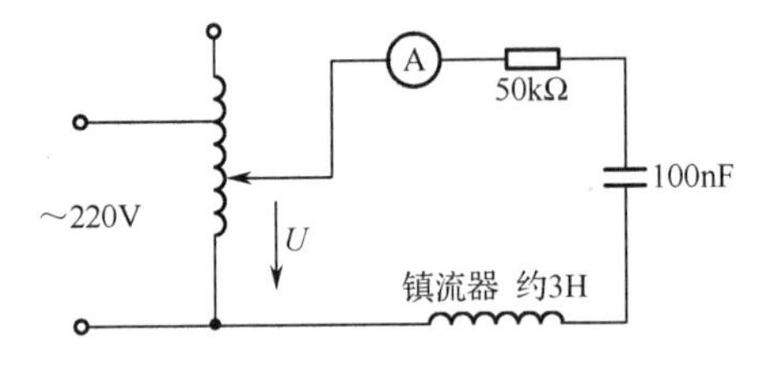

图 3-2-3　RLC 串联电路的电压电流的测量电路图

表 3-2-3　RLC 串联电路电流及电压测量值

U（V）	U_R（V）	U_C（V）	U_L（V）	I（mA）
80				

根据实验数据画出相量图，计算各电压或电流值，与实验数据相比较，并分析误差：

3．RLC 并联电路的电压电流的测量

按图 3-2-4 所示接线。调节电压 U=30V，测出各电压和电流值并填入表 3-2-4 中，按测量数据画出相量图并分析结果。

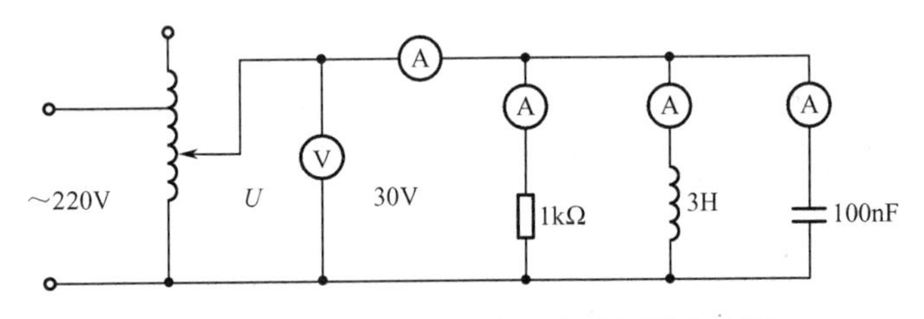

图 3-2-4　RLC 并联电路电压电流测量电路图

表 3-2-4　RLC 并联电路电流及电压测量值

U（V）	I_R（mA）	I_L（mA）	I_C（mA）	I（mA）
30				

根据实验数据画出相量图，计算各电压或电流值，与实验数据相比较，并分析误差：

相关知识

3.2 交流元件的相量模型

1. 电阻元件伏安关系的相量形式

如图 3-2-5（a）所示，u_R、i_R 取关联参考方向，电阻元件电路在正弦稳态下的伏安关系为：

$$u_R = Ri_R$$

因为u_R、i_R 是同频率的正弦量，所以其相量形式为：

$$\dot{U}_R = R\dot{I}_R \tag{3-2-1}$$

上式即为电阻元件伏安关系的相量形式，相量关系式既表示电压与电流有效值关系，也能表示其相位关系，由式（3-2-1）可知

有效值关系：$U_R = RI_R$；相位关系：$\dot{U}_R$ 与 $\dot{I}_R$ 同相。

电阻元件的两端电压、电流相量形式的示意图如图 3-2-5（b）所示，而电阻元件上的端电压与电流的相量图如图 3-2-5（c）所示。

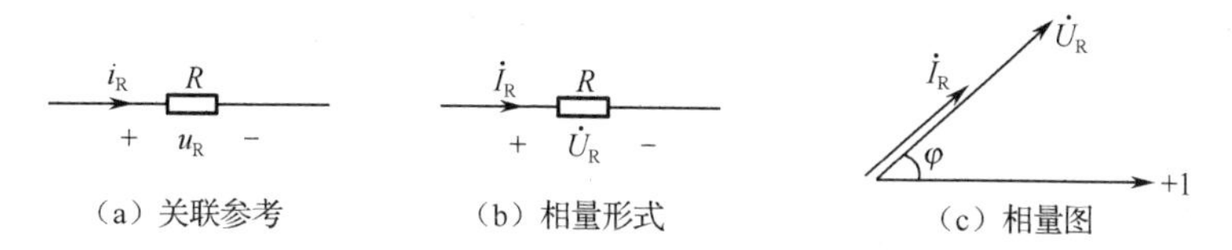

图 3-2-5 电阻元件的相量关系

2. 电感元件伏安关系的相量形式

如图 3-2-6（a）所示，选定电压与电流为关联参考分析，则

$$u_L = L\frac{di_L}{dt}$$

若电压 $i_L = I_{Lm}\sin(\omega t + \varphi)$，则

$$\begin{aligned} u_L &= L\frac{di_L}{dt} = L\frac{dI_{Lm}\sin(\omega t + \varphi)}{dt} \\ &= \omega LI_{Lm}\cos(\omega t + \varphi) \\ &= \omega LI_{Lm}\sin\left(\omega t + \varphi + \frac{\pi}{2}\right) \end{aligned}$$

电流的相量形式为 $\dot{I}_L = I_L\angle\varphi$，

则电感两端电压相量形式表示为：

$$\dot{U}_L = \omega LI_L\angle\left(\varphi + \frac{\pi}{2}\right) = j\omega L\dot{I}_L \tag{3-2-2}$$

令 $X_L = \omega L$，X_L 称为感抗，单位为欧姆（Ω），它表示电感元件对电流起阻碍作用的一个物理量。根据式 $X_L = \omega L = 2\pi fL$，可知感抗与电源频率（或角频率）及电感成正比。对于直流来说，频率 $f = 0$，感抗也就为零，相当于短路。必须注意，感抗只对正弦电流

有意义。

所以，式（3-2-2）可以写成

$$\dot{U}_{\mathrm{L}} = \mathrm{j}X_{\mathrm{L}}\dot{I}_{\mathrm{L}} \tag{3-2-3}$$

其中u_{L}与i_{L}为同频率的正弦量，其频率由电源频率决定，同时它们还存在如下关系。

有效值关系：$U_{\mathrm{L}} = X_{\mathrm{L}}I_{\mathrm{L}} = \omega L I_{\mathrm{L}} = 2\pi f L I_{\mathrm{L}}$

相位关系：$\varphi_u = \varphi_i + \dfrac{\pi}{2}$，即电感上电压超前电流 90°，或者说电流滞后电压 90°。

在图 3-2-6（b）给出了电感元件的端电压、电流相量形式的示意图，图 3-2-6（c）给出了电感元件上的端电压与电流的相量图。

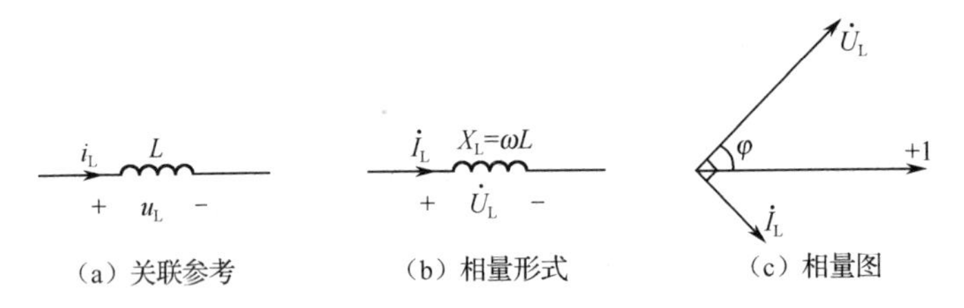

图 3-2-6　电感元件的相量关系

3. 电容元件伏安关系的相量形式

如图 3-2-7（a）所示，选定电压与电流为关联参考分析，则

$$i_{\mathrm{C}} = C\frac{\mathrm{d}u_{\mathrm{C}}}{\mathrm{d}t}$$

设电压$u_{\mathrm{C}} = U_{\mathrm{Cm}}\sin(\omega t + \varphi)$，则

$$\begin{aligned} i_{\mathrm{C}} &= C\frac{\mathrm{d}u_{\mathrm{C}}}{\mathrm{d}t} = C\frac{\mathrm{d}U_{\mathrm{Cm}}\sin(\omega t+\varphi)}{\mathrm{d}t} \\ &= \omega C U_{\mathrm{Cm}}\cos(\omega t+\varphi) \\ &= \omega C U_{\mathrm{Cm}}\sin\left(\omega t+\varphi+\frac{\pi}{2}\right) \end{aligned}$$

电压的相量形式为$\dot{U}_{\mathrm{C}} = U_{\mathrm{C}}\angle\varphi$，则电容元件上电流的相量形式表示为：

$$\dot{I}_{\mathrm{C}} = \omega C U_{\mathrm{C}}\angle\left(\varphi+\frac{\pi}{2}\right) = \mathrm{j}\omega C\dot{U}_{\mathrm{C}} \tag{3-2-4}$$

令$X_{\mathrm{C}} = \dfrac{1}{\omega C}$，$X_{\mathrm{C}}$称为电容元件的容抗，其单位为欧姆（Ω）。容抗用来表示电容器在充放电过程中对电流的一种障碍作用。若频率$f \to 0$时，容抗$X_{\mathrm{C}} = \dfrac{1}{\omega C} = \dfrac{1}{2\pi f C} \to \infty$，则$I_{\mathrm{C}} \to 0$，即电容在直流电路中相当于开路，因此，电容元件具有隔直流通交流的作用。

式（3-2-4）也可以表示为：

$$\dot{U}_{\mathrm{C}} = \frac{\dot{I}_{\mathrm{C}}}{\mathrm{j}\omega C} = -\mathrm{j}\frac{1}{\omega C}\dot{I}_{\mathrm{C}} = -\mathrm{j}X_{\mathrm{C}}\dot{I}_{\mathrm{C}} \tag{3-2-5}$$

其中u_{C}与i_{C}为同频率的正弦量，其频率由电源频率决定，同时它们还存在如下关系。

有效值关系：$U_{\mathrm{C}} = X_{\mathrm{C}}I_{\mathrm{C}} = \dfrac{1}{\omega C}I_{\mathrm{C}} = \dfrac{1}{2\pi f C}I_{\mathrm{C}}$

相位关系：$\varphi_u=\varphi_i-\dfrac{\pi}{2}$，即电容上电压滞后电流 90°，或者说电流超前电压 90°。

图 3-2-7（b）给出了电容元件的端电压、电流相量形式的示意图，图 3-2-7（c）给出了电容元件上的端电压与电流的相量图。

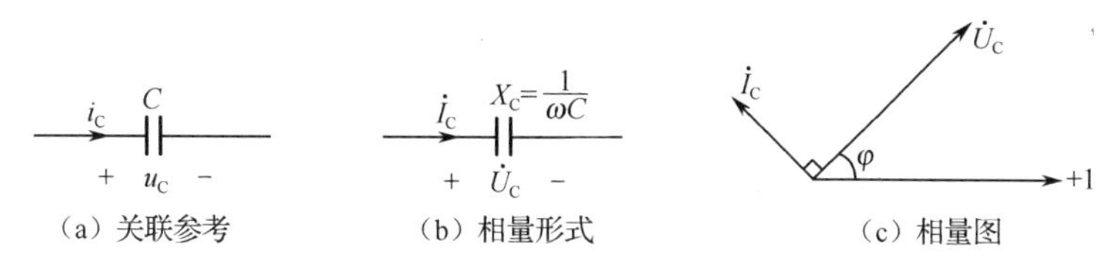

（a）关联参考 （b）相量形式 （c）相量图

图 3-2-7 电容元件的相量关系

【例 3-2-1】 已知一电阻 $R=5\Omega$，通过电阻的电流 $i_R=10\sqrt{2}\sin(\omega t-30^\circ)$（A），求：电阻两端的电压 u_R，并画出 $\dot{U}_R$、$\dot{I}_R$ 的相量图。

【解】 $i_R=10\sqrt{2}\sin(\omega t-30^\circ)$（A）的相量 $\dot{I}_R=10\angle-30^\circ$（A）

则 $\dot{U}_R=R\dot{I}_R=10\times5\angle-30^\circ=50\angle-30^\circ$（V）

所以 $u_R=50\sqrt{2}\sin(\omega t-30^\circ)$（V）

相量图见图 3-2-8。

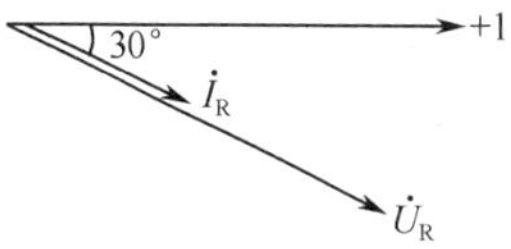

图 3-2-8 例 3-2-1 相量图

【例 3-2-2】 某一电感 $L=20\text{mH}$，接在电压 $u=220\sqrt{2}\sin(314t+45^\circ)$（V）的交流电源上，求感抗 X_L、电路中的电流 $\dot{I}_L$。

【解】 $u=220\sqrt{2}\sin(314t+45^\circ)$（V）的相量 $\dot{U}=220\angle45^\circ$（V）

电感的感抗：$X_L=\omega L=314\times20\times10^{-3}=6.18$（Ω）

$\because\quad \dot{U}_L=\text{j}X_L\dot{I}_L$

$\therefore\quad \dot{I}_L=\dfrac{\dot{U}_L}{\text{j}X_L}=\dfrac{220\angle45^\circ}{\text{j}6.18}=35.6\angle(45^\circ-90^\circ)=35.6\angle-45^\circ$（A）

3.3 阻抗与导纳

1. 阻抗的概念

如图 3-2-9（a）所示为一个无源二端网络，网络只含线性电阻、电感、电容。在正弦稳态情况下，在端口施加交流电压 u，将产生同频率的交流电流 i，若电压和电流取关联参考方向，则端口电压相量和电流相量的比值定义为该电路的复阻抗，简称阻抗，用字母 Z 表示。即

$$Z=\frac{\dot{U}}{\dot{I}} \qquad (3\text{-}2\text{-}6)$$

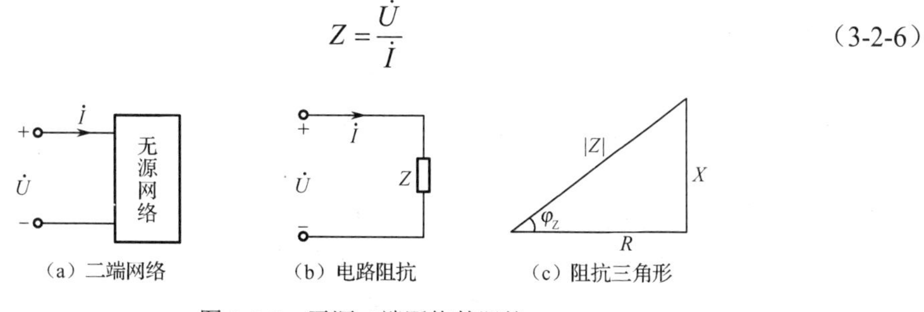

（a）二端网络 （b）电路阻抗 （c）阻抗三角形

图 3-2-9 无源二端网络的阻抗

设电压 $u=\sqrt{2}U\sin(\omega t+\varphi_u)$，电流为 $i=\sqrt{2}I\sin(\omega t+\varphi_i)$，两者频率相同。

电压和电流对应的相量形式为：

$$\dot{U}=U\angle\varphi_u，\quad \dot{I}=I\angle\varphi_i$$

如图 3-2-9（b）所示，则电路阻抗为：

$$Z=\frac{\dot{U}}{\dot{I}}=\frac{U\angle\varphi_u}{I\angle\varphi_i}=\frac{U}{I}\angle(\varphi_u-\varphi_i)=|Z|\angle\varphi_Z \tag{3-2-7}$$

阻抗 Z 还可以表示成

$$Z=|Z|\angle\varphi_Z=|Z|\cos\varphi_Z+\mathrm{j}|Z|\sin\varphi_Z=R+\mathrm{j}X \tag{3-2-8}$$

$|Z|$称为阻抗 Z 的模，它等于电压与电流有效值的比值，反映了阻抗的大小；φ_Z 称为阻抗角，反映了电压与电流之间的相位关系。其中 $R=|Z|\cos\varphi_Z$ 称为阻抗 Z 的电阻，$X=|Z|\sin\varphi_Z$ 称为阻抗 Z 的电抗。阻抗 Z 的单位是欧姆（Ω）。

如图 3-2-9（c）所示，R、X、$|Z|$三者之间的关系可以用一个直角三角形来表示，我们称它为阻抗三角形。

一个二端电路的阻抗 $Z=R+\mathrm{j}X$ 可等效地看作由电阻 R 与电抗 X 组成，阻抗中的电阻为正值，电抗可以为正，也可以为负。若 $X>0$，则阻抗角 $\varphi_Z>0$，该阻抗为电感性阻抗；若 $X<0$，则阻抗角 $\varphi_Z<0$，该阻抗为电容性阻抗；若 $X=0$，则 $\varphi_Z=0$，该阻抗为电阻性阻抗。

对应电阻、电感、电容元件，它们对应的阻抗分别是：

$$Z_R=\frac{\dot{U}_R}{\dot{I}_R}=R；\quad Z_L=\frac{\dot{U}_L}{\dot{I}_L}=\mathrm{j}X_L；\quad Z_C=\frac{\dot{U}_C}{\dot{I}_C}=-\mathrm{j}X_C$$

注意：阻抗 Z 虽然是复数，但它不表示正弦量，因此不能用相量表示复阻抗。

【例 3-2-3】 如图 3-2-9（b）所示，已知端口电压 $\dot{U}=20\angle60^\circ$（V），端口电流 $\dot{I}=4\angle30^\circ$（A），求电路阻抗。

【解】 根据式（3-2-6）得

$$Z=\frac{\dot{U}}{\dot{I}}=\frac{20\angle60^\circ}{4\angle30^\circ}=5\angle30^\circ\ (\Omega)$$

该阻抗为电感性阻抗

2．导纳的概念

阻抗的倒数称为导纳（或称复导纳），用大字字母 Y 表示，即

$$Y=\frac{1}{Z}=\frac{\dot{I}}{\dot{U}} \tag{3-2-9}$$

导纳的单位为西门子，简称西（S）。阻抗也可以表示为：

$$Y=|Y|\angle\varphi_y=|Y|\cos\varphi_y+\mathrm{j}|Y|\sin\varphi_y=G+\mathrm{j}B \tag{3-2-10}$$

式中：G 称为电导，B 称为电纳，$|Y|$称为导纳模，φ_y 称为导纳角。

3．阻抗与导纳的串联、并联

阻抗的串联和并联在形式上与电阻的串联和并联相似。

如图 3-2-10（a）所示为多阻抗串联电路，电路的总阻抗为

$$Z=Z_1+Z_2+\cdots+Z_n \tag{3-2-11}$$

式中：Z 为串联电路的等效阻抗，如图 3-2-10（b）所示。又因为 $Z=R+\mathrm{j}X=|Z|\angle\varphi$，则：

$R = R_1 + R_2 + \cdots + R_n$ 为串联电路的等效电阻；$X = X_1 + X_2 + \cdots + X_n$ 为串联电路的等效电抗；$|Z| = \sqrt{R^2 + X^2}$ 为串联电路的阻抗模；$\varphi = \arctan\dfrac{X}{R}$ 为串联电路的阻抗角。

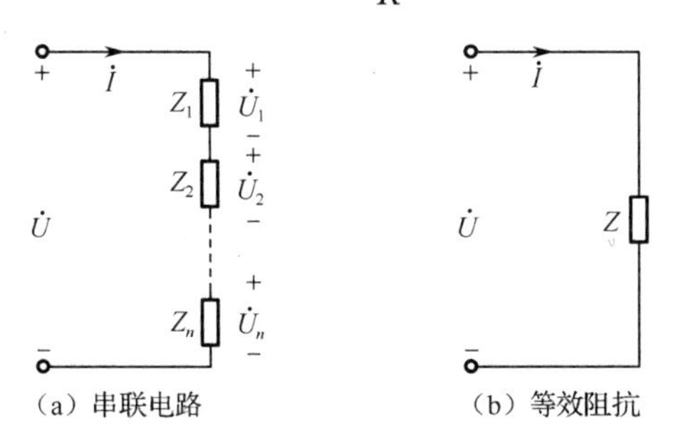

（a）串联电路　　（b）等效阻抗

图 3-2-10　阻抗串联及其等效电路

注意：$|Z| \neq |Z_1| + |Z_2| + \cdots + |Z_n|$，$\varphi \neq \varphi_1 + \varphi_2 + \cdots + \varphi_n$。

各个阻抗的电压分配关系为：

$$\dot{U}_1 = Z_1\dot{I} = (R_1 + \mathrm{j}X_1)\dot{I}$$
$$\dot{U}_2 = Z_2\dot{I} = (R_2 + \mathrm{j}X_2)\dot{I}$$
$$\dot{U}_n = Z_n\dot{I} = (R_n + \mathrm{j}X_n)\dot{I}$$

对于串联电路，根据 KVL 得

$$\dot{U} = \dot{U}_1 + \dot{U}_2 + \cdots + \dot{U}_n$$

如图 3-2-11 所示，若对于有多条支路的并联电路，其等效阻抗为：

$$\frac{1}{Z} = \frac{1}{Z_1} + \frac{1}{Z_2} + \cdots + \frac{1}{Z_n} \tag{3-2-12}$$

各个阻抗的电流分配关系为：

$$\dot{I}_1 = \frac{\dot{U}}{Z_1},\quad \dot{I}_2 = \frac{\dot{U}}{Z_2},\quad \cdots,\quad \dot{I}_n = \frac{\dot{U}}{Z_n}$$

对于并联电路，根据 KCL 得

$$\dot{I} = \dot{I}_1 + \dot{I}_2 + \cdots + \dot{I}_n$$

多条支路并联电路不仅可以用阻抗法分析，也可以用导纳法分析。

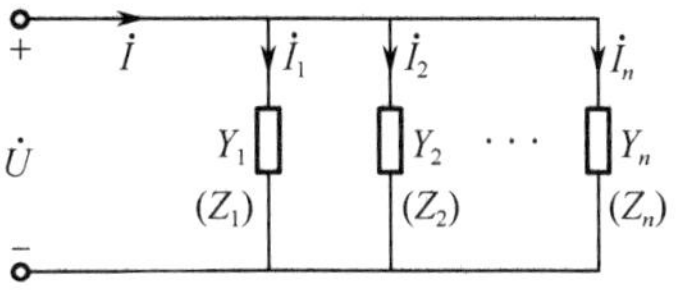

图 3-2-11　多阻抗并联电路

如图 3-2-11 所示，电路的总导纳为

$$Y = Y_1 + Y_2 + \cdots + Y_n \tag{3-2-13}$$

其中，Y 为并联电路的等效导纳，即 $Y = Y_1 + Y_2 + \cdots + Y_n$，又因为 $Y = G + \mathrm{j}B$，所以 $G = G_1 + G_2 + \cdots + G_n$ 为并联电路的等效电导；$B = B_1 + B_2 + \cdots + B_n$ 为并联电路的等效电纳。

选定参考方向如图 3-2-7 所示，各支路电流为：

$$\dot{I}_1 = Y_1\dot{U},\quad \dot{I}_2 = Y_2\dot{U},\quad \cdots,\quad \dot{I}_n = Y_n\dot{U}$$

则总电流为：

$$\dot{I} = \dot{I}_1 + \dot{I}_2 + \cdots + = (Y_1 + Y_2 + \cdots + Y_n)\dot{U} = Y\dot{U}$$

如图 3-2-12 所示为两支路并联电路，根据图所示参考方向，各支路电流为：

$$\dot{I}_1=\frac{\dot{U}}{Z_1},\quad \dot{I}_2=\frac{\dot{U}}{Z_2}$$

总电流为：

$$\dot{I}=\dot{I}_1+\dot{I}_2=\frac{\dot{U}}{Z_1}+\frac{\dot{U}}{Z_2}=\dot{U}\left(\frac{1}{Z_1}+\frac{1}{Z_2}\right)=\frac{\dot{U}}{Z}$$

其中，阻抗 Z 为并联电路的等效阻抗，则

$$\frac{1}{Z}=\frac{1}{Z_1}+\frac{1}{Z_2}\quad 或\quad Z=\frac{Z_1Z_2}{Z_1+Z_2} \tag{3-2-14}$$

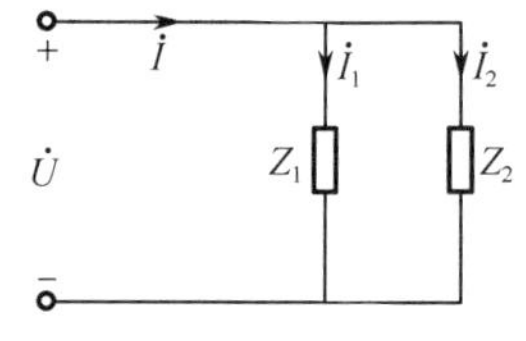

图 3-2-12　两阻抗并联电路

在图 3-2-12 所示的两支路并联电路中，若电路总电流 $\dot{I}$ 已知，可用分流公式求取各阻抗支路的电流，即

$$\dot{I}_1=\frac{Z_2}{Z_1+Z_2}\dot{I},\quad \dot{I}_2=\frac{Z_1}{Z_1+Z_2}\dot{I} \tag{3-2-15}$$

交流电路中多阻抗并联电路和直流电路纯电阻并联电路的分析方法相似，只要把电阻用相应的复阻抗表示，把欧姆定律用相量式的欧姆定律表示即可。

【例 3-2-4】 如图 3-2-13 所示电路，设有两个负载 $Z_1=3+\mathrm{j}3\Omega$，$Z_2=8-\mathrm{j}6\Omega$ 相串联，接在 $u=50\sqrt{2}\sin(\omega t+30^\circ)$（V）的电源上，求等效阻抗 Z，电路电流 i 和负载电压 u_1、u_2。

【解】 参考方向如图所示，等效阻抗为：

$Z=Z_1+Z_2=(3+\mathrm{j}3)+(8-\mathrm{j}6)=11-\mathrm{j}3=11.4\angle-15.3^\circ$（Ω）

电压 $u=50\sqrt{2}\sin(\omega t+30^\circ)$（V）的相量为 $\dot{U}=50\angle30^\circ$（V）

则电流为　$\dot{I}=\dfrac{\dot{U}}{Z}=\dfrac{50\angle30^\circ}{11.4\angle-15.3^\circ}=4.39\angle45.3^\circ$（A）

所以　$i=4.39\sqrt{2}\sin(\omega t+45.3^\circ)$（A）

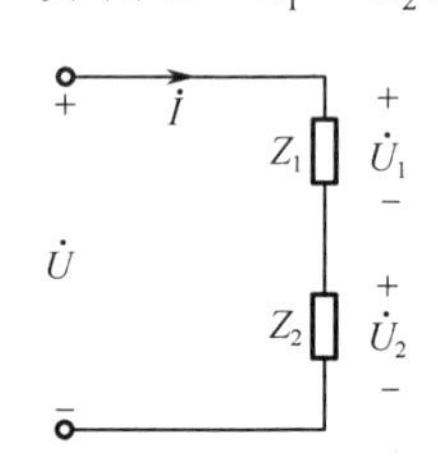

图 3-2-13　例 3-2-4 电路图

又

$$\dot{U}_1=Z_1\dot{I}=(3+\mathrm{j}3)\times4.39\angle45.3^\circ=3\sqrt{2}\angle45^\circ\times4.39\angle45.3^\circ=18.6\angle90.3^\circ\text{（V）}$$

$$\dot{U}_2=Z_2\dot{I}=(8-\mathrm{j}6)\times4.39\angle45.3^\circ=10\angle-36.9^\circ\times4.39\angle45.3^\circ=43.9\angle8.4^\circ\text{（V）}$$

其对应的解析式为

$$u_1=18.6\sqrt{2}\sin(\omega t+90.3^\circ)\text{（V）},\quad u_2=43.9\sqrt{2}\sin(\omega t+8.4^\circ)\text{（V）}$$

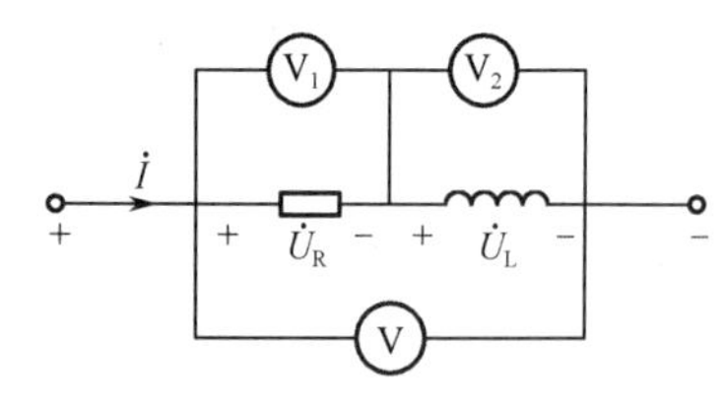

图 3-2-14　例 3-2-5 电路图

【例 3-2-5】 图 3-2-14 所示电路，已知电压表 V_1 和电压表 V_2 的读数均为 50（V），求总表 V 的读数。

【解】 选定电压与电流参考方向如图 3-2-14 所示。

设串联电路电流为：$\dot{I}=I\angle0^\circ$ A

则电阻电压为 $\dot{U}_R=50\angle0^\circ$ V，电感电压为

$$\dot{U}_L=50\angle90^\circ\text{（V）}$$

电路总电压为

$$\dot{U}=\dot{U}_R+\dot{U}_C=50\angle0^\circ+50\angle90^\circ=50+\mathrm{j}50=70.7\angle45^\circ\text{（V）}$$

总表 V 的读数为 70.7（V）

【例 3-2-6】 图 3-2-15（a）所示电路，已知电阻 $R=40\Omega$，电感 $L=223\text{mH}$，电容 $C=80\mu\text{F}$，

电路两端电压 $u = 220\sqrt{2}\sin(314t + 30^\circ)$（V），求：（1）电路电流 $\dot{I}$；（2）各元件两端电压 $\dot{U}_R$、$\dot{U}_L$、$\dot{U}_C$；（3）确定电路的性质；（4）画出电压和电流的相量图。

【解】 （1）感抗 $X_L = \omega L = 314 \times 223 \times 10^{-3} = 70$（Ω）

容抗 $$X_C = \frac{1}{\omega C} = \frac{1}{314 \times 80 \times 10^{-6}} = 40 \text{（Ω）}$$

电路总阻抗为

$$Z = Z_R + Z_L + Z_C = R + jX_L - jX_C = 40 + j70 - j40 = 40 + j30 = 50\angle 36.9^\circ \text{（Ω）}$$

电路两端电压 $u = 220\sqrt{2}\sin(314t + 30^\circ)$（V），其相量为 $\dot{U} = 220\angle 30^\circ$（V）

电路电流为 $$\dot{I} = \frac{\dot{U}}{Z} = \frac{220\angle 30^\circ}{50\angle 36.9^\circ} = 4.4\angle -6.9^\circ \text{（A）}$$

（2）各元件端电压为：

$$\dot{U}_R = \dot{I}R = 4.4\angle -6.9^\circ \times 40 = 176\angle -6.9^\circ \text{（V）}$$

$$\dot{U}_L = jX_L\dot{I} = j70 \times 4.4\angle -6.9^\circ = 308\angle 83.1^\circ \text{（V）}$$

$$\dot{U}_C = -jX_C\dot{I} = -j40 \times 4.4\angle -6.9^\circ = 176\angle -96.9^\circ \text{（V）}$$

（3）由于阻抗角 $\varphi = 36.9^\circ > 0$ 判断电路为电感性电路。

（4）在复平面上，先画出相量 $\dot{I} = 4.4\angle -6.9^\circ$（A），$\dot{U}_R$ 与 $\dot{I}$ 同相，$\dot{U}_L$ 超前 $\dot{I}\pi/2$，$\dot{U}_C$ 滞后 $\dot{I}\pi/2$，按比例画出 $\dot{U}_R$、$\dot{U}_L$、$\dot{U}_C$，最后按平行四边形法画出 $\dot{U}$。相量图如图 3-2-15（b）所示。

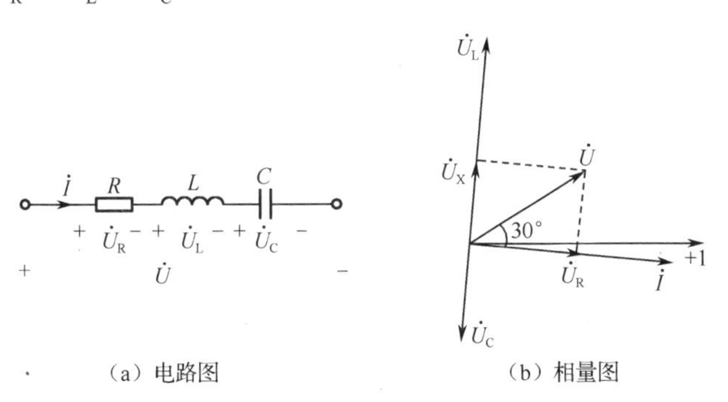

图 3-2-15　例 3-2-6 图

【小贴士】 RLC 串联电路中

当 $X_L > X_C$ 时，$\varphi_Z > 0$，总电压超前电流，电路呈感性。

当 $X_L < X_C$ 时，$\varphi_Z < 0$，总电压滞后电流，电路呈容性。

当 $X_L = X_C$ 时，$\varphi_Z = 0$，总电压与电流同相，电路电阻性。

【拓展知识 11】 RLC 并联电路、三表法测电路元件参数的理论

1. RLC 并联电路

RLC 并联电路如图 3-2-16 所示。

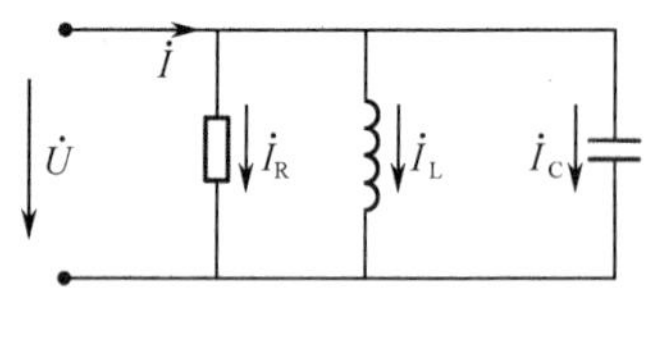

图 3-2-16 RLC 并联电路

当正弦电压加于电阻、电感和电容并联电路上时，总电流等于通过各元件中电流的相量和。即：

$$\dot{I} = \dot{I}_R + \dot{I}_L + \dot{I}_C = \frac{\dot{U}}{R} - j\frac{\dot{U}}{\omega L} + j\dot{U}\omega C$$

$$= \dot{U}\left[\frac{1}{R} + j\left(\omega C - \frac{1}{\omega L}\right)\right]$$

$$= \dot{U}[G - j(B_L - B_C)] = \dot{U}Y$$

则：

$$Y = G - j(B_L - B_C)$$

导纳是指单口无源网络的端口的电流相量与电压相量之比。导纳的符号是 Y，单位为西门子（S）。

$$Y = \frac{\dot{I}_m}{\dot{U}_m} = \frac{\dot{I}}{\dot{U}} \tag{3-2-16}$$

阻抗导纳互为倒数：

$$Y = \frac{1}{Z} \tag{3-2-17}$$

由导纳的定义可知，对于单一元件 R、L、C 的导纳 Y 分别为：

$$Y_R = \frac{1}{R} = G \tag{3-2-18}$$

$$Y_L = \frac{1}{j\omega L} = -jB_L \tag{3-2-19}$$

$$Y_C = j\omega C = jB_C \tag{3-2-20}$$

式中 G 为电导；$B_L = \frac{1}{\omega L}$ 为感纳，$B_C = \omega C$ 为容纳，单位均为西门子（S）。

$$Y = G + jB = |Y|e^{j\varphi_Y} = |Y|\angle\varphi_Y \tag{3-2-21}$$

G、B、$|Y|$、φ_Y 关系：

$$|Y| = \sqrt{G^2 + B^2} \tag{3-2-22}$$

$$\varphi_Y = \tan^{-1}\frac{B}{G} \tag{3-2-23}$$

$$G = |Y|\cos\varphi_Y \tag{3-2-24}$$

$$B = |Y|\sin\varphi_Y \tag{3-2-25}$$

2. 三表法测电路元件参数的理论

交流电路中，元件的阻抗值可以用交流电压表，交流电流表和功率表测出两端的电压 U，流过的电流 I 和它所消耗的有功功率 P 之后，再通过计算得出，这种测定交流参数的方法称为“三表法”。

其关系式如下。

阻抗的模：

$$|Z| = \frac{U}{I}$$

功率因数：

$$\cos\varphi = \frac{P}{UI}$$

等效电阻：
$$R=\frac{P}{I^2}=|Z|\cos\varphi$$

等效电抗：
$$X=|Z|\sin\varphi$$

如被测元件是一个线圈，则：

$$R=Z\cos\varphi, L=\frac{X_L}{\omega}=\frac{|Z|\sin\varphi}{\omega} \tag{3-2-26}$$

如被测 $X=|Z|\sin\varphi$ 元件是一个电容器，则

$$R=Z\cos\varphi, C=\frac{1}{\omega X_C}=\frac{1}{\omega|Z|\sin\varphi} \tag{3-2-27}$$

任务 3—3 正弦交流电路中的功率

学习导航

学习目标	1．理解瞬时功率、平均功率、无功功率、视在功率的物理意义、定义，能进行相关的分析、计算
	2．理解功率因数的意义及提高方法
	3．能正确连接日光灯电路，规范使用功率表、功率因数表进行电路检测
重点知识要求	1．正弦稳态电路的各种功率
	2．功率因数的意义及提高方法
关键能力要求	正确连接日光灯电路，规范使用功率表、功率因数表

任务要求

任务要求	1．能理解瞬时功率、平均功率、无功功率、视在功率的物理意义、定义
	2．能搭建基本的日光灯电路
	3．能正确操作并联电容改进日光灯电路，测量有关数据，分析论证实验改进情况，总结出最佳并联电容值的选取方案
任务环境	交直流电压/电流表、直流稳压电源、日光灯模块、功率表、功率因数表
任务分解	1．日光灯基本电路连接观测
	2．日光灯电路提高功率因数的实验检测

实施步骤

日光灯基本电路连接观测

1．日光灯基本电路连接观测

按图 3-3-1 所示安装日光灯电路。具体接线参见图 3-3-2。刚接电路时不接功率表、电流表和电压表，仔细检查电路连接正确后再通电，日光灯亮了再进行实验。

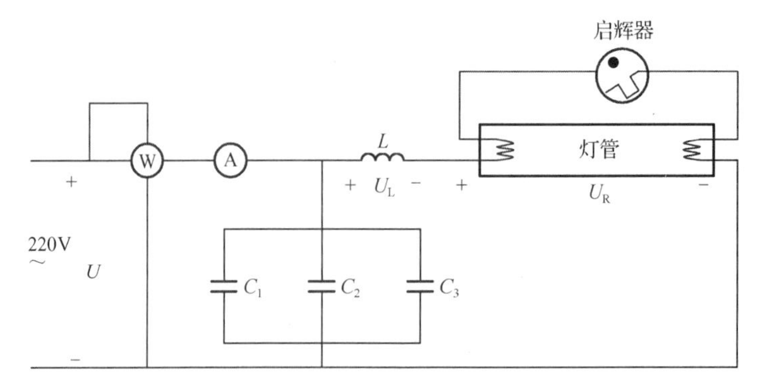

图 3-3-1　日光灯电路图

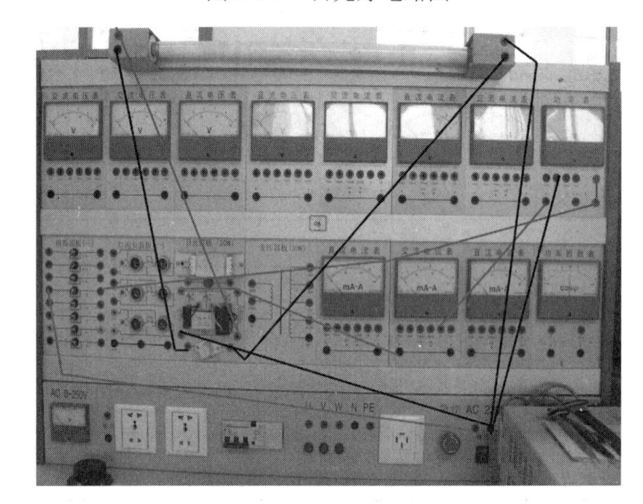

图 3-3-2　日光灯接线图

日光灯电路提高功率因数

2．日光灯电路提高功率因数的实验检测

（1）并入补偿电容改善功率因数。

（2）将交流电压表和交流电流表接入电路中，改变电容的值后进行测量并将测量数据填入表 3-3-1 中。

（3）接入功率表进行测量，并将测量数据填入表 3-3-1 中。

（4）接入功率因数表进行测量，并将测量数据填入表 3-3-1 中。

表 3-3-1　日光灯电路测量值

项目 / 电容值	测量值					
	U/V	U_L/V	U_R/V	I/mA	P/W	$\cos\phi$
0μF						
1μF						
2μF						
3μF						
4μF						

分析：

① 根据表中测量值，计算 U_R+U_L 是否等于总电压 U，并分析结果。

② 并联电容后电路中哪些量发生了变化，哪些量没有发生变化。

③ 根据实验结果，分析功率因数 $\cos\phi$ 和总电流随电容变化而变化的过程。

④ 提高了功率因数 $\cos\phi$，是否就减小电路的有功功率 P，为什么。

⑤ 并联电容后电路的功率因数是否得到提高，电容多大时提高到最大。

操作注意事项如下。

① 实验前要检查好电容，若电容的开关通断不灵会影响实验结果，导致不能获得正确的实验结果。

② 在电路中接入电表测量时，不能同时接入多个电表，以免增加实验误差，必须单表接入进行测量。

③ 用功率表和功率因素表测量时要注意电路的接线及电表的量程。

功率表的量程为 300W（即 1A、300V），低于 300W 量程的功率表易被烧毁。

相关知识

1．瞬时功率 p

如图 3-3-3（a）所示为无源二端网络，其内部不含独立电源，只含电阻、电感和电容元件。选定电压和电流为关联参考方向，则将端口电压 u 和端口电流 i 的乘积定义为该电路的瞬时功率，用小写字母 p 表示，假设：$u=\sqrt{2}U\sin(\omega t+\varphi_u)$，$i=\sqrt{2}I\sin(\omega t+\varphi_i)$，则瞬时功率为

$$\begin{aligned}p&=ui\\&=\sqrt{2}U\sin(\omega t+\varphi_u)\cdot\sqrt{2}I\sin(\omega t+\varphi_i)\\&=UI[\cos(\varphi_u-\varphi_i)-\cos(2\omega t+\varphi_u+\varphi_i)]\end{aligned} \tag{3-3-1}$$

瞬时功率的实际意义不大，工程中人们更关注的是有功功率（P）、无功功率（Q）和视在功率（S）。

2．平均功率（有功功率）P

由于瞬时功率总是随时间交变的，在工程中使用价值不大，因此，通常所指电路中的功率是瞬时功率在一个周期的平均值，称为平均功率，用大写字母 P 表示。

$$\begin{aligned}P&=\frac{1}{T}\int_0^T p(t)\mathrm{d}t=\frac{1}{T}\int_0^T[UI\cos(\varphi_u-\varphi_i)-UI\cos(2\omega t+\varphi_u+\varphi_i)]\,\mathrm{d}t\\&=UI\cos(\varphi_u-\varphi_i)\\&=UI\cos\varphi\end{aligned} \tag{3-3-2}$$

有功功率 P 的单位为瓦特（W），它是无源二端网络实际消耗的功率，它不仅与电压和电流的有效值有关，而且还跟它们之间的相位差有关。$\cos\varphi$ 称为功率因数，用 λ 表示，即

$$\lambda=\cos\varphi \tag{3-3-3}$$

3．无功功率 Q

无功功率 Q 表示电感、电容元件与外电路或电源进行能量交换的能力。相对于有功功率而言，它不是实际所做的功率，而是反映了无源二端网络与外部能量交换的最大量值。串联电路的无功功率是串联电路等效电抗上的无功功率，即

$$Q = U_X I = I^2 X = \frac{U_X^2}{X} = UI\sin\varphi \tag{3-3-4}$$

无功功率Q的单位为乏尔（var），简称乏。

可以推论，对于感性电路，$\varphi > 0$，$Q > 0$；对于容性电路，$\varphi < 0$，$Q < 0$。无功功率存在的原因是电路中存在储能元件，于是在电路与电源之间就产生能量交换，无功功率用来衡量此能量交换的规模。

4．视在功率 *S*

视在功率S又称表观功率，通常用它来表述交流设备的容量，它定义为：

$$S = UI \tag{3-3-5}$$

视在功率的单位为伏安（V·A）。

有功功率P、无功功率Q和视在功率S之间存在着下列关系：

$$P = UI\cos\varphi = S\cos\varphi$$

$$Q = UI\sin\varphi = S\sin\varphi$$

$$S = \sqrt{P^2 + Q^2}$$

$$\varphi = \arctan\frac{Q}{P}$$

$$\lambda = \cos\varphi = \frac{P}{S}$$

可见P、Q、S可以构成一个直角三角形，称之为功率三角形，如图 3-3-3（b）所示。

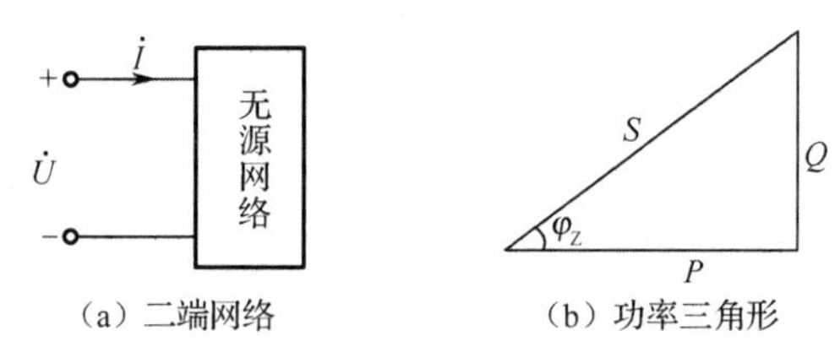

（a）二端网络　　（b）功率三角形

图 3-3-3　二端网络的功率

对于一般电气设备而言，如交流电动机、交流发电机、变压器等，都是按照额定电压U_N和额定电流I_N设计的，用额定视在功率$S_N = U_N \times I_N$来表示电气设备的额定容量。它说明了该设备长时间正常工作允许的最大平均功率。

【例 3-3-1】 如图 3-3-4（a）所示 RC 串联电路，已知$u = 10\sqrt{2}\sin 314t$（V），$R = 30\Omega$，$C = 80\mu\text{F}$，求：（1）电路输入阻抗Z；（2）电流$\dot{I}$；（3）有功功率P、无功功率Q和视在功率S；（4）画出电压和电流的相量图。

【解】（1）由$u = 10\sqrt{2}\sin 314t$（V），则$\dot{U} = 10\angle 0^\circ$（V）

$$X_C = \frac{1}{\omega C} = \frac{1}{314 \times 80 \times 10^{-6}} \approx 40\ (\Omega)$$

$$Z = R - \text{j}X_C = 30 - \text{j}40 = 50\angle -53.1^\circ\ (\Omega)$$

（2）电路的电流为

$$\dot{I} = \frac{\dot{U}}{Z} = \frac{10\angle 0^\circ}{50\angle -53.1^\circ} = 0.2\angle 53.1^\circ\ (\text{A})$$

（3）视在功率S：

$$S = UI = 10 \times 0.2 = 2\ (\text{V·A})$$

有功功率 P：$P=UI\cos\varphi=10\times0.2\cos53.1^\circ=1.2$（W）

无功功率 Q：$Q=UI\sin\varphi=10\times0.2\sin53.1^\circ=1.6$（var）

（4）选定电压和电流参考方向一致，如图 3-3-4（a）所示。

电阻两端电压 $\dot{U}_R=R\dot{I}=30\times0.2\angle53.1^\circ=6\angle53.1^\circ$（V）

电容两端电压 $\dot{U}_C=-\mathrm{j}X_C\dot{I}=\mathrm{j}40\times0.2\angle53.1^\circ=8\angle-36.9^\circ$（V）

在复平面上，先作出相量 $\dot{I}=0.2\angle53.1^\circ$（A），$\dot{U}_R$ 与 $\dot{I}$ 同相，$\dot{U}_C$ 滞后 $\dot{I}90^\circ$，按比例作出 $\dot{U}_R$、$\dot{U}_C$，最后按平行四边形法画出 $\dot{U}$。电压和电流的相量图如图 3-3-4（b）所示。

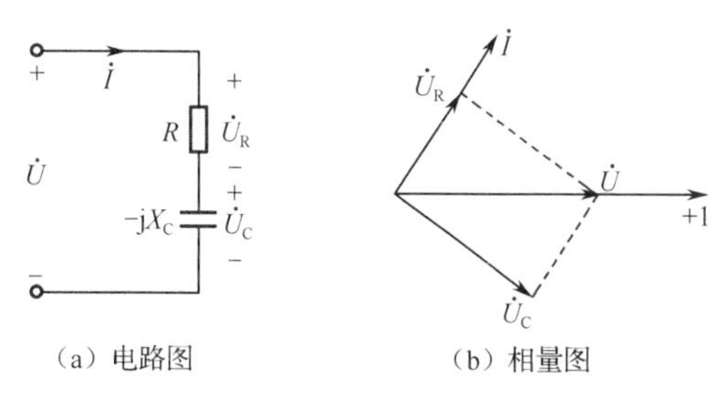

（a）电路图　　（b）相量图

图 3-3-4　例 3-3-1 图

【例 3-3-2】 已知 RLC 串联电路中，电阻 R=16Ω，感抗 X_L=30Ω，容抗 X_C=18Ω，电路端电压为 220V，试求电路中的有功功率 P、无功功率 Q、视在功率 S。

【解】 $Z=R+\mathrm{j}(X_L-X_C)=16+\mathrm{j}(30-18)=20\angle36.9^\circ$（Ω）

$$\dot{I}=\frac{\dot{U}}{Z}=\frac{220\angle0^\circ}{20\angle36.9^\circ}=11\angle-36.9^\circ\text{（A）}$$

$$P=UI\cos\varphi=220\times11\times\cos36.9^\circ=1936\text{（W）}$$

$$Q=UI\sin\varphi=220\times11\times\sin36.9^\circ=1452\text{（var）}$$

$$S=UI=220\times11=2420\text{（V·A）}$$

电路中的有功功率为 1936W，无功功率为 1452var，视在功率为 2420V·A。

【例 3-3-3】 已知无源一端口

（1）$\dot{U}=48\angle70^\circ$（V），$\dot{I}=8\angle100^\circ$（A）

（2）$\dot{U}=220\angle120^\circ$（V），$\dot{I}=6\angle30^\circ$（A）

试求：复阻抗、阻抗角、视在功率、有功功率、无功功率和功率因数。

【解】

（1）复阻抗为 $Z=\dfrac{\dot{U}}{\dot{I}}=\dfrac{48\angle70^\circ}{8\angle100^\circ}=6\angle-30^\circ\,\Omega$，即阻抗角等于 -30°；

功率因数 $\cos\varphi=\cos(-30^\circ)=0.866$；

视在功率 S=384V·A;

有功功率 P=333W;

无功功率 Q=192var（容性）。

（2）复阻抗为 $Z=\dfrac{\dot{U}}{\dot{I}}=\dfrac{220\angle120^\circ}{6\angle30^\circ}\approx36.7\angle90^\circ\,\Omega=\mathrm{j}36.7\Omega$，即阻抗角等于 90°。

$$P=UI\cos\varphi=220\times6\times\cos90^\circ=0\text{（W）}$$

$$Q = UI\sin\varphi = 220\times6\times\sin90^\circ = 1320\text{（var）}$$
$$S = UI = 220\times6 = 1320\text{（V·A）}$$

5．功率因数的提高

在电力系统中，发电厂在发出有功功率的同时也输出无功功率。在总功率中，有功功率的比例不取决于发电机，而是由负载的功率因数决定的。当负载的电压与电流的相位差过大时，$\cos\varphi$ 就小，电力设备的容量不能充分利用。当负载需要一定的有功功率的情况下，功率因数过低必然需要较大的视在功率，导致大的电压与电流，造成较大的线路损耗。所以 $\cos\varphi$ 越高，电网利用率越高。例如，容量为 1000kV·A 的变压器，如果 $\cos\varphi=1$，即能够发出 1000kV·A 的功率，而在 $\cos\varphi=0.7$ 时，则只能发出 700kW 的功率。P 表示一端口实际消耗的功率，验证如下：

（1）$P=UI\cos\varphi=S\cos\varphi$，$S$ 一定时，$\cos\varphi\uparrow\Rightarrow P\uparrow$ 电网利用率一般在 0.9 左右。

（2）$I=\dfrac{P}{U\cos\varphi}$，$P$、$U$ 一定时，$\cos\varphi\uparrow\Rightarrow I\downarrow$ 线路损耗大大降低。

可见，为了提高电源设备的利用率和减少输电线路的损耗，有必要提高功率因数。

在实际应用中，在感性负载两端并联合适容量的电容器可对无功功率进行补偿。大部分负载为电动机，属于感性负载，感性部件是导致低功率因数的主要因素。下面讨论感性负载并联电容后，电路中的功率因数是如何提高的。

在图 3-3-5（a）所示电路中，在未接电容之前，电路的输入端电流 $\dot{I}=\dot{I}_1$，它滞后于电压 $\dot{U}$，其相位差为 φ_1，如图 3-3-5（b）所示。当并联电容后，输入端电流 $\dot{I}=\dot{I}_1+\dot{I}_2$，因为 $\dot{I}_2$ 超前电压 90°，相量相加，结果 $I<I_1$，并使 $\dot{I}$ 与 $\dot{U}$ 的相位差减小到 φ，这就是说，整个电路的功率因数由 $\cos\varphi_1$ 提高到 $\cos\varphi$。

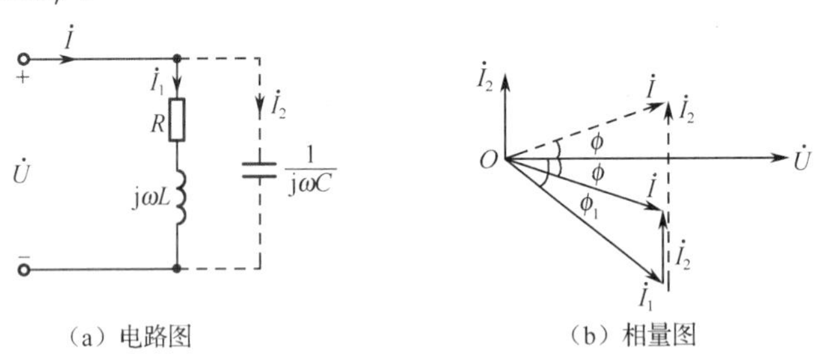

（a）电路图　　（b）相量图

图 3-3-5　功率因数提高示意图

电路输入端电流减小的原因是感性负载所需要的无功功率，有一部分改为由电容器就地供给，而从电源输送过来的无功功率减小了。对于图 3-3-5（a）所示的电路，对于一定的负载（U、P、$\cos\varphi$ 一定），现计算将电路的功率因数提高到 $\cos\varphi$ 时，需并联多大的电容。

由于并联电容后，负载的平均功率不变，而电容的平均功率为零，故有

$$P = UI_1\cos\varphi_1 = UI\cos\varphi$$

所以

$$I_1=\frac{P}{U\cos\varphi_1},\quad I=\frac{P}{U\cos\varphi}$$

由图 3-3-5（b）得

$$I_2 = I_1 \sin\varphi_1 - I\sin\varphi$$

将 I_1、I 代入上式有

$$I_2 = \frac{P\sin\varphi_1}{U\cos\varphi_1} - \frac{P\sin\varphi}{U\cos\varphi} = \frac{P}{U}(\tan\varphi_1 - \tan\varphi)$$

又因为

$$I_2 = \frac{U}{X_C} = 2\pi fCU$$

所以

$$2\pi fCU = \frac{P}{U}(\tan\varphi_1 - \tan\varphi)$$

即

$$C = \frac{P}{\omega U^2}(\tan\varphi_1 - \tan\varphi) \tag{3-3-6}$$

【例 3-3-4】 电源电压为 220V，工作频率为 50Hz，负载为感性（等效为 RL 串联电路），负载的有功功率为 P=10kW，功率因数 $\cos\varphi_1$=0.6，如将功率因数提高至 0.9，求并联在负载两端的电容器的大小。

【解】 设 $\dot{U} = 220\angle 0°$（V）

并联电容之前 $\cos\varphi_1$=0.6，$\varphi_1 = \arccos 0.6 = 53.1°$

$$I_{RL} = \frac{P}{U\cos\varphi_1} = \frac{10\times 10^3}{220\times 0.6} = 75.76\text{（A）}$$

并联电容之后，$\cos\varphi_2$=0.9，$\varphi_1 = \arccos 0.9 = 25.84°$

$$I = \frac{P}{U\cos\varphi_2} = \frac{10\times 10^3}{220\times 0.9} = 50.51\text{（A）}$$

$$C = \frac{P}{\omega U^2}(\tan\varphi_1 - \tan\varphi_2) = \frac{10\times 10^3}{2\pi\times 50\times 220^2}(\tan 53.1° - \tan 25.84°) = 558\text{（μF）}$$

【拓展知识 12】 家用照明电路的工作原理

1. 日光灯电路组成

日光灯又叫荧光灯，其照明线路具有结构简单、使用方便等特点，且发光效率高，因此，荧光灯是应用较普遍的一种照明灯具。

1）荧光灯及其附件的结构

荧光灯照明线路主要由灯管、启辉器、启辉器座、镇流器、灯座、灯架等组成，如图 3-3-6 所示。

（1）灯管。由玻璃管、灯丝、灯头、灯脚等组成，其外形结构如图 3-3-6（a）所示。玻璃管内抽成真空后充入少量汞（水银）和氩等惰性气体，管壁涂有荧光粉，在灯丝上涂有电子粉。

灯管常用规格有 6、8、12、15、20、30 及 40W 等。灯管外形除直线形外，也有制成环形或 U 形等。

（2）启辉器。由氖泡、纸介质电容器、出线脚、外壳等组成，氖泡内有∩形动触片和静触片，如图 3-3-6（b）所示。常用规格有 4～8、15～20、30～40W，还有通用型 4～40W 等。

（3）启辉器座。常用塑料或胶木制成，用于放置启辉器。

（4）镇流器。主要由铁芯和线圈等组成，如图 3-3-6（c）所示。使用时镇流器的功率必须与灯管的功率及启辉器的规格相符。

（5）灯座。灯座有开启式和弹簧式两种。灯座规格有大型的，适用 15W 及以上的灯管；有小型的，适用 6～12W 灯管。

（6）灯架。有木制和铁制两种，规格应与灯管相配合。

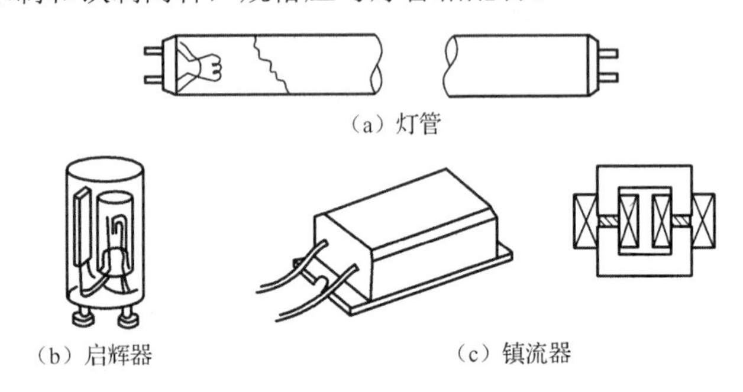

（a）灯管

（b）启辉器

（c）镇流器

图 3-3-6　荧光灯及其附件

2）镇流器的作用

镇流器在电路中除上述作用外还有两个作用：一是在灯丝预热时限制灯丝所需的预热电流，防止预热电流过大而烧断灯丝，保证灯丝电子的发射能力；二是在灯管启辉后，维持灯管的工作电压和限制灯管的工作电流在额定值，以保证灯管稳定工作。

2. 日光灯工作过程

合上日光灯电路的电源开关后，电压首先加在启辉器的两个电极上，使两电极间产生辉光放电，同时产生大量的热。U 形双金属片受热而变形，将两电极接通，此时电流通路如图 3-3-7（a）所示。在此电流作用下，灯丝被加热，发射出大量电子。启辉器两个电极闭合后，辉光放电消失，电极很快冷却，双金属片又恢复到原始状态而导致电极断开，这段时间实际是灯丝预热过程（0.5～2s）当启辉器中电极突然切断灯丝预热回路时，镇流器上产生很高的感应电压（800～1500V），再加上电源电压的共同作用，在灯管两端建立起很高的电压，迫使日光灯进入正常的发光工作状态。如果启辉器经过一次闭合、断开，日光灯管仍然不能点亮，启辉器又会二次、三次重复上述动作过程。

灯管点亮后，电路中电流在镇流器上产生很大电压降，使灯管两端电压很低，小于启辉器的启动电压，启辉器不再动作，电路电流通路如图 3-3-7（b）所示。

综上所述，日光灯工作原理可总结为：电源接通后，电源电压通过镇流器和灯管两端的灯丝加在启辉器的两个触片上，两触片之间的气隙被击穿，发生辉光放电，使动触片受热膨胀与静触片接触构成通路，于是电流通过镇流器和灯管两端的灯丝，使灯丝加热并发射电子。此时由于氖泡被双金属触片短路停止辉光放电，双金属动触片也因温度降低而分断，断开瞬间，镇流器产生相当高的自感电动势，它和电源电压串联后加到灯管两端，使灯管内水银蒸气电离产生弧光放电，发出紫外线射到灯管内壁，激发荧光粉发光，日光灯点亮。灯管点亮后，电路中的电源在镇流器上产生较大的电压降，灯管两端电压锐减，从而使得与日光灯并联的启辉器承受电压过低而不再启辉。

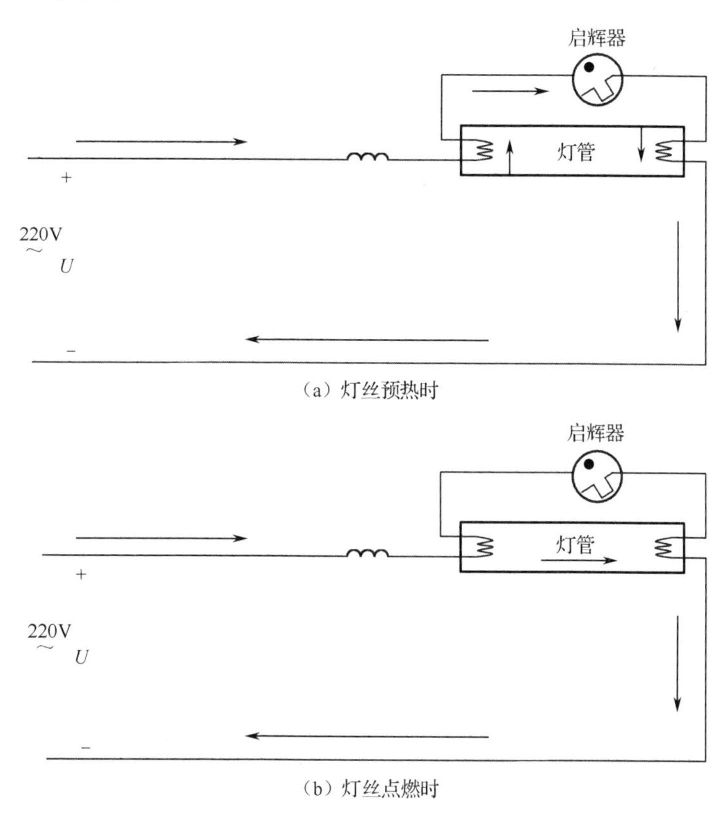

图 3-3-7　日光灯的电流通路

任务 3—4　家庭照明电路操作技能

学习导航

学习目标	1．了解安全用电知识
	2．认识和正确使用常用电工工具
	3．掌握导线连接的规范操作
	4．认识并正确安装照明电路器材
	5．完成家用照明电路的设计制作
重点知识要求	1．安全用电知识
	2．各照明电路器材功能、结构、安装方法
关键能力要求	正确使用电工工具；规范连接导线；正确安装照明电路器材；常规照明电路设计能力

任务要求

任务要求	1. 会正确使用常用电工工具
	2. 能正确连接导线和相关器件
	3. 能认识并正确安装照明电路器材
	4. 能完成照明电路的设计与制作
任务环境	钢丝钳、斜口钳、电工刀等工具；负荷开关、熔断器等电源器件；灯座、开关、插座、挂线盒、木台、镇流器、日光灯管等照明附件；导线、螺丝若干；电路安装厚木板一块；万用表
任务分解	1. 配电板的安装
	2. LED 灯单联控制照明电路的安装
	3. 日光灯双联控制电路的设计与安装

实施步骤

1. 配电板的安装

（1）安全用电知识介绍。

（2）工具器材的分发介绍。

注： 长黑木螺丝 3 个；3 个木台；短黑木螺丝 6 个；2 个灯座；1 个负荷开关；长白木螺丝 4 个；2 个保险丝盒；短白木螺丝 16 个；3 个接线盒；镇流器 1 个；灯管 1 个；灯管固定夹 2 个。

（3）教师导线剥削连接演示。

导线剥削连接

导线与导线连接、导线与接线柱连接、绝缘恢复。

（4）安装配电板相关器件。

包括安装插头、闸刀和熔断器、电源插座布线安装。

① 闸刀开关安装如图 3-4-1 所示。

- 注意左零右相。
- 针孔式接线柱连接无露铜。
- 导线缠绕紧密、顺时针方向。

② 空气开关安装如图 3-4-2 所示。

- 将相线接入空气开关。
- 针孔式接线柱连接无露铜。

③ 灯座安装如图 3-4-3 所示。

要确保灯座的金属螺口与零线直接相连接，中心铜片与相线相连接。

④ 插头安装如图 3-4-4 所示。

- 导线缠绕紧密、顺时针方向，无毛刺。
- 塑料软线或花线打个结，增强牢固。

⑤ 挂线盒安装如图 3-4-5 所示。

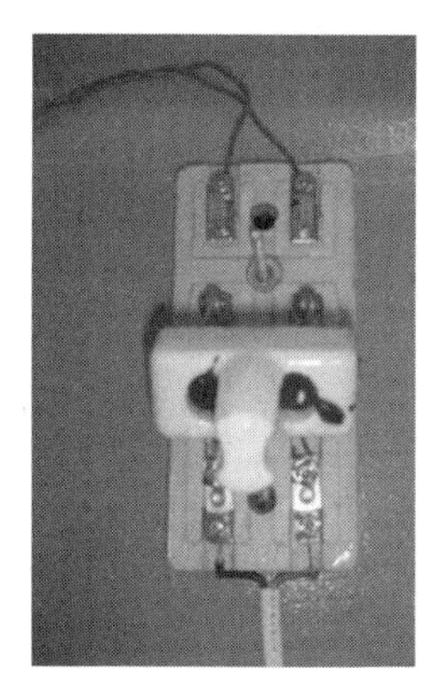

图 3-4-1　闸刀开关安装

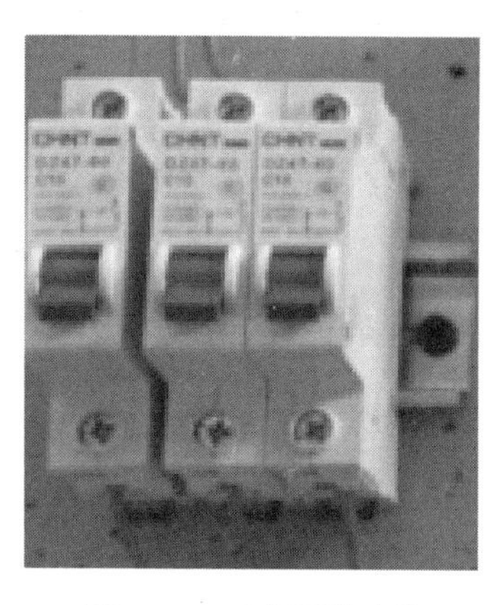

图 3-4-2　空气开关安装

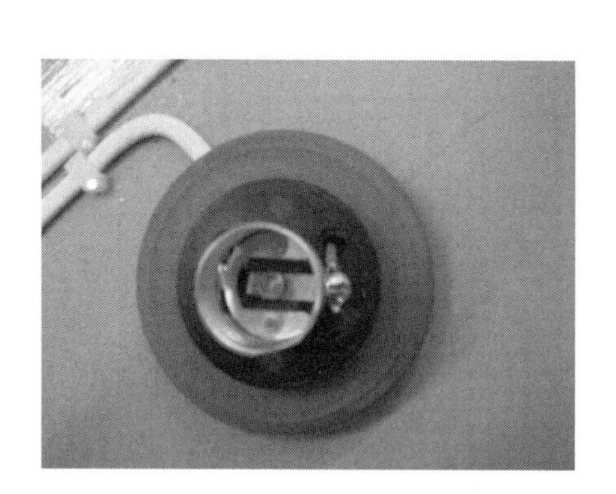

图 3-4-3　灯座安装

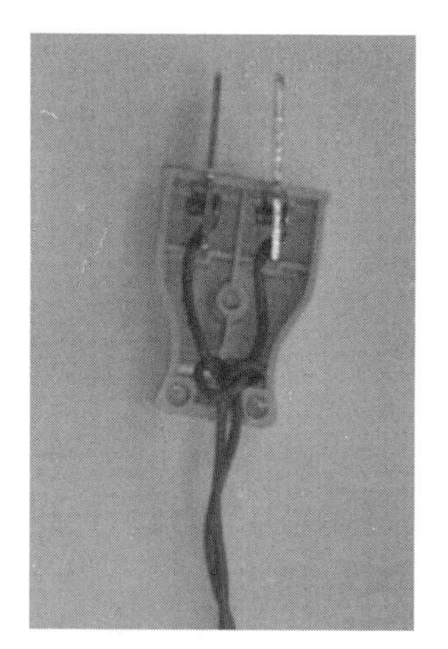

图 3-4-4　插头安装

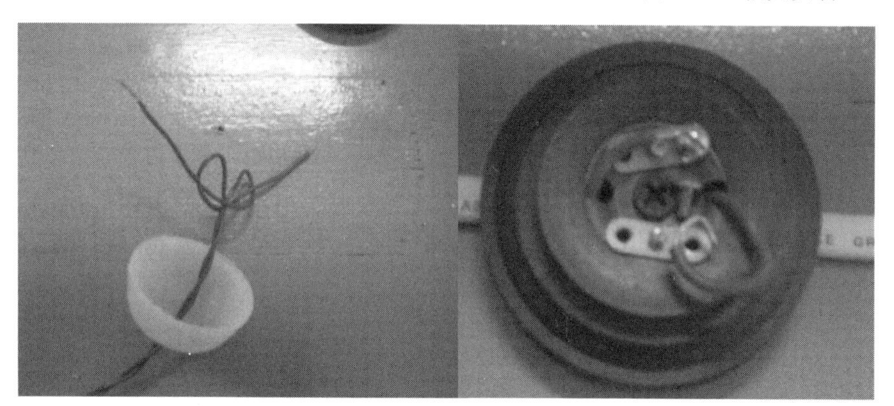

图 3-4-5　挂线盒安装

⑥ 木台安装如图 3-4-6 所示。

- 用锯条锯开 1cm 的缺口，便于导线穿过。
- 导线要从木台的两孔穿过。
- 固定中心螺丝时避免破坏导线造成短路。

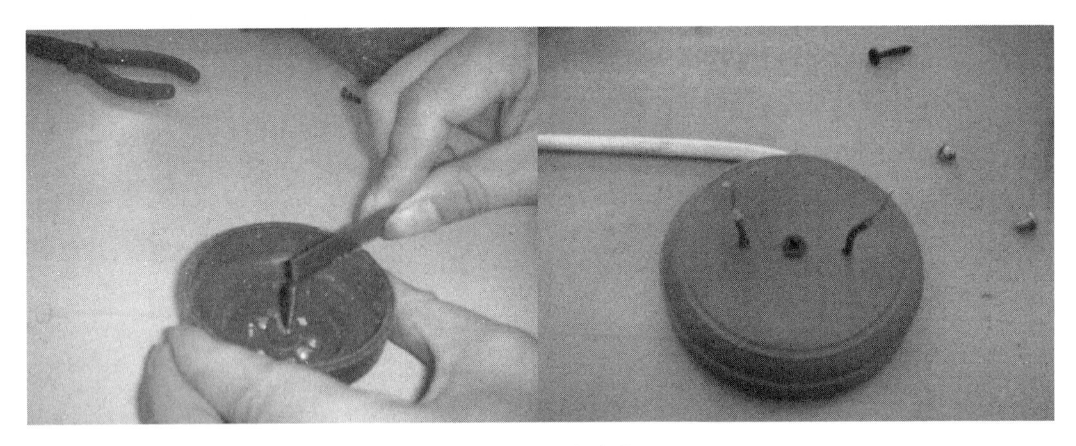

图 3-4-6　木台安装

⑦ 开关安装如图 3-4-7 所示。

- 单联开关，必须串接于电源相线上，如图 3-4-7（a）所示。
- 双联开关有 3 个接线端，1 个静触头，2 个动触头，如图 3-4-7（b）所示。

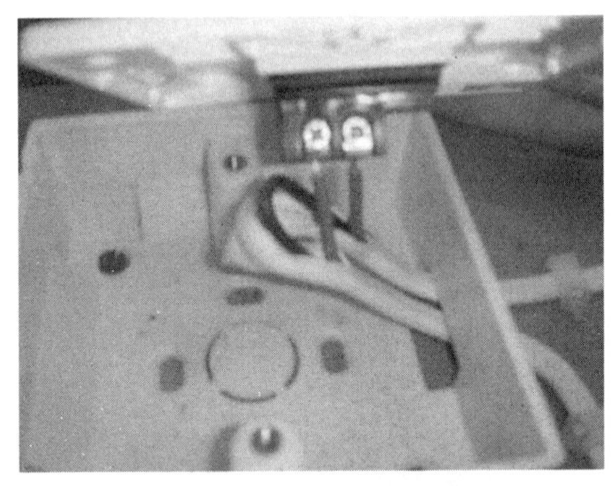

（a）单联开关

（b）双联开关

图 3-4-7　开关安装

2. LED 灯单联控制照明电路的安装

家用照明电路的安装

一个开关控制一盏 LED 灯设计安装，电路图和开关安装图如图 3-4-8 所示。

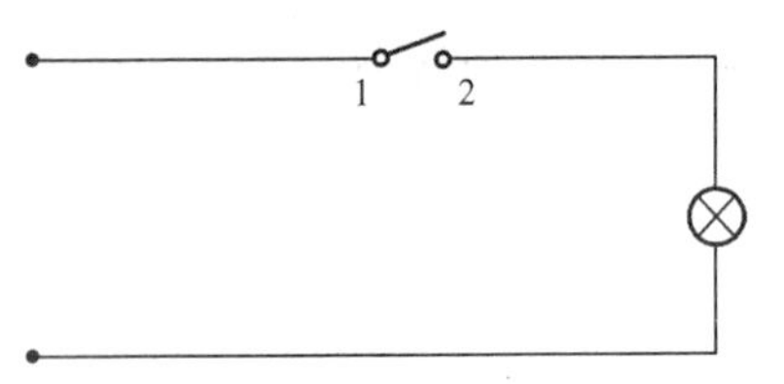

（a）电路图

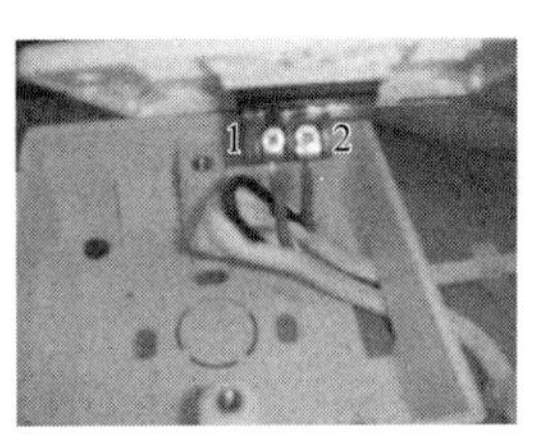

（b）开关接线图

图 3-4-8　一个开关控制一盏 LED 灯

1）电路设计与安装要点

将二芯线剖开，将其中的相线断开后剥线，串联接入开关，如图 3-4-8 所示。

2）电路的检测与判断要点

（1）取下螺口灯泡检查。

检查方法：按动开关，观察万用电表指针，若指针不动，则说明安装中没有短路现象，但尚不能证明安装正确。若指针指向 0，则说明安装中有短路现象，应找出故障予以排除。

（2）装上螺口灯泡检查。

检查方法：按动开关，观察表针的变化，应该每按动一次开关，表针就变化一次（向右偏转指在一定数值或向左偏转回到无穷大）。

3. 日光灯双联控制电路的设计与安装

两个开关控制一盏日光灯设计安装如图 3-4-9 所示。

1）双联开关控制连接要点

如图 3-4-9 所示，将二芯线的黑线与三芯线的红线相连，二芯线的相线和三芯线红线的另一端接入开关中间的动触点，三芯线的另外两根绿线和黄线两端分别接入两个开关两侧的静触点。

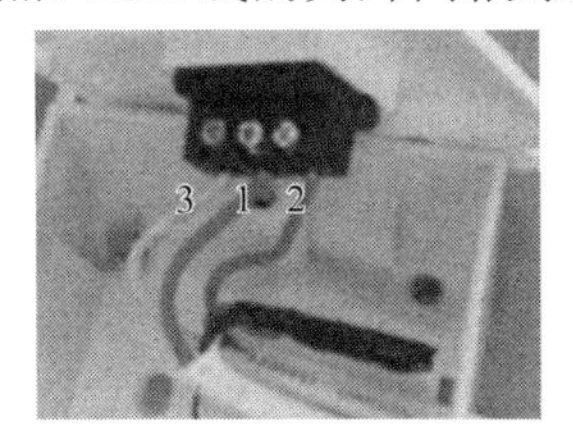

（a）双联开关一端接线图　（b）双联开关另一端接线图

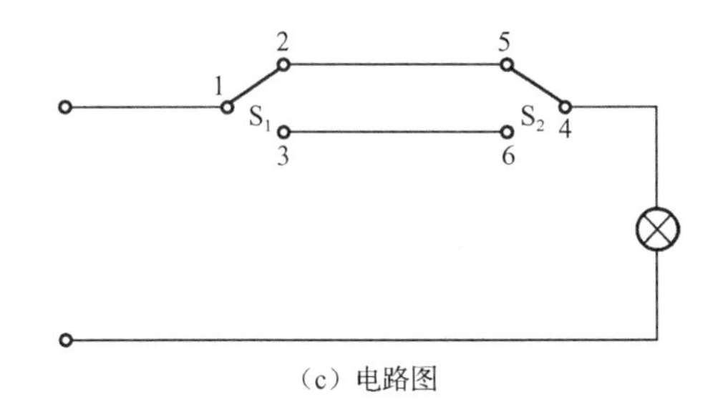

（c）电路图

图 3-4-9　两个开关控制一盏日光灯

2）带电子镇流器的荧光灯照明电路的安装

安装荧光灯照明电路中导线的敷设，木台、接线盒、开关等照明附件的安装方法和要求与白炽灯照明电路基本相同。现主要介绍荧光灯的安装方法。

电子镇流器介绍

荧光灯的接线装配方法如图 3-4-10 所示。

（1）用软导线把双联开关中的相线和零线分别与电子镇流器的输入端连接。

（2）电子镇流器的两个输出端分别接荧光灯的接插件。

（3）接好后，将荧光灯固定在灯座支架上。

3）电路的检测与判断

（1）取下螺口灯泡检查。

检查方法：按动两个开关各三次，观察万用电表指针，若指针不动，则说明安装中没有短路现象，但尚不能证明安装正确。若指针指向 0，则说明安装中有短路现象，应找出故障予以排除。

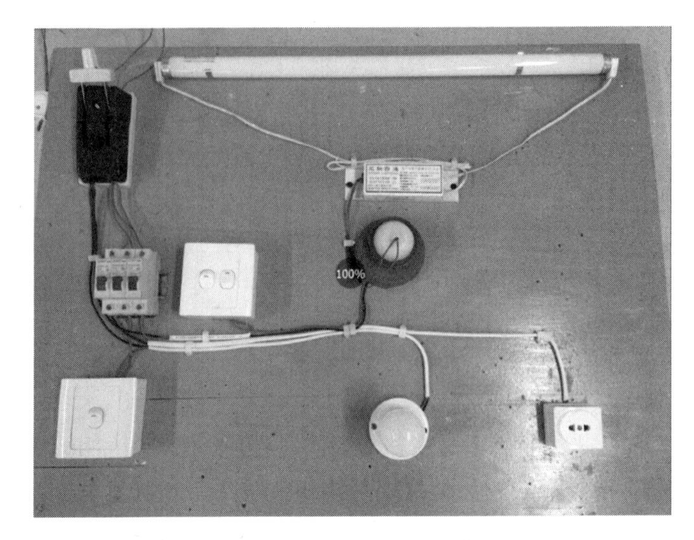

图 3-4-10　荧光灯的接线装配

（2）装上螺口灯泡检查。

检查方法：依次按动两个开关各三次，观察表针的变化，应该每按动一次开关，表针就变化一次（向右偏转指在一定数值或向左偏转回到无穷大）。

如果多次按动双联开关，表针只转动一次，则说明安装有错，多为开关接线错误。如果装上好的螺口灯泡，不论拉动多少次开关，表针始终不动，则是断路现象，多为接线有误。

相关知识

3.4　家庭照明电路操作技能

3.4.1　导线的连接与绝缘的恢复

1．导线线头绝缘层的剖削

（1）用钢丝钳剖削塑料硬线绝缘层，如图 3-4-11 所示。

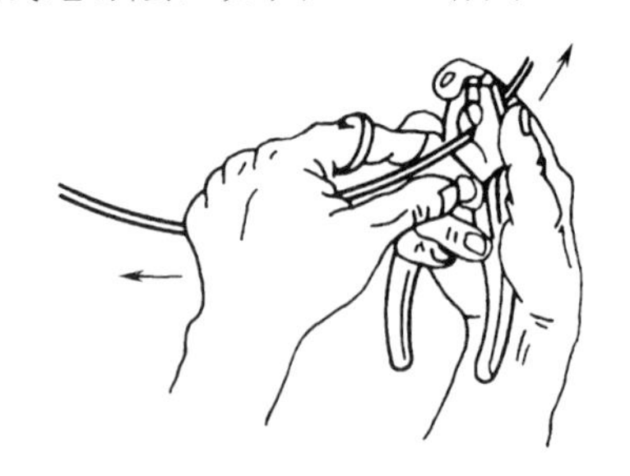

图 3-4-11　导线线头绝缘层的剖削

（2）用电工刀剖削塑料硬线绝缘层，如图 3-4-12 所示。

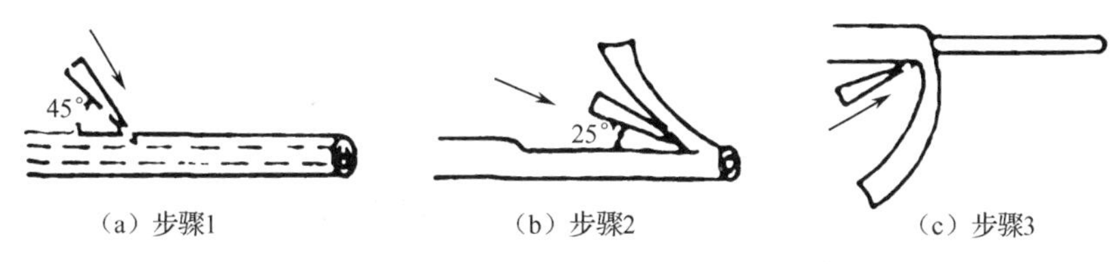

（a）步骤1　（b）步骤2　（c）步骤3

图 3-4-12　电工刀剖削塑料硬线绝缘层

（3）塑料护套线绝缘层的剖削，如图 3-4-13 所示。

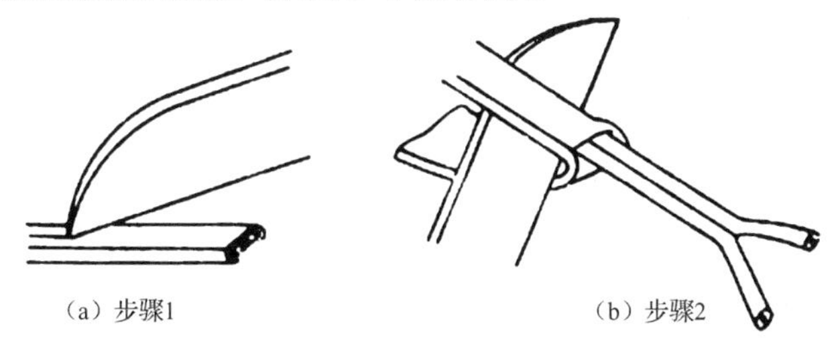
（a）步骤1　（b）步骤2

图 3-4-13　塑料护套线绝缘层的剖削

（4）橡皮线绝缘层的剖削。在橡皮线绝缘层外还有一层纤维编织保护层，其剖削方法如下。

① 把橡皮线纤维编织保护层用电工刀尖划开，将其翻后齐根切去，剖削方法与剖削护套线的保护层方法类同。

② 用剖削塑料线绝缘层相同方法削去橡胶层。

③ 最后松散棉纱层到根部，用电工刀切去。

（5）花线绝缘层的剖削。

① 用电工刀在线头所需长度处将棉纱织物保护层四周割切一圈后将其拉去。

② 在距离棉纱织物保护层 10mm 处，用钢丝钳按照剖削塑料软线类同方法勒去橡胶层。

2. 导线的连接

当导线长度不够或需要分接支路时，需要将导线与导线连接。在去除了线头的绝缘层后，就可进行导线的连接了。

导线的接头是电路的薄弱环节，导线的连接质量关系电路和电气设备运行的可靠性和安全程度。导线线头的连接处要有良好的电接触、足够的机械强度、耐腐蚀及接头美观。

（1）单股铜芯导线的直线连接，如图 3-4-14 所示。

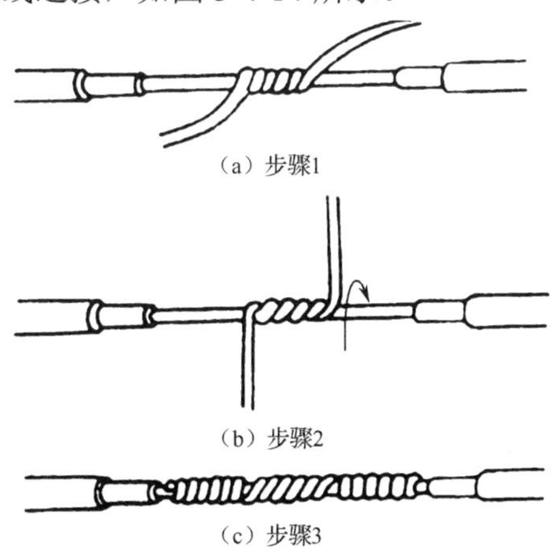
（a）步骤1

（b）步骤2

（c）步骤3

图 3-4-14　单股铜芯导线的直线连接

（2）单股铜芯导线的T字分支连接，如图3-4-15所示。

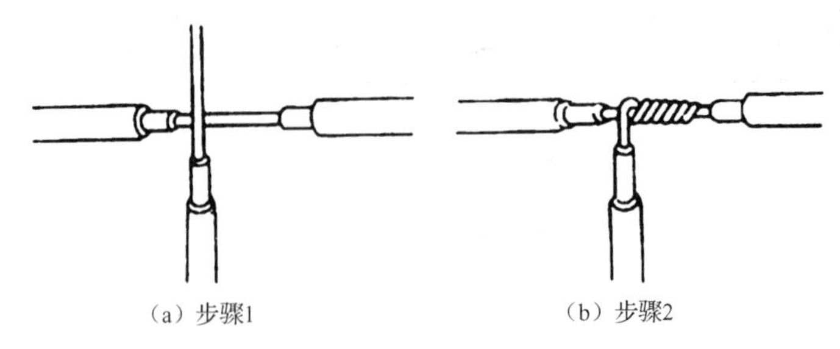

图3-4-15　单股铜芯导线的T字分支连接

（3）7股铜芯导线的直线连接，如图3-4-16所示。

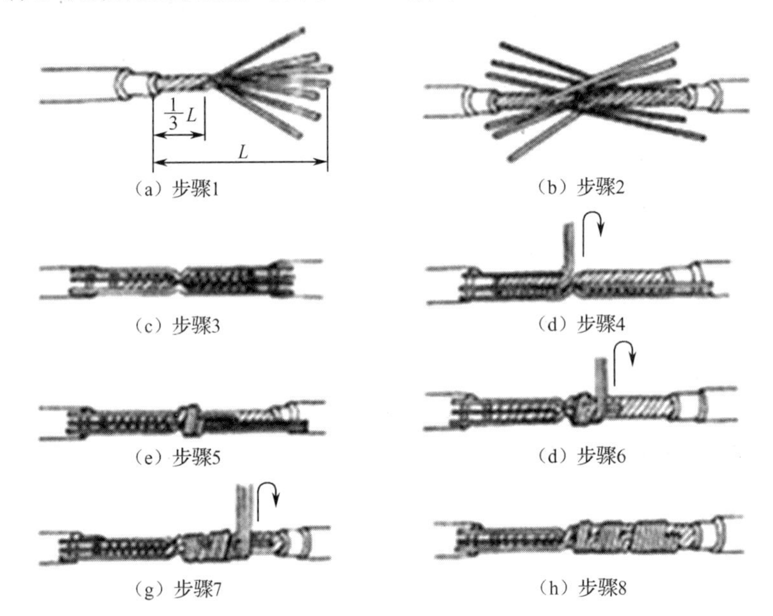

图3-4-16　7股铜芯导线的直线连接

（4）7股铜芯线的T字分支连接，如图3-4-17所示。

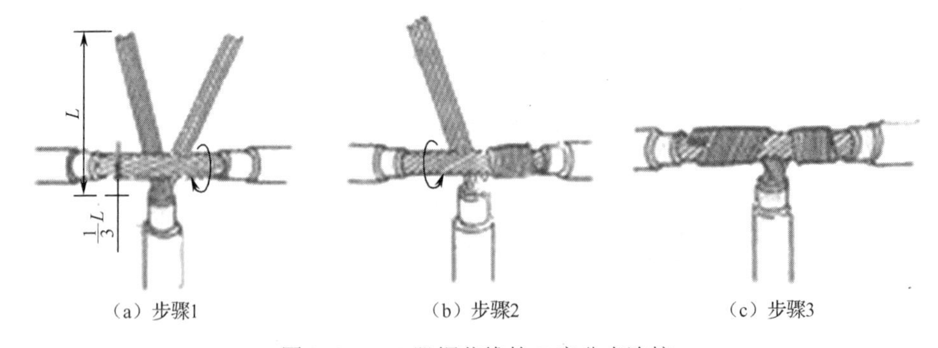

图3-4-17　7股铜芯线的T字分支连接

3．导线与接线桩的连接

导线与用电器或电气设备之间，常用接线桩连接。导线与接线桩的连接，要求接触面紧密，接触电阻小，连接牢固。常用接线桩有针孔式和螺钉平压式两种。

1）线头与针孔式接线桩的连接

如图 3-4-18 所示，把单股导线除去绝缘层后插入合适的接线桩针孔，旋紧螺钉。如果单股线芯较细，把线芯折成双根，再插入针孔。对于软线芯线，必须先把软线的细铜丝都绞紧，再插入针孔，孔外不能有铜丝外露，以免发生事故。

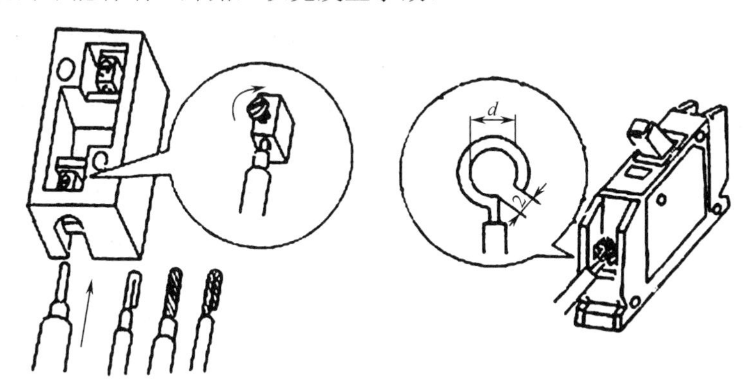

图 3-4-18　线头与针孔式接线桩的连接

2）线头与螺钉平压式接线桩的连接

对于较小截面的单股导线，先去除导线的绝缘层，把线头按顺时针方向弯成圆环，圆环的圆心应在导线中心线的延长线上，环的内径 d 比压接螺钉外径稍大些，环尾部间隙为 1～2mm，剪去多余线芯，把环钳平整，不扭曲。然后把制成的圆环放在接线桩上，放上垫片，把螺钉旋紧。对于较大截面的导线，必须在线头装上接线端子，由接线端子与接线桩连接。

4．导线绝缘的恢复

导线绝缘层破损或导线连接后都要恢复绝缘，恢复后的绝缘强度不应低于原有的绝缘层。恢复绝缘层的材料一般用黄蜡带、涤纶薄膜带、塑料带和黑胶带等。黄蜡带或黑胶带通常选用带宽 20mm，这样包缠较方便。绝缘带的包缠步骤如下。

（1）先用黄蜡带（或涤纶带）从离切口两根带宽（约 40mm）处的绝缘层上开始包缠。缠绕时采用斜叠法，黄蜡带与导线保持约 55° 的倾斜角，每圈压叠带宽的 1/2。

（2）包缠一层黄蜡带后，将黑胶带接于黄蜡带的尾端。

以同样的斜叠法按另一方向包缠一层黑胶带。

【小贴士】（1）电压 380V 的电路恢复绝缘时，可先用黄蜡带用斜叠法紧缠两层，再用黑胶带缠绕 1～2 层。

（2）包缠绝缘带时，不能过疏，更不允许露出线芯，以免造成事故。

（3）包缠时绝缘带要拉紧，要包缠紧密、坚实，并黏结在一起，以免潮汽侵入。

3.4.2　室内电路配线方法

室内电路配线可分为明敷和暗敷两种。明敷：导线沿墙壁，天花板表面、桁梁、屋柱等处敷设。暗敷：导线穿管埋设在墙内、地坪内或顶棚里。一般来说，明配线安装施工和检查维修较方便，但室内美观受影响，人能触摸到的地方不十分安全；暗配线安装施工要求高，检查和维护较困难。

配线方式一般有瓷（塑料）夹板配线、绝缘子配线、槽板配线、塑料护套线配线和线管配线等。室内的电气安装和配线施工，应做到电能传送安全可靠，电路布置合理美观，电路安装牢固。

配电板的安装

1）负荷开关

负荷开关是手动控制电器中最简单而使用较广泛的一种低压电器，如图 3-4-19 所示。它在电路中的作用是：隔离电源，分断负载，如不频繁接通与分断额定电流及以下的照明、电热及直接启动的小容量电动机电路。它主要包括 HK 系列开启式负荷开关和 HH 系列封闭式负荷开关。HK 系列开启式负荷开关（又称闸刀开关），该系列负荷开关主要由瓷底板、瓷手柄、熔丝、胶盖及刀片、刀夹等组成。分双极和三极，额定电流有 10A、15A、30A、60A 四种，额定电压有 220V 和 380V。一般只能直接控制 5.5kW 以下的三相电动机或一般的照明电路。

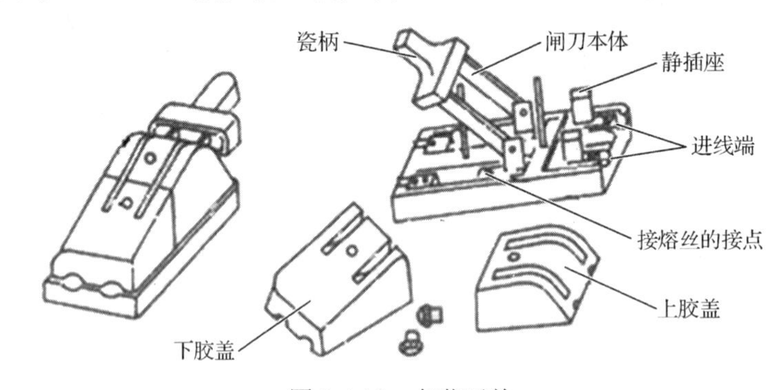

图 3-4-19 负荷开关

室外交流电源线通过进户装置进入室内，再通过量电和配电装置才能将电能送至用电设备。量电装置通常由进户总熔丝盒、电能表等组成。配电装置一般由控制开关、过载及短路保护电器等组成，容量较大的还装有隔离开关。

2）熔断器

熔断器是串联连接在被保护电路中的，当电路电流超过一定值时，熔体因发热而熔断，使电路切断，从而起到保护作用，如图 3-4-20 所示。熔体的热量与通过熔体电流的平方及持续通电时间成正比，当电路短路时，电流很大，熔体急剧升温，立即熔断，当电路中电流值等于熔体额定电流时，熔体不会熔断。所以熔断器可用于短路保护。由于熔体在用电设备过载时所通过的过载电流能积累热量，当用电设备连续过载一定时间后熔体积累的热量也能使其熔断，所以熔断器也可用作过载保护。熔断器主要分为瓷插式、螺旋式、管式、盒式和羊角熔断器等多种形式。

3.4.3 常用照明附件及安装

常用照明附件包括灯座、开关、插座、挂线盒及木台等器件。

1．常见照明附件

1）灯座

灯座的种类大致分为插口式和螺旋式两种。灯座外壳分瓷、胶木和金属材料三种，如图 3-4-21 所示。根据不同的应用场合分平灯座、吊灯座、防水灯座、荧光灯座等。

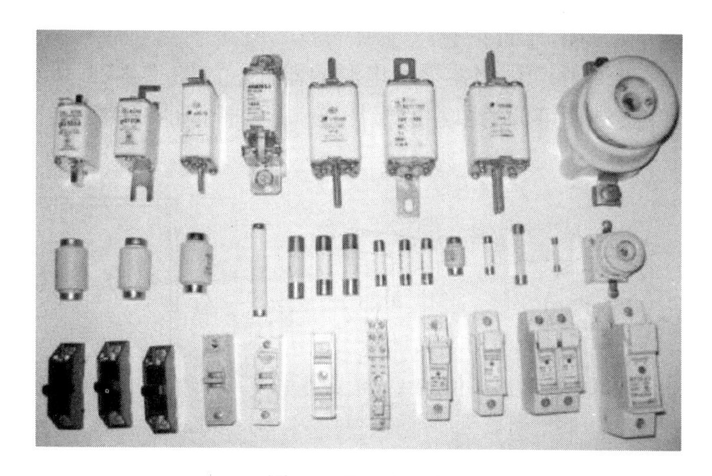

图 3-4-20 熔断器

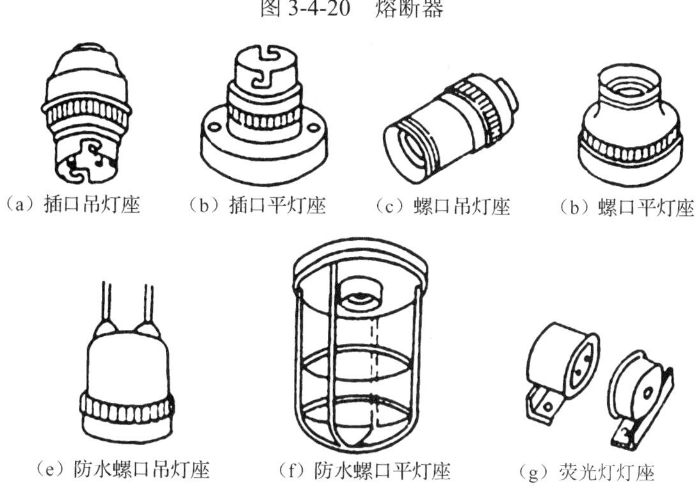

图 3-4-21 灯座

2）开关

开关的作用是在照明电路中接通或断开照明灯具的器件，如图 3-4-22 所示。按其安装形式分明装式和暗装式，按其结构分单联开关、双联开关、旋转开关等。

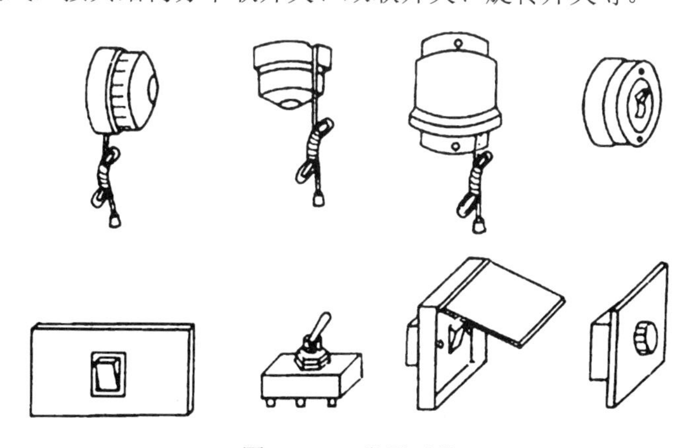

图 3-4-22 常用开关

3）插座

插座的作用是为各种可移动用电器提供电源的器件，如图 3-4-23 所示。其安装形式可分为明装式和暗装式，从其结构可分为单相双极插座、单相带接地线的三极插座及带接地的三相四极插座等。

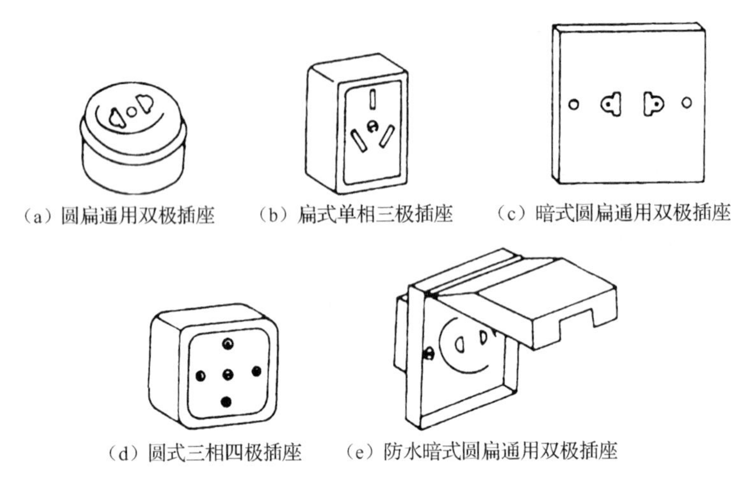

（a）圆扁通用双极插座　（b）扁式单相三极插座　（c）暗式圆扁通用双极插座

（d）圆式三相四极插座　（e）防水暗式圆扁通用双极插座

图 3-4-23　插座

4）挂线盒和木台

挂线盒俗称“先令”，用于悬挂吊灯并起接线盒的作用，制作材料可分为磁质和塑料。木台用来固定挂线盒、开关、插座等，形状有圆形和方形，材料有木质和塑料。

2．常用照明附件的安装方法

1）木台的安装

木台用于明线安装方式。在明线敷设完毕后，需要安装开关、插座、挂线盒等处先安装木台。在木质墙上可直接用螺钉固定木台，对于混凝土或砖墙应先钻孔，插入木榫或膨胀管。

在安装木台前先对木台加工：根据要安装的开关、插座等的位置和导线敷设的位置，在木台上钻好出线孔、锯好线槽。然后将导线从木台的线槽进入木台，从出线孔穿出（在木台下留出一定长度余量的导线），再用较长木螺钉将木台固定牢固。

2）灯座的安装

（1）平灯座的安装。

平灯座应安装在已固定好的木台上。平灯座上有两个接线桩，一个与电源中性线连接，另一个与来自开关的一根线（开关控制的相线）连接。插口平灯座上的两个接线桩可任意连接上述的两个线头，而对螺口平灯座有严格的规定：必须把来自开关的线头连接在连通中心弹簧片的接线桩上，电源中性线的线头连接在连通螺纹圈的接线桩上，如图 3-4-24 所示。

（2）吊灯座的安装。

把挂线盒底座安装在已固定好的木台上，再将塑料软线或花线的一端穿入挂线盒罩盖的孔内，并打个结，使其能承受吊灯的重力（采用软导线吊装的吊灯质量应小于 1kg，否则应采用吊链），然后将两个线头的绝缘层剥去，分别穿入挂线盒底座正中凸起部分的两个侧孔里，再分别接到两个接线桩上，旋上挂线盒盖。接着将软线的另一端穿入吊灯座盖孔内，也打个结，把两个剥去绝缘层的线头接到吊灯座的两个接线桩上，罩上吊灯座盖。安装方法如图 3-4-25

所示。

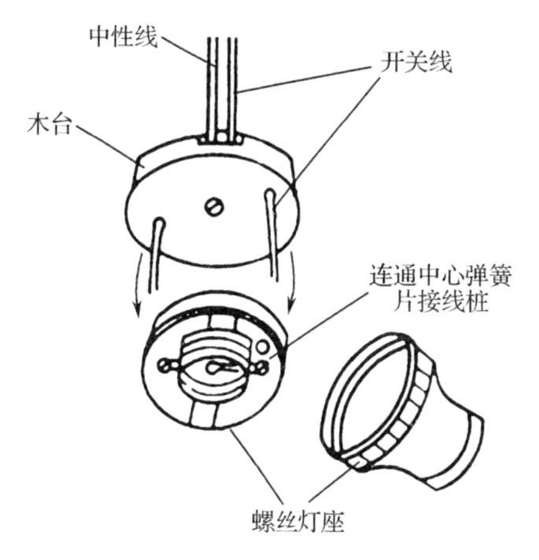

图 3-4-24 平灯座的安装

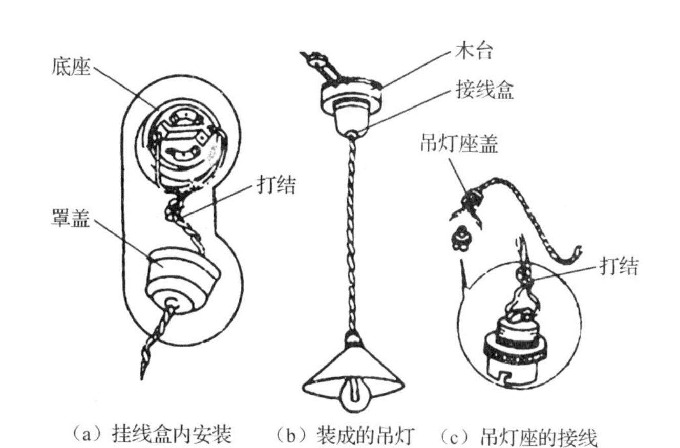

图 3-4-25 吊灯座的安装

3）开关的安装

（1）单联开关的安装。

开关明装时也要装在已固定好的木台上，将穿出木台的两根导线（一根为电源相线，一根为开关线）穿入开关的两个孔眼，固定开关，然后把剥去绝缘层的两个线头分别接到开关的两个接线桩上，最后装上开关盖。

（2）双联开关的安装。

双联开关一般用于在两处用两只双联开关控制一盏灯。双联开关的安装方法与单联开关类似，但其接线较复杂。双联开关有 3 个接线端，分别与 3 根导线相接，注意双联开关中连铜片的接线桩不能接错，一个开关的连铜片接线桩应和电源相线连接，另一个开关的连铜片接线桩与螺口灯座的中心弹簧片接线桩连接。每个开关还有两个接线桩用两根导线分别与另一个开关的两个接线桩连接。待接好线，经过仔细检查无误后才能通电使用。

4）插座的安装

明装插座应安装在木台上，安装方法与安装开关相似，穿出木台的两根导线为相线和中性线，分别接于插座的两个接线桩上。对于单相三极插座，其接地线桩必须与接地线连接，不能用插座中的中性线作为接地线。

【小贴士】 照明装置安装规定

（1）对于潮湿、有腐蚀性气体、易燃、易爆的场所，应采用合适的防潮、防爆、防雨的开关、灯具。

（2）吊灯应装有挂线盒，一般每只挂线盒只能装一盏灯。吊灯应安装牢固，超过 1kg 的灯具必须用金属链条或其他方法吊装，使吊灯导线不承受力。

（3）使用螺口灯头时，相线必须接于螺口灯头座的中心铜片上，灯头的绝缘外壳不应有损伤，螺口白炽灯泡金属部分不准外露。

（4）吊灯离地面距离不应低于 2m，潮湿、危险场所应不低于 2.5m。

（5）照明开关必须串接于电源相线上。

（6）开关、插座离地面高度一般不低于 1.3m，特殊情况插座可以装低，但离地面不应低于 150mm，幼儿园、托儿所等处不应装设底位插座。

【拓展知识 13】 电工安全用电知识

安全用电包括供电系统的安全、用电设备的安全及人身安全 3 个方面，它们之间是紧密联系的。供电系统的故障可能导致用电设备的损坏或人身伤亡事故，而用电事故也可能导致局部或大范围停电，甚至造成严重的社会灾难。

1. 安全电压

交流工频安全电压的上限值，在任何情况下，两导体间或任意一个导体与地之间都不得超过 50V。我国的安全电压的额定值为 42V、36V、24V、12V、6V。如手提照明灯、危险环境的携带式电动工具，应采用 36V 安全电压，金属容器内、隧道内、矿井内等工作场合，狭窄、行动不便及周围有大面积接地导体的环境，应采用 24V 或 12V 安全电压，以防止因触电而造成的人身伤害。

2. 电工安全操作知识

（1）在进行电工安装与维修操作时，必须严格遵守各种安全操作规程，不得玩忽职守。

（2）进行电工操作时，要严格遵守停、送电操作规定，确实做好突然送电的各项安全措施，不准进行约时送电。

（3）在邻近带电部分进行电工操作时，一定要保持可靠的安全距离。

（4）严禁采用一线一地、两线一地、三线一地（指大地）安装用电设备和器具。

（5）在一个插座或灯座上不可引接功率过大的用电器具。

（6）不可用潮湿的手去触及开关、插座和灯座等用电装置，更不可用湿抹布去擦拭电气装置和用电器具。

（7）操作工具的绝缘手柄、绝缘鞋和手套的绝缘性能必须良好，并进行定期检查。登高工具必须牢固可靠，也应进行定期检查。

（8）在潮湿环境中使用移动电器时，一定要采用 36V 安全低压电源。在金属容器内（如锅炉、蒸发器或管道等）使用移动电器时，必须采用 12V 安全电压。

（9）发现有人触电，应立即断开电源，采取正确的抢救措施抢救触电者。

3. 触电的危害性与急救

人体是导电体，一旦有电流通过，将会受到不同程度的伤害。由于触电的种类、方式及条件的不同，受伤害的后果也不一样。人体触电有电击和电伤两类，其中电击是指电流通过人体时所造成的内伤，它可以使肌肉抽搐、内部组织损伤、造成发热发麻、神经麻痹等。严重时将引起昏迷、窒息，甚至心脏停止跳动而死亡。通常说的触电就是电击。触电死亡大部分由电击造成。电伤是指电流的热效应、化学效应、机械效应及电流本身作用下造成的人体外伤。常见的有灼伤、烙伤和皮肤金属化等现象。

触电急救的要点是动作迅速、救护得法，切不可惊慌失措、束手无策。触电急救的步骤如下。

1）先要尽快地使触电者脱离电源

人触电以后，可能由于痉挛或失去知觉等原因而紧抓带电体，不能自行摆脱电源。这时，使触电者尽快脱离电源是救活触电者的首要因素。

（1）对于低压触电事故，可采用下列方法使触电者脱离电源。

触电地点附近有电源开关或插头，可立即断开开关或拔掉电源插头，切断电源。电源开关远离触电地点，可用有绝缘柄的电工钳或干燥木柄的斧头分相切断电线，断开电源；或者用干木板等绝缘物插入触电者身下，以隔断电流。电线搭落在触电者身上或被压在身下时，可用干燥的衣服、手套、绳索、木板、木棒等绝缘物作为工具，拉开触电者或挑开电线，使触电者脱离电源。

（2）对于高压触电事故，可以采用下列方法使触电者脱离电源。

立即通知有关部门停电。戴上绝缘手套，穿上绝缘靴，用相应电压等级的绝缘工具断开开关。抛掷裸金属线使线路短路接地，迫使保护装置动作，断开电源。注意在抛掷金属线前，应将金属线的一端可靠地接地，然后抛掷另一端。

【小贴士】 脱离电源的注意事项如下。

- 救护人员不可以直接用手或其他金属及潮湿的物件作为救护工具，而必须采用适当的绝缘工具且单手操作，以防止自身触电。
- 防止触电者脱离电源后，可能造成的摔伤。
- 如果触电事故发生在夜间，应当迅速解决临时照明问题，以利于抢救，并避免扩大事故。

2）迅速实施现场急救

当触电者脱离电源后，应当根据触电者的具体情况，迅速地对症进行救护。现场应用的主要救护方法是人工呼吸法和胸外心脏按压法。

项目总结

1. 正弦交流电的基本概念

（1）正弦电压的数学表达式

$$u(t)=U_{\rm m}\sin(\omega t+\varphi_u)$$

（2）三要素

振幅值：$U_{\rm m}$、$I_{\rm m}$ 等。

角频率 ω（频率 f）：正弦量每秒经历的电角度，$\omega=2\pi f$。

初相位：计时起点为零（$t=0$）时的相位φ。

（3）相位差φ

（两个同频率正弦量的初相角之差）$\Delta\varphi=\varphi_1-\varphi_2$

（4）正弦量的有效值与最大值的关系

$$I_{\rm m}=\sqrt{2}I\text{，}U_{\rm m}=\sqrt{2}U$$

（5）正弦电压、电流的相量表示

$$\dot{U}=U\angle\varphi_u\text{，}\dot{I}=I\angle\varphi_i$$

（6）KCL 和 KVL 的相量形式

$$\sum\dot{I}=0\text{，}\sum\dot{U}=0$$

2. 理想电路元件在交流电路中的特性

R、L、C 元件的 VAR 相量形式见表。

表 3-4-1　R、C、L 元件的 VAR 相量形式

元件名称	相量关系	有效值关系	相位关系	相量图
电阻 R	$\dot{U}_R = R\dot{I}$	$U_R = RI$	$\theta_i = \theta_u$	$\dot{I}$ $\dot{U}$
电感 L	$\dot{U}_L = jX_L\dot{I}$	$U_L = X_L I$	$\theta_u = \theta_i + 90^\circ$	$\dot{U}$ O $\dot{I}$
电容 C	$\dot{U}_C = -jX_C\dot{I}$	$U_C = X_C I$	$\theta_u = \theta_i - 90^\circ$	$\dot{I}$ O $\dot{U}$

3．阻抗分析法

（1）相量分析法：用相量表示正弦量进行交流电路分析运算的方法称为相量法。

（2）阻抗：电压相量与电流相量的比值称为阻抗，用 Z 表示，即

$$Z = \frac{\dot{U}}{\dot{I}} = R + jX = |Z| \angle \varphi_Z$$

（3）RLC 串联电路的总阻抗为：

$$Z = R + jX = R + j(X_L - X_C)$$

（4）RLC 串联电路的性质：

① 当 $X_L > X_C$，$\varphi > 0$ 时，电路呈感性。

② 当 $X_L < X_C$，$\varphi < 0$ 时，电路呈容性。

③ 当 $X_L = X_C$，$\varphi = 0$ 时，电路呈阻性。

（5）n 个阻抗串联的等效阻抗为：

$$Z = Z_1 + Z_2 + \cdots + Z_n$$

4．导纳分析法

导纳：阻抗的倒数就是导纳，用大写字母 Y 表示，即

$$Y = \frac{\dot{I}}{\dot{U}} = G + jB = |Y| \angle \varphi_Y$$

RLC 并联电路的总导纳为：

$$Y = G + jB = G + j(B_C - B_L)$$

n 个导纳并联的等效导纳为：

$$Y = Y_1 + Y_2 + \cdots + Y_n$$

5．正弦稳态电路的功率

（1）有功功率（平均功率）为：

$$P = UI\cos\varphi$$

（2）无功功率为：

$$Q = UI\sin\varphi$$

（3）视在功率为：

$$S = UI = \sqrt{P^2 + Q^2}$$

式中：$\cos\varphi$ 称为功率因数；φ 称为功率因数角（即为阻抗角）。

（4）感性负载提高功率因数的方法是在负载两端并联合适的电容，并联的电容大小为：

$$C = \frac{P}{\omega U^2}(\tan\varphi_1 - \tan\varphi)$$

自测练习3

一、填空题

1．正弦交流电的三要素是指正弦量的________、________和________。

2．反映正弦交流电振荡幅值的量是它的________；反映正弦量随时间变化快慢程度的量是它的________；确定正弦量计时始位置的是它的________。

3．已知一正弦量 $i = 7.07\sin(314t - 30^\circ)$（A），则该正弦电流的最大值是________（A）；有效值是________（A）；角频率是________（rad/s）；频率是________（Hz）；周期是________（s）；随时间的变化进程相位是________；初相是________；合________弧度。

4．正弦量的________值等于它的瞬时值的平方在一个周期内的平均值的________，所以________值又称为方均根值。也可以说，交流电的________值等于与其________相同的直流电的数值。

5．两个________正弦量之间的相位之差称为相位差，________频率的正弦量之间不存在相位差的概念。

6．实际应用的电表交流指示值和我们实验的交流测量值，都是交流电的________值。工程上所说的交流电压、交流电流的数值，通常也都是它们的________值，此值与交流电最大值的数量关系为________。

7．电阻元件上的电压、电流在相位上是________关系；电感元件上的电压、电流相位存在________关系，且电压________电流；电容元件上的电压、电流相位存在________关系，且电压________电流。

8．________的电压和电流构成的是有功功率，用 P 表示，单位为________；________的电压和电流构成无功功率，用 Q 表示，单位为________。

9．能量转换中过程不可逆的功率称________功功率，能量转换中过程可逆的功率称________功功率。能量转换过程不可逆的功率意味着不但________，而且还有________；能量转换过程可逆的功率则意味着只________不________。

10．在正弦交流电路中，电阻元件上的阻抗 $|z|$=________，与频率________；电感元件上的阻抗 $|z|$=________，与频率________；电容元件上的阻抗 $|z|$=________，与频率________。

二、判断题

1．正弦量的三要素是指它的最大值、角频率和相位。（　　）

2．$u_1 = 220\sqrt{2}\sin 314t$（V）超前 $u_2 = 311\sin(628t - 45^\circ)$（V）为 45° 电角。（　　）

3．电抗和电阻的概念相同，都是阻碍交流电流的因素。（　　）

4．电阻元件上只消耗有功功率，不产生无功功率。（　　）

5．串联电路的总电压超前电流时，电路一定呈感性。（　　）

6．无功功率的概念可以理解为这部分功率在电路中不起任何作用。（　　）

7．几个电容元件相串联，其电容量一定增大。（　　）

8．单一电感元件的正弦交流电路中，消耗的有功功率比较小。（　　）

三、单项选择题

1．在正弦交流电路中，电感元件的瞬时值伏安关系可表达为（　　）。

A．$u = iX_L$　　B．$u = \mathrm{j}i\omega L$　　C．$u = L\dfrac{\mathrm{d}i}{\mathrm{d}t}$

2．已知工频电压有效值和初始值均为380V，则该电压的瞬时值表达式为（　　）。

A．$u = 380\sin 314t$（V）

B．$u = 537\sin(314t + 45^\circ)$（V）

C．$u = 380\sin(314t + 90^\circ)$（V）

3．一个电热器，接在10V的直流电源上，产生的功率为P。把它改接在正弦交流电源上，使其产生的功率为$P/2$，则正弦交流电源电压的最大值为（　　）。

A．7.07V　　B．5V　　C．10V

4．已知$i_1 = 10\sin(314t + 90^\circ)$（A），$i_2 = 10\sin(628t + 30^\circ)$（A），则（　　）。

A．i_1超前$i_2 60^\circ$　　B．i_1滞后$i_2 60^\circ$　　C．相位差无法判断

5．在电容元件的正弦交流电路中，电压有效值不变，当频率增大时，电路中电流将（　　）。

A．增大　　B．减小　　C．不变

6．在电感元件的正弦交流电路中，电压有效值不变，当频率增大时，电路中电流将（　　）。

A．增大　　B．减小　　C．不变

7．实验室中的交流电压表和电流表，其读值是交流电的（　　）。

A．最大值　　B．有效值　　C．瞬时值

8．314μF电容元件用在100Hz的正弦交流电路中，所呈现的容抗值为（　　）。

A．0.197Ω　　B．31.8Ω　　C．5.1Ω

9．在电阻元件的正弦交流电路中，伏安关系表示错误的是（　　）。

A．$u = iR$　　B．$U=IR$　　C．$\dot{U} = \dot{I}R$

10．某电阻元件的额定数据为“1kΩ、2.5W”，正常使用时允许流过的最大电流为（　　）。

A．50mA　　B．2.5mA　　C．250mA

11．$u=-100\sin(6\pi t+10^\circ)$（V）超前$i=5\cos(6\pi t-15^\circ)$（A）的相位差是（　　）。

A．25°　　B．95°　　C．115°

12．周期T=1s、频率f=1Hz的正弦波是（　　）。

A．$4\cos 314t$　　B．$6\sin(5t+17^\circ)$　　C．$4\cos 2\pi t$

13．标有额定值为“220V、100W”和“220V、25W”白炽灯两盏，将其串联后接入220V工频交流电源上，其亮度情况是（　　）。

A．100W的灯泡较亮　　B．25W的灯泡较亮　　C．两只灯泡一样亮

四、简答题

1．阻抗三角形和功率三角形是相量图吗？电压三角形呢？

2．某电容器额定耐压值为450V，能否把它接在交流380V的电源上使用，为什么。

3．你能说出电阻和电抗的不同之处和相似之处吗？它们的单位相同吗？

4．无功功率和有功功率有什么区别，能否从字面上把无功功率理解为无用之功，为什么。

5．相量等于正弦量的说法对吗？正弦量的解析式和相量式之间能用等号吗？

6．正弦量的初相值有什么规定，相位差有什么规定。

7．直流情况下，电容的容抗等于多少，容抗与哪些因素有关。

8．感抗、容抗和电阻有何相同，有何不同。

9．额定电压相同、额定功率不等的两个白炽灯，能否串联使用。

10．试述提高功率因数的意义和方法。

五、计算分析题

1．试求下列各正弦量的周期、频率和初相，两者的相位差如何。

（1）$3\sin 314t$　　　　（2）$8\sin(5t+17°)$

2．某电阻元件的参数为 8Ω，接在 $u=220\sqrt{2}\sin 314t$（V）的交流电源上。试求：（1）通过电阻元件上的电流 i，如用电流表测量该电路中的电流，其读数为多少；（2）电路消耗的功率是多少瓦；（3）若电源的频率增大一倍，电压有效值不变又如何。

3．某线圈的电感量为 0.1H，电阻可忽略不计。接在 $u=220\sqrt{2}\sin 314t$（V）的交流电源上。试求：（1）电路中的电流及无功功率；（2）若电源频率为 100Hz，电压有效值不变又如何，写出电流的瞬时值表达式。

4．如自测图 3-1 所示电路，各电容量、交流电源的电压值和频率均相同，问哪一个电流表的读数最大？哪个为零？为什么？

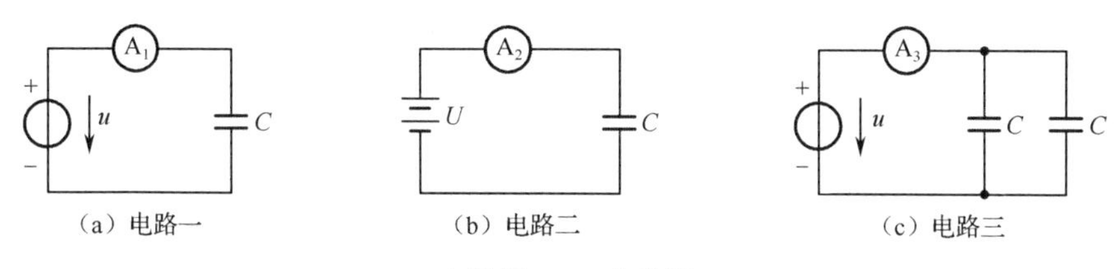

自测图 3-1　电路图

5．如自测图 3-2 所示电路，已知复阻抗 Z_2=j60Ω，各交流电压的有效值分别为：U_S=100V，U_1=171V，U_2=240V，求复阻抗 Z_1。

6．已知感性负载两端电压 u=311cos314tV，测得电路中的有功功率为 7.5kW，无功功率为 5.5kVar，试求感性负载的功率因数及其串联和并联等效参数。

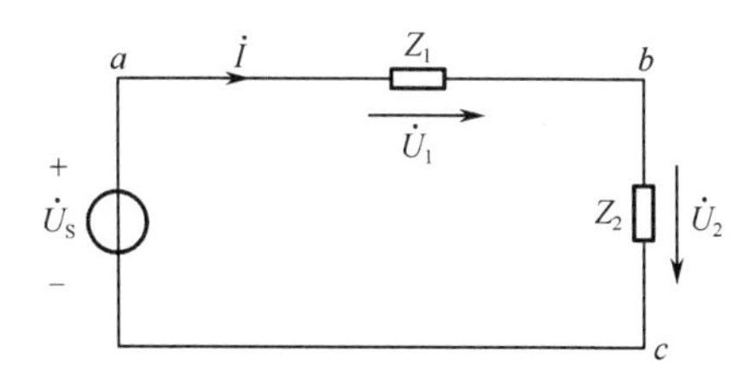

自测图 3-2　电路图

项目 4 串/并联谐振电路分析及实践

项目导入

在电气设备中，要考虑耐压和耐冲击问题，在电子线路中，要考虑选频、滤波、倍频等因素，这些都与谐振电路有关。谐振电路是项目 3 所述的一般正弦电路的一种特殊电路，它由电感线圈、电容器和角频率为 ω 的正弦电源组成。按照它们连接方式的不同，谐振电路分为串联谐振电路和并联谐振电路。

谐振与力学上的共振类似。当正弦电源的频率与谐振电路的固有频率相等时，谐振电路对外电路呈现纯电阻性，即其端电压与总电流为同相位，此时在电路中有很大的振荡电流（或电压）出现，我们定义此时电路发生了谐振，或称电路处于谐振状态。使电路发生谐振的操作方法称作调谐。

由于谐振时电路中会出现很大的振荡电流（或电压），从而可从众多不同频率的信号中选出人们需要的电信号。谐振电路具有的这种对不同频率信号的选择性使之在电子技术中得到广泛应用；但另一方面，谐振状态又可能危及或破坏系统的正常工作，所以对谐振的研究具有重要的意义。

本项目讲述谐振的概念，讨论串联谐振和并联谐振的条件，谐振时的特点及谐振的频率特性和通频带，并从 Q 值和相量图出发，介绍串联谐振和并联谐振各自的特点。

任务 4—1 输入回路分析与设计（串联谐振电路）

学习导航

学习目标	1．理解电路谐振的条件
	2．掌握串联谐振电路的特点及各项参数
	3．了解收音机输入调谐回路的设计思路
重点知识要求	1．串联谐振的概念、条件、特点
	2．谐振频率、品质因数 Q、通频带宽的关系及计算
关键能力要求	1．通过仿真手段研究谐振电路相关特性参数
	2．进行初步的收音机输入回路的设计仿真

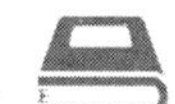

任务要求

任务要求	1．掌握串联谐振的内容及其使用
	2．学习并掌握波特表的使用及属性设置
	3．通过仿真手段研究谐振电路相关特性参数，进行初步的收音机输入回路的设计与仿真
任务环境	PC 一台，Multisim 软件开发系统一套
任务分解	1．RLC 串联谐振电路仿真分析
	2．收音机输入回路的设计仿真

实施步骤

1．RLC 串联谐振电路仿真研究

（1）按图 4-1-1 所示连接仿真测试电路，图中波特图仪是一种测量和显示幅频和相频特性曲线的仪表。

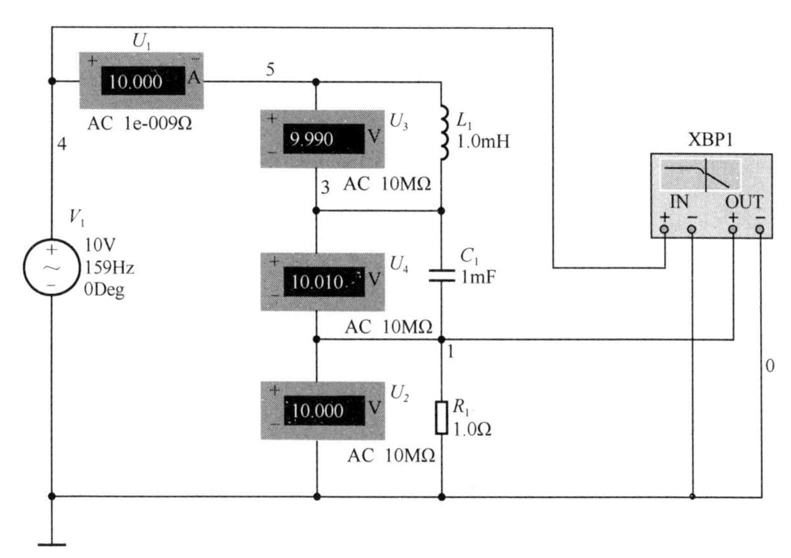

图 4-1-1 RLC 串联谐振电路图

（2）依据表 4-1-1 所示数值改变输入正弦信号频率，测量相关参数填入表中，探究 RLC 串联谐振电路的谐振频率及谐振时的电压、电流特点。

表 4-1-1 串联谐振数据记录

f	U	I	U_R	U_L	U_C
f=59Hz					
f=159Hz					
f=559Hz					

（3）用波特图仪器测量电路的频率特性曲线。

画串联谐振电路的谐振曲线，改变电阻值观测频率特性曲线的变化。

① R=1Ω：研究电路中电流和电源频率的关系，接上波特图仪来测量串联谐振电路的谐振曲线，见图 4-1-2（a）。

② R=10Ω：改变 RLC 串联电路中 R 的值，观察谐振曲线与品质因数 Q 的关系，见图 4-1-2（b）。

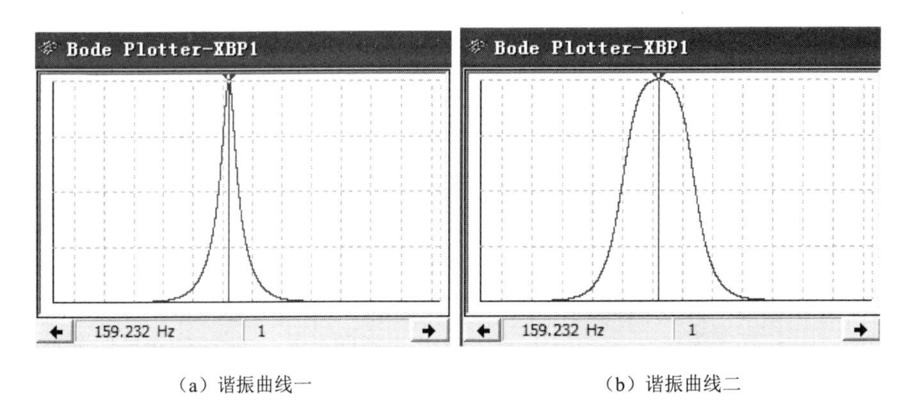

（a）谐振曲线一　　（b）谐振曲线二

图 4-1-2　串联谐振幅频曲线

结论：

改变电阻 R 值，使品质因数 Q 变化而谐振频率不变。

R 越大，Q 越小，谐振曲线越平坦，选择性越差；

R 越小，Q 越大，谐振曲线越陡峭，选择性越好。

（4）研究品质因数 Q 和通频带宽。

① 谐振电路的通频带：当回路外加电压的幅值不变时，回路中产生的电流不小于谐振值的 $1/\sqrt{2}=0.707$ 倍的一段频率范围简称带宽，用 BW 表示。

$$\mathrm{BW}=\omega_{\mathrm{C2}}-\omega_{\mathrm{C1}}$$

式中，ω_{C2} 为上边界频率；ω_{C1} 为下边界频率。

② 品质因数可表示为：

$$Q=\frac{\omega_0}{\mathrm{BW}}=\frac{\omega_0}{\omega_{\mathrm{C2}}-\omega_{\mathrm{C1}}}$$

其中，Q 越大，电路选择性越好，同时会导致通频带过窄，波形易失真。

2．收音机输入回路的设计仿真

（1）收音机与串联谐振有什么关系？收音机的工作原理是什么？

① 调谐的含义：利用串联谐振来选择电台信号。

② 调谐的工作原理如下：

谐振使得信号电平最高，衰耗最小，经放大后输出声音最大，抑制了噪声，电台就选出来了。调谐的方法是一个电感线圈并联一个可变电容，调节电容的容量，使电容与电感的振荡频率发生变化，谐振到不同的频率点上，以便选择不同频率点。

（2）参照图 4-1-3，绘制收音机输入回路仿真图。

输入调谐回路由磁性天线 T_1（L_1、L_2 都绕在磁棒上）和 Cla’、C1a 构成串联谐振回路。调节双联电容的容量，可调节自身的谐振频率 f_0。使它同许多外来信号中某一电台频率一致，

即产生谐振，I 值最大，从而大大提高 L_1 两端这个外来信号的电压，而对于其他频率的信号，因为没有发生谐振，所以 I 值很小，就被电路抑制掉，从而达到选择电台的目的，即通过输入调谐电路在众多频率中选出所需要的频率为输入回路谐振频率的电台信号。

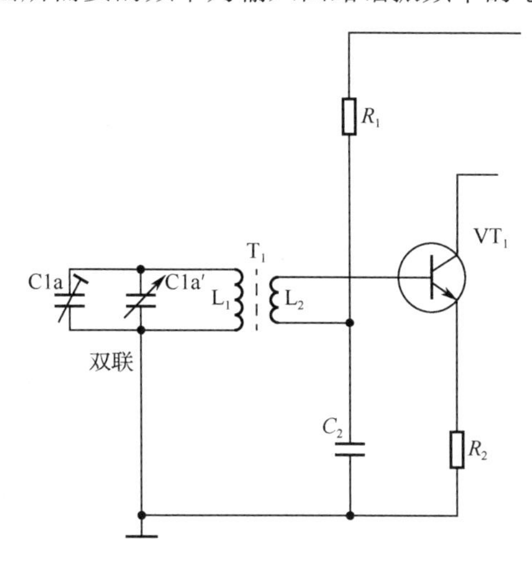

图 4-1-3　收音机输入回路电路图

（3）自行选择设计要求，选择和调整元件参数，仿真测试，最终达到预设目的。

相关知识

4.1　RLC 串联谐振电路

4.1.1　RLC 串联谐振电路的定义和特点

谐振现象是正弦稳态电路的一种特定工作状况，我们可以将它有利的一面广泛应用于无线电和电工技术中，但发生谐振时又有可能破坏系统正常工作，应予以避免。因此，对谐振现象的研究，有着重要的实际意义。本节讨论 RLC 串联谐振电路。

1．电路串联谐振定义

含有电感和电容的电路，如果无功功率得到完全的补偿，即端口电压和电流出现同相现象，此时电路的功率因数 $\cos\varphi = 1$，称电路处于谐振状态。

如图 4-1-4 所示回路在外加电压 $u(t) = U_{\mathrm{m}} \sin \omega t$ 作用下，电路中的复阻抗由式（4-1-1）表示。当改变电源频率，或者改变 L、C 的值时，都会使回路中电流达到最大值，使电抗为零，电路呈电阻性，此时我们就说电路发生谐振。由于是电阻、电感、电容元件串联，所以又叫串联谐振。

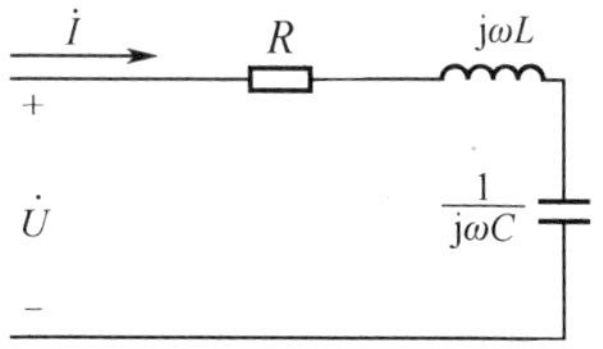

图 4-1-4　RLC 串联谐振电路

$$
\begin{aligned}
Z &= R + \mathrm{j}\left(\omega L - \frac{1}{\omega C}\right) \\
&= R + \mathrm{j}(X_{\mathrm{L}} - X_{\mathrm{C}}) \\
&= R + \mathrm{j}X \\
&= |Z| \angle \varphi
\end{aligned}
\tag{4-1-1}
$$

式（4-1-1）中定义阻抗大小为式（4-1-2），阻抗的幅角为式（4-1-3）。

$$|Z|=\sqrt{R^2+X^2} \tag{4-1-2}$$

$$\varphi=\arctan\frac{X}{R} \tag{4-1-3}$$

式（4-1-1）中实部是常数R，而虚部则是频率的函数。在某一特定频率下，电抗分量为零。此时阻抗的模最小，且为纯电阻。端口电压u与电流i同相，对应状态下的频率称为谐振频率。

2．串联谐振条件

根据上述定义，用式（4-1-4）表示RLC串联电路发生谐振的条件。

$$I_{\mathrm{m}}[Z(\mathrm{j}\omega)]=0 \tag{4-1-4}$$

因为$X_{\mathrm{L}}=\omega L$，$X_{\mathrm{C}}=\dfrac{1}{\omega C}$，发生串联谐振时要求：

$$\omega L=\frac{1}{\omega C} \quad 或 \quad \omega L-\frac{1}{\omega C}=0 \tag{4-1-5}$$

满足上述条件，回路电流$\dot{I}=\dot{I}_0=\dfrac{\dot{U}}{R}$为最大值，电路发生谐振，由于谐振是发生在串联电路中的，所以又称为串联谐振。式（4-1-5）称为串联电路发生谐振的条件。可见，电路是否发生谐振完全由电路的参数L、C和外加电源的角频率ω决定，而与电压、电流的有效值无关。

谐振时，外加电源的角频率称为谐振角频率，用ω_0表示，由式（4-1-5）可得串联谐振角频率，见式（4-1-6）。谐振频率见式（4-1-7）。

$$\omega_0=\frac{1}{\sqrt{LC}} \tag{4-1-6}$$

$$f_0=\frac{1}{2\pi\sqrt{LC}} \tag{4-1-7}$$

由式（4-1-7）可知，串联电路的谐振频率f_0与电阻无关，电路的谐振频率由参数L、C决定，它反映了串联电路的一种固有性质，而且对于每一个RLC串联电路，总有一个对应的谐振频率f_0。可以看出，改变$\omega(f)$、L或C的值，即通常所说的“调谐”，可使电路发生谐振或消除谐振。

3．串联谐振的特点

（1）谐振时，阻抗最小且为纯电阻。

因为RLC串联电路发生谐振时，其电抗$X(\omega_0)=0$，所以电路阻抗$Z(\mathrm{j}\omega_0)=R+\mathrm{j}X(\omega_0)$为纯电阻，这时阻抗的模为最小值，阻抗角$\varphi=0$。

（2）谐振时，电路中电流最大，且与外加电源电压同相。

$$I=\frac{U}{|Z|}=\frac{U}{R} \tag{4-1-8}$$

由于谐振时，阻抗达到极小值，所以电流达到极大值（U保持不变时），这是串联谐振电路的一个很重要的特征，根据它可以判定电路发生了谐振。

（3）谐振时，电路的电抗为零，感抗和容抗相等并等于电路的特性阻抗。

这时虽然$X(\omega_0)=0$，但感抗和容抗均不为零，即有$X=X_{\mathrm{L}}-X_{\mathrm{C}}=0$，而$\omega L=\dfrac{1}{\omega C}\neq 0$（即

$X_L = X_C \neq 0$）。由于谐振时有$\omega_0 = \frac{1}{\sqrt{LC}}$，把它代入式（4-1-5）得式（4-1-9）

$$\omega_0 L = \frac{1}{\omega_0 C} = \sqrt{\frac{L}{C}} = \rho \text{（固有参数）} \tag{4-1-9}$$

ρ 为串联谐振电路的特性阻抗，它是一个由电路的 L、C 参数决定的量。

（4）在无线电技术中，通常用一个被称为品质因数（又称谐振系数）的量来表征谐振电路的性能，用 Q 表示（工程中简称 Q 值），品质因数 Q 是描述谐振电路选频性能的物理量。它定义为谐振电路的特性阻抗 ρ 与回路电阻 R 的比值，即

$$Q = \frac{\omega_0 L}{R} = \frac{1}{\omega_0 CR} = \frac{1}{R}\sqrt{\frac{L}{C}} = \frac{\rho}{R} \tag{4-1-10}$$

ρ 在国际单位制中的单位为Ω，Q 无量纲。

Q 值越高，谐振时电容电压或电感电压越大，则谐振电路的品质就越好。电感和电容上的电压比电源电压大很多倍，又称电压谐振。

【小贴士】 请勿混淆品质因数 Q 与无功功率 Q。品质因数 Q 为无量纲参数，无功功率 Q 的单位为 J。

【例 4-1-1】 在 RLC 串联谐振电路中，已知$u = \cos(2\pi \times 10^6)$（mV）。调节电容 C，使电路发生谐振后，电流$I_0 = 100\mu\text{A}$，电容电压$U_{C0} = 100\text{mV}$，求 R、L、C 的参数及回路的 Q 值。

【解】 电源电压有效值

$$U = \frac{U_m}{\sqrt{2}} = \frac{1}{\sqrt{2}} = 0.707\text{（mV）}$$

$$R = \frac{U}{I_0} = \frac{0.707 \times 10^{-3}}{100 \times 10^{-6}} = 7.07\text{（Ω）}$$

$$C = \frac{I_0}{U_{C0}\omega_0} = \frac{100 \times 10^{-6}}{100 \times 10^{-3} \times 6.28 \times 10^6} = 159\text{（pF）}$$

回路的品质因数为

$$Q = \frac{U_{C0}}{U} = \frac{\omega_0 L}{R} = \frac{1}{\omega_0 CR} = 141$$

（5）电阻两端电压等于总电压，电感和电容两端电压相等，其大小为总电压的 Q 倍。图 4-1-5 所示是 RLC 串联电路谐振时的电压相量图。

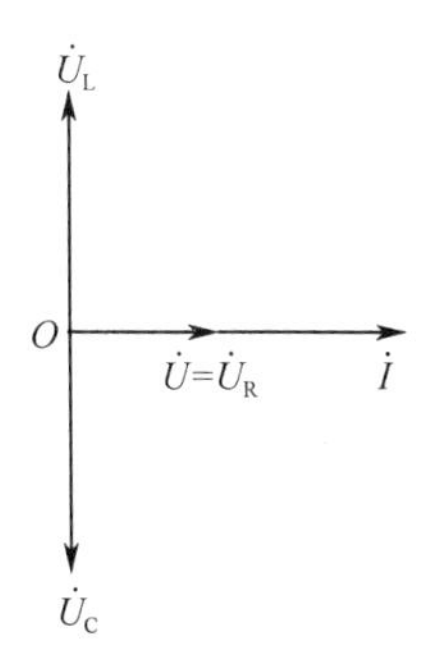

图 4-1-5 串联谐振电压相量图

谐振时电阻两端电压相量由式（4-1-11）表示。

$$\dot{U}_R = R\dot{I} = R\frac{\dot{U}}{R} = \dot{U} \tag{4-1-11}$$

谐振时电感两端电压相量由式（4-1-12）表示。

$$\dot{U}_L = jX_L\dot{I} = j\omega_0 L\frac{\dot{U}}{R} = jQ\dot{U} \tag{4-1-12}$$

谐振时电容两端电压相量由式（4-1-13）表示。

$$\dot{U}_C = -j\frac{1}{\omega_0 C}\dot{I} = -j\frac{1}{\omega_0 C}\frac{\dot{U}}{R} = -jQ\dot{U} \tag{4-1-13}$$

谐振时电抗电压相量由式（4-1-14）表示。

$$\dot{U}_X = jX\dot{I} = j(X_L - X_C)\dot{I} = \dot{U}_L + \dot{U}_C = 0 \qquad (4\text{-}1\text{-}14)$$

谐振时总电压相量由式（4-1-15）表示。

$$\dot{U} = \dot{U}_R + \dot{U}_L + \dot{U}_C = \dot{U}_R = R\dot{I} \qquad (4\text{-}1\text{-}15)$$

可见，$\dot{U}_L$ 和 $\dot{U}_C$ 的有效值相等，相位相反，互相完全抵消，故串联谐振又称为电压谐振。这时，电阻承受全部外加电压，达到最大值。谐振时，U_L 和 U_C 将是端电压 U 的 Q 倍。

【例 4-1-2】 在 RLC 串联电路中，已知 $R = 100\Omega$，$L = 20\text{mH}$，$C = 200\text{pF}$，正弦电源电压 $U = 6\text{mV}$，试求该电路的谐振频率 f_0，特性阻抗 ρ，品质因数 Q，通频带宽度 Δf，谐振时的 U_C 和 U_L 值。

【解】 电路的谐振角频率及频率可由式（4-1-6）和式（4-1-7）得出：

$$\omega_0 = \frac{1}{\sqrt{LC}} = \frac{1}{\sqrt{20\times10^{-3}\times200\times10^{-12}}} = 500\ (\text{krad/s})$$

$$f_0 = \frac{\omega_0}{2\pi} = \frac{500}{2\pi} \approx 79.6\ (\text{kHz})$$

特性阻抗可由式（4-1-9）得出：

$$\rho = \sqrt{\frac{L}{C}} = \sqrt{\frac{20\times10^{-3}}{200\times10^{-12}}} = 10000\ (\Omega)$$

品质因数可由式（4-1-10）得出：

$$Q = \frac{\rho}{R} = \frac{10000}{100} = 100$$

谐振时的 U_C 和 U_L 值为：

$$U_C = U_L = QU = 100\times6 = 600\ (\text{mV})$$

由此例看出，当发生串联谐振时，电感和电容两端电压值远大于端口电压。

4.1.2 串联谐振的功率

在 RLC 串联电路中，感抗 $X_L = \omega L$，容抗 $X_C = \dfrac{1}{\omega C}$ 和电抗 $X = X_L - X_C$ 随频率变化的曲线称为这些量的频率特性，如图 4-1-6 所示，当 $\omega = \omega_0$ 时，$X_L = X_C$，$X = 0$，电路发生谐振。

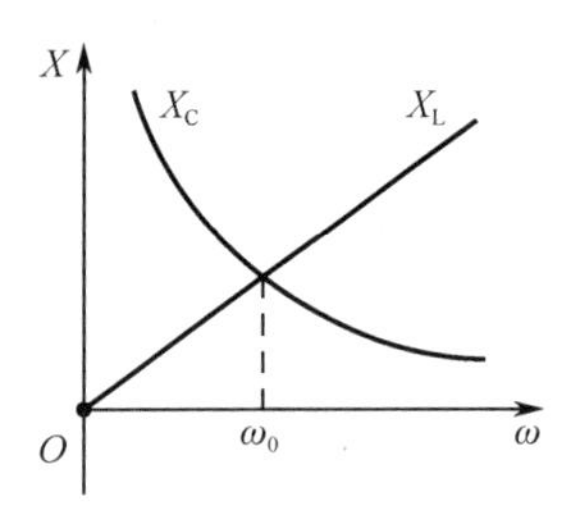

图 4-1-6 容抗和感抗频率特性

【小贴士】 低频时 $\omega_0 L < \dfrac{1}{\omega_0 C}$，即 $X < 0$，电路呈电容性；高频时 $\omega_0 L > \dfrac{1}{\omega_0 C}$，即 $X > 0$，电路呈电感性。

串联谐振时电路吸收的无功功率等于零，即无功功率 $Q = UI\sin\varphi = 0$，即

$$Q = Q_L + Q_C = 0 \text{ 或 } |Q_L| = |Q_C| \tag{4-1-16}$$

电感的无功功率由式（4-1-17）表示。

$$Q_L = \omega_0 L I_0^2 \tag{4-1-17}$$

电容的无功功率由式（4-1-18）表示。

$$Q_C = -\frac{1}{\omega_0 C} I_0^2 = -\omega_0 L I_0^2 \tag{4-1-18}$$

这时，电感与电容之间进行能量的相互交换，而与电源之间无能量交换。

谐振时，能量只在电阻上消耗，电容和电感之间进行磁场能量和电场能量的转换，电源和电路之间没有能量转换，因此有功功率可以由式（4-1-19）表示。

$$P = UI\cos\varphi = UI \tag{4-1-19}$$

再来讨论当谐振电路稳定后回路中的能量关系。设信号源电压 $u_S = U_m \sin\omega_0 t$，则电感电流和电容电压分别由式（4-1-20）和式（4-1-21）表示。

$$i_L = \frac{U_m}{R}\sin\omega_0 t = I_m \sin\omega_0 t \tag{4-1-20}$$

$$u_C = \frac{I_m}{\omega_0 C}\sin\left(\omega_0 t - \frac{\pi}{2}\right) = -U_{Cm}\cos\omega_0 t \tag{4-1-21}$$

电感储存的磁场能量表示为式（4-1-22）。

$$\begin{aligned} W_L &= \frac{1}{2}LI_m^2 \sin^2\omega_0 t = \frac{1}{2}L\left(\frac{U_m}{R}\right)^2 \sin^2\omega_0 t = \frac{1}{2}L\left(\frac{U_{Cm}}{QR}\right)^2 \sin^2\omega_0 t \\ &= \frac{1}{2}CU_{Cm}^2 \sin^2\omega_0 t \end{aligned} \tag{4-1-22}$$

电容储存的电场能量表示为式（4-1-23）。

$$\begin{aligned} W_C &= \frac{1}{2}CU_{Cm}^2 \cos^2\omega_0 t = \frac{1}{2}C(QU_m)^2 \cos^2\omega_0 t = \frac{1}{2}L\left(\frac{U_m}{R}\right)\cos^2\omega_0 t \\ &= \frac{1}{2}LI_m^2 \cos^2\omega_0 t \end{aligned} \tag{4-1-23}$$

总储能表示为式（4-1-24）。

$$W = W_L + W_C = \frac{1}{2}LI_m^2(\sin^2\omega_0 t + \cos^2\omega_0 t) = \frac{1}{2}LI_m^2 = \frac{1}{2}CU_{Cm}^2 \tag{4-1-24}$$

总储能是一个与时间 t 无关的常量。电感中储存的磁能和电容中储存的电能之和保持为一个常数，这个常量又是 W_{L0} 或 W_{C0} 的最大值，也是瞬时总储能的平均值，即平均能量。可见谐振时回路的总储能在任何瞬间都是恒定的，即信号源和回路电抗元件之间不交换能量。电感储存的磁场能与电容储存的电场能互相转移，它们在电压与电流的变化中不断交换能量。Q 越大，W 越大，电场能与磁场能交换（称为电磁振荡）的程度就越激烈，谐振的特点就越显著。电容的无功功率与电感的无功功率大小相等、符号相反，即回路的无功功率为零。电源只供给电阻吸收的能量。若信号源偏离谐振频率即失谐时，回路总储能不再是常数而是时间的函数了，此时电源不仅提供电阻所吸收的能量，还与电抗元件发生能量交换，即无功功率存在。

4.1.3 串联谐振电路的频率特性

RLC 串联电路对于不同频率的信号具有选择能力，为说明其选择性，下面分析在电路参数确定的条件下，当电源频率变化时电流 I 的变化情况。回路的响应电流与激励电源的角频率的关系称为电流的幅频特性（表明其关系的图形为串联谐振曲线），电路中电流有效值见式（4-1-25）。

$$I(\omega)=\frac{U}{|Z|}\frac{U}{\sqrt{R^2+\left(\omega L-\frac{1}{\omega C}\right)^2}}=\frac{U}{R\sqrt{1+Q^2\left(\frac{\omega}{\omega_0}-\frac{\omega_0}{\omega}\right)^2}} \tag{4-1-25}$$

当电路的 L 和 C 保持不变时，改变 R 的大小，可以得出不同 Q 值的电流的幅频特性曲线。显然，Q 值越高，曲线越尖锐。

为了反映一般情况，可研究电流比 I/I_0 与角频率比 ω/ω_0 之间的函数关系，即所谓通用幅频特性，其表达式为由式（4-1-26）表示，式中 I_0 为谐振时的回路响应电流。

$$\frac{I}{I_0}=\frac{1}{\sqrt{1+Q^2+\left(\frac{\omega}{\omega_0}-\frac{\omega_0}{\omega}\right)^2}} \tag{4-1-26}$$

相频特性由式（4-1-27）表示。

$$\varphi(\omega)=-\arctan Q\left(\frac{\omega}{\omega_0}-\frac{\omega_0}{\omega}\right) \tag{4-1-27}$$

根据式（4-1-25），以 ω/ω_0 为横坐标，I/I_0 为纵坐标，对不同的 Q 值将画出一组不同的曲线，称为串联谐振电路的谐振曲线，如图 4-1-7 所示。

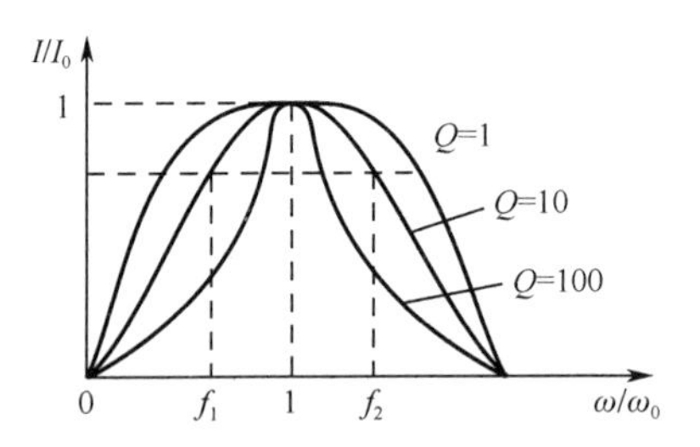

图 4-1-7　串联谐振电路的谐振曲线

当确定一个 Q 值后，这条曲线对不同参数的 RLC 串联谐振电路均适用，故又称为串联谐振电路的通用谐振曲线。幅频特性曲线可以计算得出，或者用实验方法测定。谐振时，$\omega=\omega_0$，$I=I_0$；当 ω 偏离 ω_0 时，$\omega/\omega_0\neq1$，则 $I/I_0<1$。通频带宽度（又称带宽）定义为通用谐振曲线上对应于 $I/I_0=1/\sqrt{2}=0.707$ 的上下两个频率之间的宽度。在一定 ω/ω_0 比值下，Q 值越大，I/I_0 越小，在一定的频率偏移下，电流比下降得越厉害，曲线越尖锐，但带宽 Δf 就越小。这表明，电路对非谐振角频率的电流抑制能力越强，即选择性越好。反之，Q 值越小，选择性就越差，但带宽 Δf 越大。因此，Q 和 Δf 是两个互相制约的指标。

工程上常以 Q 值和通频带宽度 $\Delta f=f_2-f_1$（或 $\Delta\omega=\omega_2-\omega_1=\frac{\omega_0}{Q}$）作为谐振电路的两个定

量指标。这两个指标可以分别由式（4-1-28）和式（4-1-29）表示。

$$\Delta f=\frac{f_0}{Q}\text{或}\Delta\omega=\frac{\omega_0}{Q} \tag{4-1-28}$$

$$\mathrm{BW}=\Delta\omega=\omega_2-\omega_1=\frac{\omega_0}{Q} \tag{4-1-29}$$

影响品质因数大小的重要因素之一是电感线圈的损耗电阻 R，如果 R 非常大，则串联谐振电路将失去选频能力。因此，在实际应用中串联谐振电路应选择小损耗电感线圈，并应在小内阻的电源下工作，才会具有良好的选频能力。

在实际通信技术中，需要接收的信号往往是占有一定频带宽度的，而不是单一频率的正弦信号。如音频信号的带宽为几千赫兹，因此，在接收广播电台的某个信号时，其谐振电路的设计要从两方面考虑。一方面要求谐振曲线在通频带范围内尽可能平坦，以便减小信号失真，为此要求 Q 值小一些为好；另一方面，又希望电路的选择性高，即 Q 值高一些为好。两者之间是矛盾的，实际设计电路时应权衡利弊，兼顾需求。

【例 4-1-3】 如图 4-1-8 所示的 RLC 串联谐振电路中，已知 $u_S(t)=100\cos\omega_0 t$（mV），ω_0 为电路谐振角频率，$C=400\text{pF}$，R 上消耗的功率为 5mW，电路通频带 $\mathrm{BW}=4\times10^4$（rad/s），试求 L、ω_0、U_{Cm}。

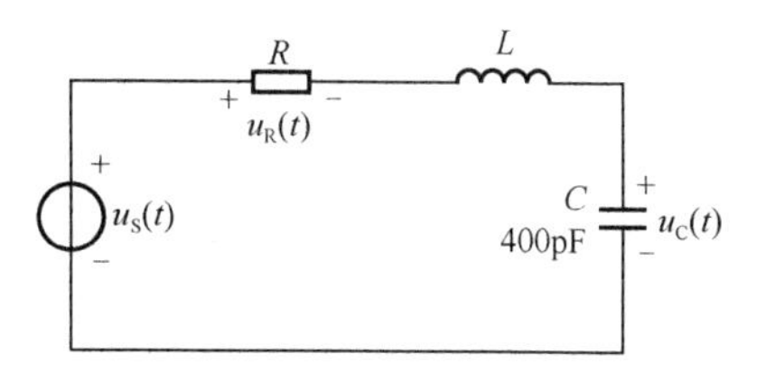

图 4-1-8　例 4-1-3 电路

【解】 因电路处于谐振状态，所以电阻上电压与电源电压相等。

$$P_R=\frac{1}{2}\frac{U_{\mathrm{Rm}}^2}{R}=\frac{1}{2}\frac{U_{\mathrm{Sm}}^2}{R}$$

所以，可得：

$$R=\frac{U_{\mathrm{Sm}}^2}{2P_R}=\frac{(100\times10^{-3})^2}{2\times5\times10^{-3}}=1\ (\Omega)$$

又由式（4-1-10）和式（4-1-22），可以得到：

$$\mathrm{BW}=\frac{\omega_0}{\omega_0 L/R}=\frac{R}{L}=4\times10^4\ (\mathrm{rad/s})$$

$$L=\frac{R}{\mathrm{BW}}=\frac{1}{4\times10^4}=25\ (\mu\mathrm{H})$$

$$\omega_0=\frac{1}{\sqrt{LC}}=\frac{1}{\sqrt{25\times10^{-6}\times400\times10^{-12}}}=10^7\ (\mathrm{rad/s})$$

又由

$$Q=\frac{\omega_0 L}{R}=\frac{10^7\times25\times10^{-6}}{1}=250$$

可以得出：

$$U_{\mathrm{Cm}}=QU_{\mathrm{Sm}}=250\times100\times10^{-3}=25\ (\mathrm{V})$$

【例 4-1-4】 某 RLC 串联谐振电路，电源电压 U=10V，$\omega=104\text{rad/s}$，调节电容 C 使电路中电流表读数达最大值 0.1A，这时电容上电压表读数为 600V，求 R、L、C 的值及电路品质因数、通频带。

【解】 电流表读数达最大时，电路谐振。此时，$I_0 = 0.1\text{A}$，$U_{\text{C0}} = 600\text{V}$，$U = 10\text{V}$ 电源角频率为谐振角频率 $\omega_0 = 104\text{rad/s}$，因此可得：

$$U_{\text{C0}} = \frac{I_0}{\omega_0 C} \Rightarrow C = \frac{I_0}{\omega_0 U_{\text{C0}}} = \frac{0.1}{104 \times 600} \approx 0.16\ (\mu\text{F})$$

$$U_{\text{L0}} = U_{\text{C0}} = \omega_0 L I_0 \Rightarrow L = \frac{U_{\text{C0}}}{\omega_0 I_0} = \frac{600}{104 \times 0.1} \approx 57.7\ (\text{H})$$

$$Q = \frac{U_{\text{C0}}}{U} = \frac{600}{10} = 60$$

$$\text{BW} = \frac{\omega_0}{Q} = \frac{104}{60} \approx 1.73\ (\text{rad/s})$$

【拓展知识 14】 通频带的测量方法

根据概念，可以通过测量电路的谐振曲线来求通频带。测量方法主要采用扫频法，也可以是逐点法。

（1）BW 扫频法：即用扫频仪直接测试。测试时，扫频仪的输出接放大器的输入，放大器的输出接扫频仪检波头的输入，检波头的输出接扫频仪的输入。在扫频仪上观察并记录电路的频率特性曲线，从曲线上读取并记录通频带。

（2）逐点法：又称逐点测量法，就是测试电路在不同频率点下对应的信号大小，利用得到的数据，作出信号大小随频率变化的曲线，根据绘出的谐振曲线，利用定义得到通频带。

具体测量方法如下。

① 用外置专用信号源做扫频源，正弦输入信号的幅值选择适当的大小，并保持不变。

② 示波器同时监测输入、输出波形，确保电路工作正常（电路无干扰、无自激、输出波形无失真）。

③ 改变输入信号的频率，使用毫伏表测量不同频率时输出电压的有效值。

④ 绘出电路的频率特性曲线，在频率特性曲线上读取并记录通频带。测试时，可以先调谐谐振回路使其谐振，记下此时的谐振频率及输出幅值，然后改变信号发生器的频率（保持其输出电压不变），并测出对应的电路输出电压，由于回路失谐后输出电压会下降，故可得曲线，如图 4-1-9 所示。

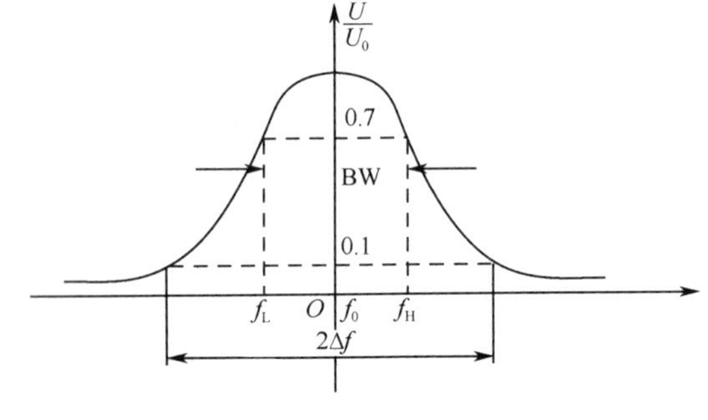

图 4-1-9　频率特性曲线

⑤ 根据绘出的谐振曲线，利用定义得到通频带。

任务 4—2 放大选频回路电路分析与设计（并联谐振电路）

学习导航

学习目标	1. 能充分理解电路谐振的条件
	2. 能掌握并联谐振电路的特点及各项参数
	3. 能了解选频放大器选频电路的设计思路
重点知识要求	1. 并联谐振的概念、条件、特点
	2. 谐振频率、品质因数 Q、通频带宽的关系及计算
关键能力要求	1. 能通过仿真手段研究谐振电路相关特性参数
	2. 进行初步的选频放大器选频电路的设计仿真

任务要求

任务要求	1. 掌握并联谐振的内容及其使用
	2. 熟练掌握波特表的使用及属性设置
	3. 通过仿真手段研究谐振电路相关特性参数，能进行选频放大器选频电路的设计与仿真
任务环境	PC 一台，Multisim 软件开发系统一套
任务分解	1. RLC 并联谐振电路仿真分析
	2. 选频放大器选频电路的设计仿真

实施步骤

RLC 并联谐振电路仿真

1. RLC 并联谐振电路仿真分析

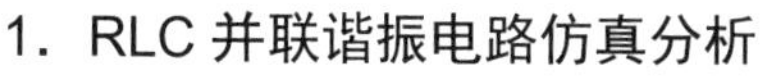

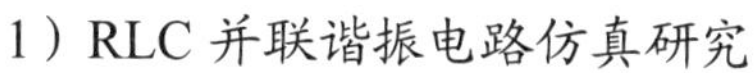

1）RLC 并联谐振电路仿真研究

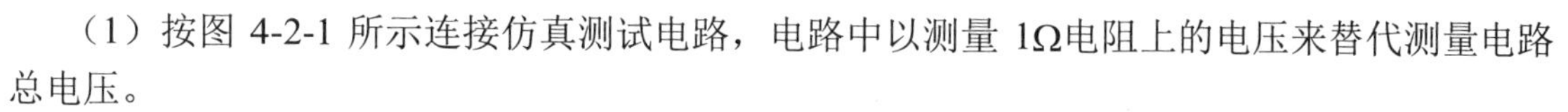

（1）按图 4-2-1 所示连接仿真测试电路，电路中以测量 1Ω电阻上的电压来替代测量电路总电压。

（2）依据表 4-2-1 中的数值改变输入正弦信号频率，测量相关参数，填入表中，探究 RLC 并联谐振电路的支路电流和总电流的关系，分析得出结论。

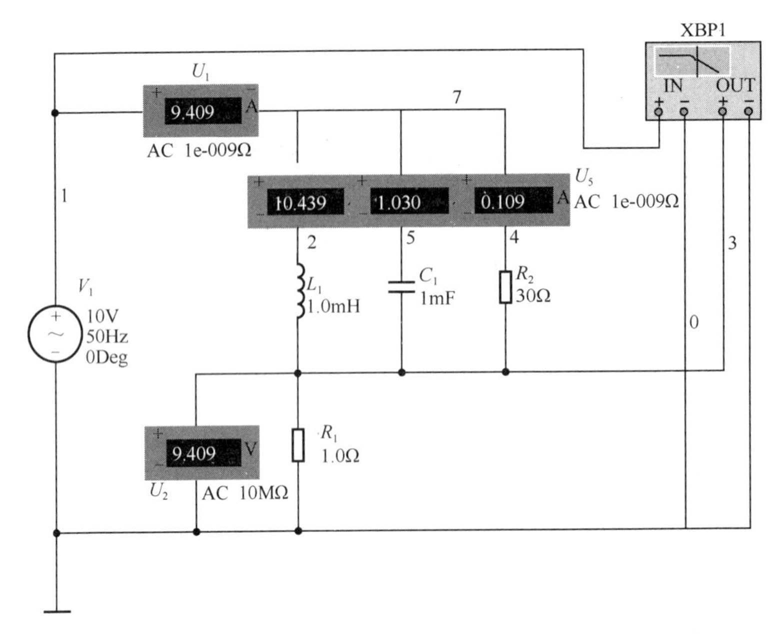

图 4-2-1 RLC 并联谐振测试电路

表 4-2-1 仿真电路电流示数记录表

f	I	I_R	I_L	I_C
f=50Hz				
f=100Hz				
f=150Hz				

2）应用波特图仪检测电路的频率特性

由图 4-2-2 所示曲线分析出谐振频率、通频带。

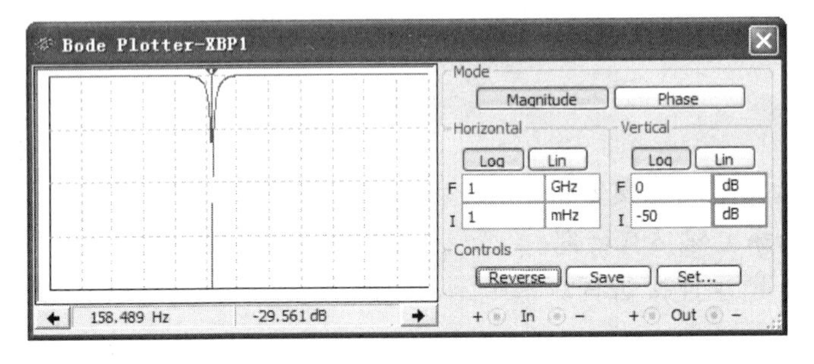

图 4-2-2 波特图仪截屏

相关知识

4.2 RLC 并联谐振电路

4.2.1 RLC 并联谐振电路的定义和特点

串联谐振回路适用于信号源内阻等于零或很小的情况，如果信号源内阻很大，采用串联谐振电路将严重地降低回路的品质因素，使选择性显著变坏（通频带过宽）。这样就必须采用并联谐振回路。

与 RLC 串联电路类似，RLC 并联电路也具有谐振特性。由于两电路存在对偶关系，因此，其谐振特性是完全对偶的。

1. 并联电路的定义

含有电感和电容的电路，如果无功功率得到完全的补偿，如图 4-2-3 所示，同串联谐振电路一样，当端口出现电压相量与电流相量同相时，电路的这一工作状态称为并联谐振。

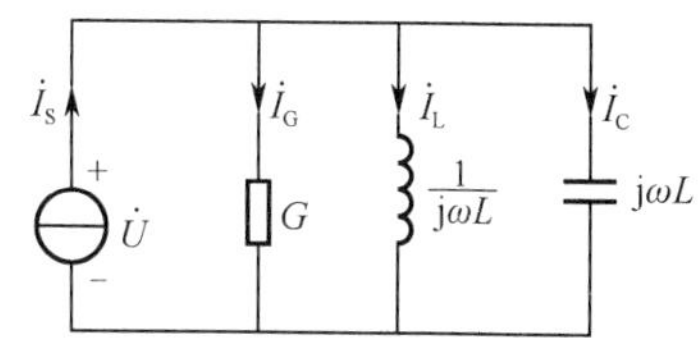

图 4-2-3 RLC 并联谐振电路

在图 4-2-3 所示并联电路中，在电流源的驱动下，电路的总导纳 Y 由式（4-2-1）表示。当改变电源频率，或者改变 L、C 的值时，都会使端口电压达到最大值，使电纳为零，即只有当 $B_L = B_C$ 时，$|Y| = G$，电路呈电阻性，此时我们称电路发生谐振。由于 RLC 元件是并联的，所以又叫并联谐振。

$$\begin{aligned} Y &= Y_R + Y_L + Y_C = \frac{1}{R} + \frac{1}{j\omega L} + j\omega C \\ &= \frac{1}{R} + \frac{1}{jX_L} + \frac{1}{-jX_C} \\ &= \frac{1}{R} - j\left(\frac{1}{X_L} - \frac{1}{X_C}\right) \\ &= G + j(B_C - B_L) \end{aligned} \tag{4-2-1}$$

由式（4-2-1）可得，其导纳模由式（4-2-2）表示。

$$|Y| = \sqrt{\frac{1}{R^2} + \left(\frac{1}{X_L} - \frac{1}{X_C}\right)^2} \tag{4-2-2}$$

相应的阻抗为导纳的倒数，其阻抗模可由式（4-2-3）表示。

$$|Z| = \frac{1}{\sqrt{\frac{1}{R^2} + \left(\frac{1}{X_L} - \frac{1}{X_C}\right)^2}} \tag{4-2-3}$$

导纳 Y 是频率 ω 的函数，当导纳 Y 的虚部为零时，即当 $\omega C = 1/\omega L$ 时 $Y = G$，此时角频率用 ω_0 表示，则由 $\omega_0 C = 1/\omega_0 L$ 可求得电路的固有频率（谐振频率）。

2. 并联电路谐振的条件

因为谐振时端口电压与电流同相，故谐振时，应有：

$$I_m[Y(j\omega)] = 0 \tag{4-2-4}$$

即并联谐振的条件是 $B_L = B_C$，发生并联谐振时用谐振角频率 ω_0 来表示谐振时的 ω，则可以得到式（4-2-5）。根据上述定义，用式（4-2-5）表示 RLC 并联电路发生谐振的条件。

$$\omega_0 L = \frac{1}{\omega_0 C} \quad 或 \quad \omega_0 L - \frac{1}{\omega_0 C} = 0 \tag{4-2-5}$$

满足上述条件，电路发生谐振，式（4-2-5）称为并联谐振发生的条件。式中 ω_0 为谐振时的角频率，此时的谐振角频率可由式（4-2-6）表示。谐振频率可由式（4-2-7）表示。

$$\omega_0 = \frac{1}{\sqrt{LC}} \tag{4-2-6}$$

$$f_0 = \frac{1}{2\pi\sqrt{LC}} \tag{4-2-7}$$

可见，电路是否发生谐振完全由电路的参数 L、C 和外加电源的角频率 ω 决定，而与电压、电流的有效值无关。它反映了并联电路的一种固有性质，而且对于每一个 RLC 并联电路，总有一个对应的谐振频率 f_0。

3．并联谐振的特点

（1）谐振时，输入导纳 $|Y|$ 最小且为纯电导，阻抗最大。当信号源的频率 ω 等于并联电路的固有频率 ω_0 时，电路的感抗和容抗相等，回路工作于谐振状态，电路导纳 $Y=G$ 达到最小值，电路的复阻抗 $|Z|$ 最大。$X_L = X_C$，$|Z| = R$。电路阻抗为纯电阻性。

（2）谐振时，电路中的端口电压最大，且与电源电流同相。因为谐振时，导纳最小，阻抗最大，因此回路端电压也达最大值，其值为 $U(\omega_0) = \dfrac{I_G}{G} = I_G R$，电压与电流同相。当电源频率偏离 ω_0 时，回路端电压不断减小。

（3）谐振时，因电路为纯电阻电路，故总电流与电源电压同相。端口电压最大，由式（4-2-8）表示，且与总电流同相位。

$$U = I|Z| = \frac{I}{G} \tag{4-2-8}$$

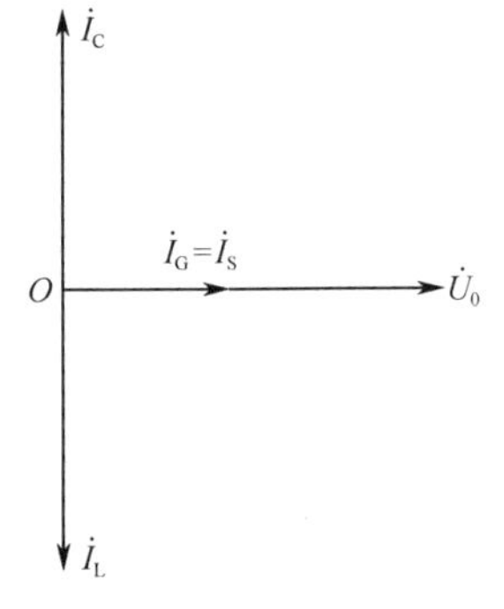

图 4-2-4　并联谐振电流相量图

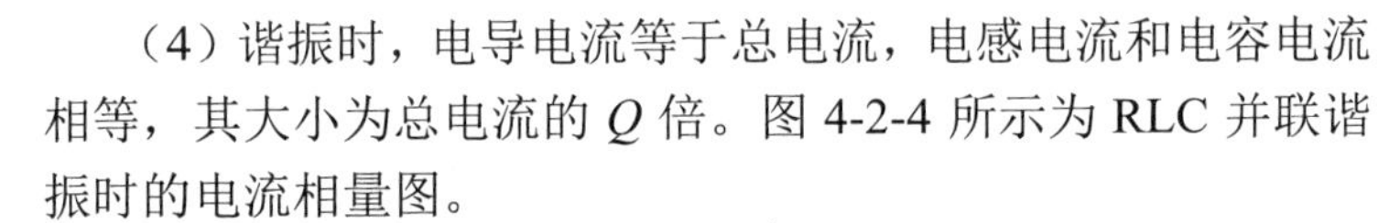

（4）谐振时，电导电流等于总电流，电感电流和电容电流相等，其大小为总电流的 Q 倍。图 4-2-4 所示为 RLC 并联谐振时的电流相量图。

并联谐振时电流的相量关系如图 4-2-4 所示，电容电流和电感电流大小相等但相位相反，两者的相量和为零。所以图 4-2-3 所示电路模型电流源电流全部流入电阻支路。当谐振电路稳定后，实质上是电感和电容相互交换能量，而不和信号源交换能量，即信号源提供的能量全部消耗于负载电阻之中。

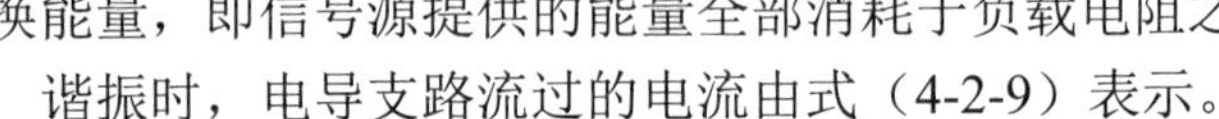

谐振时，电导支路流过的电流由式（4-2-9）表示。

$$\dot{I}_G = G\dot{U} = G\frac{\dot{I}_S}{Y(j\omega_0)} = G\frac{\dot{I}_S}{G} = \dot{I}_S \tag{4-2-9}$$

谐振时电感支路流过的电流由式（4-2-10）表示。

$$\dot{I}_L = -j\frac{\dot{U}}{\omega_0 L} = -j\frac{\dot{I}_S}{\omega_0 LG} = -jQ\dot{I}_S \tag{4-2-10}$$

谐振时电容支路流过的电流由式（4-2-11）表示。

$$\dot{I}_C = -j\omega_0 C\dot{U} = j\frac{\omega_0 C}{G}\dot{I}_S = jQ\dot{I}_S \tag{4-2-11}$$

谐振时电纳电流相量由式（4-2-12）表示。

$$\dot{I}_B = \dot{I}_L + \dot{I}_C = -jQ\dot{I}_S + jQ\dot{I}_S = 0 \tag{4-2-12}$$

谐振时总电流相量由式（4-1-13）表示。

$$\dot{I}=\dot{I}_R+\dot{I}_L+\dot{I}_C=\dot{I}_S-jQ\dot{I}_S+jQ\dot{I}_S=\dot{I}_S \tag{4-2-13}$$

可见，谐振时电感、电容电流都为输入电流的 Q 倍，电容电流和电感电流大小相等、方向相反，它们在回路中形成环流，电源只给电阻提供电流。并联时，电流 $\dot{I}_L+\dot{I}_C=0$，LC 相当于开路，所以并联谐振也称电流谐振，此时电源电流全部通过电导，即 $\dot{I}_G=\dot{I}_S$。

（5）品质因数 Q。

并联谐振电路中，电路的品质因数 Q 被定义为谐振时的感纳或容纳与电导的比值。电感电流和电容电流表示式中的 Q 称为并联电路的品质因数，见式（4-2-14）。

$$Q=\frac{\omega_0 C}{G}=\frac{1}{\omega_0 GL}=\omega_0 CR=\frac{R}{\omega_0 L}=\frac{1}{G}\sqrt{\frac{C}{L}} \tag{4-2-14}$$

【例 4-2-1】 如图 4-2-5 所示电路 $i_S(t)=\sqrt{2}\cos\omega_0 t$（A），若 ω_0 为谐振频率，则 I_{C0} 等于多少？

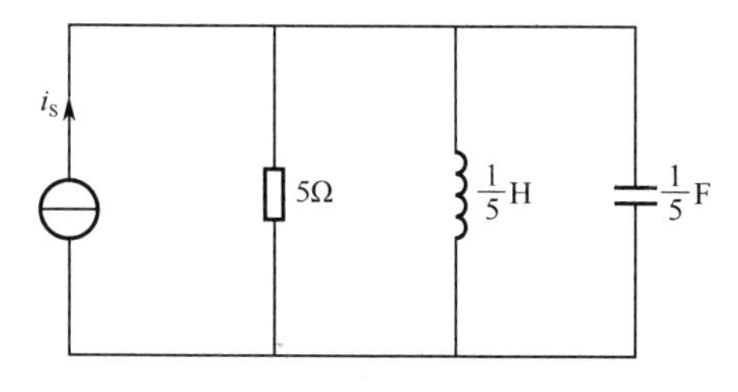

图 4-2-5 例 4-2-1 电路

【解】 根据式（4-2-6）可得

$$\omega_0=\frac{1}{\sqrt{LC}}=\frac{1}{\sqrt{\frac{1}{5}\times\frac{1}{5}}}=5\text{（rad/s）}$$

$$Q=\frac{\omega_0 C}{G}=\frac{5\times\frac{1}{5}}{\frac{1}{5}}=5$$

$$\dot{I}_S=1\angle 0^\circ\text{（A）}$$

$$\dot{I}_{C0}=jQ\dot{I}_S=j\times 5\times 1=5j$$

$$I_{C0}=5\text{（A）}$$

【例 4-2-2】 试设计 RLC 并联电路。使电路的谐振频率为 10^6 Hz，品质因数为 50，谐振时电阻电流为 0.2A，若输入电压为 10V，求元件的电容值和电感值。

【解】 谐振时

$$I_R=\frac{U}{R}$$

因此可得出电阻大小为

$$R=\frac{U}{I_R}=\frac{10}{0.2}=50\text{（Ω）}$$

根据题意可知

$$Q = 50 = \frac{R}{\omega_0 L} = \frac{R}{2\pi f_0 L} = 2\pi f_0 CR$$

则可以换算得

$$L = \frac{R}{2\pi f_0 Q} = \frac{50}{2 \times 3.14 \times 10^6 \times 50} \approx 1.6 \times 10^{-7} = 0.16\text{（μH）}$$

$$C = \frac{Q}{2\pi f_0 R} = \frac{50}{2 \times 3.14 \times 10^6 \times 50} \approx 1.6 \times 10^{-7} = 0.16\text{（μF）}$$

【例 4-2-3】 如图 4-2-6 所示，已知 R=5kΩ，L=100μH，C=400pF，端口电流大小 I_S=2mA，当电源角频率为多少时电路发生谐振？求谐振时各支路电流和电路两端电压。

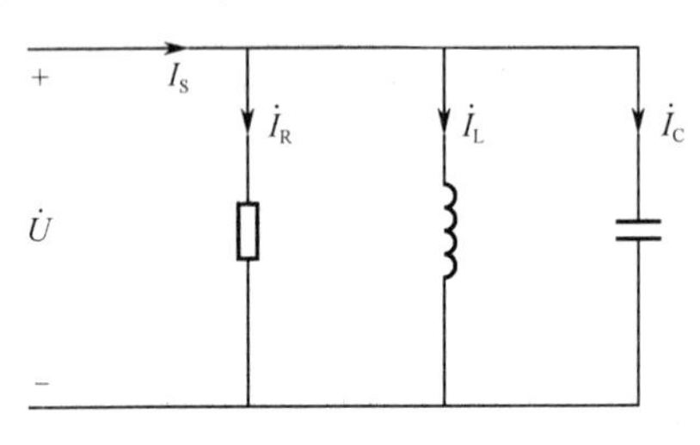

图 4-2-6 例 4-2-3 电路

【解】 电路谐振，角频率表示为：

$$\omega = \omega_0 = \frac{1}{\sqrt{LC}} = \frac{1}{\sqrt{100 \times 10^{-6} \times 400 \times 10^{-12}}} = 5 \times 10^6\text{（rad / s）}$$

谐振阻抗为：$Z = R = 5\text{k}\Omega$

电路两端电压为：$U = RI_S = 5 \times 10^3 \times 2 \times 10^{-3} = 10$（V）

各支路电流有效值为：

$$I_R = I_S = 2\text{（mA）}$$

$$I_L = \frac{U}{\omega_0 L} = \frac{10}{5 \times 10^6 \times 100 \times 10^{-6}} = 20\text{（mA）}$$

$$I_C = \omega_0 CU = 5 \times 10^6 \times 400 \times 10^{-12} \times 10 = 20\text{（mA）}$$

4.2.2 并联谐振的功率

在 RLC 并联电路中，感纳 $B_L = \frac{1}{\omega L}$，容纳 $B_C = \omega C$ 和电纳 $B = B_C - B_L$ 随频率变化的曲线称为这些量的频率特性，如图 4-2-7 所示，当 $\omega = \omega_0$ 时，$B_L = B_C$，$B = 0$，电路发生谐振。

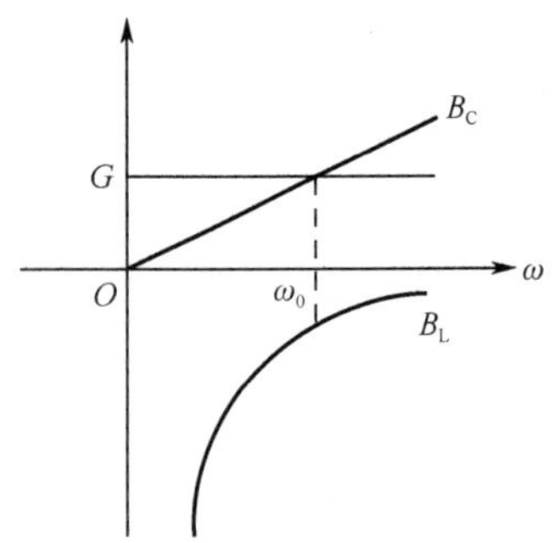

图 4-2-7 感纳和容纳的频率特性

【小贴士】 如图 4-2-7 所示，当 $\omega < \omega_0$ 时，电路呈感性；当 $\omega > \omega_0$ 时，电路呈容性；当 $\omega = \omega_0$ 时，电路呈纯电导性质，此时电路产生谐振。

并联谐振时，全电路的有功功率表示为式（4-2-15）。即电源向电路输送电阻消耗的功率，电阻功率达最大。

$$P = UI = \frac{U^2}{G} \tag{4-2-15}$$

并联谐振时，全电路的无功功率见式（4-2-16）。

$$Q = UI\sin\varphi = Q_{\mathrm{L}} + Q_{\mathrm{C}} = 0 \tag{4-2-16}$$

即可等效推导出式（4-2-17）。

$$|Q_{\mathrm{L}}| = |Q_{\mathrm{C}}| = \omega_0 CU^2 = \frac{U^2}{\omega_0 L} \tag{4-2-17}$$

即电源不向电路输送无功功率，电感中的无功功率与电容中的无功功率大小相等，互相补偿，彼此进行能量交换。

4.2.3 并联谐振电路的频率特性

并联谐振曲线描述的是并联谐振电路中电压的频率特性。为研究电压比$\dot{U}/\dot{U}_0$的特性，写出回路端电压，如式（4-2-18）所示。

$$\dot{U} = Z\dot{I}_{\mathrm{S}} = \frac{\dot{I}_{\mathrm{S}}}{\frac{1}{R} + \mathrm{j}\left(\omega C - \frac{1}{\omega L}\right)} = \frac{R\dot{I}_{\mathrm{S}}}{1 + \mathrm{j}\left(\omega CR - \frac{R}{\omega L}\right)} = \frac{\dot{U}_0}{1 + \mathrm{j}\left(\omega CR - \frac{R}{\omega L}\right)} \tag{4-2-18}$$

可以由此等效推导出式（4-2-19）。

$$\frac{\dot{U}}{\dot{U}_0} = \frac{1}{1 + \mathrm{j}\left(\omega CR - \frac{R}{\omega L}\right)} \tag{4-2-19}$$

在式（4-2-19）中，等号右边分母变换可得式（4-2-20）。

$$\frac{\dot{U}}{\dot{U}_0} = \frac{1}{1 + \mathrm{j}Q\left(\frac{\omega}{\omega_0} - \frac{\omega_0}{\omega}\right)} \tag{4-2-20}$$

则可得出，幅频特性为式（4-2-21），相频特性为式（4-2-22）。

$$\frac{U}{U_0} = \frac{1}{\sqrt{1 + Q^2\left(\frac{\omega}{\omega_0} - \frac{\omega_0}{\omega}\right)^2}} \tag{4-2-21}$$

$$\varphi(\omega) = -\arctan Q\left(\frac{\omega}{\omega_0} - \frac{\omega_0}{\omega}\right) \tag{4-2-22}$$

将式（4-2-21），式（4-2-22）与式（4-1-26），式（4-1-27）对照，这两套公式在形式上相似，因此可以想象由此画出的曲线应该是相似的，只需将纵坐标I/I_0相应地改为U/U_0即可。对于并联谐振回路，式（4-2-21）表示在电流源作用下，并联回路端电压的频率特性。而式（4-2-22）则表示电压超前电流的相位的频率特性。在谐振时，并联谐振回路呈现为高阻抗和相应的高电压，而失谐时回路阻抗和端电压急剧减少。因此，当由许多不同频率的正弦分量所组成的信号通过回路时，并联谐振回路能够选择出以回路谐振频率为中心，及其附近很窄频率范围内的信号。通频带的定义及其计算公式也与串联谐振回路相同。对于并联谐振电路的特性可用对偶的方法去理解和研究，这里不再赘述。

与 RLC 串联谐振电路是一致的，因此 RLC 并联电路同样具有带通滤波特性，其通频带如式（4-2-23）所示。

$$BW = \frac{\omega_0}{Q} = \frac{G}{C} = \frac{1}{RC} \tag{4-2-23}$$

【拓展知识 15】 小信号调谐放大器

基本电路构成如图 4-2-8 所示，放大器工作在晶体管的线性范围内。晶体管集电极负载通常是一个由 LC 组成的并联谐振电路。由于 LC 并联谐振回路的阻抗是随着频率变化而变化的，理论上可以分析，并联谐振在谐振频率处呈现纯阻性，并达到最大值。即放大器在回路谐振频率上将具有最大的电压增益。若偏离谐振频率，输出增益减小。总之，调谐放大器不仅具有对特定频率信号的放大作用，同时也起滤波和选频的作用。

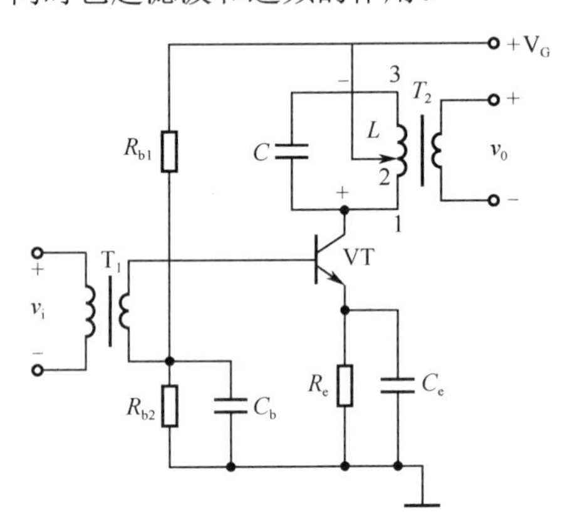

图 4-2-8　小信号调谐放大器

高频小信号调谐放大器的主要质量指标如下。

（1）谐振频率。

放大器调谐回路谐振时所对应的频率称为放大器的谐振频率，理论上，对于 LC 组成的并联谐振电路，谐振频率的表达式为（4-2-24）。

$$f = \frac{1}{2\pi\sqrt{LC}} \tag{4-2-24}$$

式中，L 为调谐回路电感线圈的电感量，C 为调谐回路的总电容。

谐振频率的测试方法：放大器的调谐回路谐振时所对应的频率称为放大器的谐振频率，可以用扫频仪测出电路的幅频特性曲线，另外，也可以通过点频法改变输入信号频率，得到输出增益随频率变化的幅频特性曲线，电压谐振曲线的峰值即对应谐振频率点。

（2）谐振增益 Av。

Av 放大器的谐振电压增益：放大器处在谐振频率 f_0 下，输出电压与输入电压之比。

Av 的测量方法：当谐振回路处于谐振状态时，用高频毫伏表测量输入信号和输出信号大小，并计算。

（3）通频带：通常规定放大器的电压增益下降到最大值的 0.707 时所对应的频率范围为高频放大器的通频带，用 BW 表示，也称 3dB 带宽。

$$\mathrm{BW}=f_{\mathrm{H}}-f_{\mathrm{L}}=2\Delta f_{0.7}=\frac{f_0}{Q} \qquad (4\text{-}2\text{-}25)$$

式（4-2-25）中，Q 为谐振回路的有载品质因数。当晶体管选定后，回路总电容为定值时，谐振电压放大倍数与通频带的乘积为一常数。

（4）选择性：从含有各种不同频率的信号总和（有用和有害的）中选出有用信号、排除有害（干扰）信号的能力，称为放大器的选择性。衡量选择性的基本指标一般有两个：矩形系数和抑制比。矩形系数通常用 K0.1 表示，它定义电路在截止频率附近响应曲线变化的陡峭程度，它的值是 60dB 带宽与 3dB 带宽的比值。理想的频带滤波器应该对通频带内的频谱分量有同样的放大能力，而对通频带以外的频谱分量要完全抑制，所以理想的频带放大器的频响曲线应是矩形，但实际的频响曲线与矩形有较大的差异。

（5）稳定性：指放大器的工作状态（直流偏置）、晶体管的参数、电路元件参数等发生可能的变化时，放大器主要特性的稳定程度。

（6）噪声系数：高频放大器由多级组成，降低噪声系数的关键在于减小前级电路的内部噪声。因此，在设计前级放大器时，要求采用低噪声器件、合理地设置工作电流等，使放大器在尽可能高的功率增益下噪声系数最小。噪声系数越接近 1 越说明噪声越小，电路的性能越好。

项目总结

1. 串联谐振

发生串联谐振的条件：$X=0$，即 $\omega L=\dfrac{1}{\omega C}$。

谐振角频率：$\omega_0=\dfrac{1}{\sqrt{LC}}$。

谐振频率：$f_0=\dfrac{1}{2\pi\sqrt{LC}}$。

特性阻抗：$\rho=\omega_0 L=\dfrac{1}{\omega_0 C}=\sqrt{\dfrac{L}{C}}$。

品质因数：$Q=\dfrac{\omega_0 L}{R}=\dfrac{1}{\omega_0 CR}=\dfrac{1}{R}\sqrt{\dfrac{L}{C}}=\dfrac{\rho}{R}$。

通频带宽：$\mathrm{BW}=\Delta\omega=\omega_2-\omega_1=\dfrac{\omega_0}{Q}$。

（Q 值越大，则谐振曲线越尖锐，电路的选择性也越好，频宽越小；Q 值越小，选择性较差，频宽越大。）

无功功率：$Q=UI\sin\varphi=0$（$Q_C+Q_L=0$）。

有功功率：$P=UI\cos\varphi=UI$。

串联谐振的特点：谐振时 $Z=R$，阻抗最小，电流最大。电感电压 $\dot{U}_L$ 和电容电压 $\dot{U}_C$ 的有效值相等，相位相反，互相抵消，且 $U_C=U_L=QU$，因此，串联谐振又称电压谐振。

谐振时电感电容之间进行能量交换，而与电源之间无能量交换。

2．并联谐振

发生并联谐振的条件：$B=0$，即 $\omega L=\dfrac{1}{\omega C}$。

谐振角频率：$\omega_0=\dfrac{1}{\sqrt{LC}}$。

谐振频率：$f_0=\dfrac{1}{2\pi\sqrt{LC}}$。

品质因数：$Q=\dfrac{\omega_0 C}{G}=\dfrac{1}{\omega_0 GL}=\omega_0 CR=\dfrac{R}{\omega_0 L}=\dfrac{1}{G}\sqrt{\dfrac{C}{L}}$。

通频带宽：$\mathrm{BW}=\dfrac{\omega_0}{Q}=\dfrac{G}{C}=\dfrac{1}{RC}$。

无功功率：$Q=UI\sin\Phi=0$（$Q_C+Q_L=0$）。

有功功率：$P=UI=\dfrac{U^2}{G}$。

并联谐振的特点：谐振时，电路导纳 $Y=G$ 达到最小值，电路的复阻抗 $|Z|$ 最大，电路中的端口电压最大，且与电源电流同相。电感电流 $\dot{I}_L$ 和电容电流 $\dot{I}_C$ 的有效值相等，相位相反，互相抵消，且 $I_C=I_L=QI$，因此，并联谐振又称为电流谐振。

自测练习4

一、填空题

1．在含有电感、电容的电路中，出现总电压、电流同相位，这种现象称为________。这种现象若发生在串联电路中，则电路中阻抗________，电压一定时电流________，且在电感和电容两端将出现________现象；该现象若发生在并联电路中，电路阻抗将________，电压一定时电流则________，但在电感和电容支路中将出现________现象。

2．谐振发生时，电路中的角频率 $\omega_0=$________，$f_0=$________。

3．串联谐振电路的特性阻抗 $\rho=$________，品质因数 $Q=$________。

4．理想并联谐振电路谐振时的阻抗 $Z=$________，总电流=________。

5．在实际应用中，并联谐振电路在未接信号源时，电路的谐振阻抗为 R，接入信号源后，电路谐振时的阻抗变为________，电路的品质因数也由 $Q_0=$________变为 $Q=$________，从而使并联谐振电路的选择性变________，通频带变________。

6．交流多参数的电路中，负载获取最大功率的条件是________；负载上获取的最大功率 $P_L=$________。

7．谐振电路的应用，主要体现在用于________，用于________和用于________。

8．品质因数越________，电路的________性越好，但不能无限制地加大品质因数，否则将造成________变窄，致使接收信号产生失真。

二、判断题

1．串联谐振电路不仅广泛应用于电子技术中，也广泛应用于电力系统中。（　　）

2．谐振电路的品质因数越高，电路选择性越好，因此实用中 Q 值越大越好。（　　）

3．串联谐振在 L 和 C 两端将出现过电压现象，因此也把串联谐振称为电压谐振。（　　）

4．并联谐振在 L 和 C 支路上出现过流现象，因此常把并联谐振称为电流谐振。（　　）

5．串联谐振电路的特性阻抗 ρ 在数值上等于谐振时的感抗与线圈铜耗电阻的比值。（　　）

6．理想并联谐振电路对总电流产生的阻碍作用无穷大，因此总电流为零。（　　）

7．无论是直流电路还是交流电路，负载上获得最大功率的条件都是 $R_L = R_0$。（　　）

8．RLC 多参数串联电路由感性变为容性的过程中，必然经过谐振点。（　　）

9．品质因数高的电路对非谐振频率电流具有较强的抵制能力。（　　）

10．谐振状态下电源供给电路的功率全部消耗在电阻上。（　　）

三、单项选择题

1．RLC 并联电路在 f_0 时发生谐振，当频率增加到 $2f_0$ 时，电路性质呈（　　）。

A．电阻性　　B．电感性　　C．电容性

2．处于谐振状态的 RLC 串联电路，当电源频率升高时，电路将呈现出（　　）。

A．电阻性　　B．电感性　　C．电容性

3．下列说法中，（　　）是正确的。

A．串联谐振时阻抗最小　　B．并联谐振时阻抗最小　　C．电路谐振时阻抗最小

4．下列说法中，（　　）是不正确的。

A．并联谐振时电流最大　　B．并联谐振时电流最小　　C．理想并联谐振时总电流为零

5．发生串联谐振的电路条件是（　　）。

A．$\dfrac{\omega_0 L}{R}$　　B．$f_0 = \dfrac{1}{\sqrt{LC}}$　　C．$\omega_0 = \dfrac{1}{\sqrt{LC}}$

6．正弦交流电路中，负载上获得最大功率的条件是（　　）。

A．$R_L = R_0$　　B．$Z_L = Z_S$　　C．$Z_L = Z_S^*$

四、简答题

1．何谓串联谐振，串联谐振时电路有哪些重要特征？

2．发生并联谐振时，电路具有哪些特征？

3．为什么把串联谐振称为电压谐振，而把并联谐振电路称为电流谐振？

4．何谓串联谐振电路的谐振曲线？说明品质因数 Q 值的大小对谐振曲线的影响。

5．串联谐振电路的品质因数与并联谐振电路的品质因数相同吗？

6．谐振电路的通频带是如何定义的，它与哪些量有关？

7．LC 并联谐振电路接在理想电压源上是否具有选频性，为什么？

五、计算分析题

1．已知一串联谐振电路的参数 $R = 10\Omega$，$L = 0.13\text{mH}$，$C = 558\text{pF}$，外加电压 $U = 5\text{mV}$。试求电路在谐振时的电流、品质因数及电感和电容上的电压。

2．已知串联谐振电路的谐振频率 $f_0 = 700\text{kHz}$，电容 $C = 2000\text{pF}$，通频带宽度 $B = 10\text{kHz}$，试求电路电阻及品质因数。

3．已知串联谐振电路的线圈参数为 $R = 1\Omega$，$L = 2\text{mH}$，接在角频率 $\omega = 2500\text{rad/s}$ 的 10V 电压源上，求电容 C 为何值时电路发生谐振，求谐振电流 I_0、电容两端电压 U_C、线圈两端电压 U_{RL} 及品质因数 Q。

4．已知如自测图 4-1 所示并联谐振电路的谐振角频率，$\omega = 5\times10^6\text{rad/s}$，$Q = 100$，谐振时电路阻抗等于 $2\text{k}\Omega$，试求电路参数 R、L 和 C。

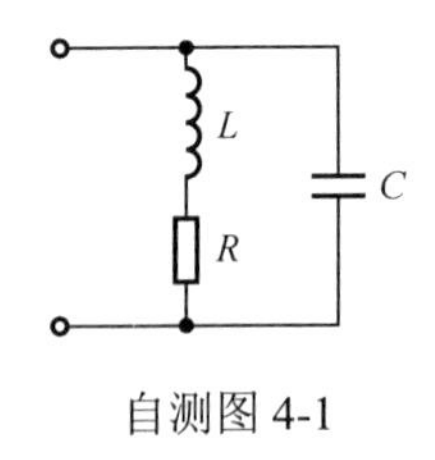

自测图 4-1

5．已知谐振电路如自测图 4-1 所示，电路发生谐振时 RL 支路电流等于 15A，电路总电流为 9A，试用相量法求出电容支路电流 I_C。

6．如自测图 4-2 所示电路，其中 $u=100\sqrt{2}\cos 314t$，调节电容 C 使电流 i 与电压 u 同相，此时测得电感两端电压为 200V，电流 I＝2A。求电路中参数 R、L、C，当频率下调为 $f_0/2$ 时，电路呈何种性质？

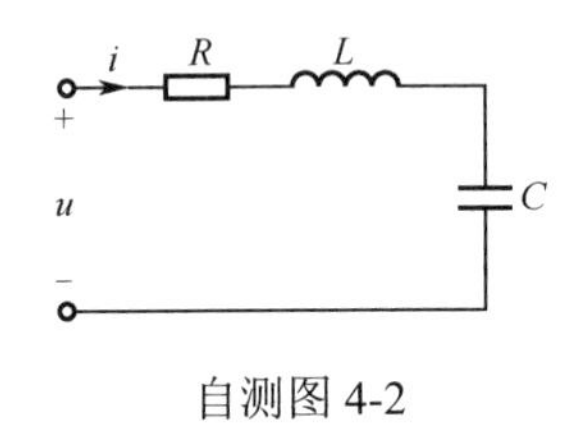

自测图 4-2

项目5 三相电路分析及实践

项目导入

前面研究的正弦交流电路每个电源都只有两个输出端，输出一个电压或电流，习惯上称这种电路为单相交流电路。但在电力系统中，电能的产生、传输和分配几乎都采用了三相制。所谓三相制，就是由三个同频率、等幅值、相位依次相差120°的正弦电压源作为电源供电的体系。三相制系统之所以得到广泛的应用，是因为三相制系统有许多优点。本项目将在前面正弦交流电路的基础上，分析对称三相电源、三相负载的连接及其特点，介绍对称三相电路的分析计算、不对称星形电路的分析计算及三相电路的功率计算。

任务5—1 对称三相电路的认识与测量

学习导航

学习目标	1．识别、选择、连接符合要求的三相电路
	2．对三相电路进行基本测量
	3．用 Multisim 对不同连接的三相电路进行虚拟仿真测量和分析
	4．用相量图法进行分析，对三相电路的电压、电流、功率进行一定的工程测量和计算
重点知识要求	1．对称三相电路的相、线电压与电流的大小和相位关系
	2．三相电路的各功率关系
	3．三相电路有功功率的几种测量方法
关键能力要求	1．对 Multisim 仿真软件灵活应用
	2．用相量图法分析三相电路，进行一定的工程测量和计算

任务要求

任务要求	1．绘制出三相交流电源的连接及波形图
	2．学习瓦特表的使用及设置
	3．仿真分析三相电路的相关内容
	4．掌握三瓦法测试及二瓦法测试方法
任务环境	电工实验台、PC 一台、Multisim 软件开发系统一套

续表

任务分解	1. 认识三相电源
	2. 三相对称星形负载的电压、电流测量
	3. 三相对称三角形负载的电压、电流测量
	4. 三相电路的功率测试

1. 认识三相电源

1）实验认识三相电源，测量电源电压

搭建一对称三相星形电源，接入示波器，测量ABC三相电压波形，并绘出图形，如图5-1-1所示。

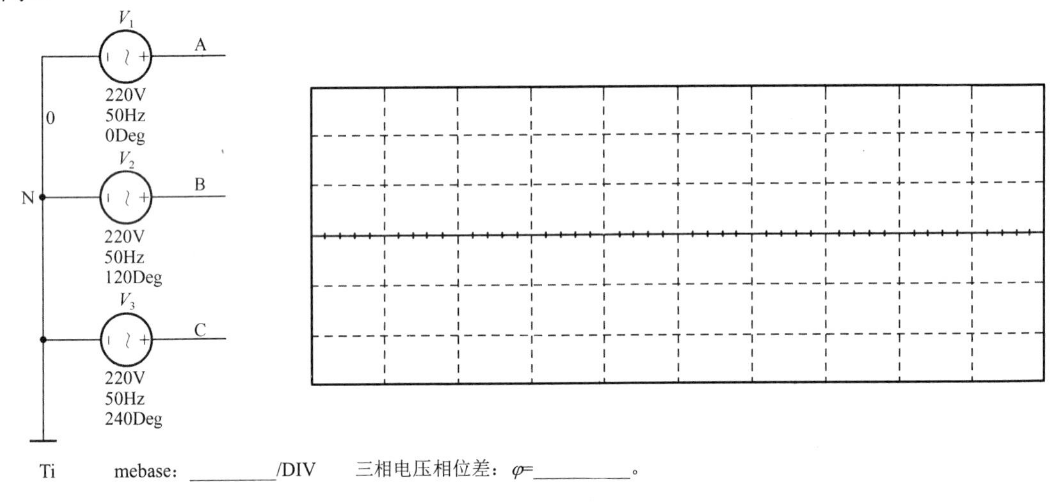

图5-1-1 三相电压波形测量图

2）三相负载的连接，三相电源系统的种类及特点

（1）负载应做星形连接时，三相负载的额定电压等于电源的相电压。这种连接方式的特点是三相负载的末端连在一起，而始端分别接到电源的三根相线上。

（2）负载应做三角形连接时，三相负载的额定电压等于电源的线电压。这种连接方式的特点是三相负载的始端和末端依次连接，然后将三个连接点分别接至电源的三根相线上。

（3）电流、电压的“线量”与“相量”关系。

测量电流与电压的线量与相量关系是在对称负载的条件下进行的，画仿真图时要注意。

负载对称星形连接时，线量与相量的关系为：

$$U_L=\sqrt{3}U_P，\ I_L=I_P \qquad (5\text{-}1\text{-}1)$$

负载对称三角形连接时，线量与相量的关系为：

$$U_L=U_P，\ I_L=\sqrt{3}I_P \qquad (5\text{-}1\text{-}2)$$

（4）星形连接时中性线的作用。

三相四线制负载对称时中性线上无电流，不对称时中性线上有电流。中性线的作用是能将三相电源及负载变成三个独立回路，保证在负载不对称时仍能获得对称的相电压。

如果中性线断开，这时线电压仍然对称，但每相负载原先所承受的对称相电压被破坏，各相负载承受的相电压高低不一，有的可能会造成欠压，有的可能会过载。

2. 三相对称星形负载的电压、电流测量与分析

三相星形负载测试仿真

搭建一个典型三相供电系统——三相四线系统，测量相线电压电流，理解各物理量含义和特点。

（1）使用 Multisim 软件绘制电路图仿真，图 5-1-2 中相电压有效值为 220V。

（2）正确接入电压表和电流表，J_1 打开，J_2、J_3 闭合，测量对称星形负载在三相四线制（有中性线）时各线电压、相电压、相（线）电流和中性线电流、中性点位移电压，记入表 5-1-1 中。

（3）打开开关 J_2，测量对称星形负载在三相三线制（无中性线）时电压、相电压、相（线）电流、中性线电流和中性点位移电压，记入表 5-1-1 中。

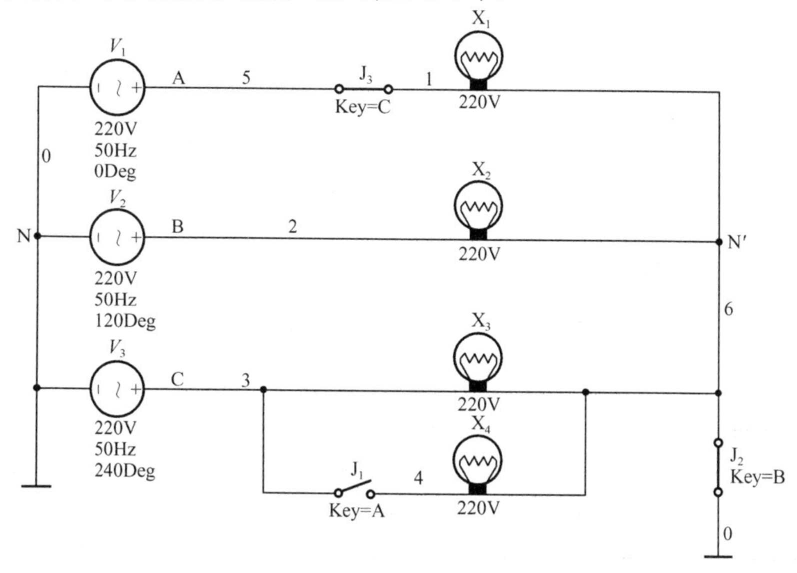

图 5-1-2 三相四线制供电图

表 5-1-1 三相对称星形负载的电压、电流

分类 \ 项目		线电压/V			相电压/V			线电流/A			$I_{N'N}$/A	$U_{N'N}$/V
		U_{AB}	U_{BC}	U_{CA}	U_{AN}	U_{BN}	U_{CN}	I_A	I_B	I_C		
负载对称	有中性线											
	无中性线											

（4）根据测量数据分析三相对称星形负载连接时电压、电流“线量”与“相量”的关系，总结结论。

3. 三相对称三角形负载的电压、电流测量与分析

三相负载三角形连接测试演示

搭建三角形负载电路，测量相、线电压、电流值，分析比较大小和相位关系。

（1）使用 Multisim 软件绘制电路图仿真，图 5-1-3 中相电压有效值为 120V。

（2）正确接入电压表和电流表，测量 J_1 闭合时各线电压、相电流、线电流，记入表 5-1-2 中。

（3）根据实验数据分析三相对称负载三角形连接时，线电流与相电流，相电压与线电压的关系。

（4）根据测量数据分析三相对称负载星形连接时电压、电流“线量”与“相量”的关系，总结结论。

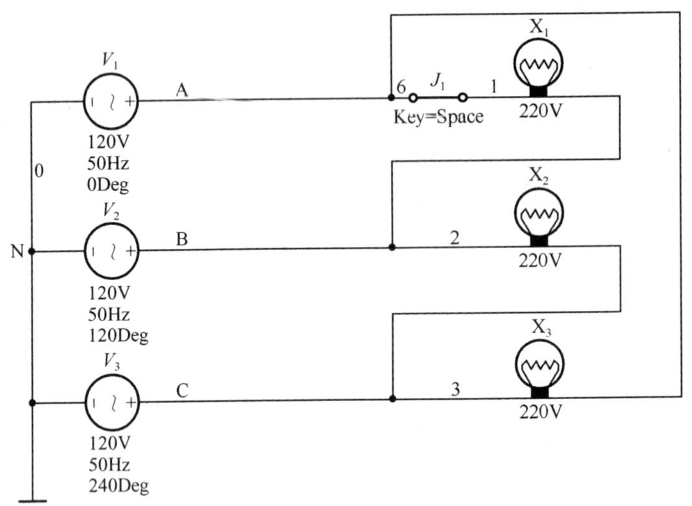

图 5-1-3　三相负载三角形连接实验电路图

表 5-1-2　三相三角形负载的电压、电流

项目 / 分类	线电压/V			相电压/V			线电流/A		
	U_{AB}	U_{BC}	U_{CA}	U_{AB}	U_{BC}	U_{CA}	U_{AB}	U_{BC}	U_{CA}
对称负载									

4. 三相电路的功率测试

（1）分析 P、Q、S 值的工程公式。

（2）仿真实验，测量功率情况。

① 画如图 5-1-4 所示图形。

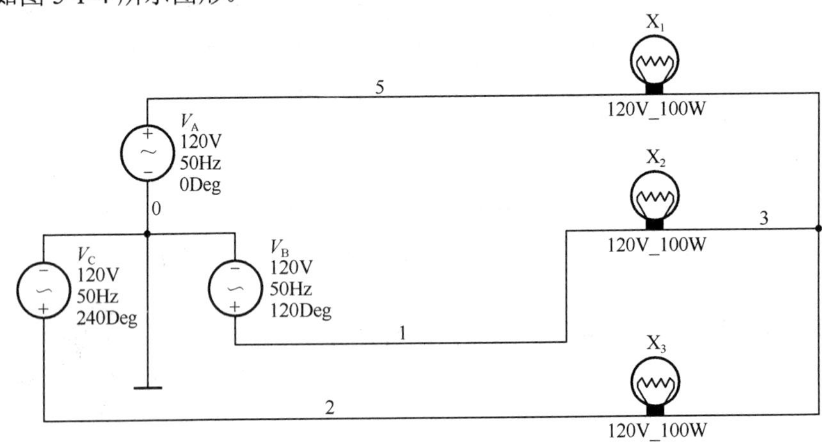

图 5-1-4　功率测量仿真图

② 接入功率表测出每相功率 P_A=________，P_B=________，P_C=________，总功率 $P_{总}$=________。

③ 在 B 相接入电流表测出 I_B=________，计算总功率 $P_{总}$=________。

④ 测量相电压 U_A=________，线电压 U_{AB}=________，相电压和线电压关系：________。

相关知识

5.1 对称三相电源

如图 5-1-5 所示是最简单的三相交流发电机的原理图。三相交流发电机由定子和转子组成，在发电机定子铁芯的凹槽内嵌放了完全相同的三个绕组，分别为 A-X，B-Y，C-Z，称为 A 相、B 相、C 相。

设始端为 A、B、C，末端为 X、Y、Z，在空间位置上始端（或末端）之间互差 120°。转子铁芯上绕有励磁绕组，通入直流电后会产生磁场，选择合适的磁极形状和励磁绕组，可使转子表面空气隙中的磁感应强度按正弦规律分布。

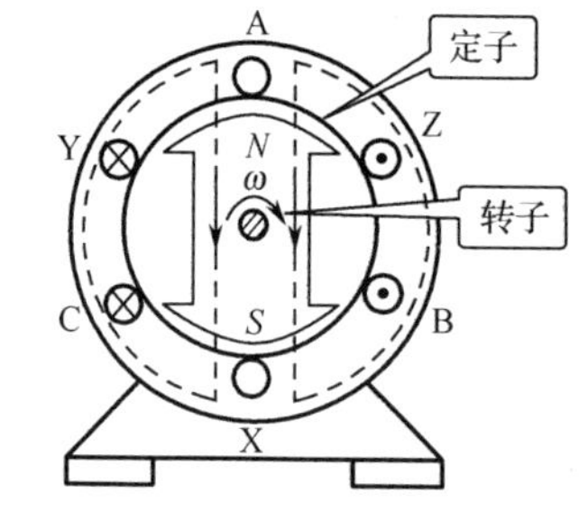

图 5-1-5 三相发电机的原理图

5.1.1 对称三相电源的定义

三个幅值相等，角频率相同，初相互差 120° 的电动势称为对称三相电动势或对称三相电源。对称三相电源的表示如下。

1. 瞬时值表达式

当转子在原动机带动下，以角速度ω匀速按顺时针方向旋转时，定子绕组切割磁力线，就会在定子绕组中产生按正弦规律变化的感应电动势。电路分析中很少用电动势，通常用电压来表示。

$$\begin{aligned} u_A &= \sqrt{2}U\sin\omega t \\ u_B &= \sqrt{2}U\sin(\omega t - 120^\circ) \\ u_C &= \sqrt{2}U\sin(\omega t + 120^\circ) \end{aligned} \tag{5-1-3}$$

2. 相量

$$\begin{aligned} \dot{U}_A &= U\angle 0^\circ \\ \dot{U}_B &= U\angle -120^\circ \\ \dot{U}_C &= U\angle 120^\circ \end{aligned} \tag{5-1-4}$$

3. 波形图

对称三相交流电压波形图如图 5-1-6 所示。

4. 相量图

对称三相交流电压相量图如图 5-1-7 所示。

我们可以得出以下结论。

（1）在对称三相电源中，三个正弦量的瞬时值之和为零。

$$u_A + u_B + u_C = 0 \tag{5-1-5}$$

（2）在对称三相电源中，三个正弦量的相量和为零。

$$\dot{U}_A + \dot{U}_B + \dot{U}_C = 0 \tag{5-1-6}$$

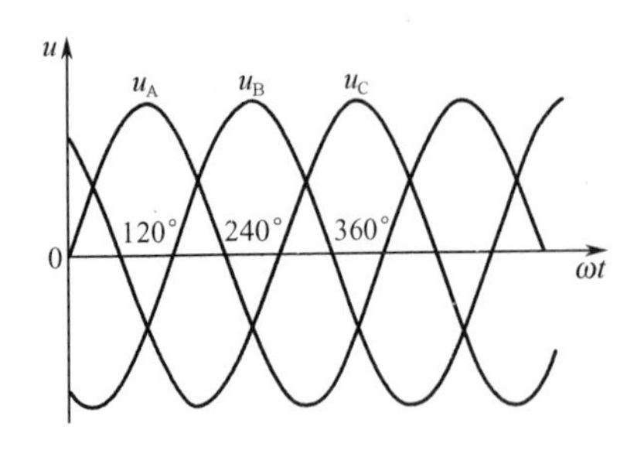

图 5-1-6　对称三相交流电压波形图

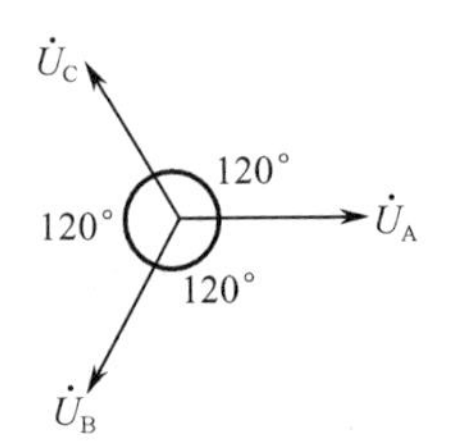

图 5-1-7　对称三相交流电压相量图

（3）相序：对称三相电源到达振幅值（或零值）的先后次序。A→B→C→A 称顺序（正序），A→C→B→A 称逆序（反序）。一般均指顺序。三相异步电动机的相序决定其旋转方向，工程上经常采用任意对调三相电源的两根电源线来实现对电动机正反转的控制。为使电力系统能够安全可靠地运行，通常统一规定技术标准，一般在配电盘上用黄色标出 A 相，用绿色标出 B 相，用红色标出 C 相。

5.1.2　对称三相电源的连接

三相电源的三个相之间有两种基本连接方式：星形（Y）接法和三角形（△）接法。

1．三相电源的星形接法

将发电机尾端连接在一起，首端 A、B、C 分别与负载相连的方法称为星形连接，如图 5-1-8 所示。

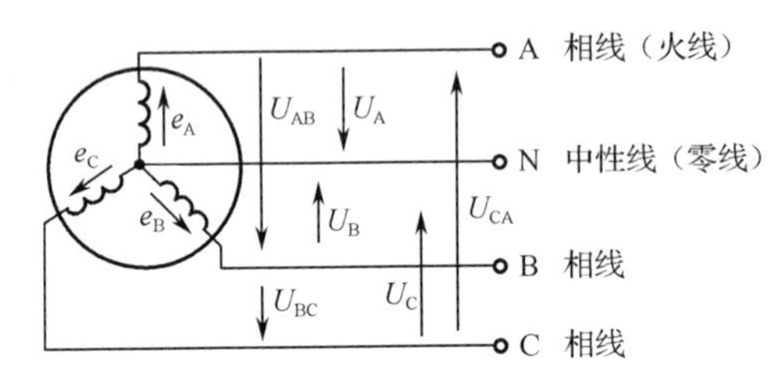

图 5-1-8　三相电源的星形连接

常用术语如下。

（1）中性点或零点：三个尾端的公共连接点，用 N 表示。

（2）中线或零线：中点引出的线。

（3）端线或相线：首端引出的三根线，俗称火线。

（4）三相四线制：这种由三根相线和一根中性线组成的输电方式（通常在低压配电中采用）。

（5）相电压：相线与中性线之间的电压（每相绕组首端与尾端的电压）。

用 U_A、U_B、U_C 表示，通用为 U_P。

$$\dot{U}_A = U_P\angle 0^\circ$$
$$\dot{U}_B = U_P\angle -120^\circ$$
$$\dot{U}_C = U_P\angle 120^\circ$$

（6）线电压：相线与相线之间的电压（两相首端之间的电压）。用U_{AB}、U_{BC}、U_{CA}表示，通用为U_{l}。

规定电压方向：电动势的方向规定从绕组的尾端指向首端。相电压从绕组的首端指向尾端。线电压按电源的相序来确定。

根据 KVL 定律和图 5-1-9 所示的相量图，可得三相对称电源星形连接时线电压和相电压的关系：

$$\dot{U}_{AB}=\dot{U}_{A}-\dot{U}_{B}=\sqrt{3}\dot{U}_{A}\angle 30^{\circ}$$

$$\dot{U}_{BC}=\dot{U}_{B}-\dot{U}_{C}=\sqrt{3}\dot{U}_{B}\angle 30^{\circ}$$

$$\dot{U}_{CA}=\dot{U}_{C}-\dot{U}_{A}=\sqrt{3}\dot{U}_{C}\angle 30^{\circ}$$

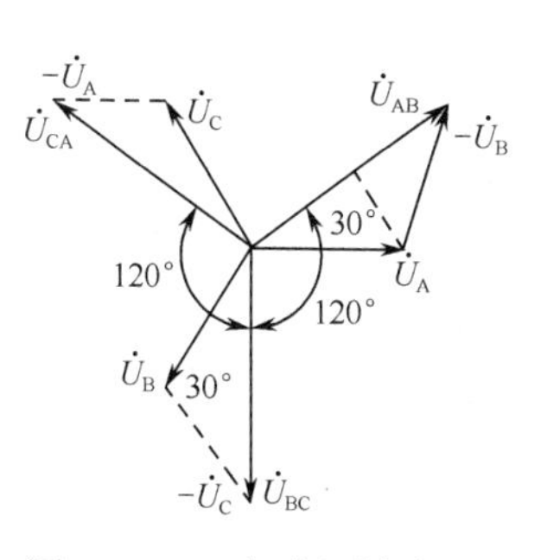

图 5-1-9 三相电源线电压、相电压的相量图

线电压与相电压的通用关系表达式：

$$\dot{U}_{l}=\sqrt{3}\dot{U}_{p}\ \angle 30^{\circ} \qquad (5\text{-}1\text{-}7)$$

结论：当三个相电压对称时，三个线电压也对称，线电压有效值是相电压有效值的$\sqrt{3}$倍（$U_{l}=\sqrt{3}\,U_{p}$），而相位比相应的相电压超前 30°。

在日常生活与工农业生产中，所说的 380V、220V 的电压指电源成星形连接时的线电压和相电压的有效值。

2．三相电源的三角形接法

如果将三相发电机的三个绕组依次首尾相连，接成一个闭合回路，则可构成三相电源的三角形接法，如图 5-1-10 所示。

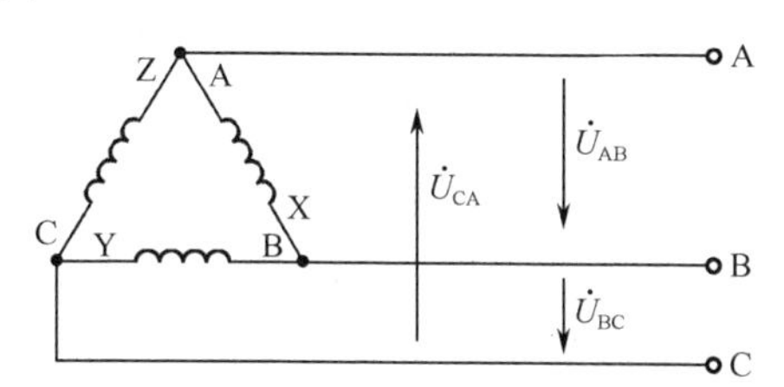

图 5-1-10 三相电源的三角形连接

结论：电源三角形连接时线电压等于相电压，即$U_{l}=U_{p}$。

这种没有中性线、只有三根相线的输电方式称为三相三线制。

必须注意：如果任何一相定子绕组接法相反，三个相电压之和将不为零，在三角形连接的闭合回路中将产生很大的环行电流，造成严重恶果，故不常用。

还要特别注意：在工业用电系统中，如果只引出三根导线（三相三线制），那么就都是火线（没有中性线），这时所说的三相电压大小均指线电压U_{l}；而民用电源则需要引出中性线，所说的电压大小均指相电压U_{p}。

5.2 对称三相负载的连接

在实际应用中，用电负载一般分为单相负载和三相负载两类。单相负载需要单相电源就能正常工作，若负载的额定电压为 220V，应接在相线和中性线之间；若负载的额定电压为 380V，应接在两根相线之间；若负载的额定电压不等于电源提供的两种电压，则要用变压器进行变压。需要三相电源才能工作的负载称为三相负载，这类负载通常各相阻抗相同，称为三相对称负载，工业上广泛使用的三相负载多为对称负载，如三相交流电动机、三相电炉等。多个单相负载，对三相电源而言可视为三相负载，这种三相负载一般不对称，如照明系统中的电灯，在连接时要尽可能按其功率大小平均分成三组，形成三相负载分别接在三相电源上。

三相负载的连接方式也有两种，即星形连接和三角形连接。采用哪种连接方式，应视负载的额定电压而定，额定电压为220V的三相负载应接为星形，额定电压为380V的三相负载应接为三角形，三相负载与三相电源的连接如图5-1-11所示。

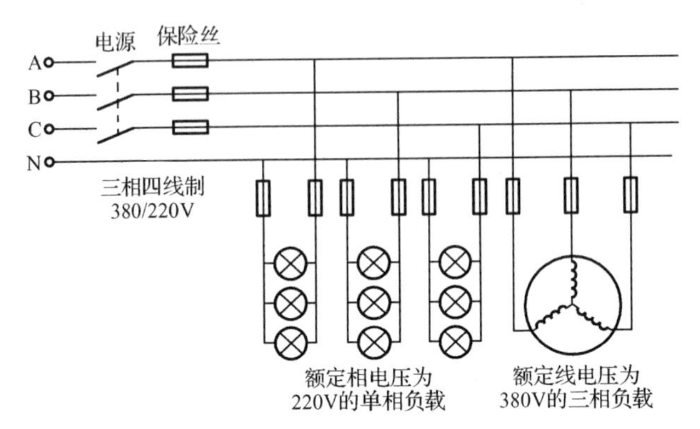

图5-1-11　三相负载与三相电源的连接

1. 对称三相负载的星形连接

1）电路图

将三相负载分别将其中一端连接在一起，称为负载的中性点，用 N′表示，并接至电源的中性线上，将三相负载的另一端分别接至电源的三根相线上，形成负载的星形连接的三相四线制电路，其电压和电流的参考方向如图5-1-12所示。

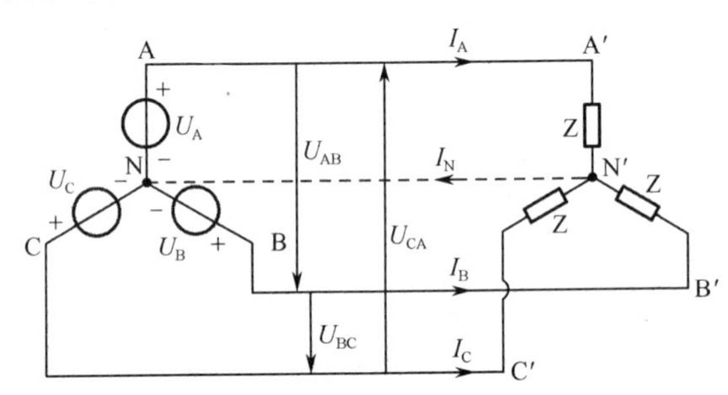

图5-1-12　负载星形连接的三相四线制电路

线电流：流过每根相线的电流，用 I_L 表示。

相电流：流过每相电源（负载）的电流，用 I_P 表示。

中性线电流：流过中性线的电流，用 I_N 表示。

2）对称三相负载的星形连接的特点

（1）各相负载的相电压 U_{YP} 等于电源相电压 U_P，即 $U_{YP}=U_P$。

（2）各相负载的相电压对称，线电压也对称；

（3）线电流与相电流的关系：

$$I_{YL}=I_{YP} \tag{5-1-9}$$

各相负载中通过的电流分别为：

$$\dot{I}_A=\frac{\dot{U}_A}{Z_A}；\dot{I}_B=\frac{\dot{U}_B}{Z_B}；\dot{I}_C=\frac{\dot{U}_C}{Z_C}$$

中性线电流：

$$\dot{I}_N=\dot{I}_A+\dot{I}_B+\dot{I}_C \tag{5-1-10}$$

在三相电源对称、三相星形连接负载也对称的情况下，三相负载电流也是对称的，此时中性线电流为零。可见，在星形连接的三相对称电路中，中性线电流为零，这意味着即使断开中性线，对电路也不会产生任何影响，所以可以省去中性线而成为三相三线制电路，三相三线制电路广泛应用在工业生产中。星形负载的电压相量图如图 5-1-13 所示。

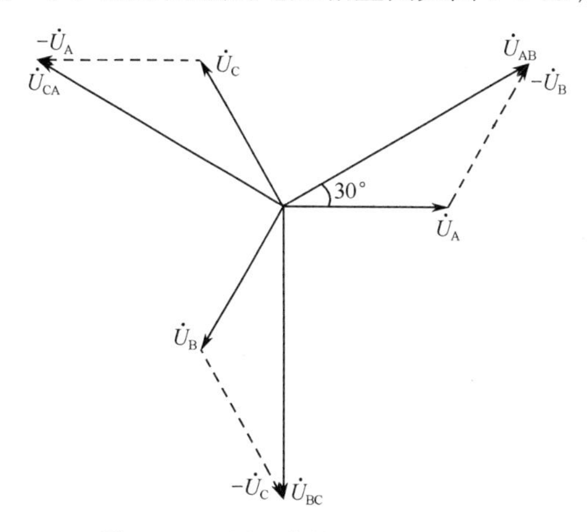

图 5-1-13　星形负载的电压相量图

2．对称负载的三角形连接

1）电路图

当单相负载的额定电压等于线电压时，负载就应接于两端线之间，当三个单相负载依次互相连接构成三角形，再将其中三个顶点分别接至电源的三根相线上时，就形成了负载三角形连接的三相三线制电路，如图 5-1-14 所示。

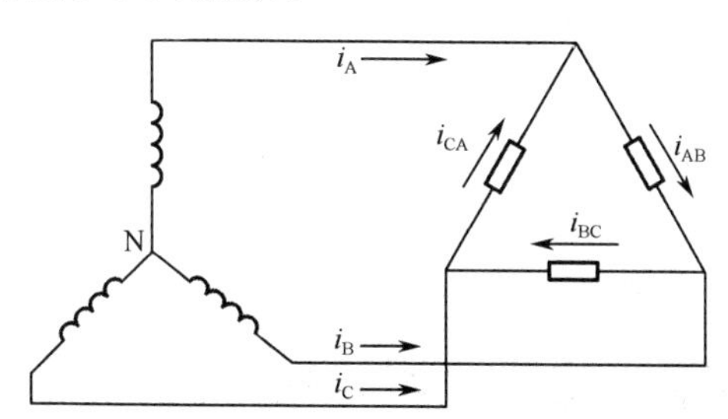

图 5-1-14　负载三角形连接的三相三线制电路

我们可以看出：每相负载的相电流 $I_{\Delta P}$ 不再是线电流 $I_{\Delta L}$ 了。当三相负载对称时，即各相负载完全相同，相电流和线电流也一定对称。负载的相电流为：

$$I_{\Delta P}=\frac{U_{\Delta P}}{|Z|}$$

还可以看出：线电流和相电流之间有：

$$\dot{I}_{A}=\dot{I}_{AB}-\dot{I}_{CA}$$
$$\dot{I}_{B}=\dot{I}_{BC}-\dot{I}_{AB}$$
$$\dot{I}_{C}=\dot{I}_{CA}-\dot{I}_{BC}$$

从相量图 5-1-15 可得：

$$\dot{I}_{A}=\sqrt{3}\dot{I}_{AB}\angle-30^{\circ}$$
$$\dot{I}_{B}=\sqrt{3}\dot{I}_{BC}\angle-30^{\circ}$$
$$\dot{I}_{C}=\sqrt{3}\dot{I}_{CA}\angle-30^{\circ}$$

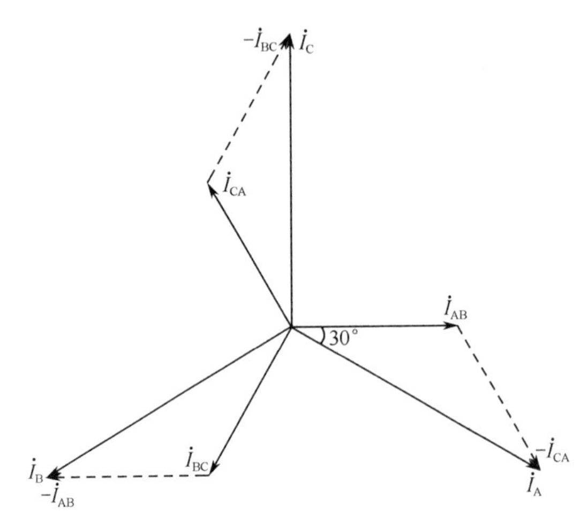

图 5-1-15　三角形负载的电流相量图

2）对称负载的三角形连接的特点

（1）各相负载承受的电压均为对称的电源线电压。

$$U_{\Delta P}=U_{L} \tag{5-1-11}$$

（2）在三相电源对称，三相负载也对称的情况下，线电流是对称的，相电流也是对称的。线电流的有效值为相电流有效值的$\sqrt{3}$倍，即$I_{L}=\sqrt{3}I_{P}$，线电流比相应的各相电流滞后 30°。

（3）三相负载的连接原则如下。

应使加于每相负载上的电压等于其额定电压，而与电源的连接方式无关。

负载的额定电压=电源的线电压，应做三角形连接。

负载的额定电压=$1/\sqrt{3}$电源线电压，应做星形连接。

5.3　对称三相电路的功率测量和相序的判定

1. 对称三相电路的功率

1）有功功率 P

总功率

$$\begin{aligned}P&=P_{A}+P_{B}+P_{C}\\&=U_{AP}I_{AP}\cos\varphi_{A}+U_{BP}I_{BP}\cos\varphi_{B}+U_{CP}I_{CP}\cos\varphi_{C}\end{aligned}$$

在对称三相电路中，每相有功功率相同，则总功率等于三倍的单相功率，即

$$P=3P_{\mathrm{P}}=3U_{\mathrm{P}}I_{\mathrm{P}}\cos\varphi$$

当三相对称负载星形连接时：

$$U_{\mathrm{L}}=\sqrt{3}\,U_{\mathrm{P}}，I_{\mathrm{L}}=I_{\mathrm{P}}$$

$$P=3U_{\mathrm{P}}I_{\mathrm{P}}\cos\varphi=3\times\frac{1}{\sqrt{3}}U_{\mathrm{L}}I_{\mathrm{L}}\cos\varphi=\sqrt{3}U_{\mathrm{L}}I_{\mathrm{L}}\cos\varphi$$

当三相对称负载三角形连接时：

$$U_{\mathrm{L}}=U_{\mathrm{P}}，I_{\mathrm{L}}=\sqrt{3}\,I_{\mathrm{P}}$$

$$P=3U_{\mathrm{P}}I_{\mathrm{P}}\cos\varphi=3U_{\mathrm{L}}\times\frac{1}{\sqrt{3}}I_{\mathrm{L}}\cos\varphi=\sqrt{3}U_{\mathrm{L}}I_{\mathrm{L}}\cos\varphi \tag{5-1-12}$$

因此，对称负载不论是星形连接还是三角形连接，其总有功功率均为：

$$P=\sqrt{3}U_{\mathrm{L}}I_{\mathrm{L}}\cos\varphi$$

注意，φ 仍是相电压与相电流之间的相位差，而不是线电压与线电流间的相位差。

2）三相电路的无功功率 Q

对称负载：

$$Q=3U_{\mathrm{P}}I_{\mathrm{P}}\sin\varphi=\sqrt{3}U_{\mathrm{L}}I_{\mathrm{L}}\sin\varphi \tag{5-1-13}$$

3）三相电路的视在功率 S

对称负载：

$$S=\sqrt{P^2+Q^2}=3U_{\mathrm{P}}I_{\mathrm{P}}=\sqrt{3}U_{\mathrm{L}}I_{\mathrm{L}} \tag{5-1-14}$$

2. 三相功率的测量

（1）在三相四线制供电时，可以用一只表测量各相的有功功率 P_{A}、P_{B}、P_{C}。三相负载的总功率 $P=P_{\mathrm{A}}+P_{\mathrm{B}}+P_{\mathrm{C}}$，电路如图 5-1-16 所示。若负载对称，那么只需测量其中一相的功率 P_{A}，总功率 $P=3P_{\mathrm{A}}$。

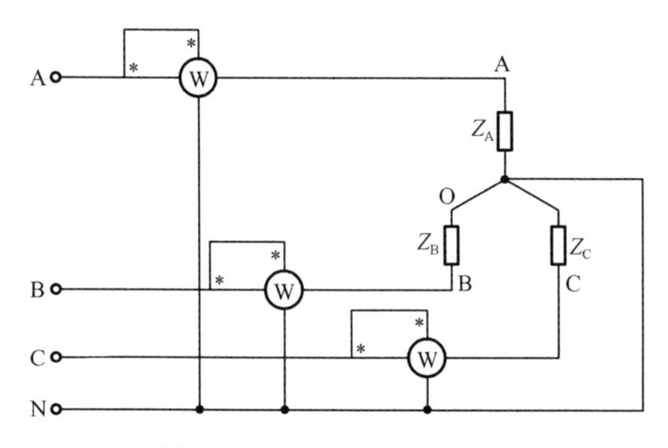

图 5-1-16 三相总功率的测量

（2）在三相三线制供电系统中，不论负载是否对称，也不论负载是星形接法还是三角形接法，均可用二瓦特表法测三相负载的总功率，电路如图 5-1-17 所示。

原理说明：

$$i_{\mathrm{A}}+i_{\mathrm{B}}+i_{\mathrm{C}}=0$$

$$p(t)=u_{\mathrm{A}}i_{\mathrm{A}}+u_{\mathrm{B}}i_{\mathrm{B}}+u_{\mathrm{C}}i_{\mathrm{C}}=u_{\mathrm{A}}i_{\mathrm{A}}+u_{\mathrm{B}}i_{\mathrm{B}}+u_{\mathrm{C}}(-i_{\mathrm{A}}-i_{\mathrm{B}})=(u_{\mathrm{A}}-u_{\mathrm{C}})i_{\mathrm{A}}+(u_{\mathrm{B}}-u_{\mathrm{C}})i_{\mathrm{B}}$$

$$P=\frac{1}{T}\int_0^T p(t)\,\mathrm{d}t=U_{\mathrm{AC}}I_{\mathrm{A}}\cos(\psi_{u_{\mathrm{AC}}}-\psi_{i_{\mathrm{A}}})+U_{\mathrm{BC}}I_{\mathrm{B}}\cos(\psi_{u_{\mathrm{BC}}}-\psi_{i_{\mathrm{B}}})$$

可见等式右端两项分别对应两个瓦特表的读数。

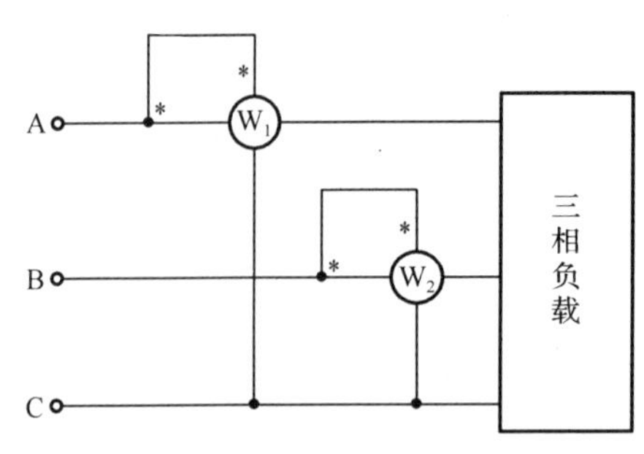

图 5-1-17　二瓦特表法测总功率

3．相序的判定

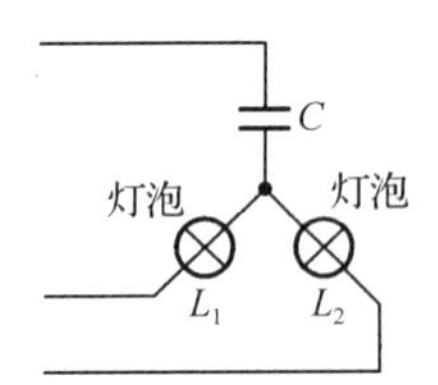

图 5-1-18　相序指示器原理图

如图 5-1-18 所示，用一只电容器和两组灯连接成星形不对称三相负载电路，便可测量三相电源的相序 A、B、C，将相序指示器接至三相电源上，便可测出相序：假设电容 C 接的是 A 相，因为中点电位偏移角ϕ的变化范围在Ⅰ、Ⅱ象限之间，因此 $U_{\mathrm{B}}>U_{\mathrm{C}}$，则灯较亮的为 B 相，灯较暗的为 C 相。相序是相对的，任何一相为 A 相时，B 相和 C 相便可确定。

【例 5-1-1】 已知发电机三相绕组产生的电动势大小均为 E=220V，试求：（1）三相电源为星形接法时的相电压 U_{p} 与线电压 U_{L}；（2）三相电源为三角形接法时的相电压 U_{p} 与线电压 U_{L}。

【解】（1）三相电源星形接法：

相电压　　$U_{\mathrm{p}}=E=220$（V）

线电压　　$U_{\mathrm{L}}=\sqrt{3}U_{\mathrm{p}}=380$（V）

（2）三相电源三角形接法：

相电压　　$U_{\mathrm{p}}=E=220$（V）

线电压　　$U_{\mathrm{L}}=U_{\mathrm{p}}=220$（V）

【例 5-1-2】 三相发电机是星形接法，负载也是星形接法，发电机的相电压 U_{p}=1000V，每相负载电阻均为 R=50kΩ，X_{L}=25kΩ。试求：（1）相电流；（2）线电流；（3）线电压。

【解】 $|Z|=\sqrt{50^2+25^2}=55.9$（kΩ）

（1）相电流　　$I_{\mathrm{p}}=\dfrac{U_{\mathrm{P}}}{|Z|}=\dfrac{1000}{55.9}=17.9$（mA）

（2）线电流　　$I_{\mathrm{L}}=I_{\mathrm{p}}=17.9$（mA）

（3）线电压　　$U_{\mathrm{L}}=\sqrt{3}U_{\mathrm{P}}=1723$（V）

【例 5-1-3】 有三个 100Ω的电阻，将它们连接星形和三角形，分别接到线电压为 380V 的对称三相电源上，试求负载上的线电压、相电压、线电流和相电流。

【解】（1）负载做星形连接，负载的相电压为线电压的$\dfrac{1}{\sqrt{3}}$：

$$U_{\mathrm{YP}}=\frac{U_{\mathrm{L}}}{\sqrt{3}}=\frac{380}{\sqrt{3}}=220\text{（V）}$$

负载的相电流等于线电流：

$$I_{\mathrm{YP}}=I_{\mathrm{YL}}=\frac{U_{\mathrm{YP}}}{R}=\frac{220}{100}=2.2\text{（A）}$$

（2）负载做三角形连接，负载上相电压即线电压为：

$$U_{\Delta\mathrm{P}}=380\text{（V）}$$

负载的相电流为：

$$I_{\Delta\mathrm{P}}=\frac{U_{\Delta\mathrm{P}}}{R}=\frac{380}{100}=3.8\text{（A）}$$

负载的线电流为相电流的 $\sqrt{3}$ 倍：

$$I_{\Delta\mathrm{L}}=\sqrt{3}I_{\Delta\mathrm{P}}=\sqrt{3}\times3.8=6.58\text{（A）}$$

【例 5-1-4】 已知某三相对称负载接在线电压为 380V 的三相电源中，其中每一相负载的阻值 $R_{\mathrm{P}}=6\,\Omega$，感抗 $X_{\mathrm{P}}=8\,\Omega$，求：

（1）该负载做星形连接时的相电流、线电流及有功功率；

（2）该负载做三角形连接时的相电流、线电流以及有功功率；

（3）通过计算总结负载在做不同连接时消耗的有功功率的关系。

【解】 每一相的阻抗 $|Z_{\mathrm{P}}|=\sqrt{R_{\mathrm{P}}^2+X_{\mathrm{P}}^2}=\sqrt{6^2+8^2}=10$（Ω）

（1）负载做星形连接时：

$$U_{\mathrm{YP}}=\frac{U_{\mathrm{L}}}{\sqrt{3}}=\frac{380}{\sqrt{3}}=220\text{（V）}$$

$$I_{\mathrm{YL}}=I_{\mathrm{YP}}=\frac{U_{\mathrm{P}}}{|Z_{\mathrm{P}}|}=\frac{220}{10}=22\text{（A）}$$

$$\cos\varphi=\frac{R_{\mathrm{P}}}{|Z_{\mathrm{P}}|}=\frac{30}{50}=0.6$$

$$P_{\mathrm{Y}}=\sqrt{3}U_{\mathrm{L}}I_{\mathrm{L}}\cos\varphi=\sqrt{3}\times380\times22\times0.6=8.7\text{（kW）}$$

（2）负载做三角形连接时：

$$U_{\Delta\mathrm{L}}=U_{\mathrm{P}}=380\text{（V）}$$

$$I_{\Delta\mathrm{P}}=\frac{U_{\mathrm{P}}}{|Z_{\mathrm{P}}|}=\frac{380}{10}=38\text{（V）}$$

$$I_{\Delta\mathrm{L}}=\sqrt{3}I_{\Delta\mathrm{P}}=\sqrt{3}\times38=66\text{（A）}$$

$$P_{\Delta}=\sqrt{3}U_{\mathrm{L}}I_{\mathrm{L}}\cos\varphi=\sqrt{3}\times380\times66\times0.6=26.1\text{（kW）}$$

（3）$\dfrac{P_{\Delta}}{P_{\mathrm{Y}}}=\dfrac{26.1}{8.7}=3$

可以看出：在线电压相同的对称电源作用下，负载做三角形连接时的有功功率是星形连接时的 3 倍。无功功率和视在功率也满足这个规律。因此，工程上大功率的三相电动机常做三角形连接。

如果三相负载不对称，则应分别计算各相功率，三相的总功率等于三个单相功率之和。

【拓展知识16】 电气知识——三相四线制和三相五线制

三相指L_1（A）相、L_2（B）相、L_3（C）相。

四线指通过正常工作电流的三根相线和一根N线（中性线，或称零线）。不包括不通过正常工作电流的PE线（接地线）。

由于在三相四线制中有中性线，而中性线的作用在于保证负载上的各相电压接近对称，在负载不平衡时不致发生电压升高或降低现象，若一相断线，其他两相的电压不变，所以在低压供电线路上采用三相四线制。

L_1（A）相、L_2（B）相、L_3（C）相，各相线之间的电压称为线电压，线电压为380V。

L_1（A）相、L_2（B）相、L_3（C）相中的任意一相与N线（中性线，或称零线）间的电压称为相电压，相电压为220V。

三相五线制中五线指的是：三根相线加一根地线和一根零线。三相五线制比三相四线制多一根地线，用于安全要求较高，设备要求统一接地的场所。三相五线制的学问就在于这两根“零线”上。在比较精密的电子仪器电网中使用时，如果零线和接地线共用一根线的话，对于电路中的工作零点会有影响的，虽然理论上它们都是零电位点，若偶尔有一个电涌脉冲冲击工作零线，而零线和地线却没有分开，比如这种脉冲是因为相线漏电引起的。再如有些电子电路中如果零点飘移现象严重的话，那么电器外壳就可能会带电，可能会损坏电气元件，甚至损坏电器，造成人身安全。

零线和地线的根本差别在于一个构成工作回路，一个是起保护作用的保护接地，一个回电网，一个回大地，在电子电路中这两个概念是要区别开来的。

- 结构的区别

零线（N）：从变压器中性点接地后引出主干线。

地线（PE）：从变压器中性点接地后引出主干线，根据标准，每间隔20～30m重复接地。

- 原理的区别

零线（N）：主要应用于工作回路，零线所产生的电压等于线阻乘以工作回路的电流。由于长距离的传输，零线产生的电压就不可忽视，作为保护人身安全的措施就变得不可靠。

地线（PE）：不用于工作回路，只作为保护线。利用大地的绝对“0”电压，当设备外壳发生漏电，电流会迅速流入大地，即使发生PE线有开路的情况，也会从附近的接地体流入大地。

居民用电（家庭用电）称为单相供电。即以上所说的（A、B、C相）线其中的任意一个相和N线（中性线）或称零线的供电，电压为220V，也就是单相两线的供电。

严格地讲，三相四线制的漏电保护器在输入端必须是按照规定四根线都接入，而输出端可以只接一相线一零线（单相）或两相（如电焊机的380V两相）或三相（如电动机）或三相四线都接（如电动机加照明）。如果零线不经漏电保护器而直接和用电设备连接，那从相线出来的电流（指单相）在“回路”到电源时就不经过漏电保护器了，此时漏电保护器就检测到这个电流（相当于漏电流），所以会引起漏电保护器跳闸。还有当三相电路中由于负载不平衡而引起中性点不是零电位，导致零线有电流，所以零线不经过保护器的话也会引起跳闸。但不管接什么设备，输出端的零线都不得接地，否则将无法正常供电，如需对设备接保护接地线，必须从设备外壳直接接线至大地。三相四线制用漏电保护器一定用四极的。如果用三极的，在三相负载不平衡时由于没有零线电流的返回，漏电保护器就判断电路是在漏电，所以一合闸就会跳闸。断路器原理如图 5-1-19 所示。

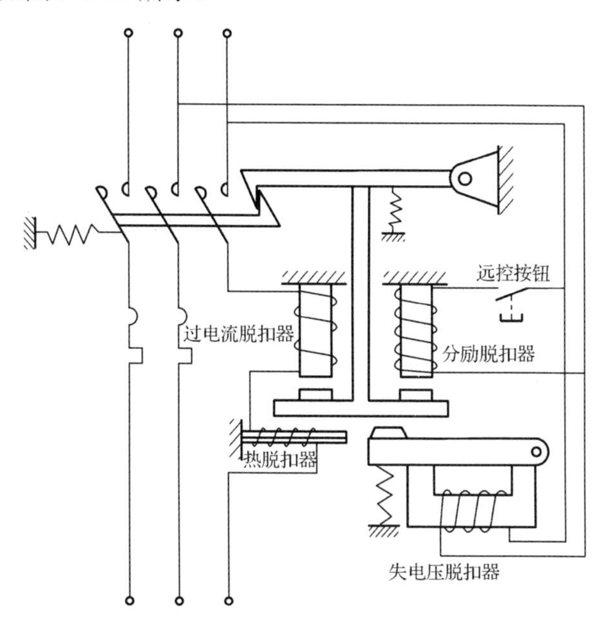

图 5-1-19 断路器原理

在三相四线制系统中，让三相导线与零线一起穿过一个零序 CT，接地短路或人身触电时，利用 KCL 原理，$i_A+i_B+i_C+i_N=i_d\neq0$ 而构成剩余电流保护。

三相式剩余电流保护的具体做法是在被测的三相导线上与中性 N 上各装一个 CT，或让三相导线与 N 线一起穿过一个零序 CT，$I_A+I_B+I_C+I_N=I_d$ 正常时为零，单相接地或触电时不为零。

不管是单相还是三相，电力线都是“进出线”同方向穿过漏电保护器中的零序电流互感器的，也就是说，现在普遍用的漏电保护器都用一只零序电流互感器，只不过有的（如工业用的）零序电流互感器装在外面，而有的“封装”在漏电保护器内部。

1．TN-C 方式供电系统

用工作零线兼作接零保护线，可以称作保护中性线，用 NPE 表示。

（1）由于三相负载不平衡，工作零线上有不平衡电流，在电路上产生一定的电位差，所以与保护线所连接的电气设备金属外壳对大地有一定的电压。

（2）如果工作零线断线，则保护接零的漏电设备外壳带电（对地 220V）。

（3）如果电源的相线碰地，则设备的外壳电位升高，使中性线上的危险电位蔓延。

（4）TN-C 系统干线上使用漏电保护器时，漏电保护器后面的所有重复接地必须拆除，否则漏电开关合不上；而且，工作零线在任何情况下都不得断开。因此，实用中工作零线只能让漏电保护器的上侧有重复接地。

（5）TN-C 方式供电系统只适用于三相负载基本平衡（无 220V 负载）情况。

2．TN-S 方式供电系统

工作零线 N 和专用保护线 PE 严格分开的供电系统

（1）系统正常运行时，专用保护线上没有电流，只是工作零线上有不平衡电流。PE 线对地没有电压，所以电气设备金属外壳接零保护是接在专用的保护线 PE 上的，安全可靠。

（2）工作零线只用于单相照明负载回路。

（3）专用保护线 PE 不许断线，也不许进入漏电开关作为工作零线。

（4）干线上使用漏电保护器，漏电保护器下不得有重复接地，而 PE 线有重复接地，但不经过漏电保护器，所以 TN-S 系统供电干线上也可以安装漏电保护器。

（5）TN-S 方式供电系统安全可靠，适用于工业与民用建筑等低压供电系统。在工程施工前的“三通一平”（电通、水通、路通和地平）——必须采用 TN-S 方式供电系统。

3. TN-C-S 方式供电系统

在施工临时用电中，如果前部分是（没有 220V 负载的）TN-C 方式供电，而施工规范规定施工现场必须采用 TN-S 方式供电系统，则可以在系统后部分现场总配电箱分出 PE 线。

（1）工作零线 N 与专用保护线 PE 相连通，总开关箱后线路不平衡电流比较大时，电气设备的接零保护受到零线电位的影响。总开关箱后面 PE 线上没有电流，即该段导线上没有电压降，因此，TN-C-S 系统可以降低电气设备外壳对地的电压，然而又不能完全消除这个电压，这个电压的大小取决于 N 线的负载不平衡电流的大小及 N 线在总开关箱前线路的长度。负载不平衡电流越大，N 线又很长时，设备外壳对地电压偏移就越大。所以要求负载不平衡电流不能太大，而且在 PE 线上应做重复接地。

（2）PE 线在任何情况下都不能进入漏电保护器，因为线路末端的漏电保护器动作会使前级漏电保护器跳闸造成大范围停电，规范规定：有接零保护的零线不得串接任何开关和熔断器。

（3）对 PE 线除了在总箱处必须和 N 线相接以外，其他各分箱处均不得把 N 线和 PE 线相连，PE 线上不许安装开关和熔断器，且连接必须牢靠。

通过上述分析，TN-C-S 供电系统是在 TN-C 系统上临时变通的做法。当三相电力变压器工作接地情况良好、三相负载比较平衡时，TN-C-S 系统在施工用电实践中效果还是可行的。但是，在三相负载不平衡、施工工地有专用的电力变压器时，必须采用 TN-S 方式供电系统。

任务 5—2　不对称三相电路的认识与测量

学习目标	1. 用 Multisim 对不同连接的三相电路进行虚拟仿真测量和分析
	2. 用相量图法进行分析，对不对称三相电路的电压、电流、功率进行一定的工程测量和计算
	3. 锻炼和提高分析、判断和查找故障的能力
重点知识要求	1. 三相四线制供电系统中中性线的作用
	2. 不对称三相电路的分析、计算
	3. 三相电路的典型故障
	4. 二瓦法测有功功率的方法
关键能力要求	1. 对 Multisim 仿真软件灵活应用
	2. 用相量图法分析三相电路，进行一定的工程计算和故障检测

任务要求

任务要求	1．熟练运用 Multisim 正确连接电路，对不同连接情况进行仿真
	2．非对称负载电压电流的测量，并能根据测量数据进行分析总结
	3．加深对三相四线制供电系统中性线作用的理解
	4．掌握瓦特表的连接及仿真使用方法
任务环境	电工实验台、PC 一台、Multisim 软件开发系统一套
任务分解	1．三相不对称星形负载的电压、电流测量
	2．三相不对称三角形负载的电压、电流测量
	3．三相电路故障检测查找

实施步骤

1．三相不对称星形负载的电压、电流测量

（1）正确接入电压表和电流表，J_1 闭合，J_2、J_3 闭合，如图 5-2-1 所示，测量不对称星形负载在三相四线制（有中性线）时各线电压、相电压、相（线）电流和中性线电流、中性点位移电压，记入表 5-2-1 中。

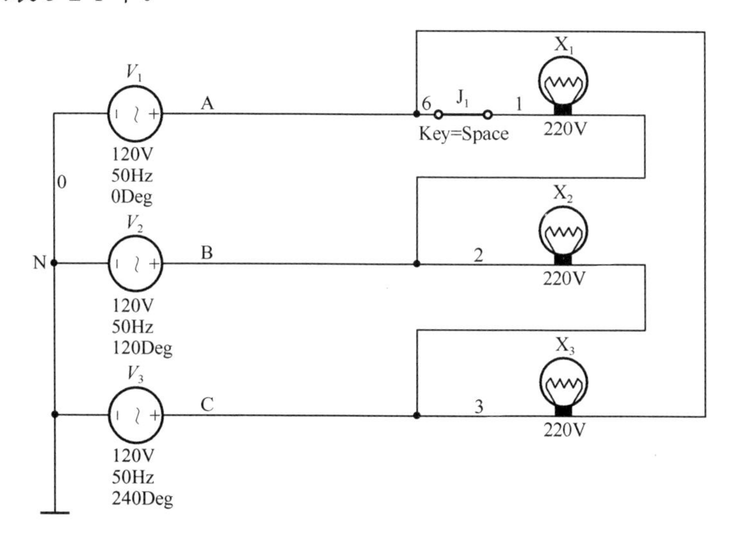

图 5-2-1　三相负载三角形连接实验电路图

（2）打开开关 J_2，测量不对称星形负载在三相三线制（无中性线）时各线电压、相电压、相（线）电流、中性线电流和中性点位移电压，记入表 5-2-1 中。

（3）根据测量数据分析，说明三相负载不对称时中性线的主要作用，由此得出为什么中性线不允许加装熔断器的原因。

2．三相星形负载故障分析

（1）三相对称星形负载，将 A 相断路，即 J_3 打开，J_1 打开、J_2 闭合，测量四线制时各线电压、相电压、相（线）电流和中性线电流、中性点位移电压，记入表 5-2-2 中。

表 5-2-1　三相不对称星形负载的电压、电流

分类＼项目		线电压/V			相电压/V			线电流/A			$I_{N'N}$/A	$U_{N'N}$/V
		U_{AB}	U_{BC}	U_{CA}	U_{AN}	U_{BN}	U_{CN}	I_A	I_B	I_C		
负载不对称	有中性线											╱
	无中性线										╱	

（2）上述负载中，打开开关 J_2，测量三线制相断路时各线电压、相电压、相（线）电流和中性线电流、中性点位移电压，记入表 5-2-2 中。

（3）思考：负载对称，星形连接，无中性线，若有一相负载发生断路故障，对其余两相负载有何影响。

表 5-2-2　三相对称星形负载故障分析

分类＼项目		线电压/V			相电压/V			线电流/A			$I_{N'N}$/A	$U_{N'N}$/V
		U_{AB}	U_{BC}	U_{CA}	U_{AN}	U_{BN}	U_{CN}	I_A	I_B	I_C		
U 相断路	有中性线											╱
	无中性线										╱	

3．三相不对称三角形负载的电压、电流测量

（1）使用 Multisim 软件绘制电路如图 5-2-1 所示，图中相电压有效值为 120V。

（2）使用电压表和电流表，分别测量 J_1 闭合和打开两种情况下，各线电压、相电流、线电流，记入表 5-2-3 中。

表 5-2-3　三相三角形负载的电压、电流表

分类＼项目	线电压/V			相电压/V			线电流/A		
	U_{AB}	U_{BC}	U_{CA}	U_{AB}	U_{BC}	U_{CA}	U_{AB}	U_{BC}	U_{CA}
不对称负载									
一相断路									

（3）根据实验数据分析三相对称负载三角形连接时，线电流与相电流，相电压与线电压的关系。

（4）思考：不对称负载、一相断路等情况在三角形连接时对电路的影响。

4．三相电路二瓦法测试功率

创建仿真电路如图 5-2-2 所示。

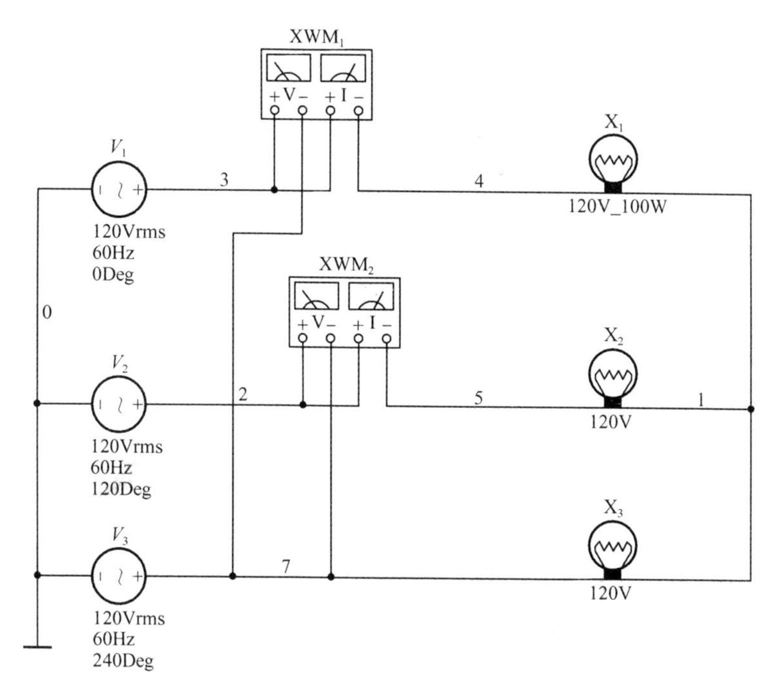

图 5-2-2　二瓦法三相功率测试电路

（1）二瓦法：P_1=________，P_2=________，总功率 $P_{总}$=________。

与前一任务测量结果比对分析。

（2）改变某相负载额定功率，使之为不对称负载，分别用三瓦法和二瓦法测试电路功率。

① 二瓦法：P_1=________，P_2=________，总功率 $P_{总}$=________。

② 三瓦法：每相功率 P_A=________，P_B=________，P_C=________，总功率 $P_{总}$=________。

相关知识

5.4　不对称三相电路

在三相电路的电源、负载和电路阻抗中，只要其中任何一部分不对称，就构成了不对称的三相电路。这里只讨论因负载不对称而构成的不对称三相电路。

不对称三相电路需各相分别进行计算，即可以将三相电路分别换成单相电路计算。但不对称的三相负载接成星形无中性线时，各相负载的电压和电流必须用解复杂电路的方法进行分析。

1．不对称三相负载的星形连接

【例 5-2-1】 三相四线制中的负载为纯电阻，$R_A=10\Omega$，$R_B=5\Omega$，$R_C=2\Omega$，负载的相电压为220V，中性线阻抗忽略，试求：

（1）各相负载上和中性线上的电流；

（2）若中性线断开后求各相负载的电压。

【解】（1）设以 $\dot{U}_A$ 为参考相量，则：

$$\dot{U}_A = 220\angle 0^\circ \text{（V）} \qquad \dot{U}_B = 220\angle -120^\circ \text{（V）} \qquad \dot{U}_C = 220\angle 120^\circ \text{（V）}$$

各相负载上的电流为：

$$\dot{I}_A = \frac{\dot{U}_A}{Z_A} = \frac{220\angle 0^\circ}{10} = 22\angle 0^\circ \text{（A）}$$

$$\dot{I}_B = \frac{\dot{U}_B}{Z_B} = \frac{220\angle -120^\circ}{5} = 44\angle -120^\circ \text{（A）}$$

$$\dot{I}_C = \frac{\dot{U}_C}{Z_C} = \frac{220\angle 120^\circ}{2} = 110\angle 120^\circ \text{（A）}$$

$$\dot{I}_N = \dot{I}_A + \dot{I}_B + \dot{I}_C = 22\angle 0^\circ + 44\angle -120^\circ + 110\angle 120^\circ = 79.4\angle 133.9^\circ \text{（A）}$$

（2）中性线断开后，以电源中性点N为参考点，用节点电压法求得：

$$\dot{U}_{N_1N} = \frac{\dot{U}_A G_A + \dot{U}_B G_B + \dot{U}_C G_C}{G_A + G_B + G_C}$$

$$= \frac{220\times\frac{1}{10} + (-110 - \text{j}110\sqrt{3})\frac{1}{5} + (-110 + \text{j}110\sqrt{3})\frac{1}{2}}{0.1 + 0.2 + 0.5}$$

$$= -68.8 + \text{j}71.4 = 99.2\angle 133.9^\circ \text{（V）}$$

$$\dot{U}_{A'} = \dot{U}_A - \dot{U}_{N_1N} = 220 + 68.8 - \text{j}71.4 = 297.5\angle -13.9^\circ \text{（V）}$$

$$\dot{U}_{B'} = \dot{U}_B - \dot{U}_{N_1N} = -110 - \text{j}110\sqrt{3} + 68.8 - \text{j}71.4 = 265\angle -98.9^\circ \text{（V）}$$

$$\dot{U}_{C'} = \dot{U}_C - \dot{U}_{N_1N} = -110 + \text{j}110\sqrt{3} + 68.8 - \text{j}71.4 = 126\angle 109^\circ \text{（V）}$$

三相不对称星形负载特点：$\dot{U}_{N_1N} = \dfrac{\dfrac{\dot{U}_A}{Z_A} + \dfrac{\dot{U}_B}{Z_B} + \dfrac{\dot{U}_C}{Z_C}}{\dfrac{1}{Z_A} + \dfrac{1}{Z_B} + \dfrac{1}{Z_C}} \neq 0$，三相相互影响，互不独立。

结论：

（1）不对称负载星形连接又未接中性线时，负载相电压不再对称，且负载电阻越大，负载承受的电压越高。

（2）中性线的作用：保证星形连接三相不对称负载的相电压对称。

（3）照明负载三相不对称，必须采用三相四线制供电方式，且中性线（指干线）内不允许接熔断器或刀闸开关。

2. 不对称三相负载的三角形连接

当处于三角形连接时，三相相电流、线电流均不对称。

相电流　$\dot{I}_{AB} = \dfrac{\dot{U}_{AB}}{Z_{AB}}$，$\dot{I}_{BC} = \dfrac{\dot{U}_{BC}}{Z_{BC}}$，$\dot{I}_{CA} = \dfrac{\dot{U}_{CA}}{Z_{CA}}$

线电流　$\dot{I}_A = \dot{I}_{AB} - \dot{I}_{CA}$，$\dot{I}_B = \dot{I}_{BC} - \dot{I}_{AB}$，$\dot{I}_C = \dot{I}_{CA} - \dot{I}_{BC}$

【例5-2-2】 已知三角形负载 $Z_{AB} = 12 + \text{j}16\Omega$，$Z_{BC} = 12\Omega$，$Z_{CA} = 8 + \text{j}6\Omega$，接在三相对称电源 $U_L = 220\text{V}$ 上，试求负载相电流与线电流。

【解】 设以 $\dot{U}_{AB}$ 为参考相量，则：

$$\dot{U}_{AB} = 220\angle 0^\circ \text{（V）}, \quad \dot{U}_{BC} = 220\angle -120^\circ \text{（V）}, \quad \dot{U}_{CA} = 220\angle 120^\circ \text{（V）}$$

负载相电流：

$$\dot{I}_{AB}=\frac{\dot{U}_{AB}}{Z_{AB}}=\frac{220\angle 0^\circ}{12+j16}=11\angle -53.1^\circ \text{（A）}=(6.6-j8.8)\text{（A）}$$

$$\dot{I}_{BC}=\frac{\dot{U}_{BC}}{Z_{BC}}=\frac{220\angle -120^\circ}{12}=18.3\angle -120^\circ \text{（A）}=(-9.17-j15.8)\text{（A）}$$

$$\dot{I}_{CA}=\frac{\dot{U}_{CA}}{Z_{CA}}=\frac{220\angle 120^\circ}{8+j6}=22\angle 83.1^\circ \text{（A）}=(2.6+j21.8)\text{（A）}$$

线电流:

$$\dot{I}_A=\dot{I}_{AB}-\dot{I}_{CA}=(6.6-j8.8)-(2.6+j21.8)=30.8\angle -82.6^\circ \text{（A）}$$

$$\dot{I}_B=\dot{I}_{BC}-\dot{I}_{AB}=(-9.17-j15.8)-(6.6-j28.8)=17.3\angle -156^\circ \text{（A）}$$

$$\dot{I}_C=\dot{I}_{CA}-\dot{I}_{BC}=2.6+j21.8-(-9.17-j15.8)=39.4\angle 72.6^\circ \text{（A）}$$

2. 典型故障分析

三相四线系统无中性线且一相开路时的情况分析。

故障示意图如图 5-2-3 所示。如果中性线断开，设 A 相灯负载又全部断开，此时 B、C 两相构成串联，串联负载端电压为电源线电压 380V。若 B、C 相对称，各相端电压为 190V，均低于额定值 220V 而不能正常工作；若 B、C 相不对称，则负载大的一相分压少而不能正常发光，负载小的一相分压多则易烧损。

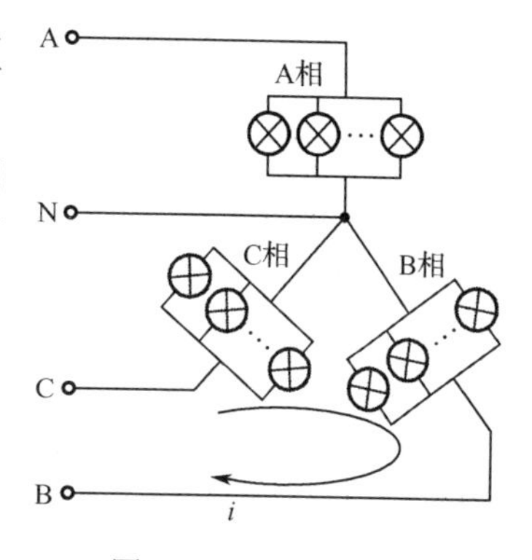

图 5-2-3 故障示意图

【例 5-2-3】 在负载为星形连接的对称三相电路，电源的线电压为 380V，每相负载的电阻为 8Ω，电抗为 6Ω，求：

（1）正常情况下，每相负载的线电压和相电流；

（2）若其中一相负载短路时，其余两相负载的相电压和相电流；

（3）若其中一相负载断路时，其余两相负载的相电压和相电流。

【解】 （1）在正常情况下，由于三相负载对称，中性线电流为零，故去掉中性线，并不影响三相电路的工作，所以各相负载的相电压仍为对称的电源相电压，即：

$$U_{YP}=U_P=\frac{U_L}{\sqrt{3}}=\frac{380}{\sqrt{3}}=220 \text{（V）}$$

每相负载的阻抗为：

$$|Z_P|=\sqrt{R^2+X^2}=\sqrt{8^2+6^2}=10 \text{（Ω）}$$

所以，每相的相电流为：

$$I_{YP}=\frac{U_{YP}}{|Z_P|}=\frac{220}{10}=22 \text{（A）}$$

（2）若一相负载短路时，线电压通过短路线直接加在另外两相的负载两端，所以这两相的相电压等于线电压，即：

$$U_{YP}=U_L=380 \text{（V）}$$

从而求出相电流为：

$$I_1 = I_2 = \frac{U_P}{|Z_P|} = \frac{380}{10} = 38\text{（A）}$$

（3）若一相负载断路时，另两相负载串联后接在线电压上，由于两相阻抗相等，所以相电压为线电压的一半，即：

$$U_1 = U_2 = \frac{380}{2} = 190\text{（V）}$$

于是得到这两相的相电流为：

$$I_1 = I_2 = \frac{U_P}{|Z_P|} = \frac{190}{10} = 19\text{（A）}$$

【例 5-2-4】 如图 5-2-4 所示的对称三相电路中，已知线电压有效值为 380V，负载阻抗 Z=165+j84（Ω），求：

（1）线电流；

（2）若 A 相负载短路或开路，求各相负载的相电压有效值；

（3）若接上中性线，并设中性线阻抗为零，求各相负载的相电压有效值；

（4）求负载的有功功率 P、无功功率 Q 和功率因数λ；

（5）用二瓦计法测量有功功率，画出接线图，分别求出两个功率表的读数，并与（4）中求得的有功功率 P 比较。

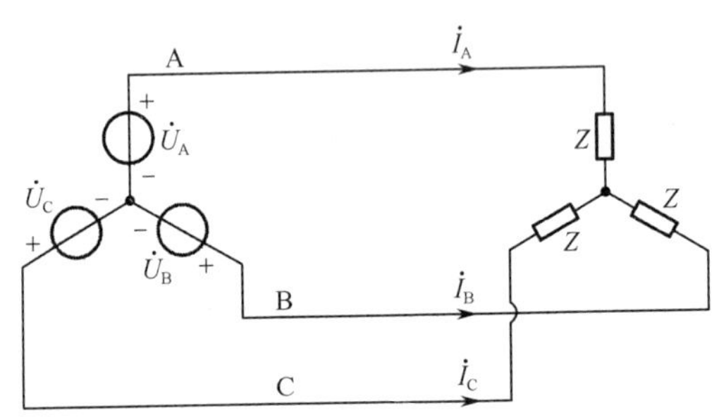

图 5-2-4 例 5-2-4 电路

【解】（1）已知电源线电压有效值为 380V，可根据对称三相电路线电压与相电压的关系将电源等效为相电压为 220V 的星形电源，设 $\dot{U}_A = 220\angle 0^\circ$（V），则 $\dot{U}_B = 220\angle -120^\circ$（V），$\dot{U}_C = 220\angle 120^\circ$（V）。

由于是对称 Y-Y 形连接的，可应用三相归结为一相的方法，即：

$$\dot{I}_A = \frac{\dot{U}_A}{Z} = \frac{220\angle 0^\circ}{165 + \mathrm{j}84} = 1.19\angle -27^\circ\text{（A）}$$

$$\dot{I}_B = 1.19\angle -147^\circ\text{（A）},\quad \dot{I}_C = 1.19\angle 93^\circ\text{（A）}$$

（2）若 A 相负载短路，则 B 相和 C 相负载分别承受线电压 $\dot{U}_{BA}$ 和线电压 $\dot{U}_{CA}$，电压有效值各为 380V。若 A 相负载开路，则 B 相与 C 相负载串联于线电压 $\dot{U}_{BC}$ 上，电压有效值各为 190V。

（3）若接上中性线，则无论 A 相负载开路或短路，另两相负载的相电压均为电源相电压 220V，仍能正常工作，但注意此时相电流不对称，中性线电流不为 0。

（4）$P = \sqrt{3}U_L I_L \cos\varphi = \sqrt{3} \times 380 \times 1.19 \cos 27^\circ = 699$（W）

$$Q=\sqrt{3}U_{\rm L}I_{\rm L}\sin\varphi=\sqrt{3}\times380\times1.19\sin27^{\circ}=356.7\text{（var）}$$

$$\lambda=\cos\varphi=\cos27^{\circ}=0.89$$

（5）用二瓦计法测量功率的接线如图 5-2-5 所示。

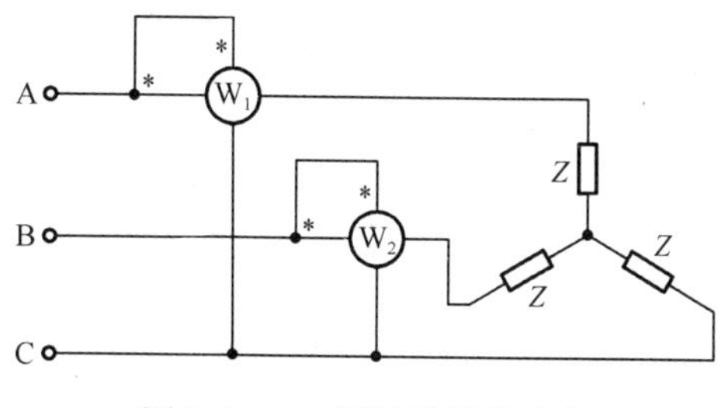

图 5-2-5　二瓦计法测量功率

因为 $\dot{U}_{\rm AC}=380\angle-30^{\circ}$（V），$\dot{I}_{\rm A}=1.19\angle-27^{\circ}$（A）

所以 $P_1=U_{\rm AC}I_{\rm A}\cos\varphi_1=380\times1.19\cos[-30^{\circ}-(-27^{\circ})]=452.8$（W）

因为 $\dot{U}_{\rm BC}=380\angle-90^{\circ}$（V）　$\dot{I}_{\rm B}=1.19\angle-147^{\circ}$（A）

所以 $P_2=U_{\rm BC}I_{\rm B}\cos\varphi_2=380\times1.19\cos[-90^{\circ}-(-147^{\circ})]=247$（W）

$$P=P_1+P_2=699.8\text{（W）}$$

用二瓦计法测量有功功率的结果与（4）中求得的有功功率 P 一致。

【拓展知识 17】 零线和地线

1. 零线和地线的区别

（1）零线和地线是两个不同的概念，切勿互换或混接。

（2）地线的对地电位为零，需要就近接地。

（3）零线的对地电位不一定为零，它是在最近的变电所接地，和本地的接地可能有一定的电位差。

（4）零线有时候会电人。当火线有电，但设备不工作时，可能是零线断了，从断点靠近设备一端的零线都是带 220V 电的，和火线一样。

2. 如何区分零线和地线

（1）接线标准如下。

火线（L）颜色必须用红色、黄色、绿色。

零线（N）颜色必须用黑色、蓝色。

地线（PE）颜色必须用黄、绿双色线。

面对 3 孔插座，左零、右火、中间地。

（2）在总线上装一漏电断路器，用一个灯泡接在火线和零线或火线和地线上，如漏电断路器动作，则说明它是地线，否则为零线。测试时要注意安全，可能会有小火花，要有心理准备，别吓一跳！

（3）如果在家中：

① 通电，用电笔测，会亮的全是火线。

② 将总开关处的零线断开，只接通火线，将家中的灯打在开的位置，用电笔测，刚才不亮，现在亮的全是零线。

③ 剩下不亮的全是地线。

最简单的方法是借助于220V的灯泡，当用电笔确定火线后，分别用零线和火线接在灯头上，通过灯泡的亮度就可以区分零线和地线，即连接零线的灯泡亮度高，稍暗的则因连接了地线。

（4）用万用表。

将万用表置于交流挡500V，手捏一表笔，另一表笔分别接触电源线，电压高的是火线，低的是零线，电压为0的是地线。零线对地电阻小于4Ω为可靠接地。用万用表置于交流挡250V测火线与零线、火线与地线的压差，两值相差在5V以下为可靠接地。

3．接错零线和地线的后果

（1）因为是交流电，所以火线和零线互换对电器没什么影响。面对3孔插座，左零、右火，主要是维修时用，最好还是别换。

（2）零线和地线接反或混接，这个平时没事，但比较危险，地线不能接到零线上，否则导致设备外壳带电（一般设备正常时外壳几乎不带电）。

（3）进户的地线可以临时做零线用（这样电表不转，属于偷电），但如果想长久使用，有许多不利因素，例如，由于接地点环境的变化（雷雨、湿度等）导致电压不稳、变电所因素使火线对地电压达到380V等，都能导致用电设备很容易受到影响及严重损坏。

项目总结

（1）三相电路是指由三相电源、三相线路和三相负载组成的电路的总称。对称三相电路是三相电源电压的振幅、频率相等，相位彼此相差120°，三相线路和三相负载完全相同的情况。

（2）对称三相电路。

对称三相电路中的三相电源和三相负载有星形和三角形两种连接方式。设对称三相电源是星形连接的，三相电压分别为：

$$\dot{U}_A = U_p\angle 0^\circ，\quad \dot{U}_B = U_p\angle -120^\circ，\quad \dot{U}_C = U_p\angle 120^\circ$$

其线电压为：

$$\dot{U}_{AB} = \dot{U}_A - \dot{U}_B = \sqrt{3}U_p\angle 30^\circ，\quad \dot{U}_{BC} = \dot{U}_B - \dot{U}_C = \sqrt{3}U_p\angle -90^\circ$$

$$\dot{U}_{CA} = \dot{U}_C - \dot{U}_A = \sqrt{3}U_p\angle 150^\circ$$

当对称三相电路中三相负载是星形连接时：

$I_L=I_p$，负载端线电流与相电流相同。

$U_L=\sqrt{3}\,U_p$，负载端线电压与相电压相差$\sqrt{3}$倍，且线电压超前相电压30°。

当对称三相电路中三相负载是三角形连接时：

$U_L=U_p$，负载端线电压与相电压相同。

$I_L=\sqrt{3}\,I_p$，负载端线电流与相电流相差$\sqrt{3}$倍，且线电流滞后相电流30°。

对称三相电路三相负载的平均功率：

$$P=3U_pI_p\cos\varphi_Z=\sqrt{3}\,U_LI_L\cos\varphi_Z$$

（3）不对称三相电路。

通常，不对称三相电路主要是三相负载不对称，而三相电源和三相线路一般是对称的。不对称三相电路没有上述特点，不能采用单相电路来进行计算。一般情况下，不对称三相电路可以看成复杂正弦稳态电路，可用一般复杂正弦稳态电路的方法来分析计算。在 Y-Y 连接的不对称三相四线制电路中，由于负载不对称，各相相电流并不对称，其中性线电流不再为零。这是规定中性线上不准安装开关或保险丝的原因。

（4）三相四线制电路常采用三个功率表分别测定三相功率。三相三线制电路可只用两个功率表测量三相功率。

自测练习5

一、填空题

1．三相电源星形连接时，由各相首端向外引出的输电线俗称________线，由各相尾端公共点向外引出的输电线俗称________线，这种供电方式称为________制。

2．火线与火线之间的电压称为________电压，火线与零线之间的电压称为________电压。电源星形连接时，数量上 $U_l=$________U_p；若电源三角形连接，则数量上 $U_l=$________U_p。

3．火线上通过的电流称为________电流，负载上通过的电流称为________电流。当对称三相负载星形连接时，数量上 $I_L=$________I_p；当对称三相负载三角形连接时，$I_L=$________I_p。

4．中性线的作用是使________ 星形连接负载的端电压继续保持________。

5．对称三相电路中，三相总有功功率 $P=$________；三相总无功功率 $Q=$________；三相总视在功率 $S=$________。

6. 对称三相电路中，由于________ =0，所以各相电路的计算具有独立性，各相________也是独立的，因此，三相电路的计算就可以归结为________来计算。

7. 若________连接的三相电源绕组有一相不慎接反，就会在发电机绕组回路中出现 $2\dot{U}_p$，这将使发电机因________而烧损。

8．我们把三个________相等、________相同，在相位上互差________度的正弦交流电称为________三相交流电。

9．当三相电路对称时，三相瞬时功率之和是一个________，其值等于三相电路的________功率，由于这种性能，使三相电动机的稳定性高于单相电动机。

10．测量对称三相电路的有功功率，可采用________法，如果三相电路不对称，就不能用________法测量三相功率。

二、判断题

1．三相电路只要做星形连接，则线电压在数值上是相电压的 $\sqrt{3}$ 倍。（　　）

2．三相总视在功率等于总有功功率和总无功功率之和。（　　）

3．对称三相交流电任一瞬时值之和恒等于零，有效值之和恒等于零。（　　）

4．对称三相星形连接电路中，线电压超前与其相对应的相电压 30° 电角。（　　）

5．三相电路的总有功功率 $P=\sqrt{3}U_L I_L\cos\varphi$。（　　）

6．三相负载做三角形连接时，线电流在数量上是相电流的 $\sqrt{3}$ 倍。（　　）

7．三相四线制电路无论对称与不对称，都可以用二瓦计法测量三相功率。（　　）

8．中性线的作用得使三相不对称负载保持对称。（　　）

9．三相四线制电路无论对称与否，都可以用三瓦计法测量三相总有功功率。（　　）

10．星形连接三相电源，若测出线电压两个为220V、一个为380V时，说明有一相接反。（　　）

三、单项选择题

1．某三相四线制供电电路中，相电压为220V，则火线与火线之间的电压为（　　）。

A．220V　　B．311V　　C．380V

2．在电源对称的三相四线制电路中，若三相负载不对称，则该负载各相电压（　　）。

A．不对称　　B．仍然对称　　C．不一定对称

3．三相对称交流电路的瞬时功率为（　　）。

A．一个随时间变化的量

B．一个常量，其值恰好等于有功功率

C．0

4．三相发电机绕组接成三相四线制，测得三个相电压 $U_A=U_B=U_C=220V$，三个线电压 $U_{AB}=380V$，$U_{BC}=U_{CA}=220V$，这说明（　　）。

A．A相绕组接反了　　B．B相绕组接反了　　C．C相绕组接反了

5．某对称三相电源绕组为星形连接，已知 $\dot{U}_{AB}=380\angle 15^\circ$（V），当 t=10s时，三个线电压之和为（　　）。

A．380V　　B．0V　　C．$380/\sqrt{3}$ V

6．某三相电源绕组连成星形时线电压为380V，若将它改接成三角形，线电压为（　　）。

A．380V　　B．660V　　C．220V

7．已知 $X_C=6\Omega$ 的对称纯电容负载做三角形连接，与对称三相电源相接后测得各线电流均为10A，则三相电路的视在功率为（　　）。

A．1800V·A　　B．600V·A　　C．600W

8．测量三相交流电路的功率有很多方法，其中三瓦计法是测量（　　）电路的功率。

A．三相三线制电路　　B．对称三相三线制电路　　C．三相四线制电路

9．三相四线制电路，已知 $\dot{I}_A=10\angle 20^\circ$（A），$\dot{I}_B=10\angle -100^\circ$（A），$\dot{I}_C=10\angle 140^\circ$（A），则中性线电流 $\dot{I}_N$ 为（　　）。

A．10A　　B．0A　　C．30A

10．三相对称电路是指（　　）。

A．电源对称的电路　　B．负载对称的电路　　C．电源和负载均对称的电路

四、简答题

1．三相电源做三角形连接时，如果有一相绕组接反，后果如何？试用相量图加以分析说明。

2．三相四线制供电系统中，中性线的作用是什么？

3．为什么实用中三相电动机可以采用三相三线制供电，而三相照明电路必须采用三相四线制供电系统？

4．三相四线制供电体系中，为什么规定中性线上不得安装保险丝和开关？

5．如何计算三相对称电路的功率？有功功率计算式中的 $\cos\varphi$ 表示什么意思？

6．一台电动机本来为正转，如果把连接在它上面的三根电源线任意调换两根的顺序，则电动机的旋转方向改变吗？为什么？

五、计算分析题

1．三相电路如自测图 5-1 所示。已知电源线电压为 380V 的工频电，求各相负载的相电流、中性线电流及三相有功功率 P，画出相量图。

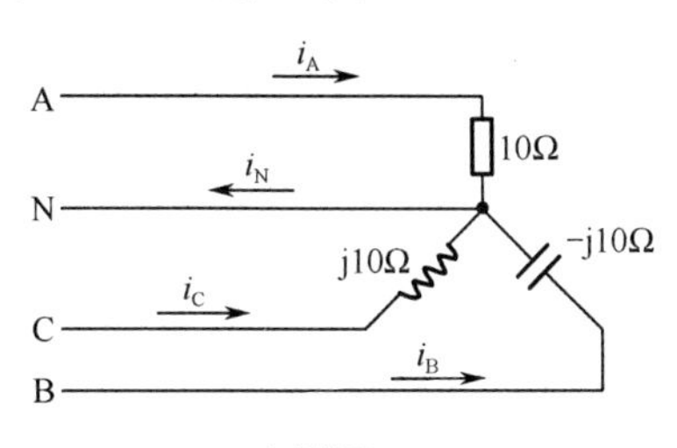

自测图 5-1

2．已知对称三相电源 A、B 火线间的电压解析式为$u_{AB}=380\sqrt{2}\sin(314t+30^\circ)$（V），试写出其余各线电压和相电压的解析式。

3．已知对称三相负载各相复阻抗均为 8+j6（Ω），星形连接于工频 380V 的三相电源上，若 u_{AB} 的初相为 60°，求各相电流。

4．某超高压输电线路中，线电压为 22×10^4V，输送功率为 24×10^4kV。若输电线路的每相电阻为 10Ω，①试计算负载功率因数为 0.9 时线路上的电压降及输电线上一年的电能损耗。②若负载功率因数降为 0.6，则线路上的电压降及一年的电能损耗。

5．有一台三相电动机绕组为星形连接，从配电盘电压表读出线电压为 380V，电流表读出线电流为 6.1A，已知其总功率为 3.3kW，试求电动机每相绕组的参数。

6．一台三角形连接三相异步电动机的功率因数为 0.86，效率 $\eta=0.88$，额定电压为 380V，输出功率为 2.2kW，求电动机向电源取用的电流。

7．三相对称负载，每相阻抗为 6+j8（Ω），接于线电压为 380V 的三相电源上，试分别计算出三相负载星形连接和三角形连接时电路的总功率。

8．一台星形连接三相异步电动机，接入 380V 线电压的电网中，当电动机满载时其额定输出功率为 10kW，效率为 0.9，线电流为 20A。当该电动机轻载运行，输出功率为 2kW 时，效率为 0.6，线电流为 10.5A。试求在上述两种情况下电路的功率因数，并对计算结果进行比较后讨论。

项目 6 动态电路的分析及实践

项目导入

自然界中物质的运动在一定条件下具有一定的稳定性，一旦条件发生变化，这种稳定性就有可能被打破，使其从一种稳定状态过渡到另一种稳定状态。在前面几个项目的讨论中，电路中的电压或电流都是某一稳定值或稳定的时间函数，这种状态称为电路的稳定状态，简称稳态。当电路的工作条件发生变化时，电路将从一种稳态变换到另一种稳态。对于凡有电容、电感的电路来说，这种变换需经历一定的时间才能完成，这一变换过程往往是短暂的，称为动态过程（或过渡过程）。

电路在动态过程中往往会出现过电压或过电流现象，可能会损坏电气设备，造成严重的事故。分析电路动态过程的目的在于掌握其规律，以便采取相应的防范措施；也可以利用它来实现某种技术目的。

任务 6—1　RC 充放电电路的认识与分析

学习导航

学习目标	1．理解电容元件的充放电特性
	2．掌握换路定律
	3．能初步理解闪光灯电路的工作过程
重点知识要求	1．电容元件的充放电特性
	2．换路定律
关键能力要求	一阶动态电路的三要素法分析

任务要求

任务要求	1．了解暂态分析中的一些基本概念
	2．熟悉换路定律的内容并理解其内涵
	3．掌握换路定律的应用
任务环境	PC 一台、Multisim 软件开发系统一套
任务分解	1．RC 电路充放电过程仿真与分析
	2．一阶动态电路的三要素仿真与分析

1．RC 电路充放电过程仿真与分析

创建仿真电路（见图 6-1-1），合上开关 S_1，观察小灯泡亮度变化，发现 S_1 合上后 X_2 立即点亮，而 X_1 需经过一段时间后才亮。这个现象直观地说明了电容两端的电荷积聚、电压上升需经一过渡过程；再将开关 S_1 断开，发现 S_1 断开后 X_2 立即灭灯，而 X_1 经过一段时间后才灭，这又说明电容上的电荷泄放、电压下降也有一过渡过程。

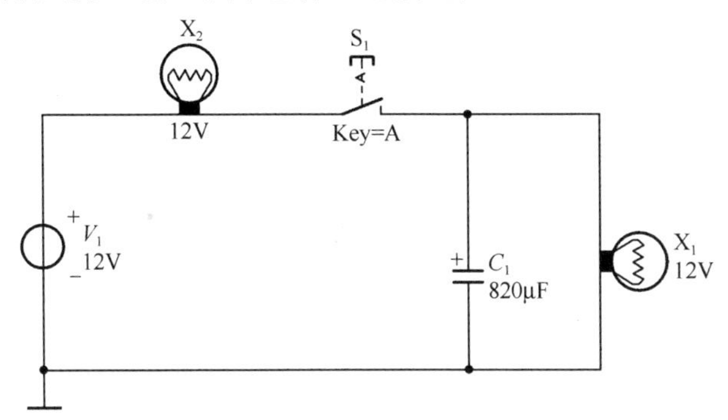

图 6-1-1　RC 电路充放电过渡过程

为进一步准确实验分析电路的过渡过程，将灯泡用电阻元件替代，适当选择元件参数，创建仿真电路（见图 6-1-2），用虚拟示波器观察电容两端电压的变化。仿真运行，在 t_1 时刻合上开关，t_2 时刻再断开开关，得仿真波形见图 6-1-3，观察波形进行分析。

首先，可直观得出电容两端电压不会突变，具有充放电的过渡过程这一特性。t_1 时刻合上开关，电源通过 R_1 对电容充电，电容两端电压逐步上升；t_2 时刻再断开开关，电容经与之并联的 R_2 放电，电容两端电压逐渐下降。

其次，观察电压变化曲线，可直观辨认充电过程中电容元件两端电压按先快后慢的指数规律上升，而放电过程中电容元件两端电压按先快后慢指数规律下降。

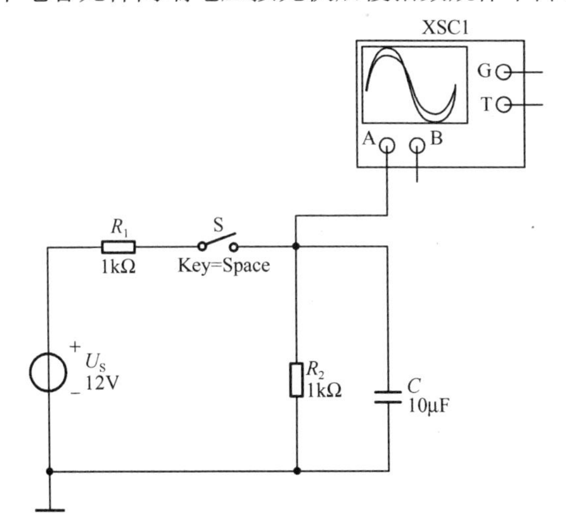

图 6-1-2　RC 充放电仿真电路

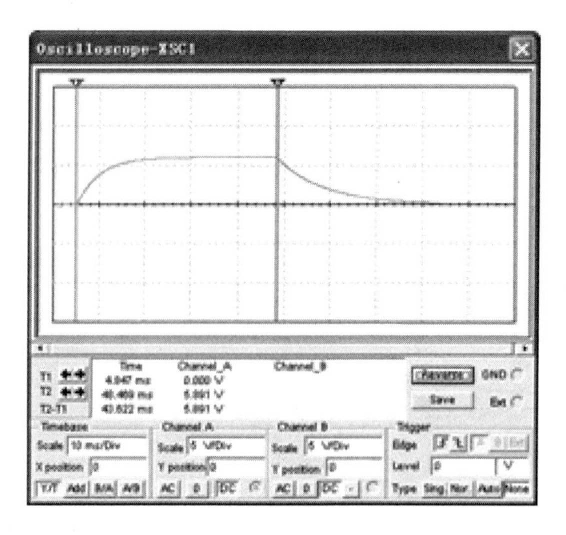

图 6-1-3　RC 电路充放电波形

第三，工程公式的介绍与分析，将仿真波形与公式对比、理解。

充电过程：$u_{\mathrm{C}}(t)=U_{\mathrm{O}}\cdot(1-\mathrm{e}^{-\frac{t}{\tau}})$

放电过程：$u_{\mathrm{C}}(t)=U_{\mathrm{O}}\cdot\mathrm{e}^{-\frac{t}{\tau}}$

U_{O} 和 τ 的分析与理解：

U_{O} 为电容充电完成后电容两端的电压，图形曲线中 $U_{\mathrm{O}}\approx 6$（V）

τ 称为时间常数，当 $t=0.7\tau$ 时，$u_{\mathrm{C}}(t)=\dfrac{1}{2}U_{\mathrm{O}}$。

可改变仿真波形上的标尺位置，读取时间分析得 τ 值：

充电过程（见图 6-1-4），$t=0.7\tau_{充}\approx 3.5\mathrm{ms}$，$\tau_{充}\approx 5\mathrm{ms}$

放电过程（见图 6-1-5），$t=0.7\tau_{放}\approx 7\mathrm{ms}$，$\tau_{放}\approx 10\mathrm{ms}$

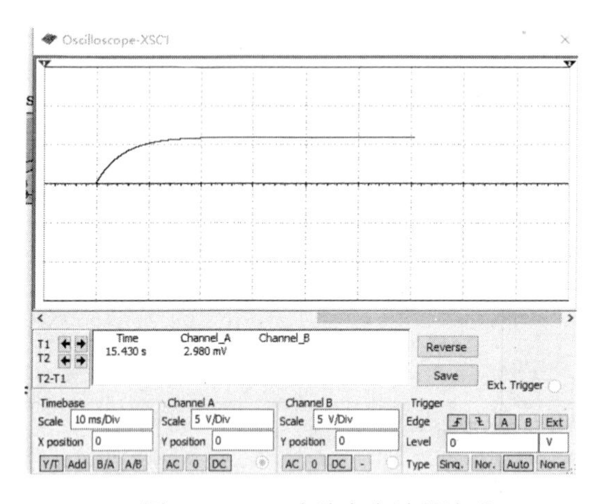

图 6-1-4　RC 电路充电过程波形

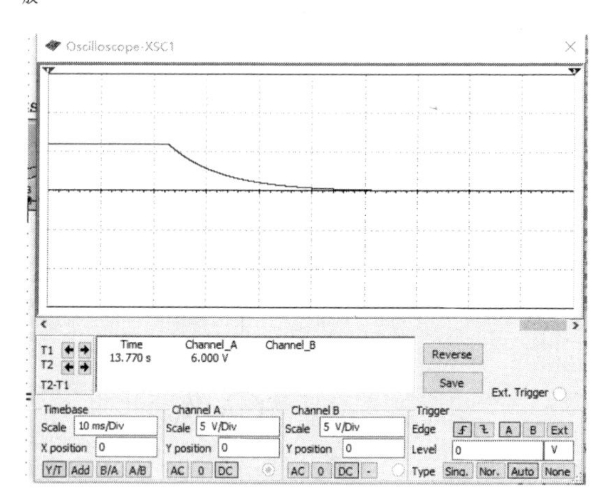

图 6-1-5　RC 电路放电过程波形

第四，改变电路参数，仿真观察充放电过程的变化，讨论时间常数的意义及工程计算。将电容容量增大为 100μF（仿真见图 6-1-6），或将电阻 R_1、R_2 都减小为 100Ω（仿真见图 6-1-7），发现电容充放电前者变慢了，后者变快了，读图计算充电过程时间常数，前者变为 50ms，后者变为 0.5ms。

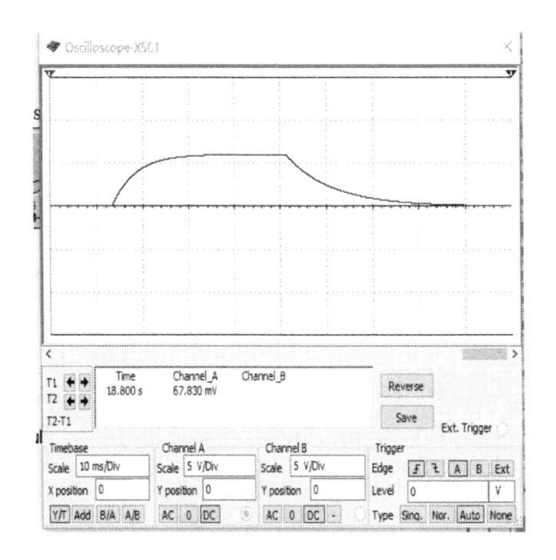

图 6-1-6 C 为 100μF 充放电过程波形

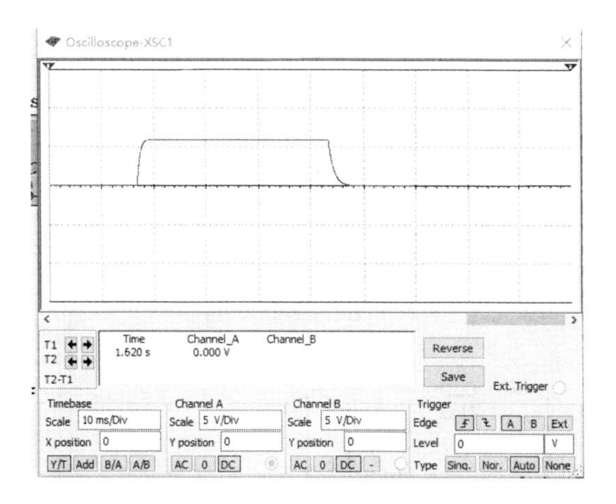

图 6-1-7 R 为 100Ω充放电过程波形

由此可知时间常数反映了充放电的快慢，τ 越大充放电越慢，τ 越小充放电越快。对比三种电路参数取值与时间常数的量值关系（见表 6-1-1），发现 $\tau = RC$，其中 C 为电容值，R 为从电容两端看的电路等效电阻值，本电路中：

$$\tau_{充} = \frac{R_1 R_2}{R_1 + R_2} C_1, \quad \tau_{放} = R_2 C_1$$

表 6-1-1 三种电路参数取值与时间常数的量值关系

R_1	R_2	C	$\tau_{充}$	$\tau_{放}$
1kΩ	1kΩ	10μF	5ms	10ms
1kΩ	1kΩ	100μF	50ms	100ms
100Ω	100Ω	10μF	0.5ms	1ms

2．一阶动态电路的三要素仿真与分析

1）电路动态过程仿真

在 Multisim 软件中，绘制一个 RC 电路如图 6-1-8 所示，仿真电路当开关打开后的动态响应曲线见图 6-1-9。分析曲线发现，闭合开关时该电压从初始值 12V，按指数规律逐渐至新的稳态值 6V，即该电压动态过程为从 12V 按指数规律下降至 6V。

2）一阶动态电路的三要素仿真测定

结合动态元件的动态特性的工程公式和本电路的仿真观察，一阶动态电路（即只含有一个动态元件）的动态响应表达式可总结为：

$$f(t) = f(\infty) + [f(0_+) - f(\infty)]\mathrm{e}^{-\frac{t}{\tau}}$$

式中：$f(0_+)$ 是变量的初始值；$f(\infty)$ 是变量在时间 $t \to \infty$ 时的稳态值；τ 是一阶电路的时间常数。

图 6-1-9 所示电路的响应函数式的得到只需求出上述 3 个参数即可代入公式求得。而三要素的求法有两种，一是根据电路理论分析（见后面相关知识），二是直接由仿真曲线读取。由

曲线可以读出：

$$u_c(0_+)=12\text{V}\;;\quad u_c(\infty)=6\text{V}\;;\quad t=0.7\tau\approx 6.7\text{ms},\quad \tau\approx 9.5\text{ms}$$

$$\begin{aligned}u_c(t)&=u_c(\infty)+[u_c(0_+)-u_c(\infty)]\text{e}^{-\frac{t}{\tau}}\\&=6+(12-6)\text{e}^{-\frac{t}{0.0095}}\\&=6+6\text{e}^{-105t}\ (\text{V})\end{aligned}$$

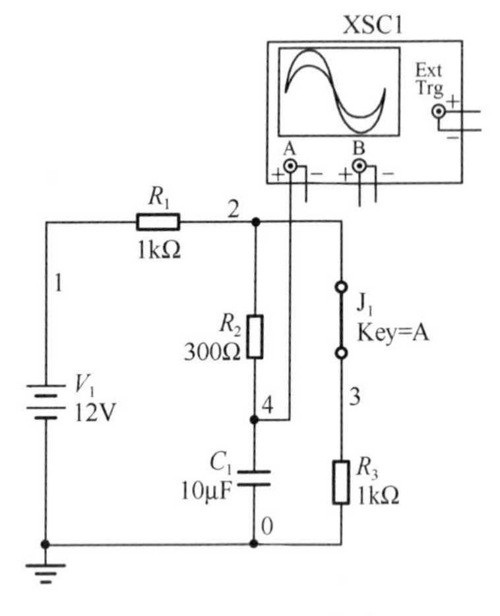

图 6-1-8　RC 电路

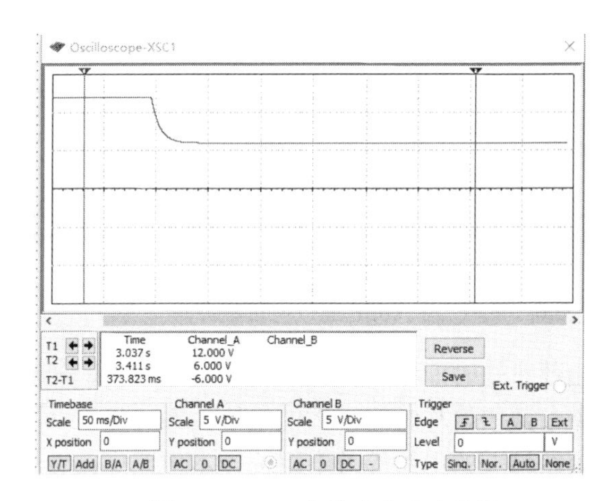

图 6-1-9　RC 电路动态响应曲线

相关知识

6.1　动态电路与换路定则

1. 相关概念

1）状态变量

代表物体所处状态的可变化量称为状态变量。如电感元件磁场能 $W_\text{L}=\dfrac{1}{2}Li_\text{L}^2$、电容元件电场能 $W_\text{C}=\dfrac{1}{2}Cu_\text{C}^2$，式中的电流 i_L 和电压 u_C 就是状态变量。状态变量的大小显示了储能元件上能量储存的状态。

状态变量 i_L 的大小不仅能够反映出电感元件上磁场能量储存的情况，同时它还反映出电感元件上的电流不能发生跃变这一事实（能量不能发生跃变）。同理，电容元件上的状态变量 u_C 的大小也可反映电容元件的电场能量储存情况及电容元件极间电压不能跃变这一特性。

2）换路

在含有动态元件电感和电容的电路中，电路的接通、断开，接线的改变或是电路参数、电源的突然变化等，统称为“换路”。

3）暂态

由于动态元件电感中的磁场能量及电容中的电场能量在一般情况下只能连续变化而不能发生跃变，因此当电路发生“换路”时，必将引起动态元件上响应的变化。这些变化持续的时间一般非常短暂，所以常称之为“暂态”。

4）全响应

电路中的动态元件中存在原始能量，且又有外部激励，这种情况下引起的电路响应称为全响应。

2．换路定则

通常，我们把电路中开关的接通、断开或电路参数的突然变化等统称为“换路”。

换路定则 1：在换路后的一瞬间，如果电感两端的电压保持为有限值，则电感中的电流应当保持换路前一瞬间的原有值而不能跃变，即：

$$i_L(0_+) = i_L(0_-) \tag{6-1-1}$$

换路定则 2：在换路后的一瞬间，如果流入（流出）电容的电流保持为有限值，则电容上电压应当保持换路前一瞬间的原有值而不能跃变，即：

$$u_C(0_+) = u_C(0_-) \tag{6-1-2}$$

6.2 一阶电路的三要素分析法

直流激励下的一阶动态电路响应的求解可以应用简捷方法，即三要素法进行。三要素表示法的通用公式为：

$$f(t) = f(\infty) + [f(0_+) - f(\infty)]e^{-\frac{t}{\tau}}, \quad t \geqslant 0 \tag{6-1-3}$$

式中：$f(t)$表示电路中的响应（电流或电压）；$f(0_+)$表示响应（电流或电压）的初始值；$f(\infty)$表示响应（电流或电压）的稳态值；τ 表示电路的时间常数。

$f(0_+)$、$f(\infty)$和 τ 称为三要素，把按三要素公式求解响应的方法称为三要素法。在分析电路时，只要获得 $f(0_+)$、$f(\infty)$和 τ 这 3 个要素，便能立即写出待求响应的解析表达式。

分析步骤如下。

1．确定初始值 $f(0_+)$

初始值$f(0_+)$是指任一响应在换路后瞬间 t=0+时的数值，与本项目前面所讲的初始值的确定方法是一样的。

（1）先画 t=0-电路。确定换路前电路的状态 $u_C(0_-)$ 或 $i_L(0_-)$，这个状态即为 t<0 阶段的稳定状态，因此，此时电路中电容视为开路，电感用短路线代替。

（2）画 t=0+电路。这是利用刚换路后一瞬间的电路确定各变量的初始值。若 $u_C(0_+) = u_C(0_-) = U_0$，$i_L(0_+) = i_L(0_-) = I_0$，在此电路中，电容用电压源 U_0 代替，电感用电流源代替。若 $u_C(0_+) = u_C(0_-) = 0$ 或 $i_L(0_+) = i_L(0_-) = 0$，则电容用短路线代替，电感视为开路。画 t=0+电路后，即可按一般电阻性电路来求解各变量的 $u(0_+)$、$i(0_+)$。

2．确定稳态值 $f(\infty)$

画 $t=\infty$ 电路。瞬态过程结束后，电路进入了新的稳态，用此时的电路确定各变量稳态值 $u(\infty)$、$i(\infty)$。在此电路中，电容视为开路，电感用短路线代替，可按一般电阻性电路来求各变量的稳态值。

3．求时间常数 τ

RC 电路中，$\tau=RC$；RL 电路中，$\tau=L/R$。

其中，R 是将电路中所有独立源置零后，从 C 或 L 两端看进去的等效电阻（即戴维南等效源中的 R_0）。

下面通过具体举例来说明三要素法的应用。

【例 6-1-1】 如图 6-1-10 所示电路中，t=0 时将 S 合上，求 $t \geq 0$ 时的 i_1、i_L、u_L。

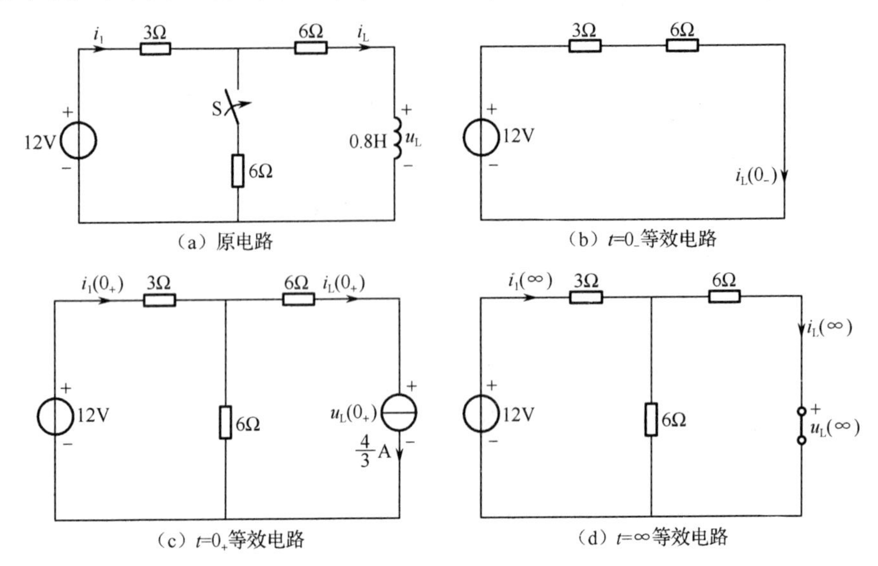

图 6-1-10　例 6-1-1 电路图

【解】（1）先求 $i_L(0_-)$。画 t=0- 电路，见图 6-1-10（b），

$$i_L(0_-) = \frac{12}{3+6} = \frac{4}{3} \text{（A）}$$

（2）求 $f(0_+)$。画 t=0+电路，见图 6-1-10（c），$i_L(0_+) = i_L(0_-) = \frac{4}{3}$（A）

$$3i_1(0_+)+6[i_1(0_+)-i_L(0_+)]=12$$

得
$$i_1(0_+) = \frac{20}{9} \text{（A）}$$

图 6-1-10（c）右边回路中有：

$$u_L(0_+) = -6i_L(0_+) + 6[i_1(0_+) - i_L(0_+)] = -\frac{8}{3} \text{（V）}$$

（3）求 $f(\infty)$。画 t=∞电路见图 6-1-10（d），电感用短路线代替，则

$$i_1(\infty) = \frac{12}{3 + \frac{6\times 6}{6+6}} = 2 \text{（A）}$$

$$i_L(\infty) = \frac{1}{2} i_1(\infty) = 1 \text{（A）}$$

$$u_L(\infty) = 0 \text{（V）}$$

（4）求 τ。从动态元件 L 两端看进去的戴维南等效电阻为：

$$R = 6 + 3//6 = 6 + \frac{3\times 6}{3+6} = 8 \text{（Ω）}$$

$$\tau = \frac{L}{R} = \frac{0.8}{8} = 0.1 \text{（s）} = \frac{1}{10} \text{（s）}$$

（5）代入三要素公式

$$f(t)=f(\infty)+[f(0_+)-f(\infty)]\ \mathrm{e}^{-\frac{t}{\tau}}$$

$$i_1(t)=2+\left(\frac{20}{9}-2\right)\ \mathrm{e}^{-10t}=2+\frac{2}{9}\mathrm{e}^{-10t}\text{（A）},\ t\geqslant0$$

$$i_L(t)=1+\left(\frac{4}{3}-1\right)\ \mathrm{e}^{-10t}=1+\frac{1}{3}\mathrm{e}^{-10t}\text{（A）},\ t\geqslant0$$

$$u_L(t)=0+\left(-\frac{8}{3}-0\right)\ \mathrm{e}^{-10t}=-\frac{8}{3}\mathrm{e}^{-10t}\text{（V）},\ t\geqslant0$$

【例 6-1-2】 图 6-1-11 所示电路中，已知 U_S=12V，R_1=1kΩ，R_2=2kΩ，C=10μF。试用三要素法求开关 S 合上后 u_C，i_C 的解析式。

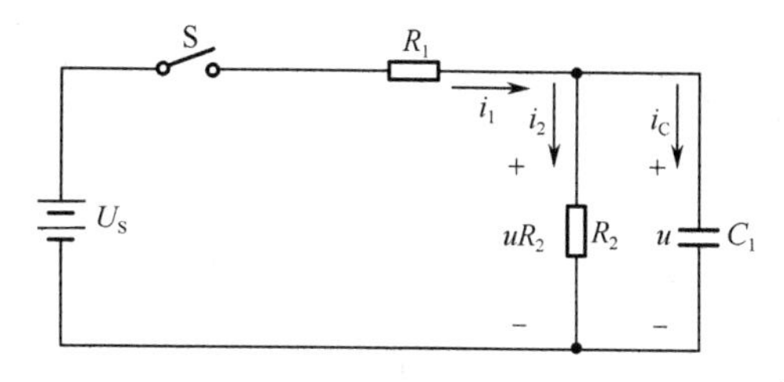

图 6-1-11　例 6-1-2 电路图

【解】

（1）电容上电压属于零初始值 $f(t)$逐渐增长的情况。

$$f(0_+)=0\text{，即 }u_C(0_+)=0$$

则 $f(t)=f(\infty)+[f(0_+)-f(\infty)]\mathrm{e}^{-\frac{t}{\tau}}$ 变成

$$f(t)=f(\infty)(1-\mathrm{e}^{-\frac{t}{\tau}})$$

开关闭合后，电路处于稳态时，电容相当于开路，所以

$$u_C(\infty)=\frac{U_S}{R_1+R_2}R_2=\frac{12}{(1+2)\times10^3}\times2\times10^3=8\text{（V）}$$

（2）求 τ

$$\tau=\frac{R_1\times R_2}{R_1+R_2}C=\frac{1\times2\times10^6}{(1+1)\times10^3}\times10\times10^{-6}=\frac{2}{3}\times10^3\times10\times10^{-6}=6.67\times10^{-3}\text{（s）}$$

所以 $u_C=8(1-\mathrm{e}^{-\frac{t}{6.67\times10^{-3}}})=8(1-\mathrm{e}^{-150t})$（V）

已知 $u_C(0_+)=u_C(0_-)=0$（V），即 R_2 两端电压 U_{R2} 的初始值为 0，所以 $i_2(0_+)=0$

$$i_1(0_+)=\frac{U_S}{R_1}=\frac{12}{1\times10^3}=12\times10^{-3}\text{（A）}$$

$$i_C(0_+)=i_1(0_+)-i_2(0_+)=12\times10^{-3}\text{（A）}$$

代入数值得 $i_C=12\times10^{-3}\mathrm{e}^{-\frac{t}{6.67\times10^{-3}}}=12\times10^{-3}\mathrm{e}^{-150t}$（A）$=12\mathrm{e}^{-150t}$mA

【拓展知识18】 电子闪光灯

1．电子闪光灯的组成

大多数的电子闪光灯都包括5个主要的结构部分，它们分别是：用来发光的灯管、提供能量来源的电池、一个能控制闪光的控制电路系统、一个能将电池的电压转换成高电压的变压电路、一个能够储存用以发射瞬间能量的电容器。当我们按下快门按钮时，相机便在瞬间启动闪灯，闪灯电容器内储存的高电压电力，会推动灯管放电，产生短暂而强烈的光线。

闪光灯结构框图如图6-1-12所示，供电形式DC、AC可选，升压后，变为DC高压，给电容充电，触发电容放电驱动闪光。

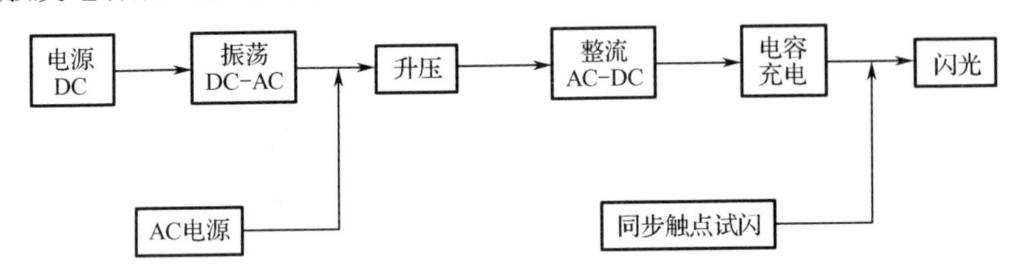

图6-1-12　闪光灯结构框图

2．典型照相机闪光电路

其原理图如图6-1-13所示。

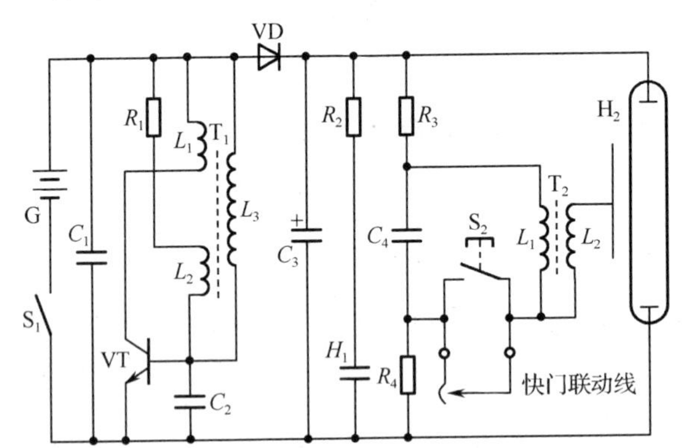

R_1：4.7kΩ　R_2：2MΩ　R_3：1MΩ　R_4：1MΩ　C_1：10μF/10V　C_2：0.01μF

C_3：220μF/300V　C_3：0.22μF　VD：2CZ21C　VT：D1162A　G：6V（DC）

图6-1-13 典型照相机闪光电路原理图

电路由4部分组成：振荡升压部分、整流充电部分、电压指示部分和脉冲触发、闪光部分。当电源接通后，利用晶体管VT的开关特性，形成一个间歇振荡，使T_1的初级获得一个交变电压，经T_1升压，使其次级获得大于300V的交变电压。交变电压经二极管VD半波整流后变成直流电压，对电容C_2和触发电容C_3充电储能。当电压充至额定电压的70%左右时，指示电路中的氖灯（H_1）起辉，指示闪光灯处于正常闪光等待状态。当按下按钮S_2，触发电路（由R_3、C_4、R_4和T_2组成）产生脉冲电压，在T_2的次级感应出瞬间高压（约10kV）脉冲，通过H_2闪光管的触发极使H_2闪光管内氮气电离并导通，电容C_3上储存的电能瞬间通过闪光灯管放电转化为光能，完成一次闪光。照相机中的内藏闪光灯的工作原理同上。当外界景物的亮度不足时，照相机的测光系统便发出一个低照度信息，此时用手动方式或由照相机自动接通闪光电路进行充电和闪光。有的照相机还具有自动控制闪光量的系统（自动调光闪光灯），以获得更准确的曝光。

任务 6—2 RC 积分、微分电路的仿真与分析

学习导航

学习目标	1. 掌握 RC 积分、微分电路的结构
	2. 理解 RC 积分、微分电路的功能
	3. 掌握电路的输入输出关系方程
重点知识要求	1. RC 积分电路的结构、功能、输入输出关系方程
	2. RC 微分电路的结构、功能、输入输出关系方程
关键能力要求	能根据要求正确选择合适的电路结构与参数

任务要求

任务要求	1. 通过仿真实验探究微积分电路的工作
	2. 熟练列写微积分电路的输入输出关系方程
	3. 根据要求正确选择合适的电路结构与参数
任务环境	PC、Multisim 仿真软件平台
任务分解	1. RC 积分电路虚拟实验及现象分析
	2. RC 微分电路虚拟实验及现象分析

实施步骤

1. RC 积分电路虚拟实验及现象分析

RC 积分电路虚拟实验及现象分析

（1）教师指导学生完成电路虚拟实验，见图 6-2-1。

（2）讨论研究实验现象与结果。

输入矩形波信号，输出锯齿波信号，输出电压是对输入电压积分的结果，故称这种电路为积分电路。

改变电路元件参数，进行虚拟实验，观测波形现象。由图示波形可知：若时间常数越大，充、放进行得越缓慢，锯齿波信号的线性就越好。

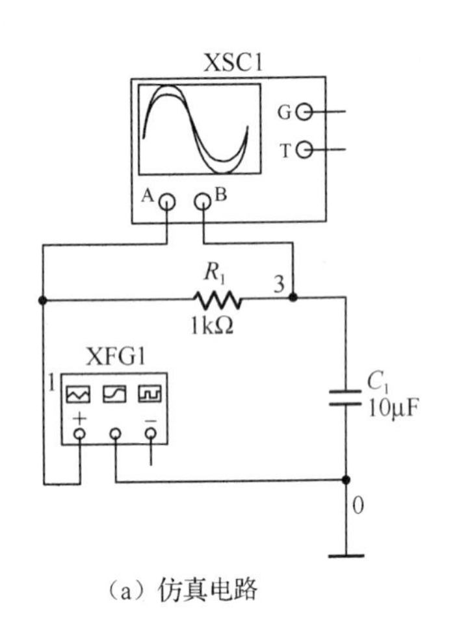

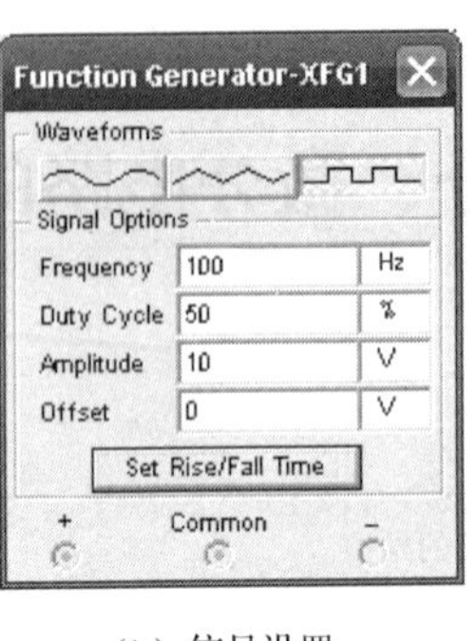

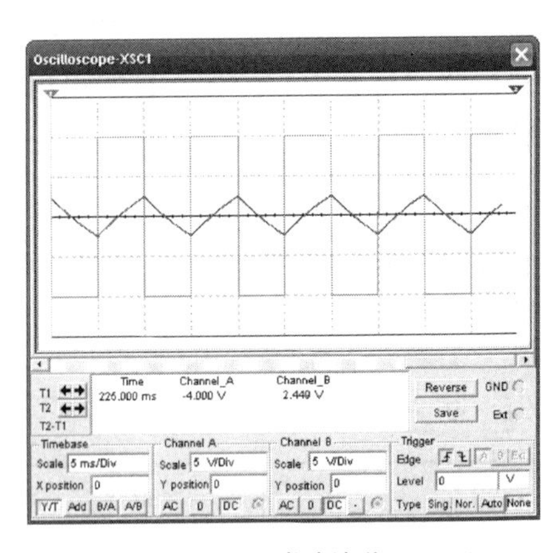

（a）仿真电路　（b）信号设置　（c）仿真波形

图 6-2-1　积分电路虚拟实验

（3）探究总结电路功能及电路元件参数的选取原则。

改变电路元件参数，进行虚拟实验，观测波形。

RC 积分电路应满足 3 个条件：① 输入信号为一周期性的矩形波；② 输出电压从电容两端取出；③电路时间常数远大于脉冲宽度，即 $\tau \gg t_p$。

RC 微分电路虚拟实验及现象分析

2．RC 微分电路虚拟实验及现象分析

（1）教师指导学生完成电路虚拟实验，见图 6-2-2。

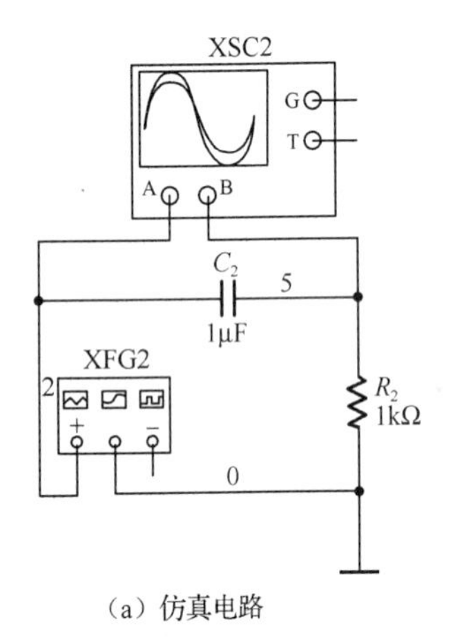

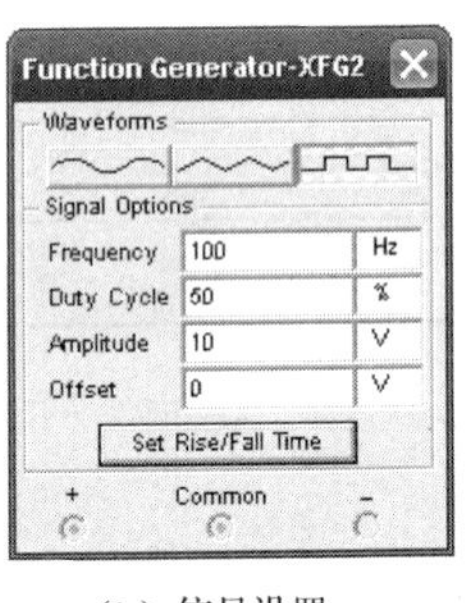

（a）仿真电路　（b）信号设置　（c）仿真波形

图 6-2-2　微分电路虚拟实验

（2）讨论研究实验现象与结果。

输入矩形波信号，从电阻两端输出正负相间的尖脉冲信号，输出电压是对输入电压微积分的结果，故称这种电路为微分电路。

（3）探究总结电路功能及电路元件参数的选取原则。

改变电路元件参数，可观察输出波形的变化，进而分析理解元件参数、RC 时间常数取值的要求。如 RC 值变小则输出尖峰波变窄，如 RC 值过大则失去微分效应的波形变换作用。

微分电路应满足 3 个条件：① 激励必须为一周期性的矩形脉冲；② 响应必须是从电阻两端取出的电压；③ 电路时间常数远小于脉冲宽度，即$\tau \ll t_p$。

相关知识

6.3 积分电路

在图 6-2-3（a）所示电路中，激励源u_S为一矩形脉冲信号，响应是从电容两端取出的电压，即$u_o = u_C$，电路时间常数大于脉冲信号的脉宽，通常取$\tau = 10t_p$。

因为$t = 0_-$时，$u_C(0_-) = 0V$，在$t = 0$时刻u_R突然从 0V 上升到u_S时，仍有$u_C(0_+) = 0V$，故$u_R(0_+) = U_s$。在$0 < t < t_1$期间内，$u_i = U_S$，运用一阶动态电路的三要素分析法，得响应函数$u_O(t) = u_c(\infty)(1 - e^{-\frac{t}{\tau}})$。

由于$\tau = 10t_p$，所以电容充电极慢。当$t = t_1$时，$u_o(t_1) = \frac{1}{3}U_s$。电容尚未充电至稳态时，输入信号已经发生了突变，从 U_S 突然下降至 0V。则在$t_1 < t < t_2$期间内，$u_i = 0V$运用一阶动态电路的三要素分析法，得$u_O(t) = u_c(0_+)e^{-\frac{t}{\tau}}$。

锯齿波信号在示波器、显示器等电子设备中常做扫描电压。

由图 6-2-3（b）所示波形可知：若时间常数越大，充、放进行得越缓慢，锯齿波信号的线性就越好。从波形还可看出，输出电压是对输入电压积分的结果，故称这种电路为积分电路。

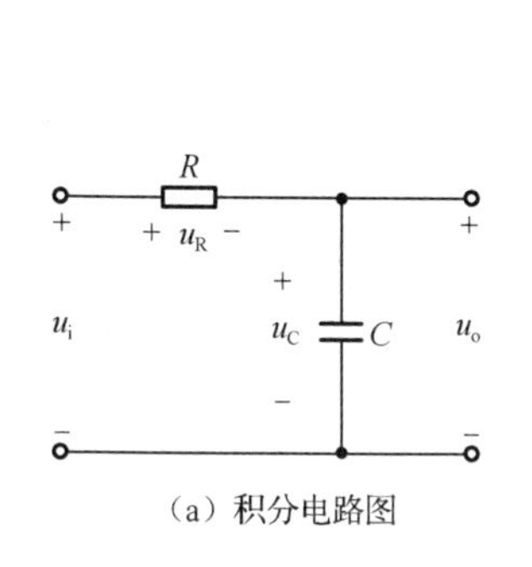

（a）积分电路图

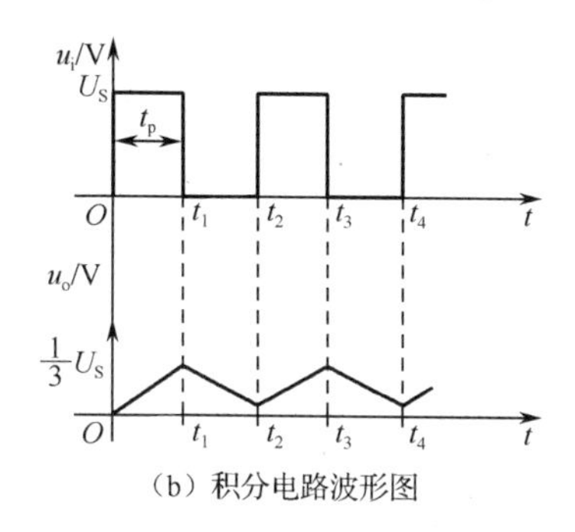

（b）积分电路波形图

图 6-2-3 积分电路

6.4 微分电路

在图 6-2-4（a）所示电路中，激励源 u_S 为一矩形脉冲信号，响应是从电阻两端取出的电压，即 u_o=u_R，电路时间常数小于脉冲信号的脉宽，通常取$\tau = \frac{t_p}{10}$。

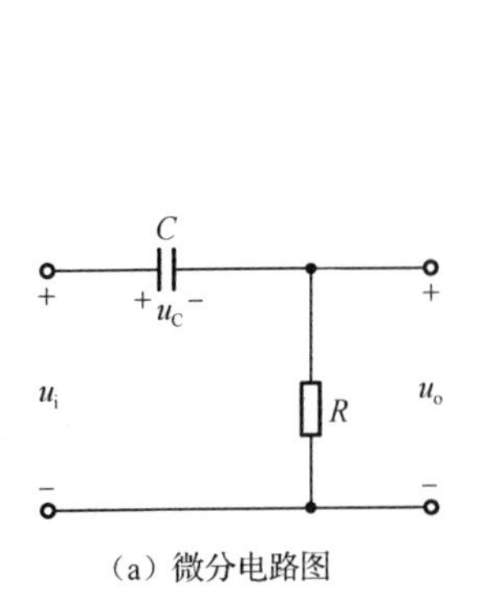

（a）微分电路图

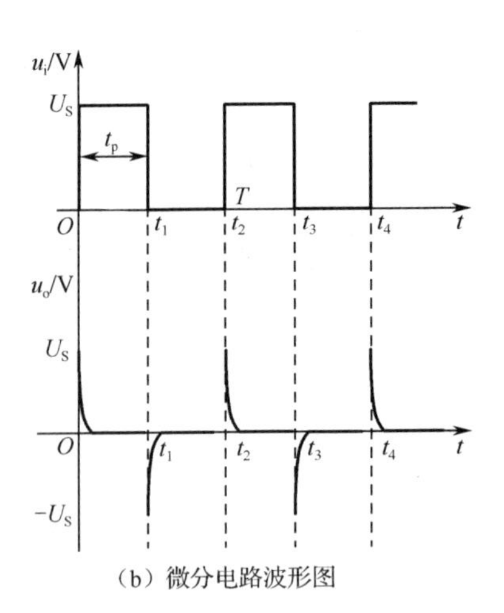

（b）微分电路波形图

图 6-2-4　微分电路图

因为 $t<0$ 时，$u_C(0_-)=0V$，而在 $t=0$ 时，u_i 突变到 U_S，且在 $0<t<t_1$ 期间有：$u_i=U_S$，相当于在 RC 串联电路上接了一个恒压源，这实际上就是 RC 串联电路的零状态响应：$u_c(t)=u_c(\infty)(1-e^{-\frac{t}{\tau}})$。由于 $u_C(0_+)=0V$，则由图 6-2-4(a)电路可知 $u_i=u_c+u_o$。所以 $u_o(0_+)=U_s$，即输出电压产生了突变，从 0V 突跳到 U_S。

在 $t=t_1$ 时刻，u_i 又突变到 0V，且在 $t_1<t<t_2$ 期间有：$u_i=0V$，相当于将 RC 串联电路短接，这实际上就是 RC 串联电路的零输入响应状态：$u_c(t)=u_c(0_+)e^{-\frac{t}{\tau}}$。由于 $t=t_1$ 时，$u_c(t_1)=U_s$，故 $u_O(t_1)=-u_c(t_1)=-U_S$。

因为 $\tau=\frac{t_p}{10}$，所以电容充电极快。当 $t=3\tau$ 时，有 $u_c(3\tau)=U_s$，则 $u_O(3\tau)=0V$。故在 $0<t<t_1$ 期间内，电阻两端就输出一个正的尖脉冲信号，如图 6-2-4（b）所示。这种输出的尖脉冲波反映了输入矩形脉冲微分的结果，故称这种电路为微分电路。

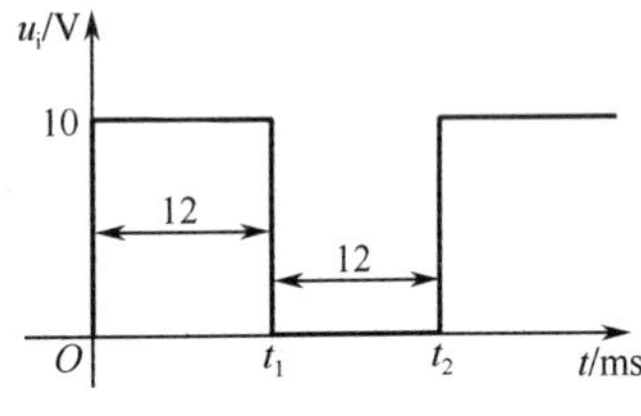

图 6-2-5　例 6-2-1 的电路图

尖脉冲信号的用途十分广泛，在数字电路中常用作触发器的触发信号；在变流技术中常用作可控硅的触发信号。

【例 6-2-1】 在图 6-2-4（a）所示电路中，输入信号 u_i 的波形如图 6-2-5 所示。试画出下列两种参数时的输出电压波形。并说明电路的作用。① 当 $C=300pF$，$R=10k\Omega$ 时；② 当 $C=1\mu F$，$R=10k\Omega$ 时。

【解】 ① 因为 $C=300pF$，$R=10k\Omega$，所以 $\tau_1=RC=300\times10^{-12}\times10\times10^3=3\mu s$，

而 $t_p=12ms=4000\tau_1$，显然，此时电路是一个微分电路，其输出电压波形如图 6-2-4（b）所示。

② 因为 $C=1\mu F$，$R=10k\Omega$，所以 $\tau=RC=1\times10^{-12}\times10\times10^3=10ms$。

而 $t_p=12ms>\tau$，τ 很接近于 t_p，所以电容充电较慢，$u_c(t)=10(1-e^{-\frac{t}{\tau}})$（V）。

故 $u_O(t)=10e^{-\frac{t}{\tau}}$（V），所以当

$t=0_+$ 时，$u_O(0_+)=10\text{V}$，$u_c(0_+)=0\text{V}$；

$t=t_1=t_p$ 时，$u_c(t_1)=10(1-e^{-\frac{12}{10}})=6.988\text{V}$，$u_i$ 已从 10V 突跳到 0V，则电容要经电阻放电，即 $u_c(t)=u_c(t_1)\cdot e^{-\frac{t}{\tau}}$。

所以 $u_o(t)=-u_c(t)=-u_c(t_1)e^{-\frac{t}{\tau}}$。

则当 $t=t_1$ 时，$u_o(t_1)=-u_c(t_1)=-6.988\text{V}$；

$t=t_2$ 时，电容经电阻放电时间为 12ms，$u_o(t_2)=-u_c(t_2)e^{-\frac{t}{\tau}}=-6.988e^{-\frac{12}{10}}=-2.104\text{V}$。

由分析可知：当时间常数越大时，输出波形就越接近于输入波形。所以此时的电路就称为耦合电路。波形图见图 6-2-6。

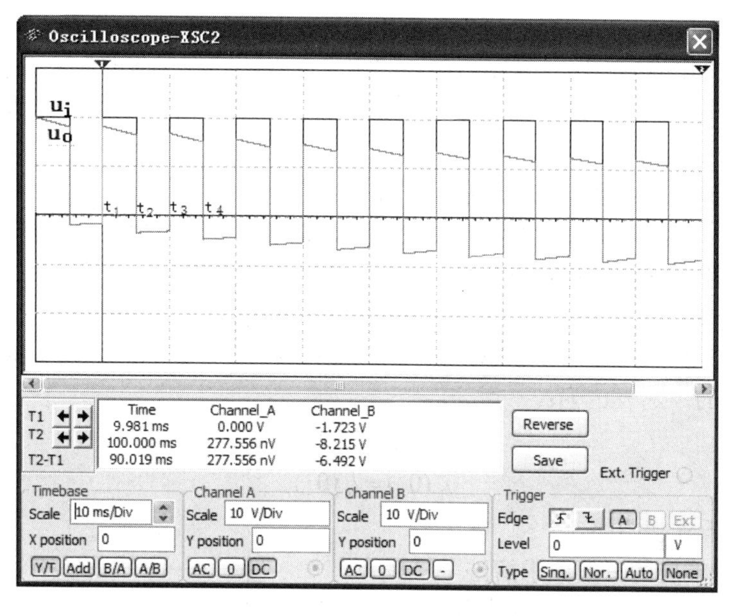

图 6-2-6 RC 耦合电路波形图

【拓展知识 19】 RC 耦合电路

如图 6-2-4（a）所示电路，如果电路时间常数 $\tau(RC)\gg t_p$，例如，输入 100Hz 方波 t_p=5ms，R=1kΩ，C=50μF，它将变成一个 RC 耦合电路。仿真实验，输出波形与输入波形基本一样。如图 6-2-6 所示。

（1）在 $t=t_1$ 时，第一个方波到来，u_i 由 $0\rightarrow U_m$，因电容电压不能突变（$u_c=0$），$u_O=u_R=u_i=U_m$。

（2）$t_1<t<t_2$，因 $\tau\gg t_p$，电容缓慢充电，u_c 缓慢上升为左正右负，$u_O=u_R=u_i-u_c$，u_O 缓慢下降。

（3）$t=t_2$ 时，u_i 由 $U_m\rightarrow 0$，相当于输入端被短路，此时，u_c 已充有左正右负电压，t_2 至 t_3 期间经电阻 R 非常缓慢地放电。

（4）$t=t_3$时，因电容还来不及放完电，积累了一定电荷，第 2 个方波到来，电阻上的电压就不是U_m，而是$u_R=U_m-u_C(u_C\neq 0)$，这样第 2 个输出方波比第 1 个输出波略微往下平移，第 3 个输出方波比第 2 个输出方波又略微往下平移……最后，当输出波形的正半周“面积”与负半周“面积”相等时，就达到了稳定状态。也就是电容在一个周期内充得的电荷与放掉的电荷相等时，输出波形就稳定不再平移，电容上的平均电压等于输入信号中电压的直流分量（利用电容的隔直作用），把输入信号往下平移这个直流分量，便得到输出波形，起到传送输入信号的交流成分，因此是一个耦合电路。

项目总结

1．动态电路概念与初始值计算

1）动态电路概念

电路状态的变化称为换路。换路后电路的响应进入新的稳态前的变化过程就是动态过程，又称过渡过程或暂态。处于动态过程中的电路称为动态电路。电路要发生动态过程需以下 3 个条件。

（1）电路中要含有电容、电感动态元件。

（2）电路要发生换路现象，即电路发生通断、激励或参数发生突变等情况。

（3）动态元件换路前的响应与换路后达到稳态时的响应不同。

2）初始值计算

换路定律是指若电容电压、电感电流为有限值，则u_C、i_L不能跃变，即换路前后一瞬间的u_C、i_L是相等的，可表达为：

$$u_C(0_+)=u_C(0_-)$$
$$i_L(0_+)=i_L(0_-)$$

换路定律用于求初始值。

2．一阶电路响应的三要素求解法

一阶电路响应可按三要素法来求解。三要素是指初始值$f(0_+)$、稳态值$f(\infty)$和时间常数τ。稳态值$f(\infty)$是在电路进入新的稳态后的等效电路中求解，此时电感看作短路，电容看作开路。RC 电路和 RL 电路，时间常数分别为

$$\tau=RC$$
$$\tau=\frac{L}{R}$$

其中的电阻R为电路从储能元件端看进去的戴维宁电路等效电路。电路响应的通式为：

$$f(t)=f(\infty)+[f(0_+)-f(\infty)]e^{-\frac{t}{\tau}},\quad t\geqslant 0$$

3．积分电路和微分电路

（1）微分电路可以把方波变为尖脉冲。要组成 RC 微分电路，必须满足两个条件。

① 取电阻两端的电压为输出电压。

② 电容器充放电的时间常数τ远小于矩形脉冲宽度t_p。

（2）积分电路可以把方波变为锯齿波信号，做扫描等用。要组成 RC 积分电路，必须满足两个条件。

① 取电容两端的电压为输出电压。
② 电容器充放电的时间常数τ远大于矩形脉冲宽度t_p。

自测练习6

一、填空题

1. ________态是指从一种________态过渡到另一种________态所经历的过程。

2. 换路定律指出：在电路发生换路后的一瞬间，________元件上通过的电流和________元件上的端电压，都应保持换路前一瞬间的原有值不变。

3. 换路前，动态元件中已经储有原始能量。换路时，若外激励等于________，________仅在动态元件作用下所引起的电路响应，称为________响应。

4. 只含有一个________元件的电路可以用________方程进行描述，因此称作一阶电路。仅由外激励引起的电路响应称为一阶电路的________响应；只由元件本身的原始能量引起的响应称为一阶电路的________响应；既有外激励，又有元件原始能量的作用所引起的电路响应称为一阶电路的________响应。

5. 一阶 RC 电路的时间常数τ=________；一阶 RL 电路的时间常数τ=________。时间常数τ的取值决定于电路的________和________。

6. 一阶电路全响应的三要素是指待求响应的________值、________值和________。

7. 在电路中，电源的突然接通或断开，电源瞬时值的突然跳变，某一元件的突然接入或被移去等，统称为________。

8. 换路定律指出：一阶电路发生的路时，状态变量不能发生跳变。该定律用公式可表示为________和________。

9. 由时间常数公式可知，RC 一阶电路中，C一定时，R值越大过渡过程进行的时间就越________；RL 一阶电路中，L一定时，R值越大过渡过程进行的时间就越________。

二、判断题

1. 换路定律指出：电感两端的电压是不能发生跃变的，只能连续变化。（ ）
2. 换路定律指出：电容两端的电压是不能发生跃变的，只能连续变化。（ ）
3. 单位阶跃函数除了在t=0 处不连续，其余都是连续的。（ ）
4. 一阶电路的全响应，等于其稳态分量和暂态分量之和。（ ）
5. 一阶电路中所有的初始值，都要根据换路定律进行求解。（ ）
6. RL 一阶电路的零状态响应，u_L按指数规律上升，i_L按指数规律衰减。（ ）
7. RC 一阶电路的零状态响应，u_C按指数规律上升，i_C按指数规律衰减。（ ）
8. RL 一阶电路的零输入响应，u_L按指数规律衰减，i_L按指数规律衰减。（ ）
9. RC 一阶电路的零输入响应，u_C按指数规律上升，i_C按指数规律衰减。（ ）

三、单项选择题

1. 动态元件的初始储能在电路中产生的零输入响应中（ ）。

A. 仅有稳态分量　　B. 仅有暂态分量　　C. 既有稳态分量，又有暂态分量

2. 在换路瞬间，下列说法中正确的是（ ）。

A. 电感电流不能跃变　　B. 电感电压必然跃变　　C. 电容电流必然跃变

3．工程上认为 R=25Ω、L=50mH 的串联电路中发生暂态过程时将持续（　　）。

A．30～50ms　　B．37.5～62.5ms　　C．6～10ms

4．自测图 6-1 所示电路换路前已达稳态，在 t=0 时断开开关 S，则该电路（　　）。

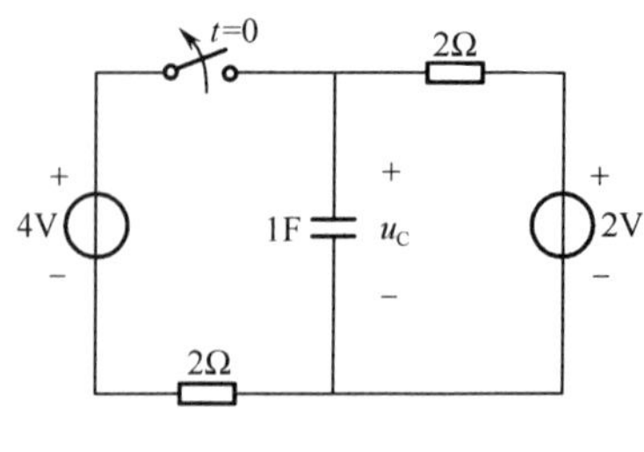

自测图 6-1

A．电路有储能元件 L，要产生过渡过程

B．电路有储能元件且发生换路，要产生过渡过程

C．因为换路时元件 L 的电流储能不发生变化，所以该电路不产生过渡过程

5．自测图 6-2 所示电路已达稳态，现增大 R 值，则该电路（　　）。

A．因为发生换路，要产生过渡过程

B．因为电容 C 的储能值没有变，所以不产生过渡过程

C．因为有储能元件且发生换路，要产生过渡过程

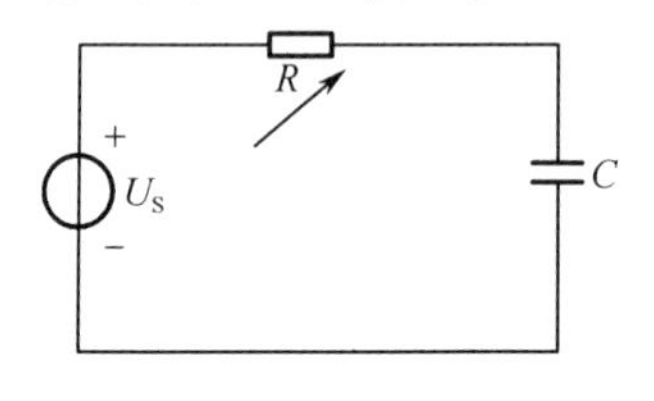

自测图 6-2

6．自测图 6-3 所示电路在开关 S 断开之前电路已达稳态，若在 t=0 时将开关 S 断开，则电路中电感上通过的电流 $i_L(0_+)$ 为（　　）。

A．2A　　B．0A　　C．−2A

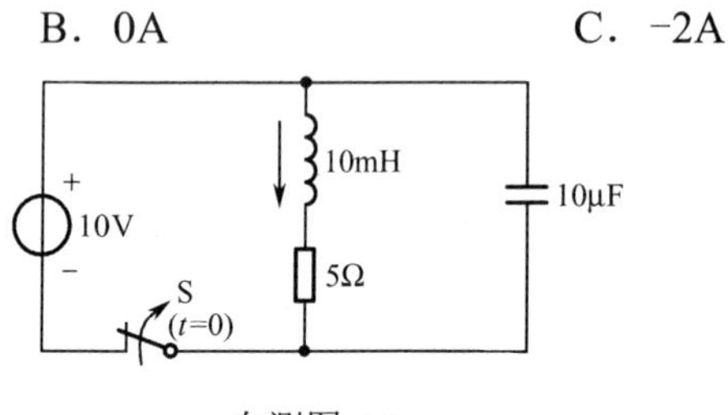

自测图 6-3

7．自测图 6-3 所示电路，在开关 S 断开时，电容两端的电压为（　　）。

A．10V　　B．0V　　C．按指数规律增加

四、简答题

1．何谓电路的过渡过程，包含哪些元件的电路存在过渡过程。

2．什么叫换路？在换路瞬间，电容器上的电压初始值应等于什么。

3．在 RC 充电及放电电路中，怎样确定电容器上的电压初始值。

4．“电容器接在直流电源上是没有电流通过的”这句话确切吗？试完整地说明。

5．RC 充电电路中，电容器两端的电压按照什么规律变化，充电电流又按什么规律变化，RC 放电电路呢？

6．RL 一阶电路与 RC 一阶电路的时间常数相同吗？其中的 R 是指某一电阻吗？

7．RL 一阶电路的零输入响应中，电感两端的电压按照什么规律变化，电感中通过的电流又按什么规律变化，RL 一阶电路的零状态响应呢？

8．通有电流的 RL 电路被短接，电流具有怎样的变化规律。

9．怎样计算 RL 电路的时间常数呢？试用物理概念解释：为什么 L 越大、R 越小则时间常数越大呢？

五、计算分析题

1．电路如自测图 6-4 所示。开关 S 在 t=0 时闭合。则 $i_L(0_+)$为多大。

2．求自测图 6-5 所示电路中开关 S 在“1”和“2”位置时的时间常数。

3．自测图 6-6 所示电路换路前已达稳态，在 t=0 时将开关 S 断开，试求换路瞬间各支路电流及储能元件上的电压初始值。

4．求自测图 6-6 所示电路中电容支路电流的全响应。

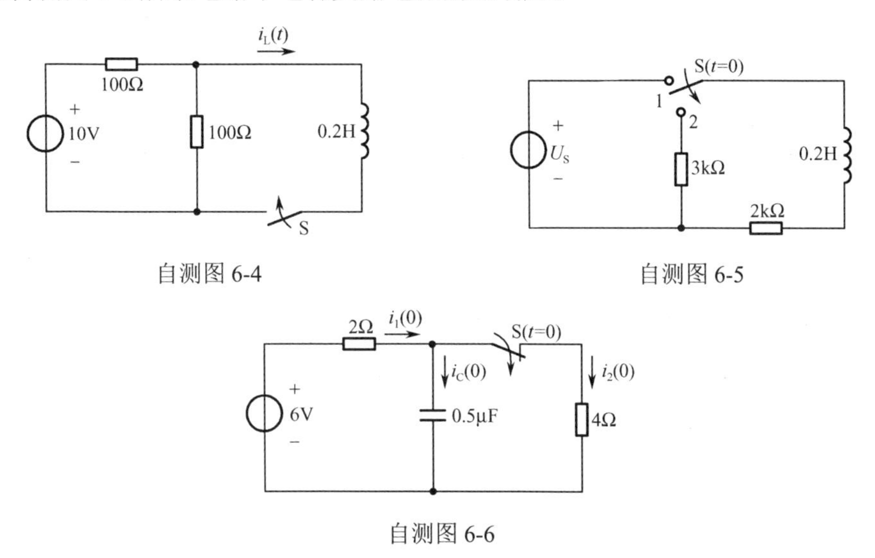

自测图 6-4

自测图 6-5

自测图 6-6

项目 7 非正弦周期电流电路的分析与测试

项目导入

实际工程中我们经常会遇到非正弦信号。例如，通信技术中，由语言、音乐、图像等转换过来的信号，自动控制及电子计算机、数字通信中大量使用的脉冲信号，都是非正弦信号。非正弦信号可分为周期和非周期两种。本项目中，我们针对研究的是非正弦周期信号和线性非正弦周期电流电路。

任务 7—1 非正弦周期信号的分析与测试

学习导航

学习目标	1．了解非正弦周期电量产生的原因及分解方法
	2．掌握非正弦周期电量的有效值、平均值和功率的计算
	3．掌握分析线性非正弦周期电流电路的方法步骤
	4．可以使用示波器、低频信号发生器测试非正弦周期电流电路
重点知识要求	1．非正弦周期电量的傅里叶级数的表达式及其含义
	2．非正弦周期电量的有效值、平均值和功率的计算
	3．非正弦周期电流电路的分析与测试
关键能力要求	使用示波器、低频信号发生器测试非正弦周期电流电路

任务要求

任务要求	1．了解非正弦周期信号的产生及分解
	2．非正弦周期电量有效值、平均值和功率的分析与测试
	3．非正弦周期信号的频谱分析
任务环境	PC、Multisim 仿真软件
任务分解	1．非正弦周期信号的波形及频谱观察分析
	2．非正弦周期信号的有效值、平均值和功率的分析与测试

非正弦周期信号的波形与频谱观测（仿真）

1．非正弦周期信号的波形及频谱观察分析

1）非正弦周期信号波形观察识别

首先，我们应用仿真软件来快捷、直观地观察波形。调用软件中的多用信号发生器和示波器，连接如图 7-1-1 所示。调节信号源信号种类、频率、幅值等参数，虚拟示波器显示对应波形，分别如下。

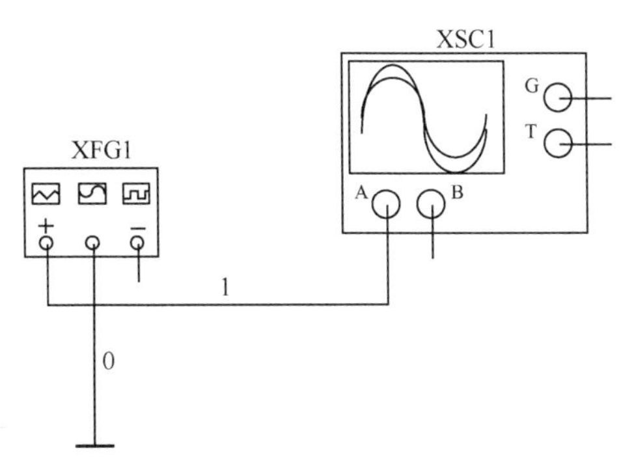

图 7-1-1　信号源波形观察仿真电路

（1）正弦波观察。

如图 7-1-2 所示，信号发生器（Function Generation）调节至正弦波输出，频率为 5kHz，峰值为 10V，直流偏移 0V。示波器（Oscilloscope）实时显示的正弦波形。所显示的波形重复周期为 200μs，对应频率为 5kHz，对应垂直灵敏度为 5V/DIV，峰峰值 20V，峰值 10V。

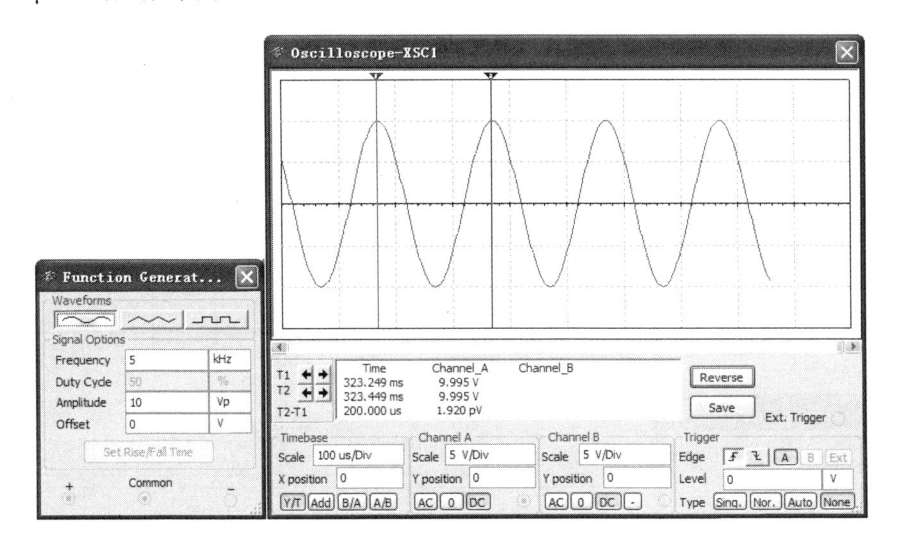

图 7-1-2　正弦波观察

（2）锯齿波观察。

如图 7-1-3 所示，信号发生器（Function Generation）调节至锯齿波输出，频率为 5kHz，占空比 50%，峰值为 10V，示波器（Oscilloscope）实时显示波形。所显示的波形周期为 200μs，对应频率为 5kHz，垂直灵敏度为 5V/DIV，峰峰值 20V，峰值 10V，锯齿波的上升段时间为信号重复周期的 50%，这样的上升段和下降段时间相同、占空比 50%的特殊锯齿波也称三角波。

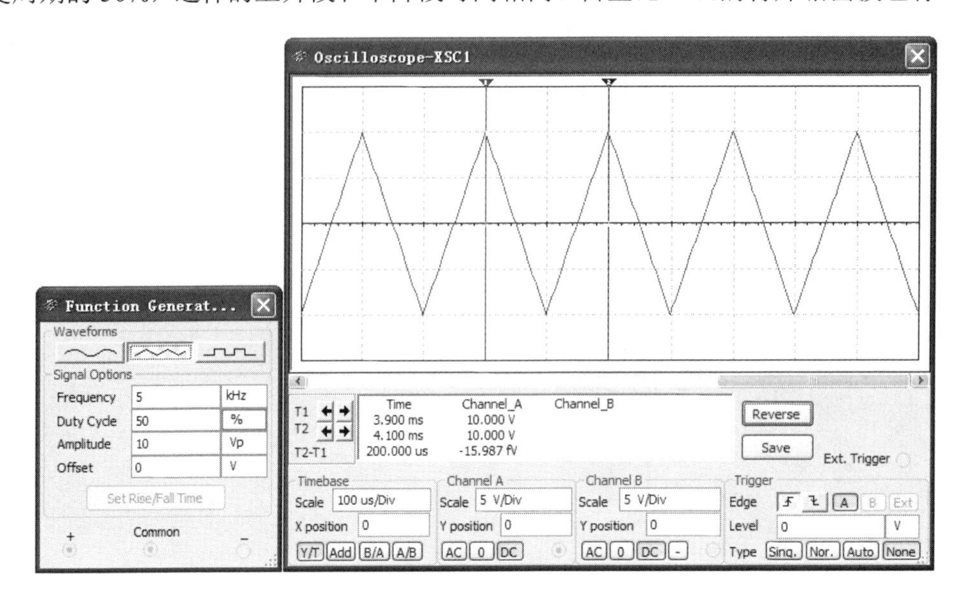

图 7-1-3　锯齿波观察

（3）矩形波观察。

如图 7-1-4 所示，信号发生器（Function Generation）调节至矩形波输出，频率为 5kHz，占空比 50%，峰值为 10V，示波器（Oscilloscope）实时显示波形。所显示的波形周期为 200μs，对应频率为 5kHz，垂直灵敏度为 5V/DIV，波形占四格，峰峰值 20V，峰值 10V，矩形波的正脉冲时间为信号重复周期的 50%，这样的高电平和低电平脉冲宽度相同、占空比 50%的特殊矩形波也称方波。

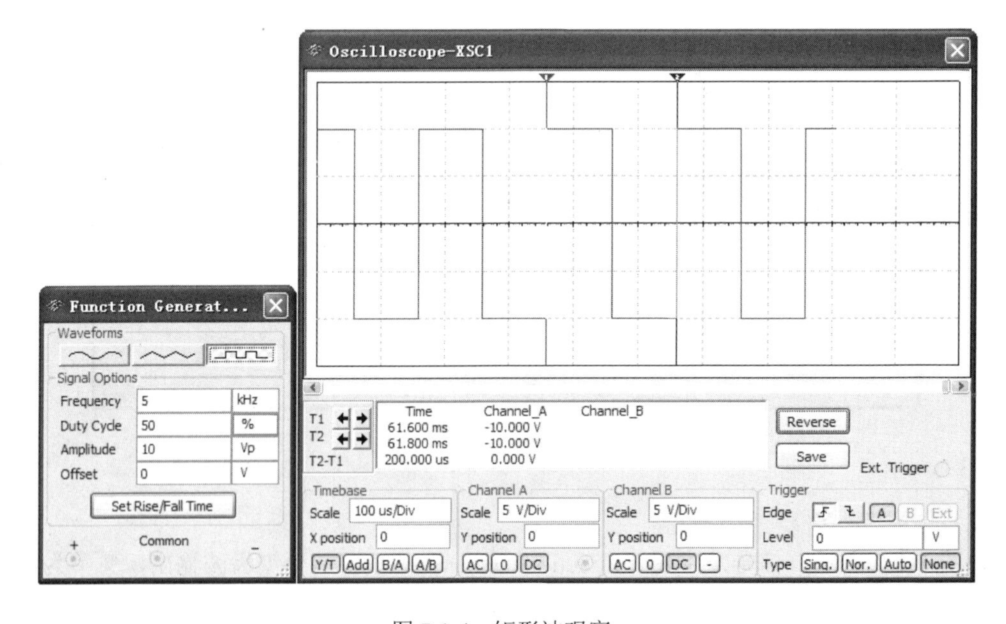

图 7-1-4　矩形波观察

2）三角波合成实验

后面的知识从理论分析告诉我们非正弦周期信号是由若干不同频率的正弦量叠加而成的，我们不妨从实验的角度来观察。仍然在 Multisim 软件中，调出 4 个不同频率，峰值和相位有意的 4 个正弦交流电压源，如图 7-1-5 所示，将它们串联叠加，u_1 为信号源 V_1，u_2 为 V_1 和 V_2 的叠加，u_3 为 V_1、V_2 和 V_3 的叠加，u_4 为 V_1、V_2、V_3 和 V_4 的叠加，u_1～u_4 同时送到 4 踪示波器（4 Channel Oscilloscope）同时显示，波形如图 7-1-6 所示。

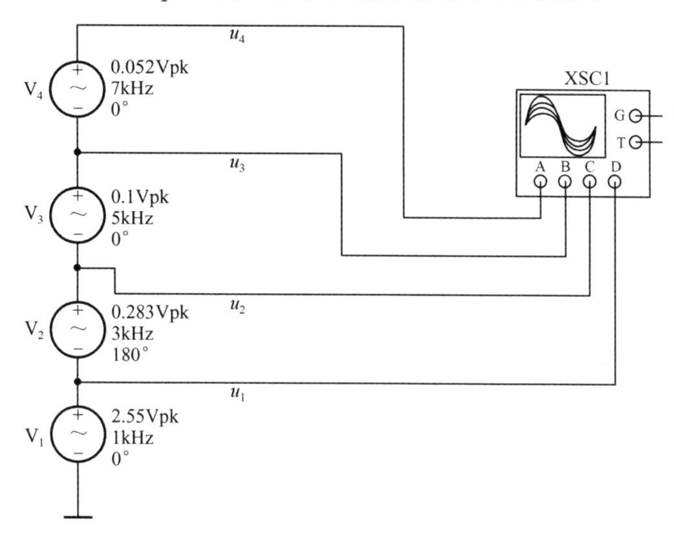

图 7-1-5　三角波合成探究电路

由图 7-1-6 所示 4 个波形，发现由 1kHz、3kHz、5kHz、7kHz 4 个正弦波叠加后，合成的波形已十分接近三角波形。

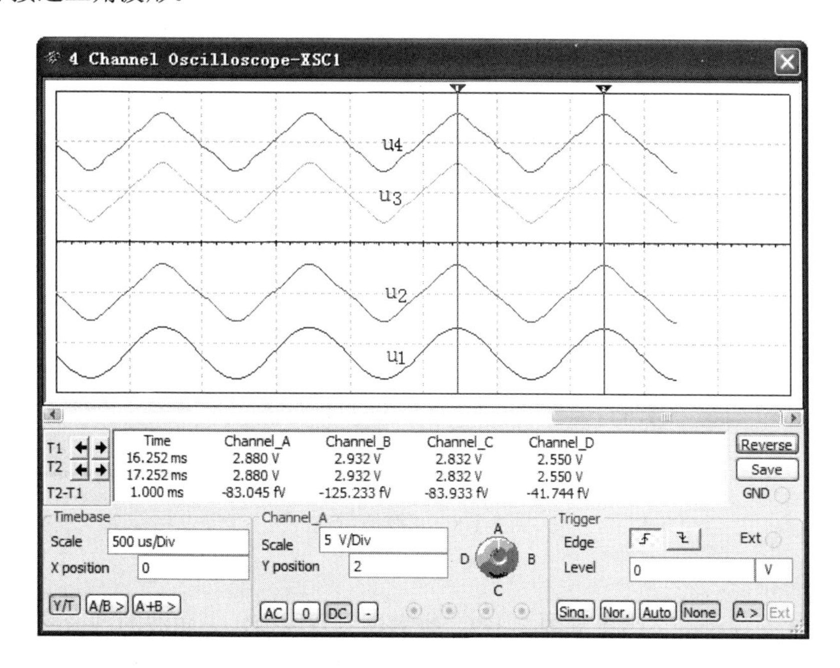

图 7-1-6　三角波合成探究波形图

3）非正弦周期信号频谱观察与分析

需要进一步探究实证非正弦周期信号所含有的正弦分量的规律特点，让我们一起来使用一种新的仪器：频谱分析仪（Spectrum Analyzer）。频谱分析仪是研究电信号频谱结构的仪器，仿真软件中也有其对应虚拟仪器。在电路上接入频谱分析仪 XSA1，如图 7-1-7 所示，信号送至频谱分析仪 XSA1 的输入端 IN。

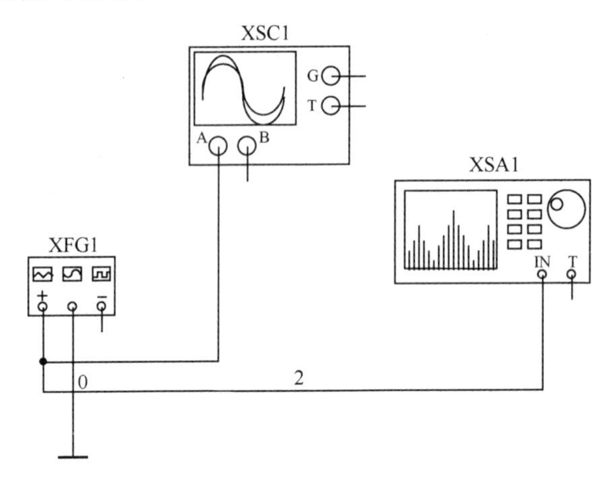

图 7-1-7　信号频谱观察电路

（1）正弦波频谱。

信号发生器（Function Generation）调节至正弦波输出，频率为 5kHz，峰值为 10V。运行仿真，频谱分析仪（Spectrum Analyzer）面板上直接显示信号的频谱图。频谱分析仪参数设置见图 7-1-8，横轴为频率轴，设置显示频率范围 1～101kHz，中心频率，水平每格 25kHz，垂直轴为幅值轴，设置为每格 2V。图 7-1-8 所示的正弦波频谱图说明，其信号只有一个频率成分，由频率轴位置读取，信号频率值为 5kHz，更可拖动光标线准确读值。谱线幅值为 5 格，每格 2V，则说明信号幅值为 10V，与信号发生器输出 10V 峰值恰好吻合。

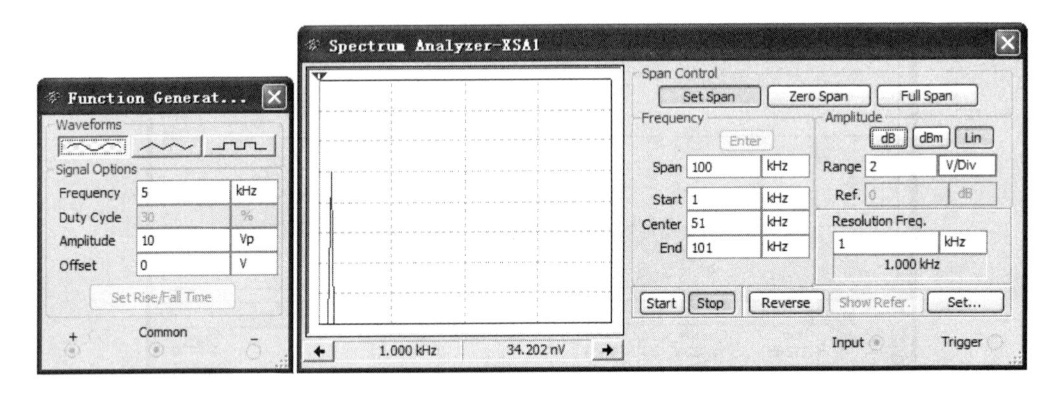

图 7-1-8　正弦波频谱

（2）三角波频谱。

三角波测试的频谱测试结果见图 7-1-9。频谱仪设置同前，三角波的频谱图为多条离散谱线，各谱线频率由低到高依次为 5kHz、15kHz、25kHz、35kHz，谱线幅值最小频率（基波）

幅值最大为 8V，其余各倍频谱线（各次谐波）幅值随谐波频率的增大迅速衰减，第 4 根及其以上的谱线幅值几可不计。

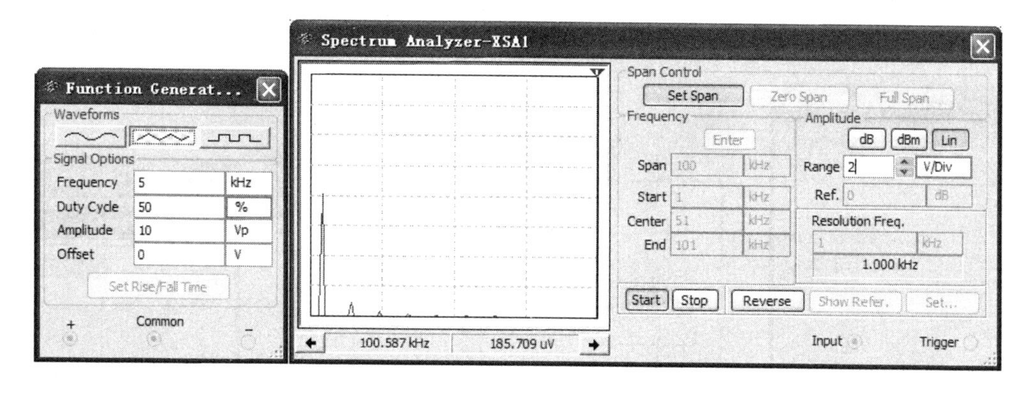

图 7-1-9　三角波频谱

（3）矩形波频谱。

矩形波测试的频谱测试结果见图 7-1-10。频谱仪设置同前，矩形波的频谱图也离散谱线，各谱线频率由低到高依次为 5kHz、15kHz、25kHz、35kHz 等，谱线幅值最小频率（基波）幅值最大为 13V，其余各倍频谱线（各次谐波）幅值随谐波频率的增大迅速衰减。

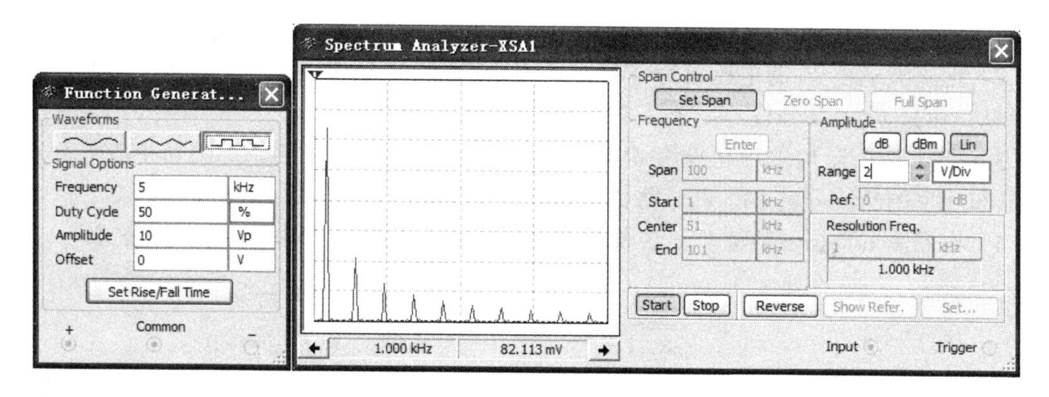

图 7-1-10　矩形波频谱

由上面的现象告诉我们，锯齿波、矩形波这样的非正弦周期信号，其频谱有共同的特点。

- 离散性：谱线频率成分包含基波频率分量和谐波分量。
- 收敛性：随着谐波次数的增大，谱线幅值减小。

定量的分析计算请见后面的理论分析。

2. 非正弦周期信号的有效值和功率的测试与分析

1）正弦信号的有效值和功率的测试与分析

按图 7-1-11 所示连接仿真电路，信号发生器输出的 5kHz、10V 幅值的正弦信号，加在 100Ω 负载电阻上，就流电压表 U_1 测得信号电压有效值为 7.07V，功率表读值约 499.9mW。

与应用后述理论分析计算结果完全相符。

$$U = \frac{U_m}{\sqrt{2}} \approx 0.707U_m = 0.707 \times 10 = 7.07 \text{（V）}$$

$$P = \frac{U^2}{R} = \frac{7.07^2}{100} \approx 0.4998 \text{（W）} = 499.8 \text{（mW）}$$

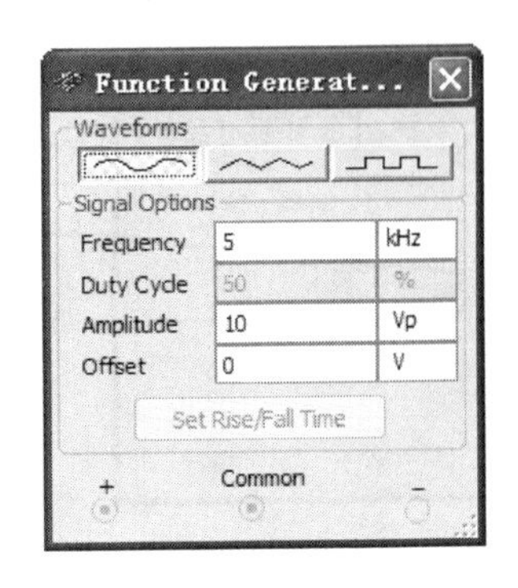

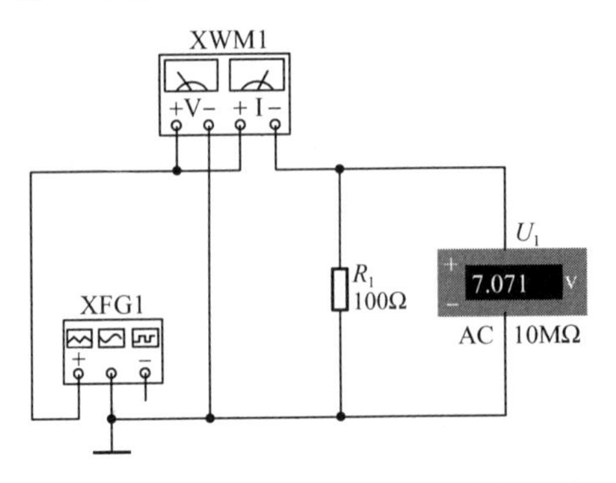

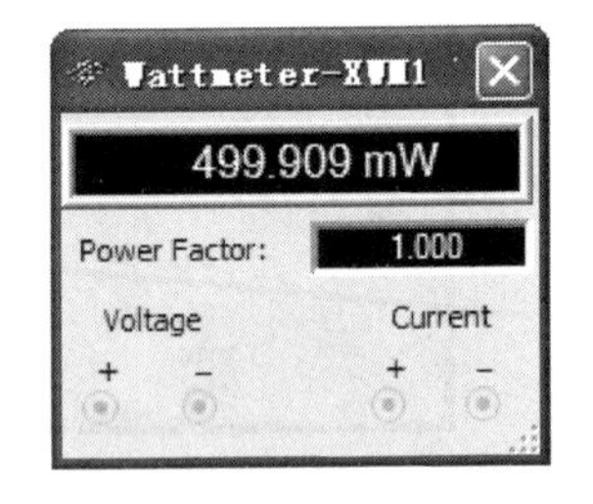

图 7-1-11　正弦信号的有效值和功率的测试

2）非正弦周期信号的有效值和功率的测试与分析

按图 7-1-12 所示连接仿真电路。

（1）启动仿真，待电路稳定后，电压表和功率表分别测量电路端电压 U 及功率 P，将数据计入表格 7-1-1 中。用示波器观察并记录两个电压源叠加的波形和电阻两端电压的波形（即电流的波形）。

（2）把基波电压 V_1 的电压设为 0V，即三次谐波 V_3 单独作用，电压表和功率表分别测量电压和功率的三次谐波分量 U_3、P_3，将数据计入表格 7-1-1 中。

（3）把基波电压 V_3 的电压设为 0V，即基波电压源 V_1 单独作用，电压表和功率表分别测量电压和功率的基波分量 U_1、P_1，将数据计入表格 7-1-1 中。

（4）根据测量数据，验证非正弦周期电流电路的有效值和平均功率的计算公式。

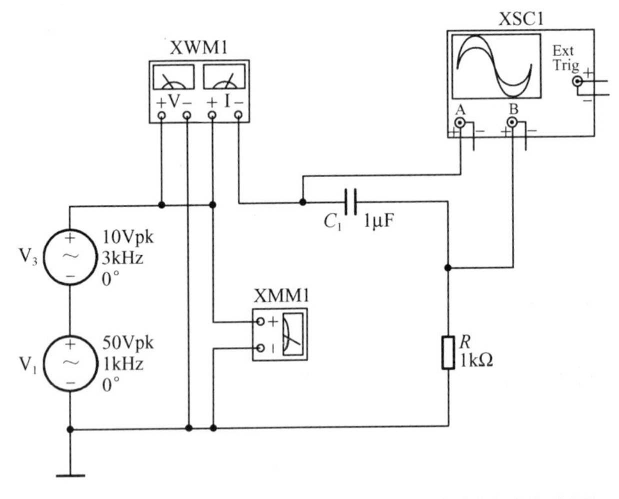

图 7-1-12　非正弦周期信号的有效值和功率测试仿真图

表 7-1-1 非正弦周期电路的测量

电 压 源	电压/V	功率/W
V_1、V_3共同作用	U=	P=
V_3单独作用	U_3=	P_3=
V_1单独作用	U_1=	P_1=

相关知识

7.1 非正弦周期信号的产生和表示方法

1. 非正弦周期信号产生及特点

在生产实际中，经常会遇到非正弦周期电流电路。在电子技术、自动控制、计算机和无线电技术等方面，电压和电流往往都是周期性的非正弦波形。非正弦信号的产生原因主要如下。

（1）当电路中所加的电源为非正弦周期量时，即使电路为线性电路，电源在电路中所产生的电流也是非正弦周期电流。

一般来说，交流发电机所产生的电压波形，虽然力求使电压按正弦规律变化，但由于制造方面的原因，其电压波形与正弦波相比总有一些畸变。有些信号源，本身产生的就是非正弦电压，如脉冲信号发生器产生的矩形脉冲电压信号、示波器扫描电路产生的时基扫描电压为锯齿波电压。

（2）当一个电路有几个不同频率的正弦电压（包括直流）同时作用时，电路中的电流也不会是正弦的。

（3）如果电路中含有非线性元件，即使信号源为正弦信号，其响应也可能是非正弦周期函数。如二极管半波整流电路，利用二极管的单向导电性，电流只能在一个方向通过，另一个方向受阻，所以输出为非正弦周期波。

非正弦周期交流信号的特点有两个：

（1）不是正弦波；（2）按周期规律变化 $f(t)=f(t+kT)$。

2. 非正弦周期交流信号的表示方法

周期函数只要满足狄里赫利条件（周期函数在有限的区间内，只有有限个第一类间断点和有限个极大值、极小值），就可以可以分解为傅里叶级数，而电工技术中常用的非正弦周期函数都满足狄里赫利条件。

$$\begin{aligned} f(t) &= A_0 + A_{1m}\sin(\omega t+\varphi_1) + A_{2m}\sin(2\omega t+\varphi_2) + \ldots + A_{km}\sin(k\omega t+\varphi_k) \\ &= A_0 + \sum_{k=1}^{\infty} A_{km}\sin(k\omega t+\varphi_k) \end{aligned} \tag{7-1-1}$$

式中：A_0 是不随时间变化的常数，成为 $f(t)$ 的直流分量或恒定分量；$k=1$ 项表达式 $A_{1m}\sin(\omega t+\varphi_1)$ 称为 $f(t)$ 的基波分量，其频率与 $f(t)$ 的频率相同；$k\geqslant 2$ 各项统称谐波分量，k 为几就称几次谐波，k 为奇数称为奇次谐波，k 为偶数称为偶次谐波。

傅里叶级数是一个无穷级数，理论上仅当取无限多项时，它才准确等于原来的周期函数。而在实际应用时，由于其收敛很快，较高次谐波的振幅很小，因此只需取基数的前几项计算就足够准确了。

周期函数分解为直流分量、基波分量和各次谐波分量之和，称为谐波分析。由周期函数，推导得出其对应的傅里叶级数的方法和过程，此处不再赘述。一般工程上跟多利用的是查表法，寻找典型周期函数的对应傅里叶级数展开式。

7.2 非正弦周期量的有效值、平均值和平均功率

1. 非正弦周期电量的有效值

若 $i(t)=I_0+\sum_{k=1}^{\infty}I_{km}\sin(k\omega t+\varphi_k)$

则有效值：

$$I=\sqrt{\frac{1}{T}\int_0^T i^2(\omega t)\mathrm{d}(t)}$$

$$=\sqrt{\frac{1}{T}\int_0^T [I_0+\sum_{k=1}^{\infty}I_{km}\sin(k\omega t+\varphi_k)]^2\mathrm{d}(t)} \tag{7-1-2}$$

$$I=\sqrt{I_0^2+\sum_{k=1}^{\infty}\frac{I_{km}^2}{2}}$$

$$I=\sqrt{I_0^2+I_1^2+I_2^2+\cdots} \tag{7-1-3}$$

即非正弦周期函数的有效值为直流分量及各次谐波分量有效值平方和的方根。

对于非正弦周期电压的有效值，也存在同样的计算公式，即：

$$U=\sqrt{U_0^2+U_1^2+U_2^2+\cdots}=\sqrt{U_0^2+\sum_{k=1}^{\infty}\frac{U_{km}^2}{2}} \tag{7-1-4}$$

2. 非正弦周期电量的平均值

对于非正弦周期电量的傅里叶级数展开式中，直流分量为零的交流分量平均值为零。为便于测量和分析，一般定义周期量的平均值为它的绝对值的平均值。

周期电流 $i(t)$ 的平均值为：

$$I_{\mathrm{av}}=\frac{1}{T}\int_0^T|i(t)|\mathrm{d}t \tag{7-1-5}$$

即非正弦周期量的平均值等于其绝对值在一个周期内的平均值。

应注意，一个周期内其值有正有负的周期量的平均值 I_{av} 与其直流分量 I 是不同的，只有一个周期之内其值为正值的周期电量，平均值才等于其直流分量。

若 $$i(t)=I_0+\sum_{k=1}^{\infty}I_{km}\sin(k\omega t+\varphi_k)$$

其直流值为： $$I=\frac{1}{T}\int_0^T i(\omega t)\mathrm{d}t=I_0 \tag{7-1-6}$$

其平均值为： $$I_{\mathrm{av}}=\frac{1}{T}\int_0^T|i(\omega t)|\mathrm{d}t \tag{7-1-7}$$

正弦量的平均值为： $$I_{\mathrm{av}}=\frac{1}{T}\int_0^T|I_m\sin\omega t|\mathrm{d}t=0.898I \tag{7-1-8}$$

对于同一个非正弦周期电流，若用不同类型的仪表进行测量，就会得出不同的结果。如直流仪表测量，所测结果是直流分量；用电磁式或电动式仪表测量，所测结果是直流分量；用

整流磁电式仪表测量，所测结果是平均值。测量时，要注意选择合适的仪表，并注意不同类型仪表读数的含义。

3．非正弦周期交流电路的平均功率

非正弦周期交流电路的平均功率（有功功率）定义为：

$$P=\frac{1}{T}\int_{0}^{T}p(t)\,\mathrm{d}t \qquad (7\text{-}1\text{-}9)$$

设某二端网络端口电压 $u(t)$、电流 $i(t)$ 分别为：

$$\begin{cases} u(t)=U_0+\sum\limits_{k=1}^{\infty}U_{km}\sin(k\omega t+\varphi_{uk}) \\ i(t)=I_0+\sum\limits_{k=1}^{\infty}I_{km}\sin(k\omega t+\varphi_{ik}) \end{cases}$$

式中：φ_{uk}、φ_{ik} 为 k 次谐波的电压、电流初相。设 $\varphi_k=\varphi_{uk}-\varphi_{ik}$ 为 k 次谐波电压与 k 次谐波电流的相位差，则

$$P=\frac{1}{T}\int_{0}^{T}p(t)\,\mathrm{d}t=\frac{1}{T}\int_{0}^{T}u(t)\cdot i(t)\,\mathrm{d}t$$

利用三角函数的正交性，得：

$$\begin{aligned} P&=U_0I_0+\sum_{k=1}^{\infty}U_kI_k\cos\varphi_k \\ &=P_0+\sum_{k=1}^{\infty}P_k \end{aligned} \qquad (7\text{-}1\text{-}10)$$

结论：平均功率等于直流分量的功率和各次谐波的平均功率之和。

【例 7-1-1】 求下述电流的有效值。

$$i=282\sin\omega t+141\sin3\omega t+71\sin\left(5\omega t+\frac{\pi}{6}\right)\text{（A）}$$

【解】 $I_1=\dfrac{I_{m1}}{\sqrt{2}}=\dfrac{282}{\sqrt{2}}=200$（A）

$$I_3=\frac{141}{\sqrt{2}}=100\text{（A）}$$

$$I_5=\frac{71}{\sqrt{2}}=50\text{（A）}$$

所以 $I=\sqrt{I_1^2+I_3^2+I_5^2}=\sqrt{200^2+100^2+50^2}=229$（A）

电流 i 的有效值为 229A。

【例 7-1-2】 某非正弦电路的电压和电流。

$$u=60+40\sqrt{2}\sin(\omega t+50^\circ)+30\sqrt{2}\sin(3\omega t+30^\circ)+16\sqrt{2}\sin(5\omega t+0^\circ)\text{（V）}$$

$$i=30+20\sqrt{2}\sin(\omega t-10^\circ)+15\sqrt{2}\sin(3\omega t+60^\circ)+8\sqrt{2}\sin(5\omega t+50^\circ)\text{（mA）}$$

试求该电路吸收的功率。

【解】

$$\begin{aligned} P&=U_0I_0+U_1I_1\cos\varphi_1+U_2I_2\cos\varphi_2+U_3I_3\cos\varphi_3 \\ &=60\times30+40\times20\times\cos60^\circ+30\times15\times\cos(-30^\circ)+16\times8\times\cos(-50^\circ) \\ &=2672\text{（mW）} \end{aligned}$$

任务 7—2　非正弦周期电流电路的分析与测试

学习导航

学习目标	1．掌握分析线性非正弦周期电流电路的方法步骤
	2．能在 Multisim 10 环境下创建非正弦周期电路，并进行仿真测试
重点知识要求	线性非正弦周期电流电路的方法步骤
关键能力要求	能对线性非正弦周期电流电路进行分析计算
	能在 Multisim 10 环境下创建非正弦周期电路，并进行仿真

任务要求

任务要求	1．掌握非正弦周期电流电路的理论计算方法和步骤
	2．能创建非正弦周期电流电路并仿真测试
任务环境	PC、Multisim 仿真软件
任务分解	1．非正弦周期电流电路的理论计算
	2．非正弦周期电流电路的仿真测试

实施步骤

非正弦周期电流电路的测试（仿真）

1．非正弦周期电流电路的分析

理解消化非正弦周期电流电路的分析计算的方法步骤，进行对应分析练习。

2．非正弦周期电流电路的测试

在 Multisim 仿真软件上创建图 7-2-1 所示电路。

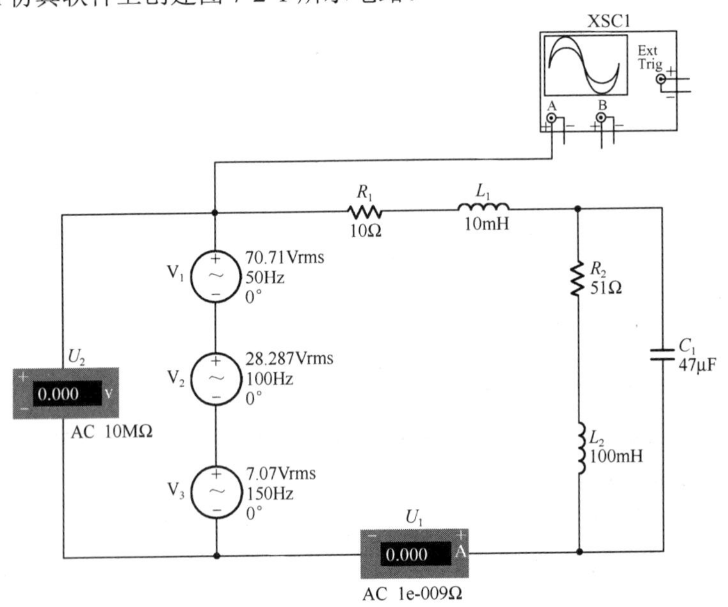

图 7-2-1　非正弦周期电流电路仿真图

启动仿真，等电路稳定后，电压表、电流表分别测量端电压 U 和电流 I，将数据记入表 7-2-1 中，并与理论值相比较。用示波器观察电源提供电压的波形。

表 7-2-1 非正弦周期电路的测量

	实际测量值	理论计算值	电路端电压波形
电压			
电流			

误差分析：____。

相关知识

7.3 非正弦周期电流电路的分析

周期性非正弦信号有着不同的变化规律，计算这种信号激励下线性电路的响应时，主要利用傅里叶级数将非正弦周期激励信号分解为一系列不同频率的正弦量之和，然后按直流电路和正弦交流电路的计算方法，先算出各频率分量单独作用下的响应，再根据叠加定理，将所得结果叠加，得到电路中的实际电流和电压，这种方法称为谐波分析法。其分析电路的一般的步骤如下。

（1）将给定的非正弦周期激励信号函数展开为傅里叶级数，根据精度要求，取有限项高次谐波。

（2）分别计算直流分量和各次谐波单独作用下电路的响应，计算方法与直流电路及正弦交流电路的计算方法相同。

（3）应用叠加原理将步骤（2）的结果进行叠加，从而求得所需响应。

在分析计算非正弦周期电流电路时应注意以下几点。

（1）在直流分量单独作用时，电路相当于直流电路，电容元件相当于开路，电感元件相当于短路。在标明参考方向后，用直流电路的方法求解各电压电流。

（2）对各次谐波，电路成为正弦交流电路。应注意电感和电容对不同次的谐波激励表现出不同的感抗和容抗，感抗与谐波频率成正比，容抗与谐波频率成反比。

在基波作用时，$X_{L(1)}=\omega L$，$X_{C(1)}=1/(\omega C)$，在标明参考考方向后，用相量法求解电路的相应。

在 k 次谐波作用时，$X_{L(k)}=k\omega L=kX_{L(1)}$，$X_{C(k)}=1/(k\omega C)=X_{C(1)}/k$，在标明参考方向后，用相量法求解电路的相应。

（3）注意叠加时，必须先将各次谐波分量写成瞬时值表达式后才可以叠加，而不能把表示不同频率谐波的正弦量的相量进行加减，因为它们不属于同一频率。最后所求的响应解析式是用时间函数表示的。

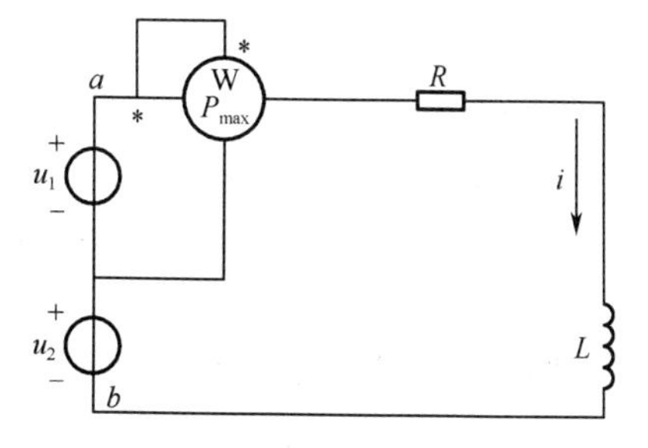

图 7-2-2 例 7-2-1 电路图

【例 7-2-1】 已知：$\omega L=20\Omega$，

$u_1=220\sqrt{2}\sin\omega t$（V）

$u_2=220\sqrt{2}\sin\omega t+100\sqrt{2}\sin(3\omega t+30^\circ)$（V）

求：U_{ab}、i及功率表的读数。

【解】 $U_{ab}=\sqrt{440^2+100^2}=451.22$（V）

一次谐波作用：$\dot{U}_{ab(1)}=440\angle 0^\circ$（V）

$$\dot{I}_{(1)}=\frac{440}{60+\mathrm{j}20}=6.96\angle -18.4^\circ \text{（A）}$$

三次谐波作用：$\dot{U}_{ab(3)}=100\angle 30^\circ$（V）

$$\dot{I}_{(3)}=\frac{100\angle 30^\circ}{60+\mathrm{j}60}=1.18\angle -15^\circ \text{（A）}$$

$$i=6.96\sqrt{2}\sin(\omega t-18.4^\circ)+1.18\sqrt{2}\sin(3\omega t-15^\circ) \text{（A）}$$

$$P=220\times 6.96\sin 18.4^\circ=1452.92 \text{（W）}$$

【拓展知识 20】 谐波电压、电流条件下有功功率的计算

设电路中某支路的电压、电流的傅里叶级数展开式如下

$$\begin{aligned} u(t)&=U_0+U_{1m}\sin(\omega_1 t)+U_{2m}\sin(2\omega_1 t)+U_{3m}\sin(3\omega_1 t)+\cdots \\ i(t)&=I_0+I_{1m}\sin(\omega_1 t+\varphi_1)+I_{2m}\sin(2\omega_1 t+\varphi_2)+I_{3m}\sin(3\omega_1 t+\varphi_3)+\cdots \end{aligned} \tag{7-2-1}$$

则瞬时功率表达式为

$$p(t)=u(t)i(t) \tag{7-2-2}$$

其平均功率P的计算公式为：

$$\begin{aligned} P&=\frac{1}{T}\int_0^T p(t)\,\mathrm{d}t=U_0I_0+\frac{1}{2}U_{1m}I_{1m}\cos\varphi_1+\frac{1}{2}U_{2m}I_{2m}\cos\varphi_2+\cdots \\ &=U_0I_0+U_1I_1\cos\varphi_1+U_2I_2\cos\varphi_2+\cdots \end{aligned} \tag{7-2-3}$$

式（7-2-3）中，U_0I_0、$U_1I_1\cos\varphi_1$、$U_2I_2\cos\varphi_2\cdots$分别为直流分量、基波、二次谐波等谐波分量的电压电流产生或消耗的平均功率。U_1、U_2、I_1、$I_2\cdots$均为有效值（不是幅值）。

从式（7-2-3）可以看出，平均功率需按各次谐波分量分别计算，然后再叠加由“正交函数系”概念可知，不同频率的电压、电流不能产生平均功率。电路元件的平均功率即为有功功率。

【例 7-2-2】 某元件上电压、电流取关联参考方向，其表达式为

$$u(t)=80+50\sin(t)+30\sin(2t)+30\sin(3t) \text{（V）}$$

$$i(t)=70+60\sin(2t-60^\circ)+40\sin(3t-135^\circ) \text{（A）}$$

求其吸收的平均功率。

【解】 按式（7-2-3）计算得

$$\begin{aligned} P&=U_0I_0+U_1I_1\cos\varphi_1+U_2I_2\cos\varphi_2+\cdots \\ &=80\times 70+0.5\times 50\times 60\cos 60^\circ+0.5\times 20\times 40\cos(135^\circ) \\ &=5600+750-282.84=6067.2 \text{（W）} \end{aligned}$$

【例 7-2-3】 流过 20Ω电阻的电流为$i(t)=4+5\sin(\omega t)-3\sin(2\omega t)$（A），求电流的有效值和电阻消耗的平均功率。

【解】

$$I=\sqrt{4^2+(5/\sqrt{2})^2+(5/\sqrt{2})^2}=5.74\text{（A）}$$

$$P=P_0+P_1+P_2=I^2R=660\text{（W）}$$

项目总结

（1）非正弦周期电流、电压可以利用傅里叶级数展开式分解为直流分量和各次谐波分量之和。

$$i(t)=I_0+\sum_{k=1}^{\infty}I_{km}\sin(k\omega t+\varphi_{ik})$$

$$u(t)=u_0+\sum_{k=1}^{\infty}U_{km}\sin(k\omega t+\varphi_{uk})$$

（2）可以用傅里叶级数的系数公式（不作要求），或者查表法，确定非正弦周期电流、电压的直流分量和各次谐波。

（3）应用线性电路的叠加原理，分别求直流分量和各次谐波的电路响应分量，然后将这些响应分量的瞬时值表达式叠加为电路总的响应。各次谐波分量的计算可应用相量法。

（4）非正弦周期电压、电流的有效值等于直流分量及各次谐波分量有效值的平方和的平方根。

$$I=\sqrt{I_0^2+\sum_{k=1}^{\infty}I_k^2}$$

$$U=\sqrt{U_0^2+\sum_{k=1}^{\infty}U_k^2}$$

非正弦周期电压、电流的平均值（一般指整流平均值）等于它们的绝对值在一个周期上的平均值。

$$I_{\text{av}}=\frac{1}{T}\int_0^T|i|\,\mathrm{d}t$$

$$U_{\text{av}}=\frac{1}{T}\int_0^T|u|\,\mathrm{d}t$$

非正弦周期电压、电流的平均功率等于直流分量及各次谐波分量的平均功率之和。

$$P=P_0+\sum_{k=1}^{\infty}P_k$$

自测练习7

一、填空题

1．一系列________不同，________成整数倍的正弦波，叠加后可构成一个________周期波。

2．与非正弦周期波频率相同的正弦波称为非正弦周期波的________波；是构成非正弦周期波的________成分；频率为非正弦周期波频率奇次倍的叠加正弦波称为它的________次谐波；频率为非正弦周期波频率偶次倍的叠加正弦波称为它的________次谐波。

3．一个非正弦周期波可分解为无限多项________成分，这个分解的过程称为________分析，其数学基础是________。

4．所谓谐波分析，就是对一个已知________的非正弦周期信号，找出它所包含的各次谐波分量的________和________，写出其傅里叶级数表达式的过程。

5．方波的谐波成分中只含有________成分的各________次谐波。

6．非正弦周期量的有效值与________量的有效值定义相同，但计算式有很大差别，非正弦量的有效值等于它的各次________有效值的________的开方。

7．只有________的谐波电压和电流才能构成平均功率，不同________的电压和电流是不能产生平均功率的。数值上，非正弦波的平均功率等于它的________所产生的平均功率之和。

二、判断题

1．非正弦周期量的有效值等于它各次谐波有效值之和。（　　）

2．正确找出非正弦周期量各次谐波的过程称为谐波分析法。（　　）

3．周期信号的频谱具有离散性、谐波性和收敛性 3 个特性。（　　）

4．方波和三角波相比，含有的高次谐波更加丰富。（　　）

5．方波和三角波相比，波形的平滑性要比等腰三角波好得多。（　　）

6．非正弦周期量作用的线性电路中具有叠加性。（　　）

7．非正弦周期量作用的电路中，电感元件上的电流波形平滑性比电压差。（　　）

8．非正弦周期量作用的电路中，电容元件上的电压波形平滑性比电流好。（　　）

三、单项选择题

1．一个含有直流分量的非正弦波作用于线性电路，其电路响应电流中（　　）。

A．含有直流分量　　B．不含有直流分量　　C．无法确定是否含有直流分量

2．某方波信号的周期 T=5μs，则此方波的三次谐波频率为（　　）。

A．10^6Hz　　B．2×10^6Hz　　C．6×10^5Hz

3．周期性非正弦波的傅里叶级数展开式中，谐波的频率越高，其幅值越（　　）。

A．大　　B．小　　C．无法判断

4．已知基波的频率为 120Hz，则该非正弦波的三次谐波频率为（　　）。

A．360Hz　　B．300Hz　　C．240Hz

5．非正弦周期量的有效值等于它各次谐波（　　）平方和的开方。

A．平均值　　B．有效值　　C．最大值

6．非正弦周期信号作用下的线性电路分析，电路响应等于它的各次谐波单独作用时产生的响应的（　　）的叠加。

A．有效值　　B．瞬时值　　C．相量

7．已知一非正弦电流 $i(t)=(10+10\sqrt{2}\sin 2\omega t)$（A），它的有效值为（　　）。

A．$20\sqrt{2}$ A　　B．$10\sqrt{2}$ A　　C．20A

四、简答题

1．什么叫周期性的非正弦波，你能举出几个实际中的非正弦周期波的例子吗？

2．周期性的非正弦线性电路分析计算步骤如何，其分析思想遵循电路的什么原理。

3．何谓基波？何谓高次谐波？什么是奇次谐波和偶次谐波？

4．“只要电源是正弦的，电路中各部分电流及电压都是正弦的”说法对吗？为什么？

五、计算分析题

1．如自测图 7-1 所示电路，已知：$u(t)=(25+100\sqrt{2}\sin\omega t+25\sqrt{2}\sin 2\omega t+10\sqrt{2}\sin 3\omega t)$（V），$R$=20Ω，$\omega L$=20Ω，求电流的有效值及电路消耗的平均功率。

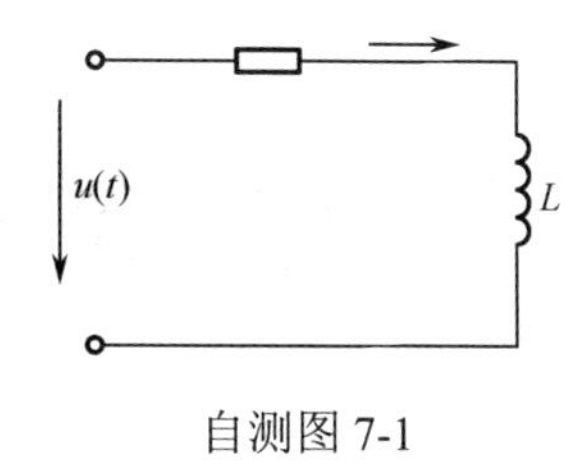

自测图 7-1

2．如自测图 7-2 所示电路，已知 $u(t)=(200+100\sqrt{2}\sin 3\omega t)$（V），$R$=20Ω，基波感抗 ωL 等于 10/3Ω，基波容抗 $1/\omega C$ 等于 60Ω，求电流的 $i(t)$ 及电感两端电压 u_L 的谐波表达式。

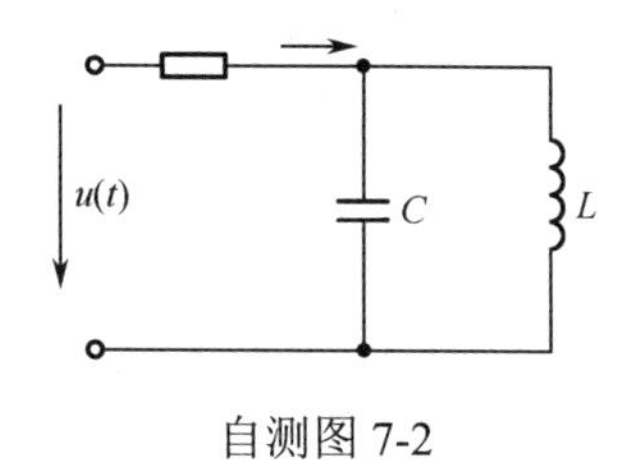

自测图 7-2

3．已知自测图 7-3 所示电路的 $u(t)=[10+80\sin(\omega t+30^\circ)+18\sin 3\omega t]$（V），$R$=6Ω，$\omega L$=2Ω，$1/\omega C$=18Ω，求交流电压表、交流电流表及功率表的读数，并求 $i(t)$ 的谐波表达式。

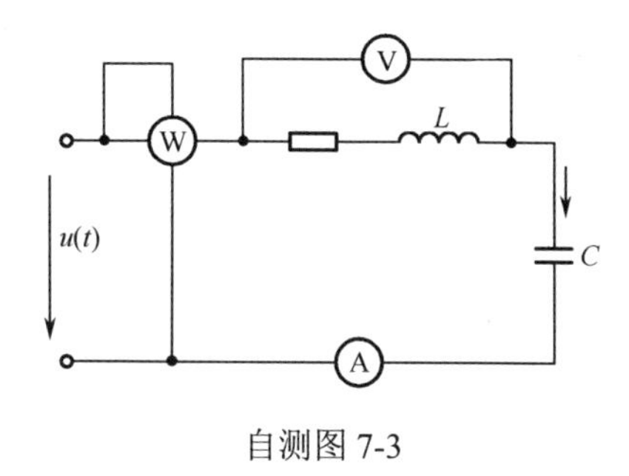

自测图 7-3

项目 8 变压器的认知与使用

项目导入

变压器是以电磁感应原理为工作基础的，在电力电路中它实现了电能的传递，在电子电路中用于信号的变换、传递，是电工、电子电路中的重要设备和器件。我们需要了解变压器的结构与特性，能进行互感线圈同名端的判别、互感的测量，会应用变压器的电压变换、电流变换和阻抗变换作用解决实际问题，本项目我们一起走近变压器。

任务 8—1　互感线圈的了解与检测

学习导航

学习目标	1．掌握互感线圈同名端意义和判断方法
	2．在已知或未知线圈绕向情况下，能应用不同的方法分析判别线圈的同名端
	3．正确应用谐振法测量互感
重点知识要求	1．线圈的同名端及其判断方法
	2．互感系数及测量方法
关键能力要求	1．能够判别线圈的同名端
	2．谐振法测量互感

任务要求

任务要求	1．了解互感现象，掌握具有互感的线圈两端电压的表示方法
	2．理解互感系数 M、耦合系数 k 的含义，掌握线圈同名端的判别方法
	3．能用谐振法测量互感
任务环境	信号发生器 、线圈材料（漆包线、支架、绕线器、绝缘胶带等）、扫频仪、示波器
任务分解	1．耦合元件的伏安关系分析
	2．线圈同名端的判断
	3．互感的测量

1．互感现象的讲解演示

教师从虚拟的物理实验演示入手，引导分析互感现象、互感系数、耦合系数、互感电压等知识。

自感虚拟实验电路如图 8-1-1（a）所示，灯泡 X_1 与线圈 L_1 串联后接至电源两端，灯泡 X_2 直接接至电源两端，合上开关后，发现 X_2 立即点亮，而 X_1 延时一段时间后才点亮。说明合上开关瞬间，电流从无到有，线圈 L_1 两端产生自感电动势阻碍电流增长。

互感虚拟实验电路如图 8-1-1（b）所示，交流电源加到初级线圈两端，次级线圈接灯泡，两个线圈没有直接的电气连接。实验发现，合上开关，灯泡发光，说明次级线圈上有电压提供给灯泡，证明次级线圈通过与初级线圈的互感耦合作用传递了电信号。

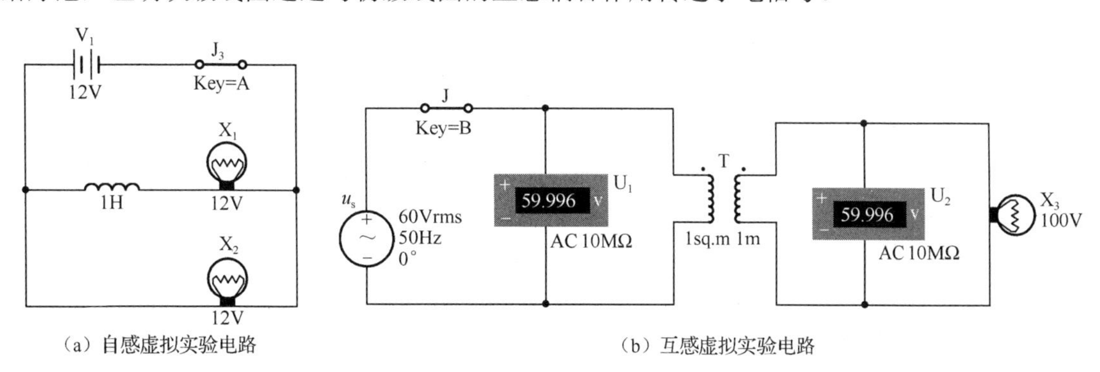

（a）自感虚拟实验电路　　（b）互感虚拟实验电路

图 8-1-1　虚拟实验演示

2．线圈同名端的内涵及判别

1）已知线圈绕向时，依照规定判断。

方法见后面对应的知识点分析。

练习：判别图 8-1-2 所示互感线圈的同名端，并标示于图上。

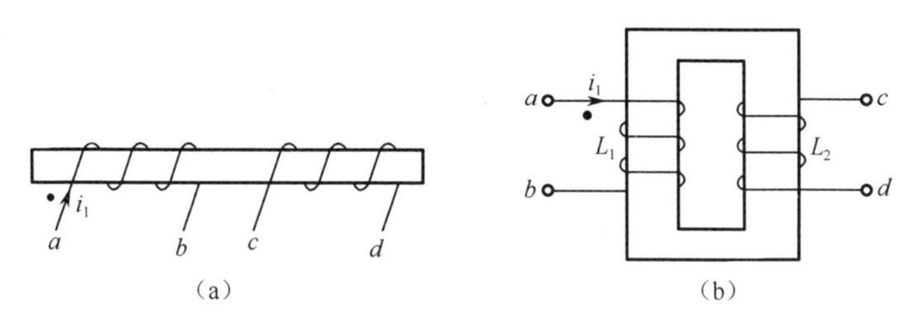

（a）　（b）

图 8-1-2　已知线圈绕向判别同名端

2）不知线圈绕向时，实验法判别。

（1）直流判别法。

如图 8-1-3（a）所示，将变压器初级线圈 1 通过开关接到直流电源上，次级线圈 2 接到直接电压表上。开关迅速闭合，随时间增大的电流 i_1 从电源正极流入线圈端钮 1。

如果电压表正向偏转：1 和 3 为同名端；如果电压表反向偏转：1 和 4 为同名端。

实验结果：电压表________，________和________为同名端。

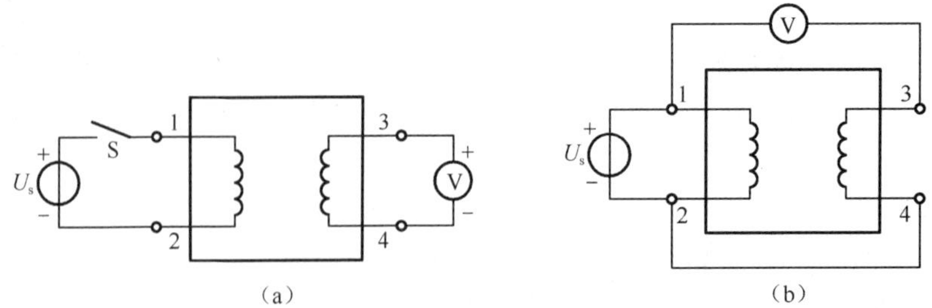

图 8-1-3　实验法判别同名端

（2）交流判别法。

交流判别法在工程上广泛使用。如果没有电压表，可用普通灯泡代替，灯泡亮对应电压高。判别方法如下。

按图 8-1-3（b）所示连接电路，把两个线圈的任意两个接线端连在一起，如将 2、4 相连，并在其中一个线圈上加上一个较低的交流电压，如交流电源为 50Hz，20V 有效值的正弦交流电源，用交流电压表分别测量 U_{12}、U_{34}、U_{13}，如图 8-1-3（b）所示，当 U_{13} 约为 U_{12} 和 U_{34} 之差时，则 2、4 为同名端；若测得 U_{13} 约为 U_{12} 和 U_{34} 之和时，则 2、4 为异名端。

实验结果：交流电压表读值 U_{12}=________、U_{34}=________、U_{13}=________，所以________和________为同名端。

3. 互感系数 M 的测量

1）功率电流 4M 法测互感

（1）原理：两个耦合线圈串联接到正弦交流电源上，测出顺接和反接两种情况的电流和功率，依据公式推算。

设线圈电阻各为 R_1、R_2

$$P = I^2(R_1 + R_2)$$

$$R_1 + R_2 = \frac{P}{I^2}$$

$$|Z_F| = \frac{U}{I}$$

$$|Z_F| = \sqrt{(R_1 + R_2)^2 + (\omega L_F)^2}$$

$$L_F = \frac{1}{\omega}\sqrt{|Z_F|^2 - (R_1 + R_2)^2}$$

同理，可推算出另一种串接时的总电感：$L_R = \dfrac{1}{\omega}\sqrt{|Z_R|^2 - (R_1 + R_2)^2}$

故：

互感系数的4M法仿真测试

$$M = |L_F - L_R|/4$$

（2）动手操作：

20V、50Hz 正弦信号源，两个耦合线圈串接，先后按图 8-1-4（a）和按图 8-1-4（b）所示连接，测量数据记录于表 8-1-1 中，根据实验原理分析计算出互感系数 M 的值。

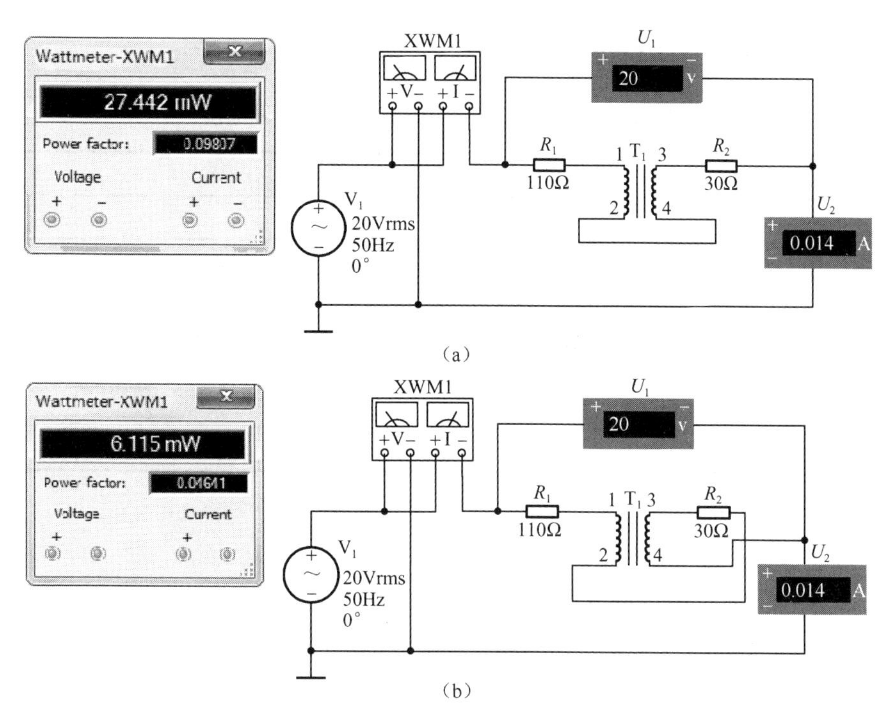

图 8-1-4 互感系数测量

表 8-1-1 功率电流 4M 法测互感系数测量数据

接线	I	U	P	R_1+R_2	$\|Z\|$	L
图 8-1-4（a）						
图 8-1-4（b）						

$M=(L_a-L_b)/4=$________，并可判断________和________为同名端。

2）谐振法测互感

（1）实验电路原理。

谐振法测 L 的电路原理图如图 8-1-5 所示，LC 回路的固有谐振频率为：$f_0=\dfrac{1}{2\pi\sqrt{LC}}$，当谐振时 LC 电路阻抗呈纯阻性且阻值最大，$I$ 最小，可通过测量 R 上的电压或电流寻找谐振频率，改变信号源 u_i 的频率，R 上的电压或电流读值最小时，电路即处于谐振。代入公式计算电感 L 的值，$L=\dfrac{1}{4\pi^2 f_0^2 C}$。

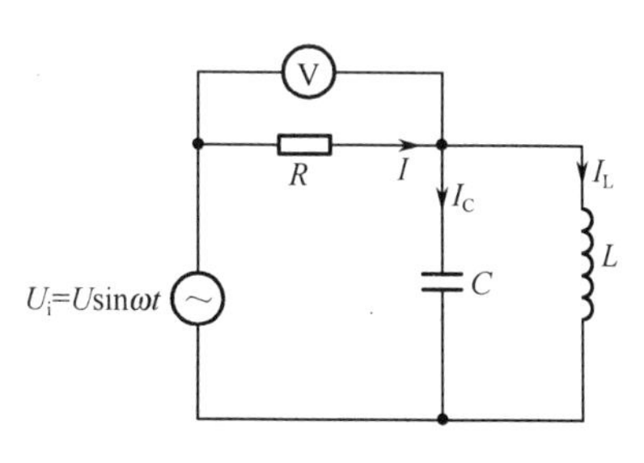

图 8-1-5 谐振法测 L 原理图

（2）测互感系数。

将两线圈串接入电路，找出此时的谐振频率，算出这时的电感。再将其中一个线圈反向接入电路，找出谐振频率算出电感。根据正向接入时 $L_{01}=L_1+L_2+2M$，反向接入时 $L_{02}=L_1+L_2-2M$，得出 $M=(L_{01}-L_{02})/4$。实验数据及处理。

选取电容为 0.1μF，电阻为 10Ω，正弦电源频率可调电压 1V。

记录实验数据于表 8-1-2 和表 8-1-3 中。

表 8-1-2 谐振法测互感系数测量数据（线圈顺接）

信号频率					
U_R					

f_{01}=________，L_{01}=________

表 8-1-3 谐振法测互感系数测量数据（线圈反接）

信号频率					
U_R					

f_{02}=________，L_{02}=________

带入公式计算得：$M=(L_{01}-L_{02})/4=$________

实验中电源输出信号频率调节不好掌控，达到谐振频率时，通过肉眼观察具有一定的误差范围，可多次测量。

相关知识

8.1 互感与互感电压

当线圈中有电流通过时，线圈中就会产生磁场。当线圈中电流发生变化时，其周围的磁场也产生相应的变化，此变化的磁场可使线圈自身产生感应电压，这种电磁现象称自感现象。互感现象也是电磁感应现象中的一种，在工程实际中应用也很广泛，如变压器、收音机的输入回路，都是应用互感原理制成的。

1. 互感现象

两个电感线圈互相靠近时，一个电感线圈的磁场变化影响另一个线圈，这种影响就是互感。

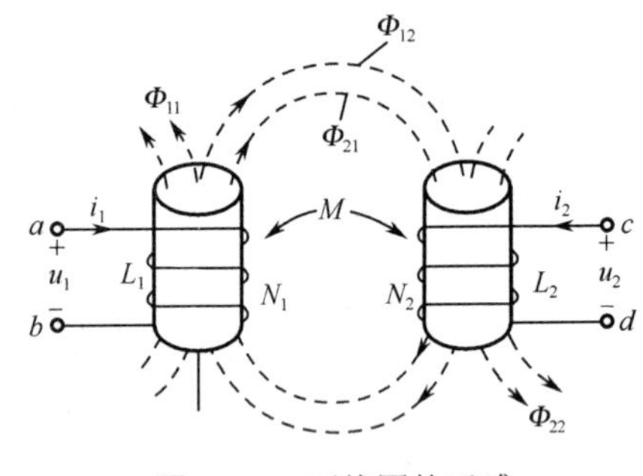

图 8-1-6 两线圈的互感

图 8-1-6 所示是两个相距很近的线圈，匝数分别为 N_1、N_2。线圈 1 中通入交流电流 i_1 时，在线圈 1 中就会产生自感磁通 Φ_{11}，$\psi_{11}=N_1\Phi_{11}$ 为线圈 1 的自感磁链。Φ_{11} 中的一部分磁通穿过线圈 2，线圈 2 的具有的磁通 Φ_{21} 称为互感磁通，$\psi_{21}=N_2\Phi_{21}$ 称为互感磁链。

在线圈 1 中，随着 i_1 变化，ψ_{21} 也变化，因而在线圈 2 产生的感应电压叫互感电压。同理，线圈 2 中电流 i_2 变化，也会在线圈 1 中产生互感电压。这种由一个线圈中电流变化在另一个线圈中产生感应电压的现象叫互感现象。

2. 互感系数

在非铁磁性的介质中，电流产生的磁通与电流成正比，当匝数一定时，磁链也与电流大小成正比。当选择电流的参考方向与磁通的参考方向满足右手螺旋定则关系时可得：$\psi_{21}\propto i_1$，设比例系数为 M_{21}，

$$\psi_{21}=M_{21}\cdot i_1,\ M_{21}=\psi_{21}/i_1 \qquad (8\text{-}1\text{-}1)$$

M_{21}称为线圈 1 对线圈 2 的互感系数，简称互感。

同理，线圈 2 对线圈 1 的互感系数为

$$M_{12}=\psi_{12}/i_2 \qquad (8\text{-}1\text{-}2)$$

实践证明：$M_{21}=M_{12}$，两线圈的互感系数用 M 表示，$M=M_{21}=M_{12}$。互感 M 的单位和自感系数 L 相同，都是亨利（H）。

线圈间的互感 M 不仅与两线圈的匝数、形状及尺寸有关，还与线圈间的相互位置及线圈所处位置媒质的磁导率有关。当用铁磁材料作为介质时，M 将不是常数。本书只讨论 M 为常数的情况。

3．耦合系数

两个耦合线圈的电流所产生的磁通，一般只有部分相交链。两耦合线圈相交链的磁通越多，说明两线圈耦合越紧密。为了能定量表征两个线圈之间磁耦合的紧密程度，人们引入耦合系数 k，它定义为：

$$k=\frac{M}{\sqrt{L_1L_2}} \qquad (8\text{-}1\text{-}3)$$

可以证明，耦合系数的变化范围：$0\leqslant k\leqslant 1$。

当两个线圈的轴向互相垂直或两个线圈相隔很远时，$k\approx 0$，属于松耦合，在电信系统中，一般采取垂直架设的方法来减少输电线对电信线路的干扰；当两个线圈在同一轴上时，$k\approx 1$，属于紧耦合，电力变压器个绕组之间就属于这种情况，$k\approx 0.95$，理想情况 $k=1$，称为全耦合。因此，改变线圈的相互位置，可以相应改变 M 和 k 的大小。

4．互感电压

通过两线圈的电流是交变的电流，交变电流产生交变的磁场，当交变的磁链穿过线圈 L_1 和 L_2 时，引起的自感电压：

$$u_{11}=L_1\frac{\mathrm{d}i_1}{\mathrm{d}t}$$

$$u_{22}=L_2\frac{\mathrm{d}i_2}{\mathrm{d}t}$$

两个相邻线圈中电流的磁场不仅穿过本线圈，还有相当一部分穿过相邻线圈，因此这部分交变的磁链在相邻线圈中也必定引起互感现象，由互感现象产生的互感电压：

$$u_{21}=M\frac{\mathrm{d}i_1}{\mathrm{d}t}$$

$$u_{12}=M\frac{\mathrm{d}i_2}{\mathrm{d}t}$$

当线圈中通过的电流为正弦电流时，自感电压、互感电压都可用相量表示：

$$\dot{U}_{11}=\mathrm{j}\omega L_1\dot{I}_1 \qquad \dot{U}_{21}=\mathrm{j}\omega M\dot{I}_1$$

$$\dot{U}_{22}=\mathrm{j}\omega L_2\dot{I}_2 \qquad \dot{U}_{12}=\mathrm{j}\omega M\dot{I}_2$$

线圈上自感电压和互感电压的叠加合成，方为耦合线圈上的总电压。叠加时有两种情况。

（1）当自磁通与互磁通方向一致时，称磁通相助，如图 8-1-7（a）所示。

设两线圈上电压电流电流参考方向关联，即其方向与自各磁通的方向符合右手螺旋关系，

则：

$$u_1 = L_1\frac{\mathrm{d}i_1}{\mathrm{d}t} + M\frac{\mathrm{d}i_2}{\mathrm{d}t}$$
$$u_2 = L_2\frac{\mathrm{d}i_2}{\mathrm{d}t} + M\frac{\mathrm{d}i_1}{\mathrm{d}t} \qquad (8\text{-}1\text{-}4)$$

（2）当自磁通与互磁通方向相反时，称磁通相消，如图 8-1-7（b）所示，则互感电压为：

$$u_1 = L_1\frac{\mathrm{d}i_1}{\mathrm{d}t} - M\frac{\mathrm{d}i_2}{\mathrm{d}t}$$
$$u_2 = L_2\frac{\mathrm{d}i_2}{\mathrm{d}t} - M\frac{\mathrm{d}i_1}{\mathrm{d}t} \qquad (7\text{-}1\text{-}5)$$

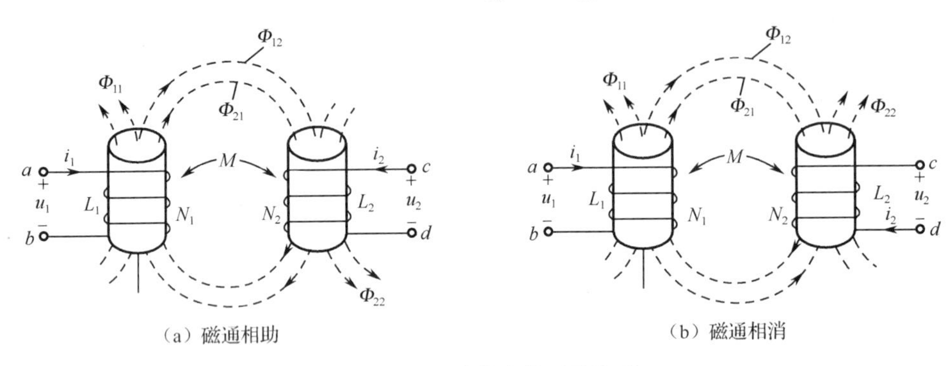

（a）磁通相助　　（b）磁通相消

图 8-1-7　互感耦合的两种情况

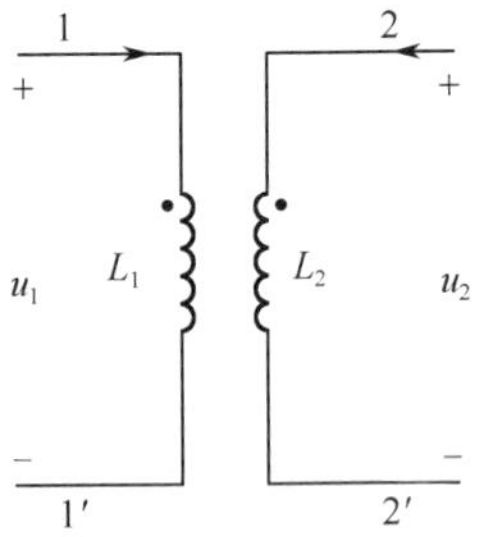

图 8-1-8　例 8-1-1 电路图

说明：

（1）自感电压总是与本线圈中通过的电流取关联参考方向，因此前面均取正号；而互感电压前面的正、负号要依据两线圈电流的磁场是否一致。

（2）若两线圈电流产生的磁场方向一致，因此两线圈中的磁场相互增强，这时它们产生的互感电压前面取正号；若两线圈电流产生的磁场相互削弱时，它们产生的感应电压前面应取负号。

【例 8-1-1】 在图 8-1-8 中，i_1=10A，i_2=5sin10t（A），L_1=2H，L_2=3H，M=1H，求耦合电感的端电压 u_1，u_2。

【解】

$$u_1 = L_1\frac{\mathrm{d}i_1}{\mathrm{d}t} + M\frac{\mathrm{d}i_2}{\mathrm{d}t} = 0 + 1\times 50\cos 10t = 50\cos 10t$$

$$u_2 = L_2\frac{\mathrm{d}i_2}{\mathrm{d}t} + M\frac{\mathrm{d}i_1}{\mathrm{d}t} = 3\times 50\cos 10t + 0 = 150\cos 10t$$

8.2　线圈的同名端及判定

1．线圈的同名端

分析线圈的自感电压和电流方向关系时，只要选择自感电压与电流为关联参考方向，就满足 $u_{\mathrm{L}} = L\frac{\mathrm{d}i}{\mathrm{d}t}$ 关系，不必考虑线圈的实际绕向问题。

分析线圈的互感电压和电流方向关系时，仅规定电流的参考方向是不够的，还要知道线圈各自的绕向和两个线圈的相对位置。在实际应用中，电气设备中的线圈都是密封在壳体内的，一般无法看到线圈的绕向，因此在电路图中常常也不采用将线圈绕向绘出的方法。那么，能否像确定自感电压那样，在选定了电流的参考方向后，就可以直接运用公式计算互感电压呢？解决这个问题就要引入线圈同名端的概念。

在同一变化磁通的作用下，两互感线圈感应电压极性始终保持一致的端子称为同名端（用·或*表示），感应电压极性相反的端点称为异名端。其特性为电流同时由两线圈上的同名端流入（或流出）时，两互感线圈的磁场相互增强；否则相互削弱。

通常采用“同名端标记”表示绕向一致的两相邻线圈的端子。如图 8-1-9（a）所示的 1、4 为同名端，用·表示，2、3 两端也是同名端，可不标示。如图 8-1-9（b）所示的 1、3 为同名端，用·表示，2、4 两端也是同名端，可不标示。

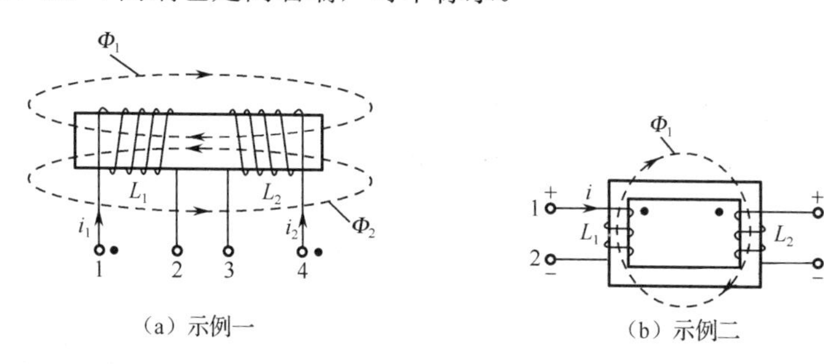

（a）示例一　（b）示例二

图 8-1-9　绕组同名端判别示例

2．线圈同名端的判别方法

1）已知线圈的绕向和相对位置时

如已知耦合线圈的绕向和相对位置，同名端可利用其概念和特性进行判定。

如图 8-1-9（a）中同名端的判定可依同名端特性进行。假设 1、4 为同名端，电流从假设的两同名端流入，两线圈产生的磁通方向一致，磁场相互增强，说明假设正确。

如图 8-1-9（b）所示，图中两个线圈 L_1、L_2 绕在同一个环形支架上，L_1 中通有电流 i。当 i 增大时，它所产生的磁通 Φ_1 增加，L_1 中产生自感电动势，L_2 中产生互感电动势，这两个电动势都是由于磁通 Φ_1 的变化引起的。根据楞次定律可知，它们的感应电流都要产生与磁通 Φ_1 相反的磁通，以阻碍原磁通 Φ_1 的增加，由安培定则可确定 L_1、L_2 中感应电动势的方向，即电源的正、负极，标注在图上，可知端点 1 与 3、2 与 4 极性相同。当 i 减小时，L_1、L_2 中的感应电动势方向都反了过来，但端点 1 与 3、2 与 4 极性仍然相同。 无论电流从哪端流入线圈，1 与 3、2 与 4 的极性都保持相同。说明 1、3 为同名端。

2）线圈绕向未知时

线圈绕向未知时，就要用实验手段判断，实验法测定同名端有直流判别法和交流判别法两种。无论哪种实验手段，所遵循的始终是同名端的概念和特性，即在同一变化磁通的作用下，两互感线圈的同名端感应电压极性始终保持一致，如电流同时由两线圈上的同名端流入（或流出）时，两互感线圈的磁场相助。具体的实验方法见前面的任务实施。

8.3 耦合线圈的串联

耦合线圈有顺向串联和反向串联，两个线圈异名端相接时称为顺向串联，如图 8-1-10（a）所示，两个线圈同名端相接时称为反向串联，如图 8-1-10（b）所示。

对于顺向串联图 8-1-10（a）所示电路，根据 KVL 可得

$$u = u_1 + u_2 = L_1\frac{\mathrm{d}i}{\mathrm{d}t} + M\frac{\mathrm{d}i}{\mathrm{d}t} + L_2\frac{\mathrm{d}i}{\mathrm{d}t} + M\frac{\mathrm{d}i}{\mathrm{d}t}$$

用相量表示为：

$$\begin{aligned}\dot{U} = \dot{U}_1 + \dot{U}_2 &= \mathrm{j}\omega L_1\dot{I} + \mathrm{j}\omega M\dot{I} + \mathrm{j}\omega L_2\dot{I} + \mathrm{j}\omega M\dot{I} \\ &= \mathrm{j}\omega(L_1 + L_2 + 2M)\dot{I} = \mathrm{j}\omega L_{\mathrm{F}}\dot{I}\end{aligned}$$

顺向串联的等效电感：

$$L_{\mathrm{F}} = L_1 + L_2 + 2M \tag{8-1-6}$$

对于反向串联图 8-1-10（b）所示电路：

$$\begin{aligned}\dot{U} = \dot{U}_1 + \dot{U}_2 &= \mathrm{j}\omega L_1\dot{I} - \mathrm{j}\omega M\dot{I} + \mathrm{j}\omega L_2\dot{I} - \mathrm{j}\omega M\dot{I} \\ &= \mathrm{j}\omega(L_1 + L_2 - 2M)\dot{I} = \mathrm{j}\omega L_{\mathrm{R}}\dot{I}\end{aligned}$$

反向串联的等效电感：

$$L_{\mathrm{R}} = L_1 + L_2 - 2M \tag{8-1-7}$$

工程中，可应用耦合电感正反向串联的等效电感的差异，来分析测定线圈的耦合系数 M。

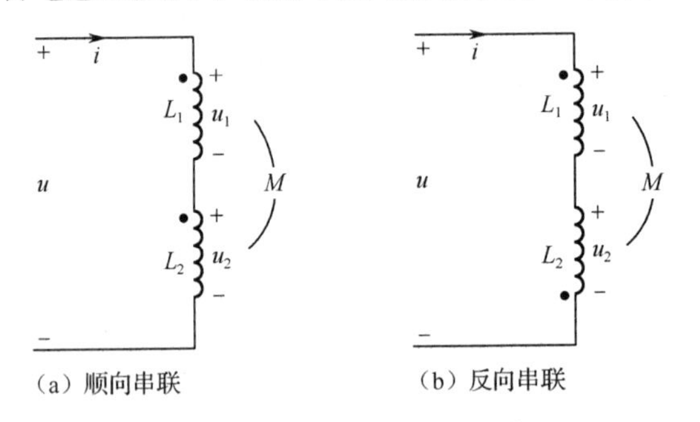

图 8-1-10 耦合线圈的串联

【例 8-1-2】 两耦合线圈的正向串联等效电感 L_1=0.09H，反向串联等效电感 L_2=0.01H，试求其互感系数 M。

【解】 $M=(L_1-L_2)/4=0.02$（H）

【拓展知识 21】 耦合线圈的并联

1. 同侧并联

同侧并联如图 8-1-11 所示，两线圈的同名端接在一起，由

$$\dot{U} = \mathrm{j}\omega L_1\dot{I}_1 + \mathrm{j}\omega M\dot{I}_2$$

$$\dot{U} = \mathrm{j}\omega L_1\dot{I}_2 + \mathrm{j}\omega M\dot{I}_1$$

得

$$\dot{I}=\dot{I}_1+\dot{I}_2=\frac{(L_1+L_2-2M)}{\mathrm{j}\omega(L_1L_2-M^2)}\dot{U}$$

$$\frac{\dot{U}}{\dot{I}}=\mathrm{j}\omega\frac{(L_1L_2-M^2)}{(L_1+L_2-2M)}$$

同侧并联的等效电感：

$$L_{同并}=\frac{(L_1L_2-M^2)}{(L_1+L_2-2M)} \tag{8-1-8}$$

2．异侧并联

异侧并联如图 8-1-12 所示，两线圈的异名端接在一起。同样可推得等效电感为：

$$L_{异并}=\frac{(L_1L_2-M^2)}{(L_1+L_2+2M)} \tag{8-1-9}$$

并联时，$M\leqslant\sqrt{L_1L_2}$

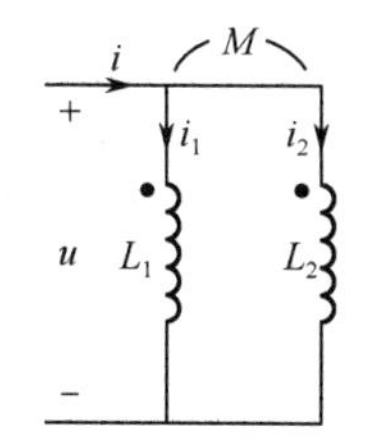

图 8-1-11　同侧并联

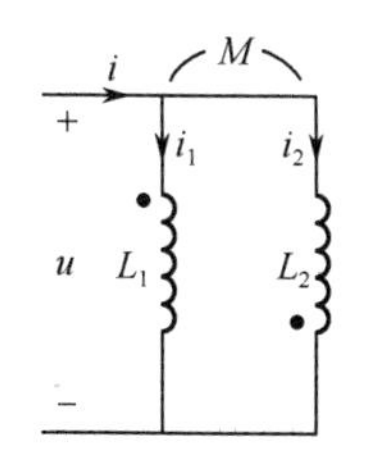

图 8-1-12　异侧并联

3．有公共端的一端连接

耦合线圈有公共端的一端连接电路，宜采用去耦等效电路简化分析。如图 8-1-13 所示两种连接情况，及其对应的两种去耦等效电路。此处不赘述推导过程。

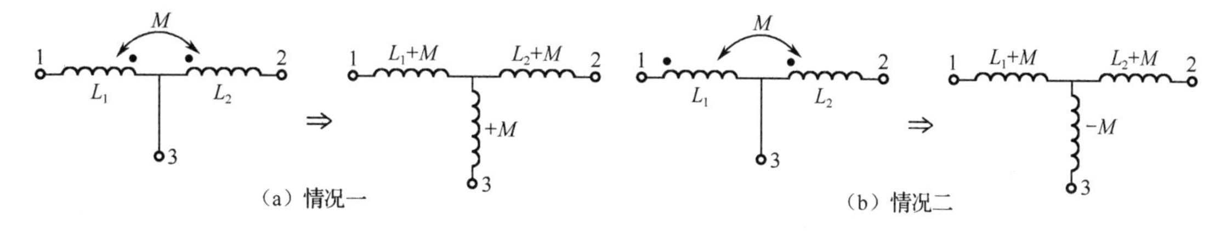

图 8-1-13　有公共端的一端连接的去耦法分析

任务 8—2　变压器的认知与测试

学习目标	
学习目标	1．了解变压器的结构和用途
	2．掌握变压器的电压、电流和阻抗变换原理
	3．掌握变压器参数的测试方法

续表

重点知识要求	1. 变压器的电压、电流和阻抗变换原理
	2. 变压器参数的测试方法
关键能力要求	变压器相关参数的理解和测量

任务要求

任务要求	1. 认知变压器，了解变压器用途、结构、分类
	2. 测定单相变压器的参数
	3. 熟悉电工台供电系统和直流稳压电源的使用方法
任务环境	信号源、示波器、电压表、调压器、兆欧表
任务分解	1. 认知变压器，掌握变压器的变压、变流和阻抗变换作用
	2. 相位判断法测试变压器的同名端
	3. 测定变压器绝缘电阻
	4. 测定变压器的变压、变流和阻抗变换关系

1. 变压器的认知

教师讲解单相变压器的用途、结构、分类、特性等知识，具体见后面的知识点。

变压器同名端的相位法判定

2. 单相变压器的参数测定

1）测试变压器的同名端

之前已介绍过的直流、交流判别法仍然适用，再介绍几种测试方法，以拓展实践手段。

（1）电感量判断法。

同一磁芯的两个绕组异名端串联后，电感量与匝数比为：$L/L_1=\left(\dfrac{n_1+n_2}{n_1}\right)^2$

同一磁芯的两个绕组同名端串联后，电感量与匝数比为：$L/L_1=\left(\dfrac{|n_1-n_2|}{n_1}\right)^2$

在已测得各绕组的电感量的基础上，将某两个绕组串联再测等效电感值，根据等效电感 L 值判断此两绕组串接点为同名端或是异名端。

（2）相位判断法。

使用信号发生器在变压器初级绕组施加频率 1kHz、幅值为 5V 的正弦波信号，使用双踪示波器同时跟踪初级引脚信号波形和次级引脚信号波形，如两个相位一致探针接触到的脚为同名端，否则为异名端。图 8-2-1 所示波形为不相位一致的情况。

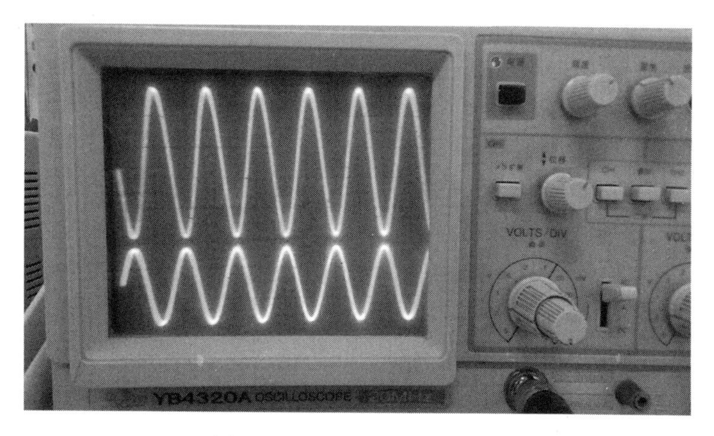

图 8-2-1　变压器引脚波形图

2）测定绝缘电阻

用兆欧表分别检查变压器初级、次级绕组之间和各绕组对地之间冷态绝缘电阻值。

数据记录：

3）变换电压、电流、阻抗实验测试

按图 8-2-2 所示连接电路，闭合电源开关，图中变压器 Tr 为 220V/110V，负载选用三只 36V/25W 的灯泡，交流调压器 T 输出范围 0～250V，调节调压器的输出电压，使变压器空载时输出电压为 36V，然后分别在变压器的副边接入 1 只、2 只、3 只灯泡，测量 Tr 的输入电压和输出电压、输入电流和输出电流，将测量数据填入后表 8-2-1 中。根据表中数据计算 Z_L 和 Z_1 的值分析变压器的阻抗变化作用。

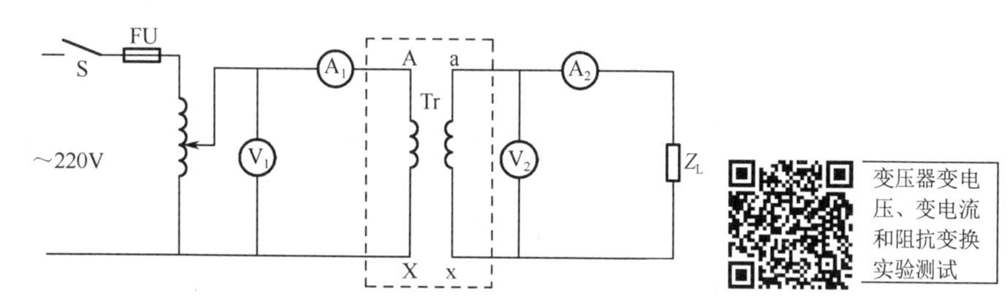

图 8-2-2　小型变压器变换电压、电流、阻抗的电路图

表 8-2-1　变压器变换电压、电流、阻抗实验测试数据与分析

灯泡数	原边（初级）			副边（次级）			变压比	变流比
	U_1/V	I_1/mA	$\|Z_1\|/\Omega$	U_2/V	I_2/mA	$\|Z_L\|/\Omega$		
0（空载）		/	/		/	/		/
1								
2								
3								

相关知识

8.4 初识变压器

1. 变压器的基础知识

变压器是根据电磁感应原理制成的电器，它可以把某一电压下的交流电能变换为同频率的另一电压下的交流电能。

输送电能时，采用的电压越高输电线路中的电流越小，输电线路上的损耗就越小，故远距离输电都用高电压传送。目前，我国交流输电电压已高达 500kV，发电机的输出电压一般有 3.15kV、6.3kV、10.5kV 等，必须用升压变压器将电压升高。电能输送到用电区域后，为适应用电设备的电压要求，还需通过各级变电所，利用变压器将电压降低为各类电器的所需电压值，多数电器所需电压是 380V、220V、36V，少数电机采用 3kV、6kV。

变压器有以下几种分类方法。

（1）按相数分。

- 单相变压器：用于单相负荷和三相变压器组。
- 三相变压器：用于三相系统的升、降电压。

（2）按冷却方式分。

- 干式变压器：依靠空气对流进行自然冷却或增加风机冷却，多用于高层建筑、高速收费站点用电及局部照明、电子线路等小容量变压器。
- 油浸式变压器：依靠油作为冷却介质、如油浸自冷、油浸风冷、油浸水冷、强迫油循环等。

（3）按用途分。

- 电力变压器：用于输配电系统的升、降电压。
- 仪用变压器：如电压互感器、电流互感器、用于测量仪表和继电保护装置。
- 试验变压器：能产生高压，对电气设备进行高压试验。
- 特种变压器：如电炉变压器、整流变压器、调整变压器、电容式变压器、移相变压器等。

（4）按绕组形式分。

- 双绕组变压器：用于连接电力系统中的两个电压等级。
- 三绕组变压器：一般用于电力系统区域变电站中，连接三个电压等级。
- 自耦变电器：用于连接不同电压的电力系统。也可作为普通的升压或降后变压器用。

（5）按铁芯形式分。

- 芯式变压器：用于高压的电力变压器。
- 壳式变压器：用于大电流的特殊变压器，如电炉变压器、电焊变压器，或者用于电子仪器及电视、收音机等的电源变压器。
- 非晶合金变压器：非晶合金铁芯变压器是用新型导磁材料，空载电流下降约 80%，是目前节能效果较理想的配电变压器，特别适用于农村电网和发展中地区等负载率较低的地方。

如图 8-2-3 所示为几种常见的变压器。

（a）高频变压器　（b）环形变压器　（c）电源变压器

（d）自耦变压器　（e）油浸式配电变压器

图 8-2-3　几种常见的变压器

变压器组成部件包括器身（铁芯、绕组、绝缘、引线）、变压器油、油箱和冷却装置、调压装置、保护装置（吸湿器、安全气道、气体继电器、储油柜及测温装置等）和出线套管。结构示意图见图 8-2-4，变压器符号见图 8-2-5。

1）铁芯

铁芯是变压器中主要的磁路部分。通常由含硅量较高，厚度分别为 0.35mm、0.3mm、0.27mm，由表面涂有绝缘漆的热轧或冷轧硅钢片叠装而成。铁芯分为铁芯柱和横片两部分，铁芯柱套有绕组；横片是闭合磁路之用。铁芯结构的基本形式有心式和壳式两种。

2）绕组

绕组是变压器的电路部分，它是用双丝包绝缘扁线或漆包圆线绕成的。绕组可分为同心式和交叠式。

同心式绕组的高低压绕组同心地绕在铁芯柱上，为便于绝缘，一般低压绕组靠近铁芯。同心式绕组结构简单，制造方便，国产电力变压器均采用这种结构。交叠式绕组绕制成饼形，高、低压绕组上下交叠放置，主要用于电焊、电炉等变压器中。

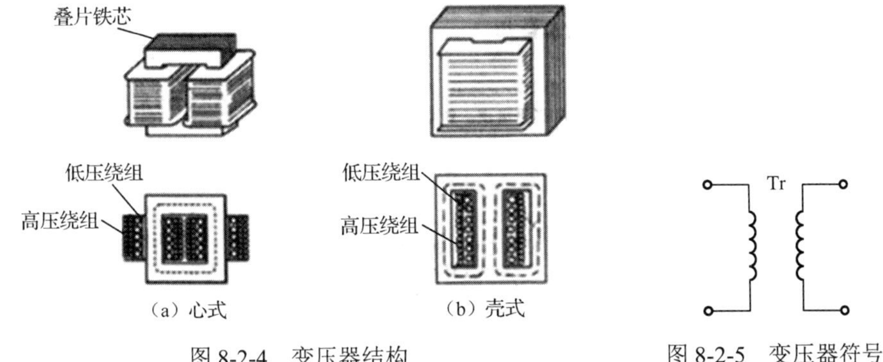

（a）心式　（b）壳式

图 8-2-4　变压器结构　　图 8-2-5　变压器符号

2. 变压器的功率和效率

变压器初级绕组的额定电压 U_{1N} 是设计时按照变压器的绝缘强度和容许发热规定的应加电压值，次级绕组额定电压 U_{2N} 是初级绕组加额定电压而变压器空载时的次级绕组端电压值。变压器的额定电流 I_{1N}、I_{2N} 是按照变压器容许发热规定初、次级绕组长期允许通过的最大电流值。实际运用中不得超过各项额定值，否则由于过热或绝缘破坏而使变压器受到损害。次级绕组的额定电压与额定电流的乘积 $U_{2N}I_{2N}$ 称为变压器的额定容量 S_N，即变压器的额定视在功率。

变压器实际输出的有功功率 P_2 不仅决定于次级绕组的实际电压电流值，还与负载的功率因数 $\cos\phi_2$ 有关，$P_2=U_2I_2\cos\phi_2$。变压器的输入功率决定于它的输出功率，输入的有功功率为：$P_1=U_1I_1\cos\phi_1$。

变压器的损耗功率为输入、输出功率之差（P_1-P_2），简称损耗，它包括铜损耗和铁损耗两部分，铜损耗原因是绕组电阻在通电流时将部分电能转为热能所致，铁损耗为铁芯中涡流损耗和磁滞损耗之和，此部分不展开叙述。铜损耗的与电流有关，随负载变化，也称可变损耗，频率一定时，铁损耗只与交变磁通幅值有关，而与变压器负载无关，铁损也称固定损耗。

输出功率与输入功率之比就是变压器的效率，记为η。

$$\eta=\frac{P_2}{P_1}\times100\%=\frac{P_2}{P_2+P_{\text{Cu}}+P_{\text{Fe}}}\times100\% \tag{8-2-1}$$

一般变压器的效率较高，可达 80%以上。

【例 8-2-1】 变压器铭牌上标明 220V/36V、300V·A，问下面哪一种规格的电灯能接在此变压器副边使用？为什么？电灯规格：36V/500W；36V/60W；12V/60W；220V/25W。

【答】 变压器副边能接的灯泡为 36V/60W。变压器额定容量为 300V·A，即变压器的最大输出功率为 300W，36V/500W 的灯泡超出容量不能使用；变压器额定输出电压为 36V，超出 12V/60W 的灯泡耐压；220V/25W 的灯泡如接入，会因为电压不足无法正常点亮。故 36V/60W 的灯泡可以在副边使用。

8.5 理想变压器

变压器是变换交流电压、交变电流和阻抗的器件，当初级线圈中通有交流电流时，铁芯（或磁芯）中便产生交流磁通，使次级线圈中感应出电压（或电流）。

变压器由铁芯（或磁芯）和线圈组成，线圈有两个或两个以上的绕组，其中接电源的绕组叫初级线圈，其余的绕组叫次级线圈。

实际的变压器工作时或多或少会有漏磁、能量损耗，效率不能达到 100%，为便于分析计算，我们认为当满足以下条件时，视为理想变压器。

（1）k=1 全耦合，做芯的铁磁性材料的磁导率$\mu=\infty$。

（2）自感系数 L_1、L_2 无穷大，但 L_1/L_2 为常数。

（3）无任何损耗，绕线圈的金属导线无电阻。

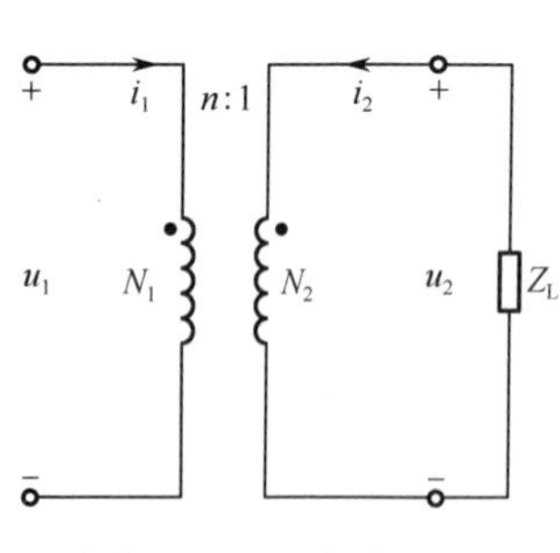

图 8-2-6 理想变压器

分析讨论理想变压器的相关工作、性能指标，对合理选择和使用变压器有着现实的意义。

1. 变压器的电压比

由图 8-2-6 所示为理想变压器。

$$\because u_1=\frac{\mathrm{d}\varPsi_1}{\mathrm{d}t}=N_1\frac{\mathrm{d}\varPhi}{\mathrm{d}t}，\quad u_2=\frac{\mathrm{d}\varPsi_2}{\mathrm{d}t}=N_2\frac{\mathrm{d}\varPhi}{\mathrm{d}t}$$

$$\therefore \frac{u_1}{u_2}=\frac{N_1}{N_2}=n \qquad (8\text{-}2\text{-}2)$$

相量形式：

$$\frac{\dot{U}_1}{\dot{U}_2}=n$$

有效值：

$$\frac{U_1}{U_2}=n \qquad (8\text{-}2\text{-}3)$$

2．变压器的电流比

∵安培环路定律

$$i_1N_1+i_2N_2=Hl=\frac{B}{\mu}l=\frac{\Phi}{\mu S}l$$

∵$\mu=\infty$，ϕ为有限值。

∴$i_1N_1+i_2N_2=0$

$$\therefore \frac{i_1}{i_2}=-\frac{N_2}{N_1}=-\frac{1}{n} \qquad (8\text{-}2\text{-}4)$$

相量形式：

$$\frac{\dot{I}_1}{\dot{I}_2}=-\frac{1}{n} \qquad (8\text{-}2\text{-}5)$$

有效值：

$$\frac{I_1}{I_2}=\frac{1}{n} \qquad (8\text{-}2\text{-}6)$$

3．功率大小

$$p(t)=i_1u_1+i_2u_2=\left(-\frac{1}{n}i_2\right)nu_2+i_2u_2=0$$

上述推导说明：理想变压器不消耗能量也不储存能量，它将能量从输入端全部送至输出负载上，理想变压器是一种无记忆元件。

4．变压器的阻抗变换

如图 8-2-7 所示，从输入端看等效输入阻抗为：

$$Z_1=\frac{\dot{U}_1}{\dot{I}_1}=\frac{n\dot{U}_2}{-\frac{1}{n}\dot{I}_2}=n^2\left(-\frac{\dot{U}_2}{\dot{I}_2}\right)=n^2Z_L \qquad (8\text{-}2\text{-}7)$$

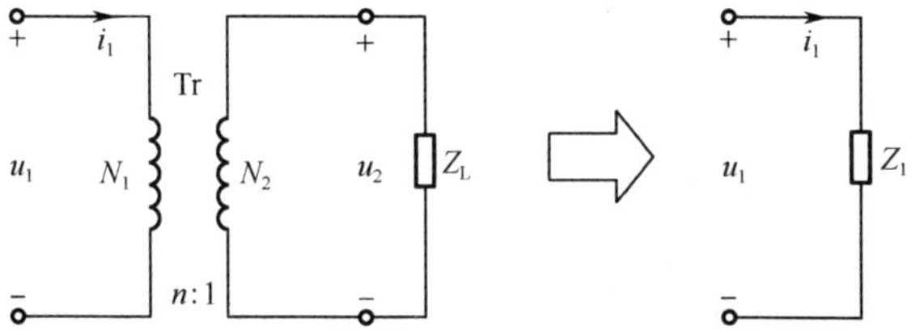

图 8-2-7 变压器的阻抗变换作用

以上分析说明变压器除有变压作用和变流作用之外，还可用来实现阻抗变换。设在变压器次级绕组接负载阻抗为 Z_L，那么在初级绕组两端看，这个阻抗值相当于负载阻抗 Z_L 的 n^2 倍，起到了阻抗变换的作用。如 n 变化 Z_1 随之变化，$n>1$，$Z_1>Z_L$；$n<1$，$Z_1<Z_L$。可通过改变变压比 n 的值，来实现不同的阻抗变化，如能将负载阻抗变为最佳负载，则可实现阻抗匹配，达到最大功率传输。

【例 8-2-2】 一个理想变压器，初级线圈匝数 N_1=550，接电源电压 U_1=220V，次级线圈开路电压 U_2=12V，接纯电阻负载 12V/36W，试求次级线圈的匝数 N_2 和初级线圈中的电流 I_1。

【解】 由 $\frac{U_1}{U_2}=\frac{N_1}{N_2}$ 得 $N_2=\frac{U_2}{U_1}\times N_1=30$

由题意知 $I_2=\frac{36}{12}=3$（A）

由 $\frac{I_1}{I_2}=\frac{N_2}{N_1}$ 得 $I_1=\frac{N_2}{N_1}\times I_2=0.164$（A）

【例 8-2-3】 某晶体管收音机输出变压器的原绕组匝数 N_1=230 匝，副绕组匝数 N_2=80 匝，原配有阻抗为 8Ω 的电动扬声器，现要改接 4Ω 的扬声器，问输出变压器副绕组的匝数应如何变动（原绕组匝数不变）。

【解】 初级等效阻抗：$Z_1=\left(\frac{N_1}{N_2}\right)^2 Z_L=\left(\frac{230}{80}\right)^2\times 8=66$（Ω）

负载变动后，为保证与信号源的匹配，初级等效阻抗不变，须将次级绕组匝数变为：

由 $Z_1=\left(\frac{N_1}{N_2'}\right)^2 Z_L'$ 得 $N_2'=\sqrt{(N_1)^2\frac{Z_L'}{Z_1}}=\sqrt{(230)^2\frac{4}{66}}=57$（匝）

【拓展知识 22】 其他变压器及变压器常见的故障及检修方法

1. 其他变压器

1）三相变压器

对于三相电源进行电压变换，可用三台单相变压器组成的三相变压器组，或用一台三相变压器来完成。

三相变压器的铁芯有三个芯柱，每个芯柱上有属于同一相的两个绕组，如图 8-2-8 所示。U、V、W 为三相高压绕组，u、v、w 为三相低压绕组，每一相得工作情况与单相变压器完全一致。三相初次级绕组可分别结成星形或三角形，常用的接法有 Y,y（Y/Y）、Y,yn（Y/Y_0）和 Y,d（Y/Δ），逗号前表示高压绕组的连接，逗号后表示低压绕组的连接，yn（Y_0）表示有中性线的 Y 形连接。图 8-2-9 所示为 Y,yn（Y/Y_0）连接示意图。

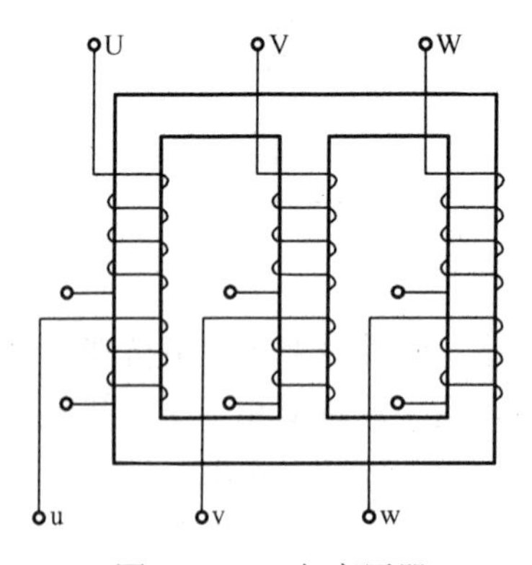

图 8-2-8 三相变压器

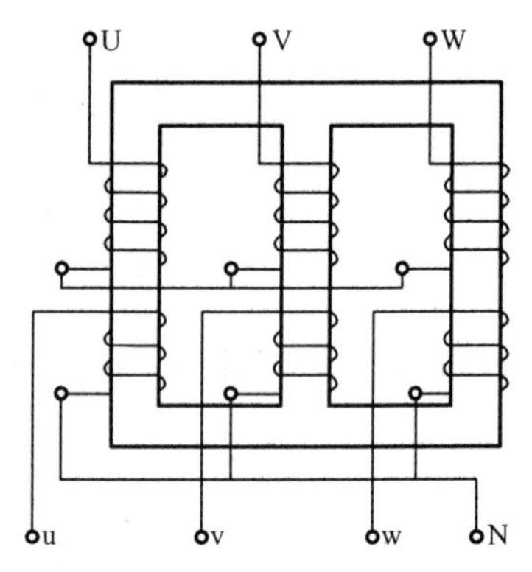

图 8-2-9 三相变压器 Y/Y_0 接线

变压器铭牌上一般注明下列内容。

型号、额定电压、额定电流、额定容量、变压器效率、额定频率。我国规定工业标准频率为 50Hz，三相变压器的额定电压指线电压，大中型变压器的效率一般在 95%以上。型号表示变压器的结构、容量、冷却方式、电压等级等，如 S9-1000/10，S 表示三相，9 表示产品设计序号，1000 表示额定容量为 1000kV·A，10 表示高压绕组电压等级 10kV。

2）自耦变压器

普通双绕组变压器绕组间只有磁的耦合，并无电的直接联系。自耦变压器只有一个绕组，如图 8-2-10 所示，实质上自耦变压器就是利用一个绕组抽头的办法来实现改变电压的一种变压器。

小型自耦变压器常用来启动交流电机，在实验室和小型仪器上常作为调压设备，也可用在照明装置上来调节亮度。电力系统中也应用大型自耦变压器作为电力变压器。

由于自耦变压器初级、次级绕组有直接的电的联系，一旦公共部分断开，高压将引入低压边造成危险。所以自耦变压器的变比不宜过大，通常选择变比 $n<3$，而且不能用自耦变压器作为 36V 以下安全电压的供电电源。

3）仪用互感器

专供测量仪表、控制和保护设备用的变压器称为仪用变压器，有两种仪用变压器，电压互感器和电流互感器，互感器实质上就是损耗低、变比精确的小型变压器。

电压互感器原理图如图 8-2-11 所示。电压互感器的主要原理是：$\dfrac{U_1}{U_2}=\dfrac{N_1}{N_2}$。如图 8-2-11 所示，为降低电压，电路中要求 $N_1>N_2$，一般规定次级绕组的额定电压为 100V。高压电路与测量仪表电路只有磁耦合。为防止互感器初级、次级绕组绝缘损坏时造成危险，铁芯以及次级绕组的一端应接地。由于电压互感器次级绕组电流很大，因此次级绕组不允许短路。

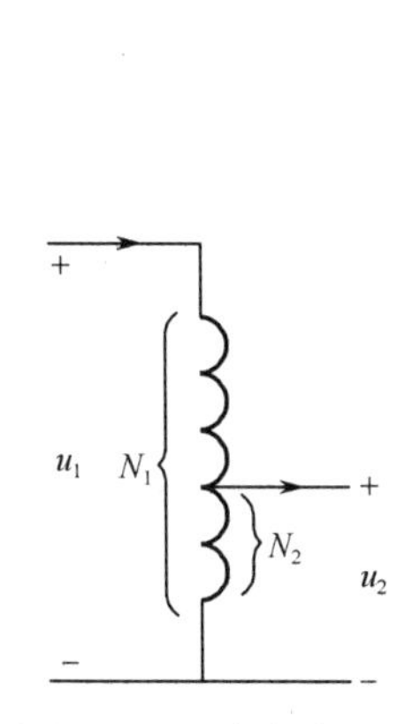

图 8-2-10 自耦变压器

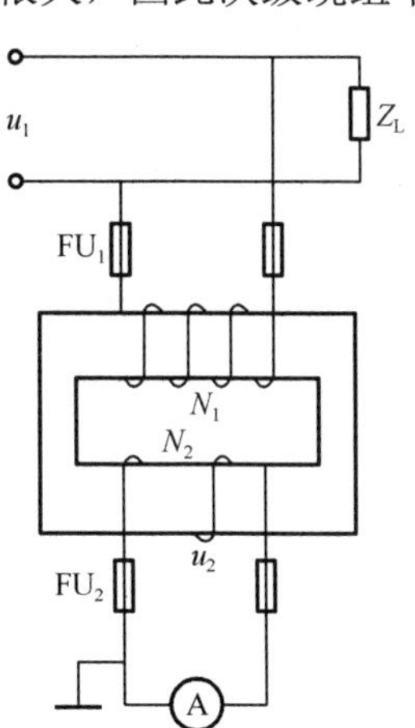

图 8-2-11 电压互感器原理图

电流互感器原理图如图 8-2-12 所示。电流互感器的主要原理是：$\dfrac{I_1}{I_2}=\dfrac{N_2}{N_1}$。为减小电流，要求 $N_1<N_2$，一般规定次级绕组的额定电流为 5A。使用时需注意，由于电流互感器次级绕组感应电压很高，因此次级绕组不允许开路。

便携式钳形电流表就是利用电流互感器原理制成的，图 8-2-13 所示是它的外形图和原理图，其副绕组接有电流表，铁芯又两块 U 形元件组成，用手柄能将铁芯张开与闭合。测量电流时，只需张开铁芯将待测的载流导线钳入，如图 8-2-13（a）所示，这根导线就成为互感器的原绕组，可从电流表直接读出待测电流值。

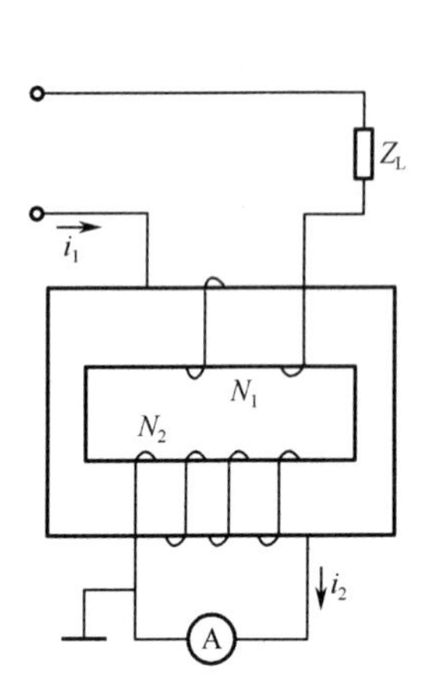

图 8-2-12　电流互感器原理图

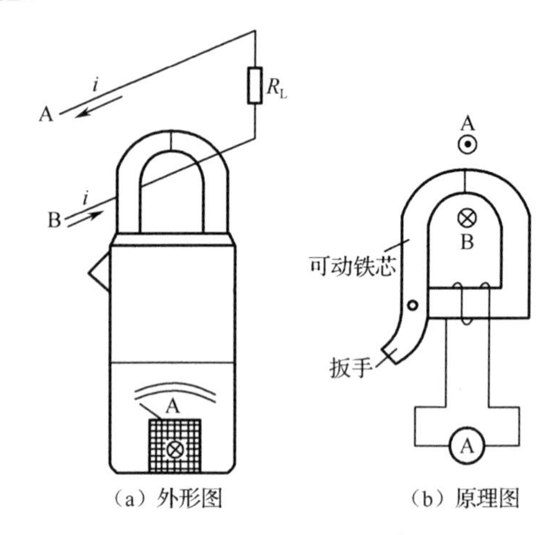

图 8-2-13　钳形电流表

2. 变压器常见故障及检修方法

1）变压器的正确使用

（1）变压器的使用要求。

电力变压器的额定容量（铭牌容量）是指它在规定的环境温度条件下，户外安装时，在规定使用年限内所能连续输出的最大视在功率（kV·A）。

① 温度要求。

根据 GB 1094—85《电力变压器》规定，电力变压器正常使用的环境温度条件为最高气温+40℃，最高日平均气温+30℃，最高年平均气温+20℃，户外变压器最低气温-30℃，户内变压器最低气温-5℃。油浸使变压器顶层油的温升不得超过周围气温 55℃。

② 使用年限。

变压器的使用年限主要取决于变压器绕组绝缘的老化程度，而绝缘的老化程度又取决于绕组最热点的温度。绕组长期受热时，绕组导体和铁芯的绝缘弹性和机械强度会逐渐减弱，这就是绝缘的老化。绝缘的老化严重时，会变脆、裂纹、脱落。试验表明，在规定的环境温度条件下，如变压器绕组最热点的温度一直维持 95℃，则变压器可持续安全运行 20 年；但如果变压器绕组温升到 120℃，则变压器只能运行 2 年。绕组温度对变压器的使用寿命有极大的影响，而绕组的温度又与绕组通过的电流大小有直接的关系。

（2）变压器容量选择。

变压器的容量选得过大，会形成“大马拉小车”的现象，这样不仅增加了设备投资，而且还会使变压器长期处于一个空载的状态，使无功损失增加，造成电能浪费，而且影响电网电压；选得过小，造成用电设备电力不足，会使变压器长期处与过负荷状态，易烧毁变压器。

在实际应用中，我们可以根据以下的简便方法来选择变压器容量。

本着“小容量，密布点”的原则，配电变压器应尽量位于负荷中心，供电半径不超过 0.5 千米。配电变压器的负载率在 0.5～0.6 之间效率最高，此时变压器的容量称为经济容量。如果负载比较稳定，连续生产的情况可按经济容量选择变压器容量。

对于仅向排灌等动力负载供电的专用变压器，一般可按异步电动机铭牌功率的 1.2 倍选用变压器的容量。一般电动机的启动电流是额定电流的 4～7 倍，变压器应能承受住这种冲击，直接启动的电动机中最大的一台的容量，一般不应超过变压器容量的 30%左右。应当指出的是：排灌专用变压器一般不应接入其他负荷，以便在非排灌期及时停运，减少电能损失。

对于供电照明、农副业产品加工等综合用电变压器容量的选择，要考虑用电设备功率的同时，可按实际可能出现的最大负荷的 1.25 倍选用变压器的容量。

根据农村电网用户分散、负荷密度小、负荷季节性和间隙性强等特点，可采用调容量变压器。调容量变压器是一种可以根据负荷大小进行无负荷调整容量的变压器，它适于负荷季节性变化明显的地点使用。

对于变电所或用电负荷较大的工矿企业，一般采用母子变压器的供电方式，其中一台（母变压器）按最大负荷配置，另一台（子变压器）按低负荷状态选择，就可以大大提高配电变压器利用率，降低配电变压器的空载损耗。针对农村中某些配变一年中除了少量高峰用电负荷外，长时间处于低负荷运行状态实际情况，对有条件的用户，也可采用母子变或变压器并列运行的供电方式。在负荷变化较大时，根据电能损耗最低的原则，投入不同容量的变压器。

2）小型变压器常见故障及检修

小型变压器主要指单相 20kV·A 以下，三相 50kV·A 以下的变压器，其特点是变压器体积小、造价低、线少。小型变压器的负荷率和利用率，一般都较低，它所带的感性负载，一般均未实行容性补偿。小型变压器是工厂电气控制系统中的一种常用设备，随着电子元件大量应用在电厂控制、监测和自动回路，小型变压器的应用日益广泛。工作中的变压器应进行定期检查，以了解和掌握变压器的工作情况，排除故障以防事故的发生。

（1）小型变压器常见故障的原因。

① 变压器自身问题。如端头松动、垫块松动、焊接不良、铁芯绝缘不良、抗短路强度不足等。

② 线路干扰。线路干扰在造成变压器事故的所有因素中属于最重要的。主要包括：合闸时产生的过电压，在低负荷阶段出现的电压峰值等。

③ 过负荷。过负荷是指变压器长期处于超过设定功率状态下工作，变压器超负荷运行，会产生过高的温度，从而导致绝缘的过早老化。

④ 使用不当。由于使用不当造成的小型变压器绝缘老化的速度加快。

⑤ 没有进行正确的维护。

（2）小型变压器常见故障现象及处理方法。

变压器发生故障的原因有时比较复杂，为了正确判断和分析原因，通常进行下列检查。

① 引出线端头断裂。

故障现象分析：一次回路有电压而无电流，一般是一次绕组的端头断裂；若一次回路有较小的电流而二次回路既无电流也无电压，一般是二次绕组端头断裂。引出线端头断裂通常是由于线头折弯次数过多、线头遇到猛拉、焊接处霉断（焊剂残留过多）、引出线过细等原因所造成的。

处理方法：如果断裂线头处在线圈最外层，可掀开绝缘层，挑出线圈上的断头，焊上新的引出线，包好绝缘层即可；若断裂线端头处在线圈内层，一般无法修复，需要拆开重绕。

② 一次、二次绕组的匝间短路或层间短路

故障现象分析：温升过高甚至冒烟，可能是由于短路故障引起的。可用万用表，测各二次侧空载电压来判定是否短路。一次侧接电源，若某二次侧绕组输出电压明显降低，说明该绕组有短路现象；若变压器发热，但各绕组输出电压基本正常，可能是静电屏蔽层自身短路。

处理方法：如果短路发生在线圈的最外层，可掀去绝缘层后，在短路处局部加热（指对浸过漆的绕组，可用电吹风加热），待漆膜软化后，用薄竹片轻轻挑起绝缘已破坏的导线，若线心没损伤，可插入绝缘纸，裹住后揿平；若线心已损伤，应剪断，去除已短路的一匝或多匝导线，两端焊接后垫妥绝缘纸，揿平。用以上两种方法修复后均应涂上绝缘漆，吹干，再包上外层绝缘。如果故障发生在无骨架线圈两边沿口的上、下层之间，一般也可按上述方法修复。若故障发生在线圈内部，一般无法修理，需拆开重绕。

③ 线圈对铁芯短路。

故障现象分析：存在这一故障，铁芯就会带电，这种故障在有骨架的线圈上较少出现，但在线圈的最外层会出现这一故障；对于无骨架的线圈，这种故障多数发生在线圈两边的沿口处，但在线圈最内层的四角处也比较常出现，在最外层也会出现。通常是由于线圈外形尺寸过大而铁芯窗口容纳不下，或因绝缘裹垫得不佳或遭到剧烈跌碰等原因所造成的。

处理方法：可参照匝间短路的有关内容处理。

④ 铁芯噪声过大。

故障现象分析：噪声有电磁噪声和机械噪声两种，电磁噪声通常是由于设计时铁芯磁通密度选用得过高、变压器过载或存在漏电故障等原因所造成的；机械噪声通常是由于铁芯没有压紧，在运行时硅钢片发生机械振动所造成的。

处理方法：如果是电磁噪声，属于设计原因的可换用质量较佳的同规格硅钢片；属于其他原因的，应减轻负荷或排除漏电故障；如果是机械噪声，应压紧铁芯。

⑤ 线圈漏电故障。

现象分析：这一故障的基本特征是铁芯带电和线圈温升增高，通常是由于线圈受潮或绝缘老化所引起的。

处理方法：若是受潮，只要烘干后故障即可排除；若是绝缘老化，严重的一般较难排除，轻度的可拆去外层包缠的绝缘层，烘干后重新浸漆。

⑥ 线圈过热故障。

现象分析：通常是由于过载或漏电所引起的，或者因设计不佳所致；若是局部过热，则是由于匝间短路所造成的。

处理方法：要对症下药，减小负荷或加强绝缘，排除短路故障等。

⑦ 铁芯过热故障。

现象分析：通常是由于过载、设计不佳、硅钢片质量不佳或重新装配硅钢片时少插入片数等原因所造成的。

处理方法：减小负荷，加强铁芯绝缘，改善硅钢片质量，调整线圈匝数等。

⑧ 输出侧电压下降。

故障现象分析：通常是由于一次侧输入的电源电压不足（未达到额定值）、二次绕组存在匝间短路、对铁芯短路或漏电或过载等原因造成的。

处理方法：增加电源输入电压值，或者排除短路、漏电过载等故障使输出达到额定值。

⑨ 出口短路。

故障现象分析：当变压器出口的二次侧发生短路接地故障时，在一次侧必然要产生高于额定电流 20～30 倍的电流来抵消二次侧短路电流的消磁作用，如此大的电流作用于高电压绕组上，线圈内部将产生很大的机械应力，致使线圈压缩，其绝缘衬垫垫板就会松动脱落，铁芯夹板螺丝松弛，高压线圈畸变或崩裂，变压器极易发生故障。

处理方法：更换绕组，消除短路；修补绝缘，并进行浸漆干燥处理。

⑩ 套管闪络。

故障现象分析：由于变压器套管上面有灰尘等污染，在小雨或空气潮湿时造成污闪，使变压器高压侧单相接地或相间短路，造成严重的电压器故障套管闪络的原因主要有：变压器箱盖上落异物，引起套管放电或相间短路；变压器套管因外力冲撞或机械应力热应力而破损也是引起闪络的因素。

处理方法：清除瓷套管外表面的积灰和脏污；若套管密封不严或绝缘受潮劣化则应更换套管。

（3）小型变压器故障检查。

小型变压器故障检查通常是在通电情况下进行的。

① 开路检查。测二次侧电压是否正常，一次侧电流是否正常，并记录数据；测变压器变比是否正常。

② 带额定负荷检查。测二次侧电流和电压，测一次侧电流和电压，判断是否正常。

③ 变压器工作一段时间后，摸变压器温度是否过高，是否有异样声音。

④ 记录该小型变压器的型号：额定电压、额定电流、二次侧电压、容量及变压比等参数。

⑤ 绝缘电阻的检查。一次、二次绕组之间，绕组与铁芯之间，绕组匝间 3 个方面进行绝缘检查。小型变压器若存在上述不正常现象，除应根据具体情况采取相应的措施排除故障外，平时还要多加维护，采取防范措施，防患于未然。

项目总结

1. 互感

一个线圈通过电流所产生的磁通穿过另一个线圈的现象，称为互感现象或磁耦合。

互感系数为：$M=\dfrac{\Psi_{21}}{i_1}=\dfrac{\Psi_{12}}{i_2}$

耦合系数 k：表示两个线圈耦合的紧密程度，$k=\dfrac{M}{\sqrt{L_1L_2}}$，$0\leqslant k\leqslant 1$。

互感电压：选择互感电压和产生它的电流的参考方向对同名端一致时，有：

$$u_{21}=M\frac{\mathrm{d}i_1}{\mathrm{d}t}, \quad u_{12}=M\frac{\mathrm{d}i_2}{\mathrm{d}t}$$

对于正弦交流电路有：

$$\dot{U}_{21}=\mathrm{j}\omega M\dot{I}_1, \quad \dot{U}_{12}=\mathrm{j}\omega M\dot{I}_2$$

2. 同名端

在同一变化磁通的作用下，两互感线圈感应电压极性始终保持一致的端子称为同名端

（用 • 或*表示），当电流分别从两线圈上的同名端流入，两互感线圈的磁场自感磁通与互感磁通相助。

3．互感线圈的串联

两互感线圈顺向串联时，其等效电感：$L_F = L_1 + L_2 + 2M$；反向串联时，其等效电感：$L_R = L_1 + L_2 - 2M$。互感系数为：$M = \dfrac{L_F - L_R}{4}$。

4．变压器

变压器是根据电磁感应原理制成的静止电气设备，它主要由硅钢片叠成的铁芯和套在铁芯柱上的绕组构成。只要一次、二次侧绕组匝数不等，变压器就有变电压、变电流和变阻抗的功能，这些物理量与匝数的关系如下：

$$\frac{U_1}{U_2} = \frac{N_1}{N_2} = n,\quad \frac{I_1}{I_2} = \frac{N_2}{N_1} = \frac{1}{n},\quad Z_1 = \left(\frac{N_1}{N_2}\right)^2 Z_L = n^2 Z_L$$

5．常用变压器

常用变压器有三相变压器、自耦变压器、仪用互感器等，其基本结构、工作原理与普通变压器基本相同，但又各有特点。

6．变压器的故障

了解变压器的故障主要有铁芯故障和绕组故障，掌握变压器的正确使用、容量选择、变压器常见故障及检修方法。

自测练习8

一、填空题

1. 当流过一个线圈中的电流发生变化时，在线圈本身所引起的电磁感应现象称________现象，若本线圈电流变化在相邻线圈中引起感应电压，则称为________现象。

2．当端口电压、电流为________参考方向时，自感电压取正；若端口电压、电流的参考方向________，则自感电压为负。

3．互感电压的正负与电流的________及________端有关。

4．两个具有互感的线圈顺向串联时，其等效电感为________；它们反向串联时，其等效电感为________。

5．两个具有互感的线圈同侧相并时，其等效电感为________；它们异侧相并时，其等效电感为________。

6．理想变压器的理想条件是：①变压器中无________，②耦合系数 K=________，③线圈的________量和________量均为无穷大。理想变压器具有变换________特性、变换________特性和变换________特性。

7．理想变压器的变压比 n=________。

8．理想变压器次级负载阻抗折合到初级回路的反射阻抗 Z_1=________。

二、判断题

1．由于线圈本身的电流变化而在本线圈中引起的电磁感应称为自感。（　　）

2．任意两个相邻较近的线圈总要存在着互感现象。（　　）

3．由同一电流引起的感应电压，其极性始终保持一致的端子称为同名端。（　　）

4．两个串联互感线圈的感应电压极性，取决于电流流向，与同名端无关。（　　）

5．顺向串联的两个互感线圈，等效电感量为它们的电感量之和。（　　）

6．一个 220V/110V 的单相变压器，原边 400 匝、副边 200 匝，可以将原边只绕 2 匝，副边只绕 1 匝。（　　）

7．通过互感线圈的电流若同时流入同名端，则它们产生的感应电压彼此增强。（　　）

三、单项选择题

1．符合全耦合、参数无穷大、无损耗 3 个条件的变压器称为（　　）。

A．空心变压器　　B．理想变压器　　C．实际变压器

2．线圈几何尺寸确定后，其互感电压的大小正比于相邻线圈中电流的（　　）。

A．大小　　B．变化量　　C．变化率

3．两互感线圈的耦合系数 K=（　　）。

A．$\dfrac{\sqrt{M}}{L_1L_2}$　　B．$\dfrac{M}{\sqrt{L_1L_2}}$　　C．$\dfrac{M}{L_1L_2}$

4．变压器铭牌上标明 220V/36V、300V·A，问下面哪一种规格的电灯能接在此变压器副边使用（　　）。

A．36V/500W　　B．36V/50W　　C．220V/60W

5．两互感线圈顺向串联时，其等效电感量 $L_{顺}$=（　　）。

A．L_1+L_2-2M　　B．L_1+L_2+M　　C．L_1+L_2+2M

6．符合无损耗、K=1 和自感量、互感量均为无穷大条件的变压器是（　　）。

A．理想变压器　　B．全耦合变压器　　C．空心变压器

四、简答题

1．互感现象和自感现象有何不同。

2．何谓耦合系数，什么是全耦合。

3．试述同名端的概念。为什么对两互感线圈串联和并联时必须注意它们的同名端呢？

4．判断自测图 8-1 所示线圈的同名端。

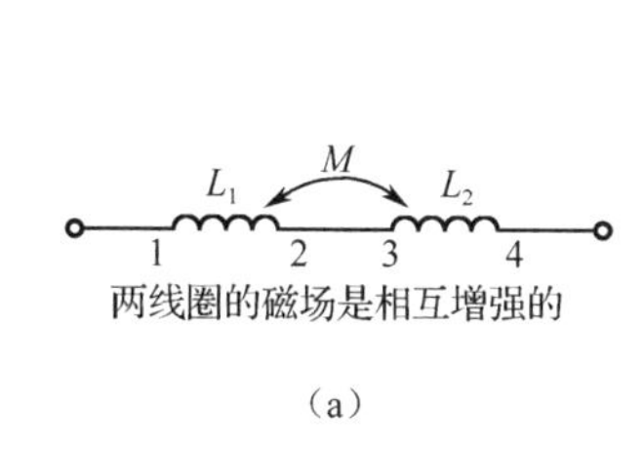

（a）

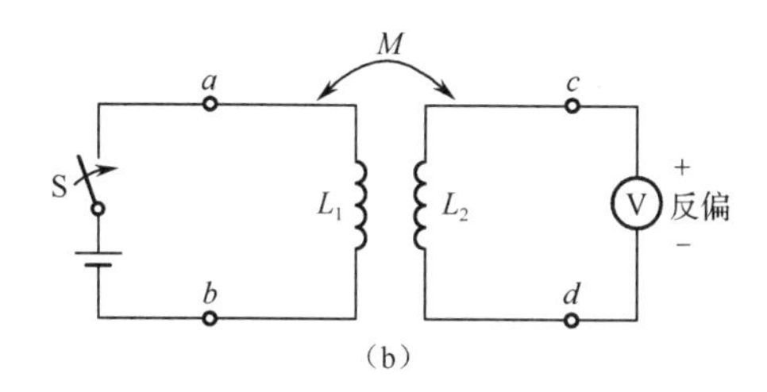

（b）

自测图 8-1

五、计算分析题

1．求自测图 8-2 所示电路的等效阻抗。

2．耦合电感 $L_1=6\text{H}$，$L_2=4\text{H}$，$M=3\text{H}$，试计算耦合电感进行串联、并联时的各等效电感值。

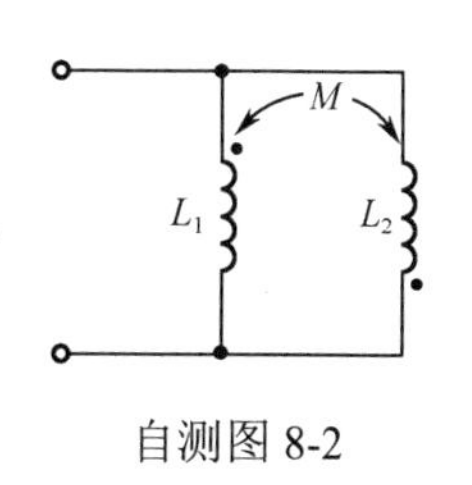

自测图 8-2

3．如自测图 8-3 所示电路。①试选择合适的匝数比使传输到负载上的功率达到最大；②求 1Ω负载上获得的最大功率。

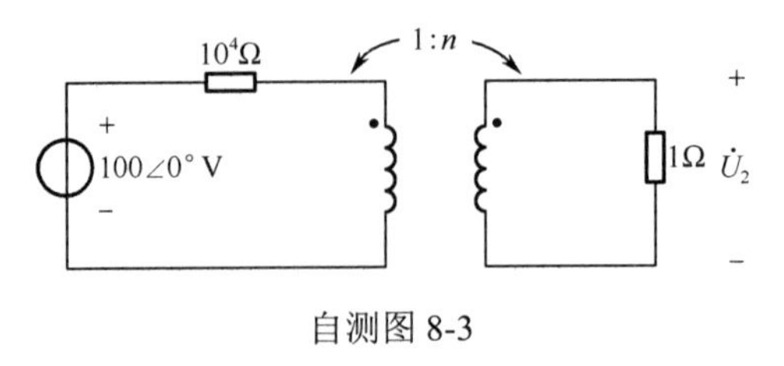

自测图 8-3

项目自测题答案

项目 1　电路及基本元件测试

一、填空题

1．电路、电源、负载、中间环节

2．电阻、电感、电容

3．理想电路、电路模型、集总

4．稳恒直流、交流、正弦交流

5．电位

6．电动势、电源、电源正极高、电源负极低 、电源端电压

7．关联参考、非关联参考

8．欧姆、基尔霍夫、KCL、支路电流、KVL、元件上电压

9．电压、电流值、电流、电压

10．20、1

11．电源内阻、负载电阻、$U_S^2 / 4R$。

12．无源、电源

二、判断题

1．√　2．√　3．×　4．×　5．×　6．√　7．√　8．×　9．√　10．×　11．×　12．×　13．×　14．×

三、单项选择题

1．B　2．B　3．B　4．A　5．B　6．C B A　7．B　8．B

四、简答题

1．电路中发生了 4 号灯短路故障，当它短路时，在电路中不起作用，因此放上和取下对电路不发生影响。

2．不能，因为这两个白炽灯的灯丝电阻不同，瓦数大的灯电阻小、分压少，不能正常工作，瓦数小的灯电阻大、分压多易烧。

3．负载上获得最大功率时，电源的利用率约为 50%。

4．电路等效变换时，电压为零的支路不可以去掉。因为短路相当于短接，要用一根短接线代替。

5．在电路等效变换的过程中，受控电压源的控制量为零时相当于短路；受控电流源控制量为零时相当于开路。当控制量不为零时，受控源的处理与独立源无原则上区别，只是要注意在对电路化简的过程中不能随意把含有控制量的支路消除。

6．两个电路等效，是指其对端口以外的部分作用效果相同。

五、计算分析题

1．2kΩ

2．1V、5A

3．-35W

4．S 打开：A－10.5V，B－7.5V；S 闭合：A 0V，B 1.6V

5．150Ω

项目 2　电路的等效变换与分析测试

一、填空题

1．简单、复杂

2．KCL、KVL、支路电流

3．回路、假想、KVL

4．节点、客观存在、节点、KCL、欧姆

5．线性、叠加

6．二端、有源二端、无源二端

7．端口处等效、除源、入端、开路

8．回路、节点、叠加

9．短路、开路、独立源的

二、判断题

1．×　2．√　3．√　4．×　5．×　6．×　7．×　8．√　9．√　10．√

三、单项选择题

1．C　2．B　3．C　4．C　5．C

四、简答题

1．答：回路电流法求解电路的基本步骤如下。

（1）选取独立回路（一般选择网孔作为独立回路），在回路中标出假想回路电流的参考方向，并把这一参考方向作为回路的绕行方向。

（2）建立回路的 KVL 方程式。应注意自电阻压降恒为正值，公共支路上共有电阻压降的正、负由相邻回路电流的方向来决定：当相邻回路电流方向流经共有电阻时与本回路电流方向一致则该部分压降取正，相反时取负。方程式右边电压升的正、负取值方法与支路电流法相同。

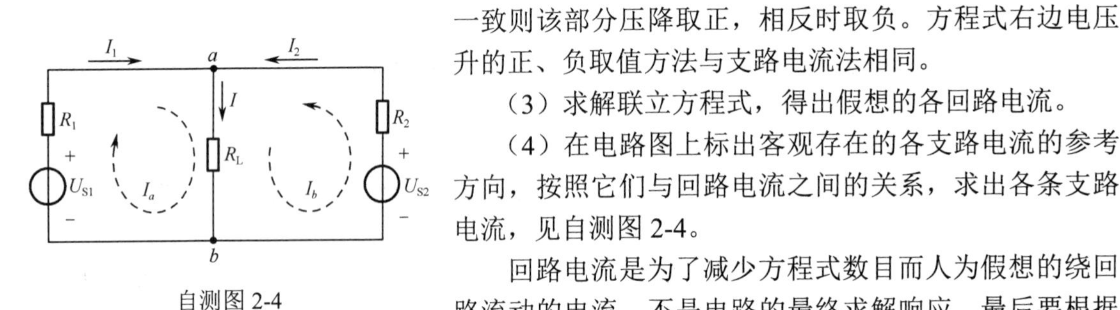

自测图 2-4

（3）求解联立方程式，得出假想的各回路电流。

（4）在电路图上标出客观存在的各支路电流的参考方向，按照它们与回路电流之间的关系，求出各条支路电流，见自测图 2-4。

回路电流是为了减少方程式数目而人为假想的绕回路流动的电流，不是电路的最终求解响应，最后要根据客观存在的支路电流与回路电流之间的关系求出支路电流。

2．答：不平衡电桥电路是复杂电路，只用电阻的串/并联和欧姆定律是无法求解的，必须采用 KCL 和 KCL 及欧姆定律才能求解电路。

3．答：戴维南定理的解题步骤如下。

（1）将待求支路与有源二端网络分离，对断开的两个端钮分别标以记号（例如 a 和 b）。

（2）对有源二端网络求解其开路电压 U_{OC}。

（3）把有源二端网络进行除源处理：其中电压源用短接线代替；电流源断开。然后对无源二端网络求解其入端电阻 $R_{入}$。

（4）让开路电压 U_{OC} 等于戴维南等效电路的电压源 U_S，入端电阻 $R_{入}$等于戴维南等效电路的内阻 R_0，在戴维南等效电路两端断开处重新把待求支路接上，根据欧姆定律求出其电流或电压。

把一个有源二端网络转化为一个无源二端网络就是除源，如步骤（3）所述。

4．答：直流电源的开路电压即为它的戴维南等效电路的电压源 U_S，225/50=4.5Ω等于该直流电源戴维南等效电路的内阻 R_0。

五、计算分析题

1．18Ω

2．U_{ab}=0V，R_0=8.8Ω

3．在电流源单独作用下 U=1V，I'=−1/3A，电压源单独作用时，I''=2A，所以电流 I=5/3（A）

项目 3　正弦稳态电路分析及实践

一、填空题

1．最大值、角频率、初相

2．最大值、频率、初相

3．7.07、5、314、50、0.02、314t−30° 电角、−30、−π/6

4．有效、开方、有效、有效、热效应

5．同频率、不同

6．有效、有效、最大值是有效值的 1.414 倍

7．同相、正交、超前、正交、滞后

8．同相、W、正交、Var

9．有、无、有交换、消耗、交换、消耗

10．R、无关、X_L、成正比、X_C、成反比

二、判断题

1．×　2．×　3．×　4．√　5．√　6．×　7．×　8．×

三、单项选择题

1．C　2．B　3．C　4．C　5．A　6．B　7．B　8．C　9．B　10．A　11．C　12．C　13．B

四、简答题

1．阻抗三角形和功率三角形都不是相量图，电压三角形是相量图。

2．380×1.414=537V>450V，不能把耐压为 450V 的电容器接在交流 380V 的电源上使用，

因为电源最大值为537V，超过了电容器的耐压值。

3．电阻在阻碍电流时伴随着消耗，电抗在阻碍电流时无消耗，两者单位相同。

4．有功功率反映了电路中能量转换过程中不可逆的那部分功率，无功功率反映了电路中能量转换过程中只交换、不消耗的那部分功率，无功功率不能从字面上理解为无用之功，因为变压器、电动机工作时如果没有电路提供的无功功率将无法工作。

5．相量可以用来表示正弦量，相量不是正弦量，因此正弦量的解析式和相量式之间是不能画等号的。

6．正弦量的初相和相位差都规定不得超过±180°。

7．直流情况下，电容的容抗等于无穷大，称隔直流作用。容抗与频率成反比，与电容量成反比。

8．感抗、容抗在阻碍电流的过程中没有消耗，电阻在阻碍电流的过程中伴随着消耗，这是它们的不同之处，三者都是电压和电流的比值，因此它们的单位相同，都是欧姆。

9．额定电压相同、额定功率不等的两个白炽灯是不能串联使用的，因为串联时通过的电流相同，而这两盏灯由于功率不同它们的灯丝电阻是不同的：功率大的白炽灯灯丝电阻小、分压少，不能正常工作；功率小的白炽灯灯丝电阻大、分压多容易烧损。

10．提高功率因数可减少电路上的功率损耗，同时可提高电源设备的利用率，有利于国民经济的发展。提高功率因数的方法有两种：一是自然提高法，就是避免感性设备的空载和尽量减少其空载；二是人工补偿法，就是在感性电路两端并联适当的电容。

五、计算分析题

1．（1）周期为0.02s、频率是50Hz、初相是零的正弦交流电。

（2）周期为1.256s、频率为0.796Hz、初相为17°的正弦交流电。

2．（1）i=38.9sin314t（A），电流表读数 27.5A；（2）P=6050W；（3）电阻上通过的电流有效值不变。

3．（1）i≈9.91sin(314t−90°)（A）；Q=1538.6Var；（2）i'≈4.95sin(628t−90°)（A）。

4．自测图3-1（b）电流表计数为零，因为电容隔直；图3-1（a）和图3-1（c）中都是正弦交流电，且电容端电压相同，电流与电容量成正比，因此A_3电流表读数最大。

5．$Z_1=\dfrac{171}{4}\angle 69.3^\circ=42.75\angle 69.3^\circ\approx 15.1+\text{j}40$（Ω）

6．$\lambda\approx 0.8$

串联时：则R=518Ω　　L=380/314≈1.21H

并联时：R≈6.45Ω　　L≈28mH

项目4　串/并联谐振电路分析及实践

一、填空题

1．谐振、最小、最大、过电压、最大、最小、过电流

2．$1/\sqrt{LC}$、$1/2\pi\sqrt{LC}$

3．$\sqrt{L/C}$、$\omega_0 L/R$

4．∞、0

5．$R//R_S$、$R/\omega_0 L$、$R//R_S/\omega_0 L$、差、宽

6. $Z_L = Z_S^*$、$U_S|z_S|/[(R_S+|z_S|)^2+X_S^2]$

7. 信号的选择、元器件的测量、提高功率的传输效率

8. 大、选择、通频带

二、判断题

1. × 2. × 3. √ 4. √ 5. √ 6. √ 7. × 8. √ 9. √ 10. √

三、单项选择题

1. B 2. B 3. A 4. B 5. C 6. C

四、简答题

1. 在含有LC的串联电路中，出现了总电压与电流同相的情况，称电路发生了串联谐振。串联谐振时电路中的阻抗最小，电压一定时电路电流最大，且在电感和电容两端出现过电压现象。

2. 电路发生并联谐振时，电路中电压电流同相，呈纯电阻性，此时电路阻抗最大，总电流最小，在L和C支路上出现过电流现象。

3. 串联谐振时在动态元件两端出现过电压，称为电压谐振；并联谐振时在动态元件的支路中出现过电流，称为电流谐振。

4. 电流与谐振电流的比值随着频率的变化而变化的关系曲线称为谐振曲线。由谐振曲线可看出，品质因数 Q 值的大小对谐振曲线影响较大，Q 值越大时，谐振曲线的顶部越尖锐，电路选择性越好；Q 值越小，谐振曲线的顶部越圆钝，选择性越差。

5. 串联谐振电路的品质因数 $Q=\omega_0 L/R$，并联谐振电路的 $Q'=R/(\omega_0 L)$。

6. 谐振电路规定：当电流衰减到最大值的0.707倍时，$I/I_0 \geqslant 0.707$ 所对应的频率范围称为通频带，通频带与电路的品质因数成反比，在实际应用中，应根据具体情况选择适当的品质因数 Q，以兼顾电路的选择性和通频带之间存在的矛盾。

7. LC并联谐振电路接在理想电压源上就不再具有选频性。因为理想电压源不随负载的变化而变化。

五、计算分析题

1. 0.5mA，48.3，241.5V

2. 1.625Ω，70

3. 80μF，10A，50V，51V，5

4. 0.2Ω，4μH，0.01μF

5. 12A

6. 50Ω，0.319H，31.8μF，容性

项目5　三相电路分析及实践

一、填空题

1. 火、零、三相四线

2. 线、相、1.732、1

3. 线、相、1、1.732

4. 不对称、对称

5. $3U_pI_p\cos\varphi$、$3U_pI_p\sin\varphi$、$3U_pI_p$
6. 中性线电流 I_N、电流电压、一相
7. 三角、过热
8. 最大值、角频率、120、对称
9. 常量、有功、
10. 二瓦计、二瓦计

二、判断题

1. × 2. × 3. × 4. √ 5. × 6. × 7. × 8. × 9. √ 10. √

三、单项选择题

1. C 2. B 3. B 4. C 5. B 6. C 7. A 8. C 9. B 10. C

四、简答题

1. 答：三相电源做三角形连接时，如果有一相绕组接反，就会在发电机绕组内环中发生较大的环流，致使电源烧损。相量图略。

2. 答：中性线的作用是使不对称星形接三相负载的相电压保持对称。

3. 答：三相电动机是对称三相负载，中性线不起作用，因此采用三相三线制供电即可。而三相照明电路是由单相设备接成三相四线制中，工作时通常不对称，因此必须有中性线才能保证各相负载的端电压对称。

4. 答：此规定说明不允许中性线随意断开，以保证在星形接不对称三相电路工作时各相负载的端电压对称。如果安装了保险丝，若一相发生短路时，中性线上的保险丝就有可能烧断而造成中性线断开，开关若不慎在三相负载工作时拉断同样造成三相不平衡。

5. 答：第一问略，有功功率计算式中的 $\cos\varphi$ 称为功率因数，表示有功功率占电源提供的总功率的比重。

6. 答：任意调动电动机的两根电源线，通往电动机中的电流相序将发生变化，电动机将由正转变为反转，因为正转和反转的旋转磁场方向相反，而异步电动机的旋转方向总是顺着旋转磁场的方向转动的。

五、计算分析题

1. $60.1\angle 0^\circ$ A，4840W，相量图略

2. $u_{BC}=380\sqrt{2}\sin(314t-90^\circ)$（V）

$u_{CA}=380\sqrt{2}\sin(314t+150^\circ)$（V）

$u_A=220\sqrt{2}\sin(314t)$（V）

$u_B=220\sqrt{2}\sin(314t-120^\circ)$（V）

$u_A=220\sqrt{2}\sin(314t+120^\circ)$（V）

$i_A=22\sqrt{2}\sin(314t-6.9^\circ)$（A）

3. $i_B=22\sqrt{2}\sin(314t-126.9^\circ)$（A）

$i_A=22\sqrt{2}\sin(314t+113.1^\circ)$（A）

4. 7000V，1.288×10^8 kW·h；10500V，2.90×10^8 kW·h

5. 各相 $R\approx29.6\Omega$，$L\approx65.6$mH

6. 4.42A

7. 星形连接 $P \approx 8688\text{W}$，三角形连接 $P \approx 26064\text{W}$

8. 电动机满载时 $\cos\varphi \approx 0.844$，电动机轻载时 $\cos\varphi' \approx 0.482$

比较两种结果可知，电动机轻载时功率因数下降，因此应尽量让电动机工作在满载或接近满载的情况下。

项目 6　动态电路的分析及实践

一、填空题

1. 暂、稳、稳
2. 电感、电容
3. 零、原始能量、零输入
4. 动态、一阶微分、零状态、零输入、全
5. *RC*、*L*/*R*、结构、电路参数
6. 初始、稳态、时间常数
7. 换路
8. $i_L(0+)= i_L(0-)$、$u_C(0+)= u_C(0)$
9. 长、短

二、判断题

1. ×　2. √　3. √　4. √　5. ×　6. ×　7. √　8. √　9. ×

三、单项选择题

1. B　2. A　3. C　4. C　5. B　6. A　7. A

四、简答题

1. 电路由一种稳态过渡到另一种稳态所经历的过程称过渡过程，也叫“暂态”。含有动态元件的电路在发生“换路”时一般存在过渡过程。

2. 在含有动态元件 L 和 C 的电路中，电路的接通、断开、接线的改变或是电路参数、电源的突然变化等，统称为“换路”。根据换路定律，在换路瞬间，电容器上的电压初始值应保持换路前一瞬间的数值不变。

3. 在 RC 充电及放电电路中，电容器上的电压初始值应根据换路定律求解。

4. 这句话不确切。未充电的电容器接在直流电源上时，必定发生充电的过渡过程，充电完毕后，电路中不再有电流，相当于开路。

5. RC 充电电路中，电容器两端的电压按照指数规律上升，充电电流按照指数规律下降，RC 放电电路中，电容电压和放电电流均按指数规律下降。

6. RC 一阶电路的时间常数 $\tau=RC$，RL 一阶电路的时间常数 $\tau=L/R$，其中的 R 是指动态元件电容或电感两端的等效电阻。

7. RL 一阶电路的零输入响应中，电感两端的电压和电感中通过的电流均按指数规律下降；RL 一阶电路的零状态响应中，电感两端的电压按指数规律下降，通过的电流按指数规律上升。

8. 通过电流的 RL 电路被短接，即发生换路时，电流应保持换路前一瞬间的数值不变。

9. RL 电路的时间常数 $\tau=L/R$。当 R 一定时，L 越大，动态元件对变化的电量所产生的自感作用越大，过渡过程进行的时间越长；当 L 一定时，R 越大，对一定电流的阻碍作用越大，

过渡过程进行的时间就越长。

五、计算分析题

1．$i_L(0+)=i_L(0-)=0$

2．开关 S 在位置“1”时，τ_1=0.1ms；开关在位置“2”时，τ_2=0.04ms

3．$u_C(0-)$=4V，$u_C(0+)=u_C(0-)$=4V

$i_1(0+)= i_C(0+)$=(6-4)/2=1A　$i_2(0+)$=0

4．$u_C(t)=6-2e^{-1000000t}$（V）

项目 7　非正弦周期电流电路的分析与测试

一、填空题

1．最大值、频率、非正弦

2．基、基本、奇、偶

3．谐波、谐波、傅里叶级数

4．波形、振幅、频率

5．正弦、奇

6．正弦、谐波、平方和

7．同频率、频率、各次谐波单独作用时

二、判断题

1．×　2．√　3．√　4．√　5．×　6．√　7．×　8．√

三、单项选择题

1．A　2．C　3．B　4．A　5．B　6．B　7．B

四、简答题

1．周而复始地重复前面循环的非正弦量均可称为周期性非正弦波，如三角波、矩形方波及半波整流等。

2．周期性的非正弦线性电路的分析步骤如下。

（1）根据已知傅里叶级数展开式分项，求解各次谐波单独作用时电路的响应。

（2）求解直流谐波分量的响应时，遇电容元件按开路处理，遇电感元件按短路处理。

（3）求正弦分量的响应时按相量法进行求解，注意对不同频率的谐波分量，电容元件和电感元件上所呈现的容抗和感抗各不相同，应分别加以计算。

（4）用相量分析法计算出来的各次谐波分量的结果一般是用复数表示的，不能直接进行叠加，必须把它们化为瞬时值表达式后才能进行叠加。

周期性非正弦线性电路分析思想遵循线性电路的叠加定理。

3．频率与非正弦波相同的谐波称为基波，它是非正弦量的基本成分；二次以上的谐波均称为高次谐波；谐波频率是非正弦波频率的奇数倍时称为奇次谐波；谐波频率是非正弦波频率的偶数倍时称为偶次谐波。

4．说法不对。电源虽然是正弦的，但如果电路中存在非线性元件，在非线性元件上就会出现非正弦响应。

五、计算分析题

1．电流的有效值：$I \approx 3.795$A

电路消耗的平均功率：$P≈288\text{W}$

2．$i(t)=10+5\sin(3\omega t-45^\circ)$（A）　　$u_{L3}(t)=100\sin(3\omega t+45^\circ)$（V）

3．电流表读数：$I\approx 3.93\text{A}$

电压表读数：$U\approx 27.6\text{V}$

功率表读数：$P≈92.9\text{W}$

项目 8　变压器的认知与使用

一、填空题

1．自感、互感

2．关联、非关联

3．方向、同名

4．$L=L_1+L_2+2M$、$L=L_1+L_2-2M$

5．$(L_1L_2-M^2)/(L_1+L_2-2M)$、$(L_1L_2-M^2)/(L_1+L_2+2M)$

6．损耗、1、自感、互感、电压、电流 、阻抗

7．U_1/U_2

8．n^2Z_L

二、判断题

1．√　2．×　3．√　4．×　5．×　6．×　7．×

三、单项选择题

1．B　2．C　3．B　4．C　5．C　6．A

四、简答题

1．理想变压器和全耦合变压器都是无损耗，耦合系数 $K=1$，只是理想变压器的自感和互感均为无穷大，而全耦合变压器的自感和互感均为有限值。

2．两个具有互感的线圈之间磁耦合的松紧程度用耦合系数表示，如果一个线圈产生的磁通全部穿过另一个线圈，即漏磁通很小可忽略不计时，耦合系数 $K=1$，称为全耦合。

3．由同一电流产生的感应电压的极性始终保持一致的端子称为同名端，电流同时由同名端流入或流出时，它们所产生的磁场彼此增强。在实际应用中，为了小电流获得强磁场，通常把两个互感线圈顺向串联或同侧并联，如果接反了，电感量大大减小，通过线圈的电流会大大增加，将造成线圈的过热而导致烧损，所以在应用时必须注意线圈的同名端。

4．自测图 8-1（a）1、3 为同名端；自测图 8-1（b）a、d 为同名端。

五、计算分析题

1．$X_L=\omega\dfrac{L_1L_2-M^2}{L_1+L_2+2M}$

2．$L_{顺}=16\text{H}$

$L_{反}=4\text{H}$

$L_{同}=3.75\text{H}$

$L_{异}=0.9375\text{H}$

3．$n=0.01$，$P_{max}=0.125\text{W}$

反侵权盗版声明